普通高等教育“十一五”国家级规划教材

全国水利水电高职教研会推荐教材

水利水电工程专业
毕业顶岗实习指南

主　编　焦爱萍
副主编　张龙改　王海周　毕守一
　　　　薛建荣　张春满　杨　革
　　　　闫玉民　刘进宝
主　审　郑贞宝　吴伟民

黄河水利出版社
·郑州·

内 容 提 要

本书是普通高等教育“十一五”国家级规划教材，是按照国家对高职高专人才培养的规格要求及高职高专教学特点编写完成的。本书共分 8 章，主要内容包括重力坝设计与施工、土石坝枢纽设计与施工、水闸设计、水电站设计、水利水电工程造价与成本管理、水工混凝土材料检测、水利工程施工监理等。

本书为高职高专院校和成人高校水利水电建筑工程、水利工程、工程建设监理等专业毕业顶岗实习教材，也可作为其他相关专业的教学参考书，还可供有关工程技术人员参考。

图书在版编目(CIP)数据

水利水电工程专业毕业顶岗实习指南/焦爱萍主编．郑州：黄河水利出版社，2011.2

普通高等教育“十一五”国家级规划教材

ISBN 978-7-80734-989-1

Ⅰ．①水…　Ⅱ．①焦…　Ⅲ．①水利工程－实习－高等学校－教学参考资料②水力发电工程－实习－高等学校－教学参考资料　Ⅳ．①TV-45

中国版本图书馆 CIP 数据核字(2011)第 013399 号

组稿编辑：王路平　电话：0371－66022212　E-mail：hhslwlp@163.com

出 版 社：黄河水利出版社

地址：河南省郑州市顺河路黄委会综合楼 14 层　　邮政编码：450003

发行单位：黄河水利出版社

发行部电话：0371－66026940、66020550、66028024、66022620(传真)

E-mail：hhslcbs@126.com

承印单位：黄河水利委员会印刷厂

开本：787 mm×1 092 mm　1/16

印张：19.5

字数：450 千字　　　　印数：1—4 100

版次：2011 年 2 月第 1 版　　　　印次：2011 年 2 月第 1 次印刷

定价：35.00 元

前 言

本书是普通高等教育“十一五”国家级规划教材，是根据《国务院关于大力发展职业教育的决定》、教育部《关于全面提高高等职业教育教学质量的若干意见》等文件精神，以及教育部对普通高等教育“十一五”国家级规划教材建设的具体要求组织编写的。

本书是在全国水利水电类高职高专统编教材《水利水电工程专业毕业设计指南》的基础上，根据水工专业改革发展的需求，经过修订、补充完善而成的。

本书是根据高职高专水利水电工程、水利工程、工程建设监理、农田水利等专业的毕业顶岗实习标准编写的。全书共分8章。本次修订，突出了实践性、应用性，使本书更加符合高职高专教学要求。

本书修订再版编写人员及分工如下：第一、二、三章和第七章由黄河水利职业技术学院焦爱萍、薛建荣、张春满、白宏洁、曹京京编写，第四、五、六、八章由山西水利职业技术学院张龙改、华北水利水电学院水利职业学院王海周、安徽水利水电职业技术学院毕守一、黑龙江大学职业技术学院杨革、沈阳农业大学高等职业技术学院闫玉民、浙江同济科技职业学院刘进宝、开封市农村水利技术推广站靳玮编写。全书由焦爱萍担任主编并负责统稿，由张龙改、王海周、毕守一、薛建荣、张春满、杨革、闫玉民、刘进宝担任副主编，由浙江同济科技职业学院郑贞宝、福建水利电力职业技术学院吴伟民担任主审。

本书大量引用了有关专业文献和资料，未在书中一一注明出处，在此对有关文献的作者表示感谢。由于编者水平有限，书中疏漏、错误与不足之处在所难免，恳请广大读者批评指正。

编 者

2010年11月

目　录

第一章　概　述

第一节　水利工程建设程序及设计阶段

一、水利工程建设程序

水利工程项目投资多、工期长，必须严格按照科学的自然规律进行建设。水利工程建设程序一般分为项目建议书、可行性研究、初步设计、施工准备（包括招标设计）、建设实施、生产准备、竣工验收等阶段。对重大工程还要进行后评价，对利用外资的项目还应执行外资项目的管理规定。

（一）水利工程建设前期工作

根据国民经济和社会发展规划与地区经济发展规划的总要求，在批准的流域综合规划的基础上，开展前期工作。对于大型水利工程，要求按照相应的编制规程提出项目建议书、可行性研究报告和初步设计报告。

项目建议书是要求建设某一项目的建议文件，其主要作用是对一个拟建水利项目的初步说明，供国家选择并决定是否列入中长期规划。水利工程项目建议书的编制应由国家水行政主管部门或地方人民政府委托有相应资质的勘测设计单位承担，按规定程序报批。

项目建议书一经批准，该项目即被列入国家或地方中长期规划，并着手进行可行性研究工作，编制可行性研究报告，对项目在技术上是否可行和经济上是否合理进行科学的分析和论证。可行性研究报告是项目最终决策和进行初步设计的重要基础性文件。水利工程可行性研究报告由项目法人（或筹建机构）组织编制，按国家规定的审批权限报批，经批准后，该项目即列入国家或地方国民经济发展五年计划。

项目资金筹措方案基本落实、项目法人或建设单位正式建立以后，由项目法人或其代理机构通过招标投标方式选择有相应资质的设计单位开展初步设计工作。水利工程的初步设计报告根据批准的可行性研究报告和必要的设计基础资料，对工程项目进行通盘研究，阐明拟建工程的规模、选址、建筑物布置和施工方案，编制总概算。

根据有关规定，如果初步设计报告提出的概算投资超过可行性研究报告确定的总投资或其他主要技术经济指标需要变更，则需要重新报批可行性研究报告。水利工程初步设计报告应按照国家规定的审批权限，向主管部门申报，经批准后，项目建设的前期工作即告完成。随着国家经济体制改革的不断深入，水利工程前期工作的程序和审批制度将趋向简化。

（二）水利工程项目实施

在前期工作的基础上，开展项目的建设工作包括施工准备、建设实施和生产准备。施工准备工作开始前，项目法人或其代理机构必须依照国家有关规定和程序，报批开工报告或领取施工许可证。

施工准备工作的主要内容包括:①施工现场的征地、拆迁;②施工用水、用电、通信、道路和场地平整等工程;③生产、生活临时建筑工程;④组织招标设计、设备和物资采购等;⑤组织建设监理和主体工程施工招标投标。

随着社会主义市场经济机制的逐步完善,实行项目法人责任制,主体工程开工前还需具备以下条件:①建设管理模式已经确定,投资主体与项目主体之间的关系已经理顺;②项目建设所需全部投资来源已经明确,且投资结构合理;③项目产品的销售已有用户承诺,并确定了定价原则。

施工准备工作完成后,主体工程可正式开工,即进入建设实施阶段。建设实施阶段是指项目法人按照批准的建设文件组织工程建设,保证项目建设目标实现的全过程。水利工程建设必须按照有关规定认真执行项目法人责任制、招标投标制、工程监理制等管理制度。在建设过程中,各级水利部门对工程质量和建设资金负行业管理责任;项目法人起着建设管理的主导作用,负责为施工创造良好的建设条件;建设监理由项目法人授权,负责项目的建设工期、质量、投资的控制和合同、信息的管理及现场施工的组织协调。

生产准备是项目投产前的一项重要工作,为建设阶段转入生产经营创造必要的条件。生产准备的具体内容根据不同类型的工程要求确定,一般包括生产的人力组织准备、技术准备、物资准备及生活设施准备等。

(三)水利工程竣工验收及后评价

竣工验收是工程完成、建设目标转入生产或使用的标志,也是全面考核基本建设成果、检验设计和工程质量的重要步骤。当建设项目的建设内容全部完成,经过单位工程验收合格并按规定完成了档案资料的整理和验收,完成竣工报告及竣工决算等文件的编制后,由项目法人向验收主管部门提出申请,根据国家和主管部门颁布的验收规程组织验收。竣工决算需由审计机关组织竣工审计,其审计报告作为竣工验收的基本资料。对于工程规模较大、技术较复杂的建设项目,可先进行阶段性验收,如单元工程验收、隐蔽工程验收、分部工程验收、分项工程验收、蓄水验收等。在进行正式竣工验收之前,还可先进行预验收。竣工验收合格的项目即从基本建设转入生产运营。

重大工程经过一段时间的生产运营后,要进行一次系统的项目后评价,其主要内容包括:①过程评价,对项目的立项、设计施工、建设管理、竣工投产、生产运营等全过程进行评价;②效益评价,对项目的社会效益、经济效益、财务效益、环境效益等进行评价;③影响评价,就项目投产后对社会、生态等各方面的影响进行评价。项目后评价一般按三个层次组织实施,即项目法人的自我评价、项目行业的评价、计划部门或主要投资方的评价。通过建设项目后评价以达到肯定成绩、总结经验、研究问题、吸取教训、提出建议、改进工作,不断提高项目决策水平和投资效果的目的。

二、水利工程设计阶段

水利工程设计阶段是按照不同的任务要求和工作深度对工程勘察设计的全过程所划分的阶段。水利工程勘察设计的全过程可分为项目建议书、可行性研究、初步设计、招标设计、施工详图等五个阶段。

（一）项目建议书

项目建议书是在江河流域综合规划、区域规划或专业规划的基础上编制的要求建设某一项目的建议性设计文件。其主要作用是对一个拟进行建设的项目的初步说明，供国家选择并决定是否列入中长期规划。

项目建议书的主要内容有：概述项目建设的依据，提出开发目标和任务，对水文、地质及项目所在地区和附近有关地区的生态、社会、人文、环境等建设条件进行调查分析和必要的勘测工作，论证工程项目建设的必要性，初步分析项目建设的可行性和合理性，初选建设项目的规模、实施方案和主要建筑物布置，初步估算项目的总投资。

项目建议书编制一般由政府委托有相应资格的设计单位承担，并按国家现行规定权限向主管部门申报审批。项目建议书被批准后，由政府向社会公布，若有投资建设意向，应及时组建项目法人筹备机构，开展下一建设程序工作。

（二）可行性研究

可行性研究是在项目建议书的基础上，对拟建工程项目进行全面技术经济分析论证的设计。其主要作用是通过对工程在近期建设的必要性、技术上的可行性和经济上的合理性的综合论证，是项目决策和进行初步设计的依据。可行性研究报告由项目法人（或筹备机构）组织编制，为投资决策提供科学依据。

可行性研究报告的主要内容有：明确拟建项目的任务和主要效益，确定主要水文参数，查清主要地质问题，选定工程地址，确定工程等级，初选工程布置方案，提出主要工程量和工期。初步确定淹没、用地范围和补偿措施，对环境影响进行评价，估算工程投资，进行经济和财务分析评价等，在此基础上提出项目是否可行的结论意见。

（三）初步设计

初步设计是在可行性研究报告的基础上，根据必要而准确的资料，对工程进行的最基本的设计。初步设计阶段是项目建设前期工作的最后一个阶段。

初步设计是根据批准的可行性研究报告和必要而准确的设计资料，对设计对象进行通盘研究，阐明拟建工程在技术上的可行性和经济上的合理性，规定项目的各项基本技术参数，编制项目的总概算。初步设计任务应择优选定有项目相应资格的设计单位承担，依照有关初步设计编制规定进行编制。

初步设计的主要工作内容有：取得气象、水文、地形、地质、建筑材料、环境、经济、综合利用要求等更多、更翔实的基本资料，进行更为详细的调查、勘测和试验研究工作，确定拟建项目的综合开发目标、工程及主要建筑物等级、总体布置、主要建筑物形式和轮廓尺寸、主要机电设备形式和布置，确定总工程量、施工方法、施工总进度和总概算，进一步论证在指定地点和规定期限内进行建设的可行性和合理性。

（四）招标设计

招标设计是为进行水利工程招标而编制的设计。1994 年中国水利部规定，水利工程项目均应在完成初步设计之后进行招标设计。招标设计是编制施工招标文件和施工计划的基础，即在初步设计的基础上，进一步完善设计以满足施工招标工作的需要。

（五）施工详图

在初步设计和招标设计的基础上，绘制具体施工图的设计。

施工详图的主要内容有：建筑物地基开挖图、地基处理图，建筑物体形图、结构图、钢筋图,金属结构的结构图和大样图,机电设备、埋件、管道、线路的布置安装图,监测设施布置图、细部图等,并说明施工要求、注意事项、选用材料和设备的型号规格、加工工艺等。施工详图是现场建筑物施工和设备制作安装的依据。

施工详图由设计单位提交项目法人供承包商使用。根据施工详图编制施工图预算,作为工程结算的依据。施工图预算不应超过工程概算。

我国规定在进行招标设计之前,一些特别重要或复杂的水利工程,在初步设计之后、施工详图之前还要进行技术设计,或将技术设计与施工详图合并为技施设计。技术设计的任务是在更深入细致的调查、勘测和试验研究的基础上,全面加深初步设计的工作,解决初步设计尚未完善解决的具体问题,优化技术方案,编制修正概算。技术设计的项目内容同初步设计,只是更为深入详尽。

第二节　顶岗实习

一、顶岗实习目标

顶岗实习是高等职业教育教学过程中的重要环节,是培养高素质技能性人才的有效途径和重要保证,是毕业生走向社会和上岗前提高全面素质的必经阶段。其目的在于促进学生掌握专业技能,强化学生实际动手能力,培养学生的诚信品质、敬业精神和责任意识,增强学生的劳动观念,促使学生学会交流沟通和团队协作,提高学生的实践能力、创造能力、就业能力和创业能力。

二、顶岗实习组织管理

(一)教务处职责

教务处负责顶岗实习实践性教学计划和教学管理制度的制定,其主要职责是:

(1)负责与教学有关的各种制度的制定、运行和实施。

(2)负责组织制定相应的教学计划和教学安排,与各系(部)一起对顶岗实习的学生学习进行考核。

(二)学生处职责

学生处负责组织各系(部)对顶岗实习的学生进行思想教育和管理情况的检查,其主要职责是:

(1)负责制定顶岗实习学生的具体行为和思想教育的管理制度。

(2)对顶岗实习学生的学生管理工作进行不定期的了解、检查和监督。

(3)负责对顶岗实习学生的重大违纪现象的处理。

(三)各系(部)职责

各系(部)负责顶岗实习的组织管理和实施工作,其主要职责是:

(1)各系(部)成立学生顶岗实习工作组,组长为各系(部)主任,负责本系(部)学生顶岗实习的具体事宜。

(2)制定学期顶岗实习工作计划并上报教务处。

(3)根据专业培养目标，组织制定当年顶岗实习计划和实习标准。实习计划的内容包括顶岗实习的目的与要求、实习的组织领导和纪律、实习时间和地点、实习内容和方法及步骤、实习中的考核与总结。实习前要将实习计划和大纲分发给学生。

(4)负责本系(部)学生顶岗实习的具体工作，联系学生顶岗实习的企业，负责学生的管理。

(5)组织实施实习计划。

(6)组织实习的考核和交流，负责实习成绩的评定、上报和归档工作。

(四)学院指导教师职责

(1)执行顶岗实习计划，做好实习前有关准备工作。

(2)认真指导学生实习，严格要求，不得放任自流。

(3)切实做好学生的学习、思想、生活和安全等教育工作，发现问题要及时教育和管理，及时和企业进行沟通，并将问题反馈到所在系(部)领导。

(4)组织学生做好顶岗实习的总结和小组鉴定，批阅实习报告，评定实习成绩并写出书面评语。

(5)顶岗实习结束后，负责写出实习总结并书面报告所在系(部)。

(6)收集学生顶岗实习的相关资料，便于资料归档。

(五)校外实习单位承担的职责

(1)参与顶岗实习标准与计划的制定。

(2)为实习学生提供实习岗位。

(3)合理安排学生的实习活动，并安排经验丰富的技术人员(企业指导老师)对顶岗实习学生进行技术指导、考核。

(4)安排好实习学生的食宿，对实习学生进行安全教育和管理。

(5)按学生工作实际情况付给其相应的劳动报酬。

(6)为学生收集顶岗实习资料提供方便。

三、顶岗实习安排

顶岗实习的时间原则上不少于半年，由各系(部)根据专业情况具体安排。

顶岗实习的形式可根据实际情况采取以下方式：

(1)集中实习。由各系(部)组织安排，并派出指导教师与企业兼职指导教师一起共同组织、管理实习工作。

(2)委托实习。对实习条件较好、指导力量较强的专业和单位，可委托实习单位全面指导，但应派教师巡回检查和指导，切实做好学生实习中的思想、学习、生活、安全等教育工作。

(3)自主实习。允许学生针对所学专业特点联系实习点。各系(部)尽可能派出教师巡回检查和指导。

四、顶岗实习管理

各系(部)在学生到企业顶岗实习前进行实习教育和就业指导。各系(部)根据专业岗位特点制定顶岗实习学生安全须知。学生在顶岗实习期间，实习指导教师和辅导员应对实习单位进行巡回走访，检查学生实习的进行情况，协调解决学生在实习过程中存在的问题，保证学生顶岗实习的正常进行，以及了解企业用人信息。

同一顶岗实习单位有3人及以上实习学生的，应成立实习小组，指派实习小组组长，对实习学生进行严格考勤，并将考勤情况按规定时间经指导教师（或辅导员）审核汇总后上报本系（部）领导。严格请假制度，按规定办理请假手续，请假3 d以上必须经指导教师和辅导员审核，指导教师和辅导员对学生请假情况进行记录备案。

在顶岗实习期间，学生未经允许不能擅自调换实习单位。擅自调换并给学校造成不良影响的，实习成绩考核作不及格处理。

顶岗实习学生在实习期间遇到问题和事件时，实习小组长（或本人）应及时与指导教师和辅导员联系，由学校与实习单位协商解决，顶岗实习学生不得直接与实习单位发生冲突。若无理取闹，给学校声誉造成不良影响的，学校将给予相应处分。实习学生累计两次被实习单位投诉的，实习考核成绩为不及格。

顶岗实习学生因严重违纪或工作懒散等原因，被实习单位拒绝实习，学校将不再安排新的顶岗实习单位，并将做出相应的纪律处分，情节严重者劝其退学或开除。劝退或开除学籍者不颁发毕业证书。

顶岗实习学生需按各系（部）要求上交顶岗实习资料。

各系（部）根据实际情况制定具体的学生顶岗实习管理办法。

五、顶岗实习纪律要求

顶岗实习学生应自觉遵守学院及实习单位的有关规章制度，遵守国家法规，维护社会安定。

顶岗实习是学生的必修课。在实习过程中，应严格遵守实习单位的作息制度，不得迟到、早退；不得擅自离开实习单位，有事必须向指导教师（兼职指导教师）或单位负责人请假；应勤学肯干、不怕脏、不怕累、任劳任怨，以实习企业的繁荣为自己的最高荣誉。

严格遵守实习单位的保密制度，不得将技术或商业情报泄露，维护实习单位利益，若有传播，从重处理。

顶岗实习学生应树立崇高理想，虚心向所在单位员工学习，结合自己所学理论知识，安心实习工作，不断提高自己的实践能力，为将来择业、就业打下坚实的基础。

学生在实习期间，尊重企业领导和实习指导教师，与企业员工要和睦相处，听从安排，服从分配，虚心求教，刻苦钻研业务，提高实践能力。在实习期间，若对实习单位有意见，应及时与指导教师或辅导员联系，由指导教师负责协商；若无理取闹，给学校声誉造成不良影响，学校将对其做出相应的处分。顶岗实习学生应注意仪表和言谈举止。

六、顶岗实习成绩考核

实习成绩由顶岗实习单位和学院共同对学生进行双重考核。

无故不按时完成顶岗实习报告和实习作业者，其成绩按不及格处理。

顶岗实习单位兼职指导教师应根据学生岗位适应能力、工作态度、职业素质、工作实绩、实习记录等情况考核。指导教师应根据学生在顶岗实习中的表现及完成任务的数量和质量、实习记录情况、实习报告，并结合企业指导教师给予的考核成绩综合评定顶岗实习成绩。顶岗实习成绩考核采用等级制，分别为优、良、中、及格、不及格等五个等级。相关顶岗实习考核表见本章附表。

________学院校内指导教师对学生顶岗实习的考核登记表

<table>
<tr><td>学生姓名</td><td></td><td>专业</td><td></td><td>班级</td><td></td></tr>
<tr><td>实习单位</td><td colspan="2"></td><td>实习岗位</td><td colspan="2"></td></tr>
<tr><td>实习时间</td><td colspan="5">年　　月　　日至　　年　　月　　日</td></tr>
<tr><td colspan="6">学生工作内容与所学专业的联系：(请在所选项目后括弧内打“√”)
A　无丝毫联系(　　)　　B　某些方面有联系(　　)
C　有联系但不密切(　　)　　D　从事本专业工作(　　)</td></tr>
<tr><td colspan="6">工作期间指导学生的形式和次数：
面谈______次，电话联系______次，短信联系______次，通过网络联系______次，直接到用人单位累计______天。</td></tr>
<tr><td colspan="6">用人单位对学生的管理：(请在所选项目后括弧内打“√”)
1. 专门的指导教师：A　有(　　)　B　无(　　)
2. 完善的管理制度：A　有(　　)　B　无(　　)
3. 严格的考勤纪律：A　有(　　)　B　无(　　)
4. 适当的学生报酬：A　有(　　)　B　无(　　)</td></tr>
<tr><td colspan="6">对学生的评价：
(主要从学生政治思想表现、实习工作态度、劳动纪律和实践技术能力(重点)等方面评定)

成绩：</td></tr>
<tr><td colspan="6">对参加工学结合教育的感受和建议：

指导教师签名：

年　　月　　日</td></tr>
</table>

顶岗实习单位对学生顶岗实习的考核登记表

<table>
<tr><td>单位名称</td><td colspan="3"></td><td>单位地址</td><td></td></tr>
<tr><td>企业指导教师姓名</td><td></td><td>职务</td><td></td><td>职称</td><td></td></tr>
<tr><td>学生姓名</td><td></td><td>系别</td><td></td><td>班级</td><td></td></tr>
<tr><td>起止日期</td><td colspan="5">年 月 日至 年 月 日</td></tr>
<tr><td rowspan="2">企业指导教师评价</td><td colspan="5">考核内容:(请在所选项目后括弧内打"√")
1. 工作主动性:A 拈轻怕重( ) B 拨一拨,动一动( )
C 能主动找事做( ) D 主动且积极( )
2. 工作量:A 无事可做( ) B 有些事做( )
C 事情较多( ) D 很忙( )
3. 工作质量:A 经常出错( ) B 偶尔出错( )
C 无差错( ) D 质量达标( )
4. 协作能力:A 沉默寡言( ) B 能友好对待同事,但较被动( )
C 能主动与同事交谈( ) D 善于言谈,善交朋友( )
5. 敬业精神:A 工作懒散,不负责任( ) B 工作被动,缺乏热情( )
C 有责任心,能完成本职工作( ) D 工作努力,责任心强( )
6. 出勤:A 有旷工现象( ) B 偶有缺勤( )
C 满勤( ) D 满勤且经常主动加班( )</td></tr>
<tr><td colspan="5">对学生的评价:
(主要从学生政治思想表现、实习工作态度、劳动纪律和实践技术能力(重点)等方面评定)

成绩:
指导教师签名:

年 月 日</td></tr>
<tr><td>实习单位意见</td><td colspan="5">贵单位是否愿意继续接收我院的学生:

贵单位对继续接收的学生有何要求:

贵单位对我院工学结合教育有何意见和建议:

单位负责人签名:

年 月 日(单位盖章)</td></tr>
</table>

________学院学生顶岗实习成绩登记表

<table>
<tr><td colspan="2">学生姓名</td><td></td><td>专业</td><td></td><td>班级</td><td></td><td>学号</td><td></td></tr>
<tr><td colspan="2">实习单位名称</td><td colspan="3"></td><td>实习
时间</td><td colspan="3">年　月　日至　年　月　日</td></tr>
<tr><td colspan="2">学院指导教师
姓名及职称</td><td colspan="3"></td><td colspan="2">企业指导教师姓名</td><td colspan="2"></td></tr>
<tr><td colspan="2">实习岗位名称</td><td colspan="7"></td></tr>
<tr><td rowspan="3">顶岗实习综合评价</td><td colspan="8"></td></tr>
<tr><td>实习报告
成绩</td><td></td><td>实习记录
成绩</td><td></td><td>企业指导教师
考核成绩</td><td></td><td>学院指导教师
考核成绩</td><td></td></tr>
<tr><td colspan="8">指导教师签字：

年　月　日</td></tr>
<tr><td rowspan="2">综合成绩</td><td colspan="8">综合成绩：

指导教师签字：　年　月　日

教研室主任签字：　年　月　日</td></tr>
<tr><td colspan="8">系（部）意见：

系（部）领导签字（签章）

年　月　日</td></tr>
</table>

第二章 重力坝设计与施工

第一节 设计内容及方法

一、枢纽布置

(一)坝型、坝址选择

坝型、坝址选择是水利枢纽设计的重要内容,二者相互联系,不同的坝址可以选用不同的坝型,同一个坝址也应考虑几种不同的枢纽布置方案并进行比较。在选择坝型、坝址时,应研究枢纽附近的地形地质条件、水流条件和建筑材料、施工条件、综合效益等。

(1)地质条件。地质是坝型、坝址选择的重要条件。拱坝、重力坝需建在岩基上,土石坝几乎可以在任何地基上修建。

(2)地形条件。对于高山峡谷区,坝址选在峡谷地段,坝轴线短,坝体工程量小。

(3)建筑材料。坝址附近应有足够的符合要求的建筑材料。

(4)施工条件。坝址附近应有开阔地形,便于布置施工场地;距离交通干线近,便于交通运输。

(5)综合效益。选择坝址应综合考虑防洪、发电、航运、旅游、环境等各部门的经济效益及社会效益。

一般地,混凝土重力坝应选择上下游河谷宽阔,地质条件较好,当地有充足的砂卵石或碎石料。坝轴线宜采用直线。

(二)枢纽的总体布置

拦河坝在水利枢纽中占主要地位。在确定枢纽工程位置时,一般先确定建坝河段,再进一步确定坝轴线,同时还要考虑拟采用的坝型和枢纽中建筑物的总体布置,合理解决综合利用问题。一般地,泄洪建筑物和电站厂房应尽量布置在主河床位置,取水建筑物位于岸坡。

(1)溢流坝的布置。溢流坝的位置应使下泄洪水、排冰时能与下游平顺连接,不致冲淘坝基和其他建筑物的基础,其流态和冲淤不致影响其他建筑物的使用。

(2)泄水孔及导流底孔的布置。泄水孔一般设在河床部位的坝段内,进口高程、孔数、尺寸、形式应根据主要用途来选择。狭窄河谷泄水孔宜与溢流坝段相结合,宽敞河谷二者可分开;排沙孔应尽量靠近发电进水口、船闸等需要排沙的部位。

导流底孔宜泄施工期的流量,在通航河床上应考虑施工期的航运及过木。一般地,导流底孔应尽量和永久建筑物结合,做到一孔多用。当导流底孔出口流速较大而冲刷岩石时,应采取保护措施,更应防止泄洪时冲坏永久建筑物。

(3)非溢流坝的布置。非溢流坝一般布置在河岸部分并与岸坡相连,非溢流坝与溢流坝或其他建筑物相连处,常用边墙、导墙隔开。连接处尽量使迎水面在同一平面上,以免部分建筑物受侧向水压力作用改变坝体的应力。在宽阔河道上以及岸坡覆盖层、风化层极深时,非溢流坝段也可采用土石坝。

二、非溢流坝剖面设计

非溢流坝剖面设计的基本原则是:①满足稳定和强度要求,保证大坝安全;②工程量小,造价低;③结构合理,运用方便;④利于施工,方便维修。

遵循以上原则拟定出的剖面,需要经过稳定及强度验算,分析是否满足安全和经济的要求,然后修改已拟定的剖面,重复以上过程直至得到一个经济的剖面。这是一个反复修改的过程。

(一)剖面尺寸的拟定

非溢流坝剖面尺寸初步拟定的主要内容有:坝顶高程,坝顶宽度,坝坡及上、下游起坡点位置。

1. 坝顶高程的拟定

坝顶高程分别按设计和校核两种情况,用以下公式进行计算。

波浪要素按官厅公式计算,公式如下:

$$\left.\begin{aligned}\frac{gh_1}{v_0^2} &= 0.007\,6v_0^{-1/12}\left(\frac{gD}{v_0^2}\right)^{1/3}\\ \frac{gL}{v_0^2} &= 0.331v_0^{-1/2.15}\left(\frac{gD}{v_0^2}\right)^{1/3.75}\\ h_z &= \frac{\pi h_1^2}{L}\mathrm{cth}\frac{2\pi H}{L}\approx 0.3h_{1\%}\end{aligned}\right\}\tag{2-1}$$

库水位以上的超高 Δh:

$$\Delta h = h_{1\%} + h_c + h_z \tag{2-2}$$

式中 $h_{1\%}$——累计频率为1%的波浪高度,m,由波浪高度 h_1(见图2-1)换算而得;

h_z——波浪中心线超出静水位的高度,m;

h_c——安全超高,m,可以在表2-1中查找;

v_0——计算风速,m/s,当浪压力参与基本组合时,采用重现期为50年的年最大风速,当浪压力参与偶然组合时,采用多年平均年最大风速;

g——重力加速度,9.81 m/s^2;

D——风区长度,m;

L——波长,m;

H——坝前水深,m。

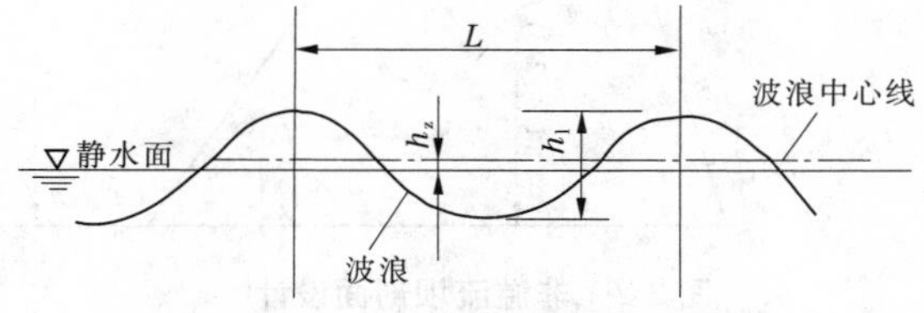

图2-1 波浪几何要素示意图

表 2-1　非溢流坝坝顶安全超高值　（单位：m）

水工建筑物安全级别（水工建筑物级别）	Ⅰ（1）	Ⅱ（2、3）	Ⅲ（4、5）
正常蓄水位	0.7	0.5	0.4
校核洪水位	0.5	0.4	0.3

官厅公式适用于 $v_0 < 20$ m/s，$D < 20$ km。

坝顶或防浪墙顶高程 = 静水位 + 相应的库水位以上的超高 Δh。

比较正常蓄水位、校核洪水位的坝顶高程并取较大值，减去防浪墙高度（1.2 m 左右），则可以得到带有防浪墙的坝顶高程。对于 1、2 级坝，坝顶高程不得低于校核洪水位。

2. 坝顶宽度的拟定

为了适应运用和施工的需要，坝顶必须有一定的宽度。一般地，坝顶宽度取最大坝高的 8% ~10%，且不小于 3 m。若有交通要求或有移动式启闭设施时，应根据实际需要确定。

3. 坝坡的拟定

考虑坝体利用部分水重增加其抗滑稳定，根据工程实践，上游边坡系数常取 $n = 0 \sim 0.3$，下游边坡系数 $m = 0.6 \sim 0.8$。

4. 上、下游起坡点位置的确定

上游起坡点位置应结合应力控制标准和发电引水管、泄水孔等建筑物的进口高程来确定，一般起坡点在坝高的 1/3 ~ 2/3 附近。下游起坡点的位置应根据坝的实用剖面型式、坝顶宽度，结合坝的基本剖面计算得到（最常用的是其基本剖面的顶点位于校核洪水位处）。由于起坡点处的断面发生突变，故应对该截面进行强度和稳定校核。

根据以上几个方面，初拟非溢流重力坝实用剖面如图 2-2 所示。

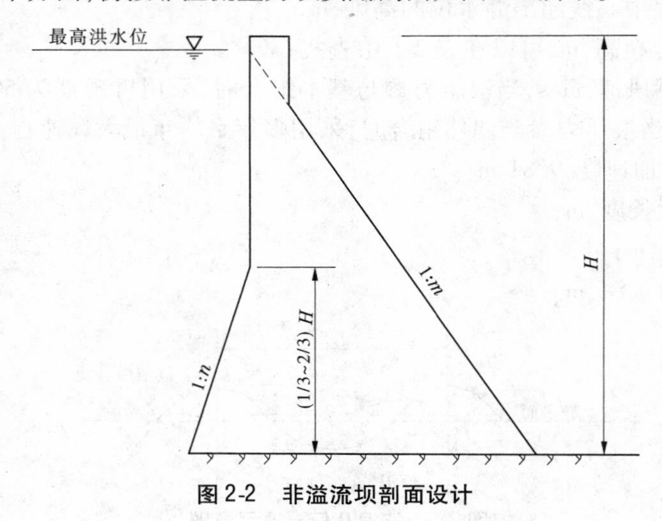

图 2-2　非溢流坝剖面设计

(二)荷载计算及组合

荷载是重力坝设计的主要依据之一。荷载按作用随时间的变异分为三类:永久作用、可变作用、偶然作用。设计时应正确选用荷载标准值、分项系数(从表 2-2 中选用)、有关参数和计算方法。按设计情况、校核情况分别计算荷载作用的标准值和设计值(设计值 = 标准值 × 分项系数)。下面介绍主要荷载作用标准值的计算方法。

重力坝的荷载主要有自重、静水压力、浪压力、泥沙压力、扬压力、冰压力、地震荷载等,常取 1 m 坝长进行计算。

表 2-2 荷载作用的分项系数

序号	作用类别	分项系数	序号	作用类别	分项系数
1	自重(永久作用)	1.0	5	浪压力(可变作用)	1.2
2	水压力(可变作用) (1)静水压力 (2)动水压力	 1.0 1.1	6	冰压力(可变作用)	1.1
			7	土压力(永久作用)	1.2
3	扬压力(可变作用) (1)渗透压力 (2)浮托力	 1.2 1.0	8	未规定的永久作用对结构不利 未规定的永久作用对结构有利	1.05 0.95
4	泥沙压力(永久作用)	1.2	9	未规定的不可控制可变作用 未规定的可控制可变作用	1.2 1.1

1. 自重 W

坝体自重 W(kN)的计算公式:

$$W = V\gamma_c \tag{2-3}$$

式中 V——坝体体积,m^3,由于取 1 m 坝长,可以用断面面积代替,通常把它分成如图 2-3 所示的若干个简单的几何图形分别计算;

γ_c——坝体混凝土的重度,一般取 23.5 ~ 24.0 kN/m^3。

2. 静水压力

静水压力是作用在上下游坝面的主要荷载,计算时常分解为水平水压力 P_H 和垂直水压力 P_V 两种,如图 2-3 所示 。P_H(kN)的计算公式为:

$$P_H = \frac{1}{2}\gamma_w H^2 \tag{2-4}$$

式中 H——计算点处的作用水头,m;

γ_w——水的重度,常取 9.81 kN/m^3。

垂直水压力按水重计算。

3. 扬压力

扬压力包括渗透压力和浮托力两部分。渗透压力是由上下游水位差 H 产生的渗流在坝内或坝基面上形成的水压力；浮托力是由下游水面淹没计算截面而产生的向上的水压力。扬压力的分布与坝体结构、上下游水位、防渗排水等因素有关。下面以坝基面上的扬压力计算为例来说明，坝踵处的扬压力强度为 γH_1，坝趾处的扬压力强度为 γH_2，排水孔幕处的渗透压力为 $\alpha\gamma H$（α 为扬压力折减系数，河床坝段 $\alpha = 0.2 \sim 0.3$，岸坡坝段 $\alpha = 0.3 \sim 0.35$）。扬压力的大小等于扬压力分布图（见图 2-3）的面积。只要把扬压力分布图画正确，扬压力就不难计算了。

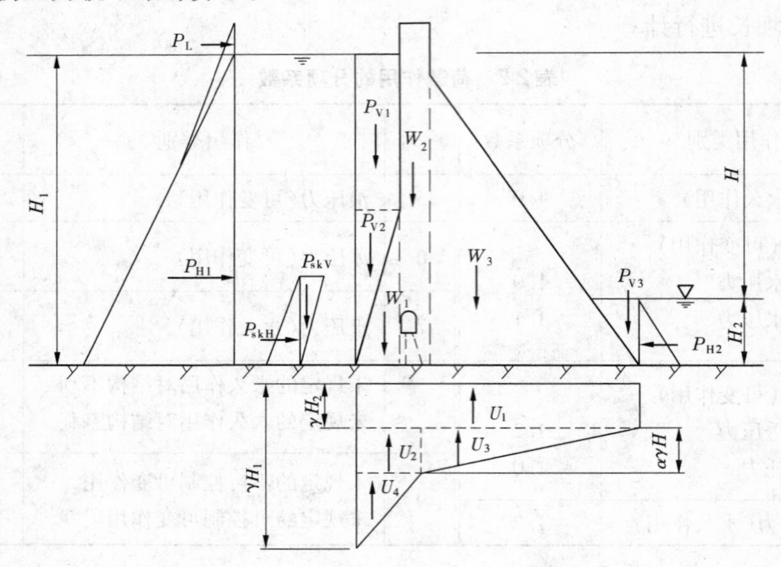

图 2-3 重力坝荷载计算简图

扬压力是一种难以准确计算的荷载，而且形成稳定的扬压力值常需很长时间。因此，在进行坝体应力分析时，按应力的最不利情况确定是否计入扬压力。

4. 泥沙压力

一般计算年限取 50 ~ 100 年，水平泥沙压力 P_{skH}（kN）为：

$$P_{skH} = \frac{1}{2}\gamma_{sb} h_s^2 \tan^2\left(45^\circ - \frac{\varphi_s}{2}\right) \tag{2-5}$$

式中 γ_{sb}——泥沙的浮重度，kN/m³；

h_s——坝前淤沙厚度，m；

φ_s——泥沙的内摩擦角，(°)。

竖直方向的泥沙压力 P_{skV} 按作用面上的泥沙重量（按泥沙的浮重度）计算。

5. 浪压力

当 $H_1 > L/2$ 时，可假定浪顶及水深等于 $L/2$ 处的浪压力为零，静水位处的浪压力最大，并呈三角形分布，如图 2-4 所示。

则浪压力 P_L 为：

$$P_L = \frac{1}{4}\gamma_w\left(\frac{L}{2} + h_1 + h_z\right)L - \frac{1}{2}\gamma_w\left(\frac{L}{2}\right)^2 \tag{2-6}$$

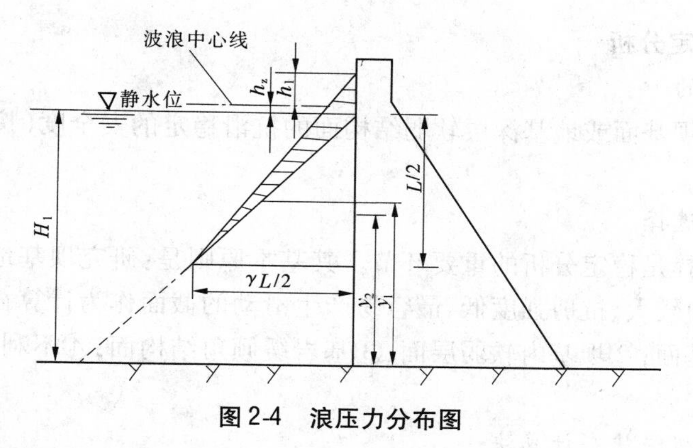

图 2-4　浪压力分布图

浪压力对坝底中点的力矩 M_1 为：

$$\left.\begin{aligned} M_1 &= \frac{1}{4}\gamma_w\left(\frac{L}{2}+h_1+h_z\right)Ly_1-\frac{1}{2}\gamma_w\left(\frac{L}{2}\right)^2y_2 \\ y_1 &= H_1-\frac{L}{2}+\frac{1}{3}\left(\frac{L}{2}+h_1+h_z\right) \\ y_2 &= H_1-\frac{L}{3} \end{aligned}\right\} \tag{2-7}$$

式中　H_1——坝前水深,m;

y_1、y_2——大、小三角形的形心到坝基面中心的垂直距离,m;

波浪要素 L、$h_{1\%}$、h_z 按官厅公式(2-1)计算。

6. 其他荷载

地震荷载:一般地,当地震的设计烈度为Ⅵ度及Ⅵ度以下时,不考虑地震荷载。冰压力、土压力应根据具体情况来定。温度荷载一般可以采取措施来消除,进行稳定和应力分析时可以不计入。风荷载、雪荷载、人群荷载等在重力坝荷载中所占比例很小,可以忽略不计。

7. 荷载组合

荷载组合可分为基本组合和偶然组合,它们分别考虑的荷载见表 2-3。

表 2-3　重力坝荷载组合

设计情况		荷载作用								
		自重	静水压力	扬压力	泥沙压力	浪压力	冰压力	动水压力	土压力	地震力
基本组合	正常蓄水情况	+	+	+	+	+	0	0	+	0
	设计洪水情况	+	+	+	+	+	0	+	+	0
	冰冻情况	+	+	+	+	0	+	0	+	0
偶然组合	校核洪水情况	+	+	+	+	+	0	+	+	0
	地震情况	+	+	+	+	+	0	0	+	+

注:(1)应根据各种作用同时发生的实际可能性,选择计算中的最不利的组合。

(2)表中的“+”表示应考虑的荷载,“0”表示不考虑的荷载。

（三）抗滑稳定分析

1. 分析的目的

核算坝体沿坝基面或地基深层软弱结构面的抗滑稳定的安全度（按平面问题进行分析）。

2. 滑动面的选择

滑动面的选择是稳定分析的重要环节。其基本原则是：研究坝基地质条件和坝体剖面型式，选择受力较大、抗剪强度低、最容易产生滑动的截面作为计算截面。一般有以下几种情况：①坝基面；②坝基内软弱层面；③基岩缓倾角结构面；④不利的地形；⑤碾压混凝土层面等。

3. 抗滑稳定极限状态计算法

《混凝土重力坝设计规范》（DL 5108—1999）中采用抗滑稳定极限状态计算法。计算时，对基本组合、偶然组合应分别进行计算。其具体表达式如下：

基本组合

$$\gamma_0 \Psi S(\gamma_G G_k, \gamma_Q Q_k, \alpha_k) \leqslant \frac{1}{\gamma_{d1}} R\left(\frac{f_k}{\gamma_m}, \alpha_k\right) \tag{2-8}$$

偶然组合

$$\gamma_0 \Psi S(\gamma_G G_k, \gamma_Q Q_k, A_k, \alpha_k) \leqslant \frac{1}{\gamma_{d2}} R\left(\frac{f_k}{\gamma_m}, \alpha_k\right) \tag{2-9}$$

式中 γ_0——结构重要性系数，对应于结构安全级别Ⅰ、Ⅱ、Ⅲ级的结构，其结构重要性系数分别为1.1、1.0、0.9；

Ψ——设计状况系数，对应于持久状况、短暂状况、偶然状况分别为1.0、0.95、0.85；

$S(\cdot)$——作用效应函数，$S(\gamma_G G_k, \gamma_Q Q_k, \alpha_k) = \sum P$；

$\sum P$——坝基面上全部切向作用之和，kN；

$R(\cdot)$——构件及构件抗力函数，$R\left(\frac{f_k}{\gamma_m}, \alpha_k\right) = f'\sum W + c'A$；

f'——坝基面抗剪断摩擦系数；

c'——坝基面抗剪断黏聚力，kPa；

γ_G——永久作用分项系数，见表2-2；

γ_Q——可变作用分项系数，见表2-2；

G_k——永久作用标准值，kN；

Q_k——可变作用标准值，kN；

α_k——几何参数的标准值，可作为定值处理；

f_k——材料性能的标准值，由试验确定；

γ_{d1}——基本组合结构系数，见表2-4；

γ_{d2}——偶然组合结构系数，见表2-4；

γ_m——材料性能的分项系数，见表2-5；

A_k——偶然作用标准值。

表 2-4 结构系数

序号	项目	组合类型	分项系数
1	坝体抗滑稳定极限状态	基本组合 偶然组合	1.2 1.2
2	混凝土抗压极限状态	基本组合 偶然组合	1.8 1.8

经过上述计算分析,若满足抗滑稳定要求,则所拟定的剖面尺寸已经能达到稳定。

(四)应力分析

1.分析的目的

检验所拟坝体断面尺寸是否经济合理,并为确定坝内材料分区、某些部位配筋提供依据。

表 2-5 材料性能分项系数

序号	材料类别及强度	抗剪断强度	分项系数	备注
1	混凝土/基岩	f', c'	1.3,3.0	
	混凝土之间	f', c'	1.3,3.0	常态混凝土层面
	碾压混凝土之间	f', c'	1.3,3.0	碾压混凝土层面
	基岩之间	f', c'	1.4,3.2	
	软弱夹层之间	f', c'	1.5,3.4	
2	混凝土强度	抗压强度	1.5	

2.分析的方法

应力分析的方法有理论计算和模型试验两类。理论计算又分材料力学法和弹性理论法。材料力学法计算简便,适应面广,并有一套比较成熟的应力控制标准,所以目前仍被普遍采用,适应于地质条件比较简单的中、低坝;对于高坝,尤其地质条件复杂时,除用材料力学法外,应同时进行模型试验来研究。

3.坝体强度极限状态法

承载能力极限状态设计表达式:

$$\gamma_0 \Psi S(F_d, \alpha_k) \leqslant \frac{1}{\gamma_d} R(f_d, \alpha_k) \tag{2-10}$$

式中 $S(\cdot)$——作用的效应函数,$S(\cdot)=\left(\frac{\sum W}{B}-\frac{6\sum M}{B^2}\right)(1+m^2)$;

$R(\cdot)$——抗力函数,$R(\cdot)=R_a$;

F_d——荷载作用的设计值,kN;

f_d——材料性能的设计值;

m——坝体下游的边坡系数;

R_a——混凝土的抗压强度,kPa;

$\sum W$——计算截面上全部法向作用之和,kN,向下为正;

$\sum M$——作用于计算截面以上全部荷载对计算截面形心的力矩总和,kN·m;

其他符号含义同前。

核定坝体选定计算截面下游端点抗压强度时,应按材料的标准值和作用的标准值或代表值分别计算基本组合和偶然组合。

以坝踵垂直应力不出现拉应力(计扬压力)作为正常使用极限状态,此时计算公式为:

$$\frac{\sum W}{B}+\frac{6\sum M}{B^2}\geqslant 0 \tag{2-11}$$

核算坝踵应力时,应按作用的标准值分别计算作用的短期组合和长期组合。

三、溢流坝设计

(一)泄水方式的选择

溢流重力坝既要挡水又要泄水,不仅要满足稳定和强度要求,还要满足泄水要求。因此,需要有足够的孔口尺寸、较好体型的堰型,以满足泄水的要求,并使水流平顺,不产生空蚀破坏。溢流坝的泄水方式主要有以下两种:

(1)开敞溢流式。除泄洪外,它还可排除冰凌或其他漂浮物,如图 2-5 所示。堰顶可设置闸门,也可不设。不设闸门时,堰顶高程等于水库的正常高水位,泄洪时库水位壅高,从而加大了淹没损失,但结构简单,管理方便,适用于泄洪量不大、淹没损失小的中小型工程;设置闸门的溢流坝,闸门顶高程大致与正常高水位齐平,堰顶高程较低,可利用闸门的开启高度调节库水位和下泄流量,适用于大型工程及重要的中型工程。

(2)孔口溢流式。为了降低堰顶闸门的高度,增大泄流,可采用带有胸墙的溢流堰,如图 2-6 所示。这种型式的溢流孔可按洪水预报提前放水,从而腾出较大库容蓄纳洪水,提高水库的调洪能力。为使水库具有较大的泄洪潜力,宜优先考虑开敞式溢流孔。

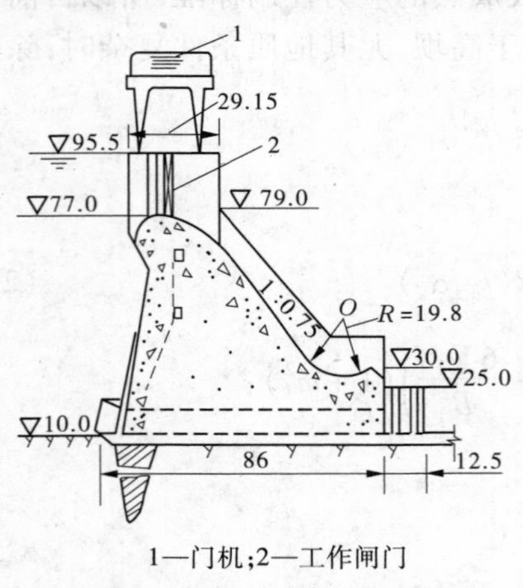

1—门机;2—工作闸门

图 2-5　开敞溢流堰　(单位:m)

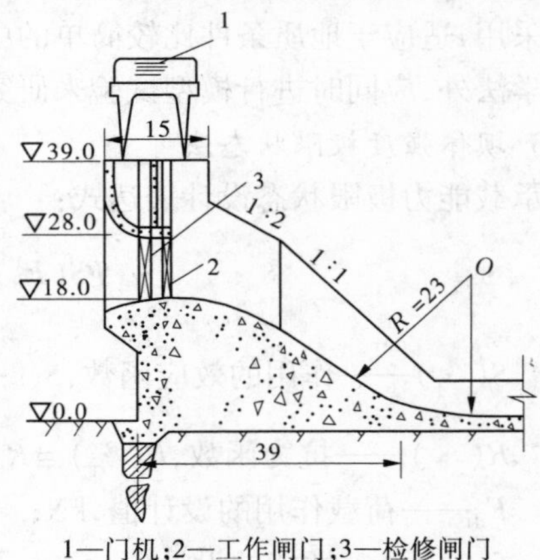

1—门机;2—工作闸门;3—检修闸门

图 2-6　孔口溢流堰　(单位:m)

（二）孔口设计

1. 洪水标准的确定

根据建筑物的级别及运用情况确定洪水标准，见表2-6。

表2-6　山区、丘陵区水利工程水工建筑物洪水标准

水工建筑物级别		1级	2级	3级	4级	5级
洪水重现期（年）	设计情况	1 000～500	500～100	100～50	50～30	30～20
	校核情况	5 000～2 000	2 000～1 000	1 000～500	500～200	200～100

2. 设计流量的确定

确定设计流量时，先拟定溢流坝的泄水方式，然后进行调洪演算，求得各方案的防洪库容、设计洪水位和校核洪水位及其相应的下泄流量；然后估算淹没损失、枢纽造价、效益，进行综合比较，选出最优方案。若考虑泄水孔及其他建筑物能分担一部分泄洪任务，则通过坝顶溢流的下泄流量 Q（m^3/s）为：

$$Q = Q_s - \alpha Q_0 \tag{2-12}$$

式中　Q_s——经过调洪演算确定的枢纽中总的下泄流量，m^3/s；

α——系数，考虑电站部分运行等因素对下泄流量的影响，正常运用时 $\alpha = 0.75 \sim 0.9$，校核情况 $\alpha = 1.0$；

Q_0——经过泄水孔、电站、船闸等建筑物下泄的流量，m^3/s。

3. 单宽流量 q 的确定

单宽流量是确定孔口尺寸的重要依据。单宽流量大，溢流孔口的宽度可以缩小，有利于枢纽的布置，但增加了下游消能的困难，下游的局部冲刷可能更严重；反之，单宽流量小，有利于下游消能，但溢流孔口的宽度增大，对枢纽的布置不利。因此，一个经济而又安全的单宽流量，必须综合地质条件、下游河流水深、枢纽布置、消能等多种因素，经技术经济比较后选定。

工程实践证明，溢流坝单宽流量宜采用如下数值：软弱岩石或裂隙发育岩石，$q = 20 \sim 50\ m^3/(s \cdot m)$；较好的岩石，$q = 50 \sim 70\ m^3/(s \cdot m)$；坚硬或完整岩石，$q = 100 \sim 150\ m^3/(s \cdot m)$。

4. 孔口尺寸确定和布置

溢流孔的净宽为 B，根据 $Q = Bq$，可计算出 B（$B = Q/q$）。对于设置闸门的溢流坝，须用闸墩将溢流坝分隔成若干个孔口。每个孔口的净宽为 b，孔数为 n，则 $n = B/b$（取整）。

n 与 b 的选择，应结合闸门型式、启闭设备、运用条件、坝顶布置、与坝段的适应等因素进行确定。单孔宽度不宜过大或过小，宽度过小，孔数 n 增多，闸墩增多，运行不便；宽度过大，闸门尺寸大，启闭设备容量大，增加了运行的难度。一般大中型工程采用 $b = 8 \sim 16$ m，若有排冰、过木要求，b 可加大到 18～20 m；小型工程 $b < 8$ m。为了降低工程造价，应采用规范中推荐的孔口尺寸。为了便于消能，n 宜为单数。

若中墩的厚度为 d，边墩的厚度为 t，则溢流坝段的总长度 L_0 为：

$$L_0 = nb + (n-1)d + 2t$$

5. 溢流堰顶高程的确定(以开敞式孔口为例)

由堰流公式

$$Q = \sigma_s \varepsilon mnb\sqrt{2g}H_0^{3/2} \tag{2-13}$$

已知 Q、$\sigma_s=1$、n、b,先假定 ε、m,分别计算设计、校核情况下的堰上水头 H_0,相应的洪水位减去堰上水头 H_0 即为堰顶高程。一般取较小的值作为所求的堰顶高程。

堰上最大水头 H_{max}、定型设计水头 H_s 的确定:

$$H_{max} = 校核洪水位 - 堰顶高程$$

$$H_s = (75\% \sim 95\%)H_{max}$$

定型设计水头 H_s 不同,堰顶可能出现的最大负压也不同。规范规定:校核洪水位闸门全开时,出现的负压不得超过 3~6 m 水柱。定型设计水头 H_s 的选择与堰面可能出现的最大负压,可参考表 2-7 确定。

表 2-7 堰面可能出现的最大负压

H_s/H_{max}	0.75	0.775	0.80	0.825	0.85	0.875	0.90	0.95	1.0
最大负压值(m)	$0.5H_s$	$0.45H_s$	$0.4H_s$	$0.35H_s$	$0.3H_s$	$0.25H_s$	$0.2H_s$	$0.1H_s$	0

闸门高度:

$$闸门高度 = 正常高水位 - 堰顶高程 + 超高(0.1 \sim 0.2\ m)$$

泄流能力校核:已知 n、b、堰上水头,先计算 ε、m,然后根据堰流公式(2-13)计算 Q',若满足 $\left|\dfrac{Q'-Q}{Q}\right| \times 100\% \leqslant 5\%$,则设计的孔口符合要求。

当堰顶水头 $H=H_s$ 时,流量系数 $m_s=0.502$;当 $H \neq H_s$ 时,流量系数 m 由表 2-8 查得。

表 2-8 H/H_s 与 m/m_s 关系

H/H_s	0.2	0.4	0.6	0.8	1.0	1.2	1.4
m/m_s	0.85	0.90	0.95	0.975	1.0	1.025	1.07

溢流坝的横缝布置有两种方式:一种是横缝布置在墩中间,其特点是各段产生不均匀沉陷时,不影响闸门的启闭,但墩厚增大,适用于软弱地基;另一种是横缝布置在孔口中间,其特点与前一种相反,适用于坚硬地基。

(三)消能防冲设计

通过溢流坝顶下泄的水流,具有很大的能量,必须采取有效的消能措施,保护下游河床免受冲刷。消能设计的原则是:消能效果好,结构可靠,防止空蚀和磨损,以保证坝体和有关建筑物的安全。设计时应根据坝址地形地质条件、枢纽布置、坝高、下泄流量等综合考虑。

对于大型工程及高坝,还应进行水工模型试验。

溢流坝常用的消能方式有挑流消能和底流消能。这里主要介绍挑流消能设计。

挑流消能是利用溢流坝下游的挑流鼻坎将从坝顶下泄的高速水流抛向空中,使水流扩散、掺气,然后跌入下游河床的水垫中。水流在同空气摩擦的过程中可消耗一部分能量，水流进入水垫后，发生强烈的摩擦、旋滚，冲刷河床形成冲坑，其余大部分能量消耗于冲坑中。这种方式比较经济，一般适用于高水头、大流量、基岩较坚固的高坝或中坝。

1. 挑流鼻坎设计

挑流鼻坎设计主要是选择合适的鼻坎型式、鼻坎高程、挑射角及反弧半径。鼻坎的型式有连续式和差动式两种。

(1)连续式鼻坎。这种型式的鼻坎结构简单，施工方便，鼻坎上水流平顺，挑距较远，应用也广泛。鼻坎挑射角一般取 $\theta=20°\sim25°$，对于深水河槽取 $\theta=15°\sim20°$。鼻坎坎顶高程宜高出下游最高水位 1～2 m。反弧半径 $R=(4\sim10)h$，h 为校核洪水闸门全开时反弧处的水深(常近似取鼻坎上水深)。反弧处流速大时，反弧半径取大值。计算 h 时，常用式(2-14)及式(2-15)。

鼻坎处水流平均流速 v(m/s)为：

$$v = \varphi\sqrt{2gH_0} \tag{2-14}$$

因为 $Q=Av=Bhv$，所以鼻坎平均水深 h(m)为：

$$h = \frac{Q}{Bv} \tag{2-15}$$

式中 φ——堰面流速系数；

H_0——库水位至坎顶高差，m；

Q——校核洪水时溢流坝下泄流量，m^3/s；

B——鼻坎处水面宽度，m。

(2)差动式鼻坎。鼻坎末端设有高低齿坎，挑射出来的水流具有两种不同的挑射角，水流分股，扩散和掺气充分，空中消能效果较好，水舌入水范围较大，冲坑深度将会减小，但施工较为复杂。一般地，高低齿坎挑射角 θ_1、θ_2，其平均值 $(\theta_1+\theta_2)/2=25°\sim30°$，其差值 $\theta_1-\theta_2=5°\sim10°$，高低齿坎的宽度比为 1.5～2.0，高低齿坎的高差与坎上水深比为 0.5～1.0。

2. 挑距和冲坑的估算

连续式挑流鼻坎的水舌挑距 L 按水舌外缘计算，如图 2-7 所示，其估算公式为：

$$L = \frac{1}{g}\left[v_1^2\sin\theta\cos\theta + v_1\cos\theta\sqrt{v_1^2\sin^2\theta + 2g(h_1+h_2)}\right] \tag{2-16}$$

式中 L——水舌挑距，m；

v_1——坎顶水面流速，m/s，按鼻坎处平均流速 v 的 1.1 倍计；

h_1——坎顶垂直方向水深，m，$h_1=h\cos\theta$；

h_2——坎顶至河床面高差，m。

最大冲坑水垫厚度估算公式：

$$t_k = \alpha q^{0.5}H^{0.25} \tag{2-17}$$

$$t'_k = \alpha q^{0.5}H^{0.25} - H_2 \tag{2-18}$$

式中 t_k——最大冲坑水垫厚度，自水面算至坑底，m；

t'_k——冲坑深度，m；

q——单宽流量，$m^3/(s\cdot m)$；

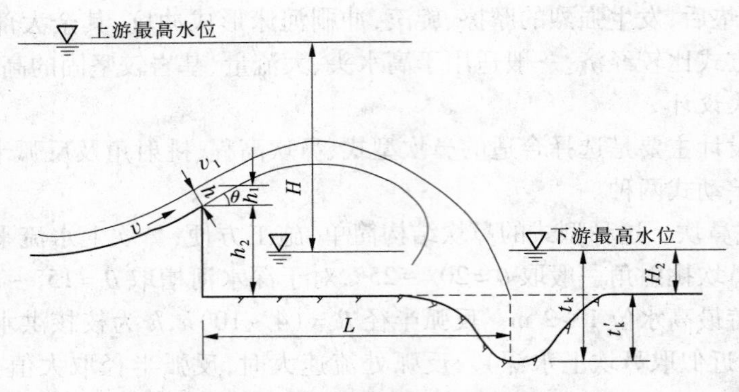

图 2-7　挑流消能冲刷坑计算简图

H——上下游水位差，m；

H_2——下游水深，m；

α——冲坑系数，坚硬完整的基岩 $\alpha = 0.9 \sim 1.2$，坚硬但完整性较差的基岩 $\alpha = 1.2 \sim 1.5$，软弱破碎、裂隙发育的基岩 $\alpha = 1.5 \sim 2.0$。

为了保证大坝的安全，挑距应有足够的长度。一般当 $L/t'_k > 2.5 \sim 5.0$ 时，认为是安全的。不能满足时，可通过模型试验，结合工程实际进行论证。

另外，为了避免小流量时产生贴面流，淘刷坝脚，可在挑流鼻坎后面做一短段护坦，以保护坝脚安全。

（四）溢流面剖面设计

溢流坝的基本剖面为三角形。一般其上游面为铅直或折线面，溢流面由顶部的曲线、中间的直线、底部的反弧三部分组成。

1. 顶部的曲线

溢流坝顶部常采用非真空剖面曲线。对于开敞溢流式，可采用幂曲线，如图 2-8 所示；对于胸墙式，可采用抛物线，如图 2-9 所示。

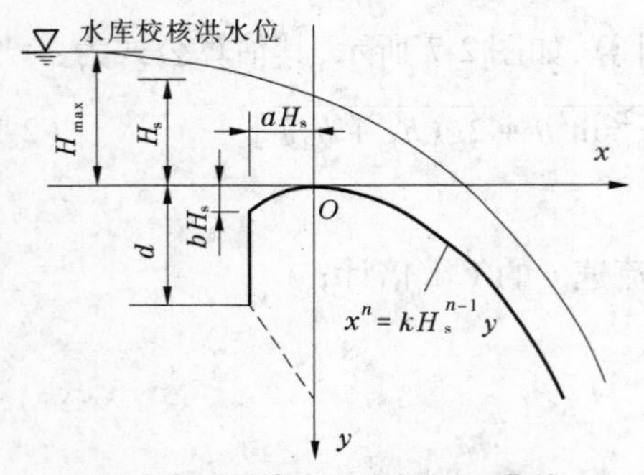

图 2-8　开敞式溢流坝堰面曲线

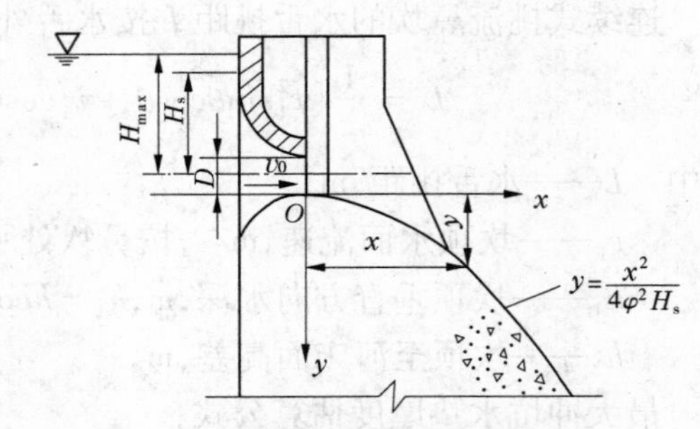

图 2-9　孔口射流溢流坝堰面曲线

幂曲线方程：

$$x^n = kH_s^{n-1}y \tag{2-19}$$

式中　n、k——指数和系数，上游面垂直时，$n = 1.85$，$k = 2.0$，上游面坡度为 3∶1 时，$n = 1.863$，$k = 1.963$；

H_s——定型设计水头,m。

原点上游宜采用椭圆曲线,如图 2-8 所示,其方程为:

$$\frac{x^2}{(aH_s)^2} + \frac{(bH_s - y)^2}{(bH_s)^2} = 1 \tag{2-20}$$

式中 a、b——系数,$a = 0.26 \sim 0.30$,$a/b = 0.87 + 3a$;

其他符号含义同式(2-19)。

采用倒悬堰顶时,应满足 $d > \frac{H_{max}}{2}$。

抛物线方程为:

$$y = \frac{x^2}{4\varphi^2 H_s} \tag{2-21}$$

式中 φ——孔口收缩断面上的流速系数,一般取 $\varphi = 0.96$;

其他符号含义同式(2-19)。

原点以上可采用单圆、复式圆或椭圆曲线,并与胸墙底缘通盘考虑。

2. 溢流坝剖面绘制

顶部的曲线段确定后,中部的直线段分别与顶部曲线、底部的反弧段相切,其坡度一般与非溢流坝段下游坡率相同,即为 1∶m。直线段与幂曲线相切时,切点 C 的横坐标 x_c 为:

$$x_c = [k/(mn)]^{\frac{1}{n-1}} H_s \tag{2-22}$$

式中 m——坝下游的坡率;

其他符号含义同式(2-19)。

一般当挑坎超出基本剖面的长度 l 与挑坎的高度 h 的比值小于 0.5 时,挑坎与坝体不分缝;反之,二者之间需用结构缝分开,并验算挑坎的稳定性。

四、泄水孔的设计

(一)有压泄水孔的设计

坝体在孔中内水压力作用下可能会出现拉应力,因此孔壁需用钢板衬砌。

1. 孔径 D 的拟定

孔径 D(m)的拟定可依据下式:

$$D = \sqrt{\frac{4Q}{\pi v_p}} \tag{2-23}$$

式中 Q——每个泄水孔的泄流量,m^3/s;

v_p——孔内的允许流速,m/s,对于发电孔 $v_p = 5.0 \sim 6.0$ m/s。

2. 进水口体型设计

进水口体型应满足水流平顺、水头损失小的要求,进口形状应尽可能符合流线变化规律。工程中常采用椭圆曲线或圆弧形的三向收缩矩形进水口,如图 2-10 所示。

椭圆方程为:

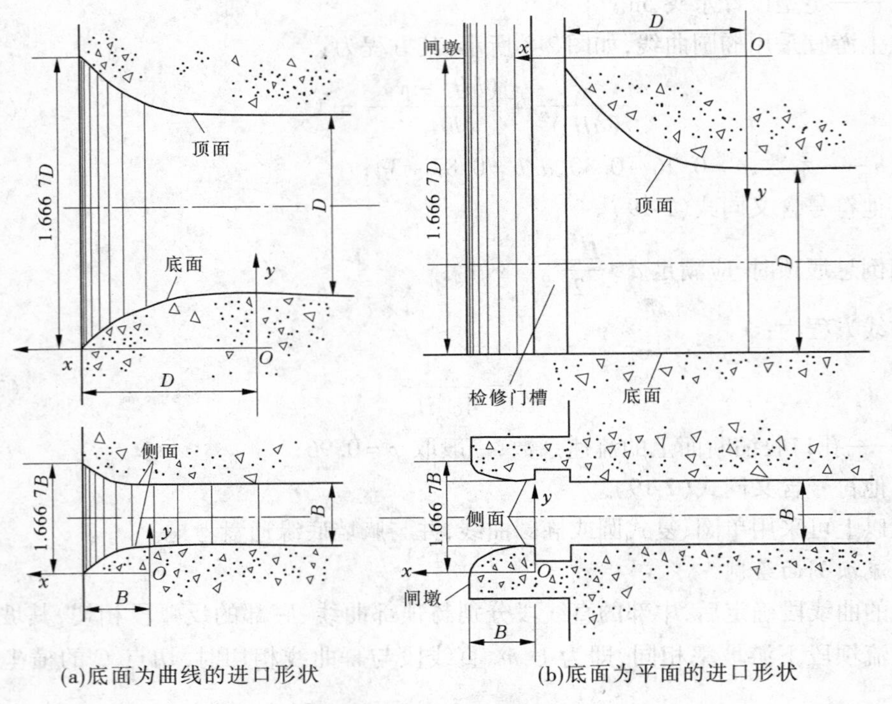

(a)底面为曲线的进口形状　　(b)底面为平面的进口形状

图 2-10　泄水孔进口形状

$$\frac{x^2}{a^2} + \frac{y^2}{b^2} = 1 \tag{2-24}$$

式中　a——椭圆长半轴,圆形进口时,a 为圆孔直径,矩形进口时,顶面曲线 a 为孔高 h,侧面曲线 a 为孔宽 B;

b——椭圆短半轴,圆形进口时,$b = 0.3a$,矩形进口时,顶面曲线 $b = (1/3 \sim 1/4)a$,侧面曲线 $b = a/5$。

对于重要工程的进水口曲线应通过水工模型试验进行修改。孔口的高宽比(h/B)不宜太大,一般为 1.5 左右,最大不超过 2。

3. 闸门与门槽

有压泄水孔一般在进水口设置拦污栅和平面检修闸门,在出口处设置无门槽的弧形闸门。若闸门槽设计不当,容易产生空蚀破坏。根据工程实践,在高水头时,门槽应采用如图 2-11 所示的形状。

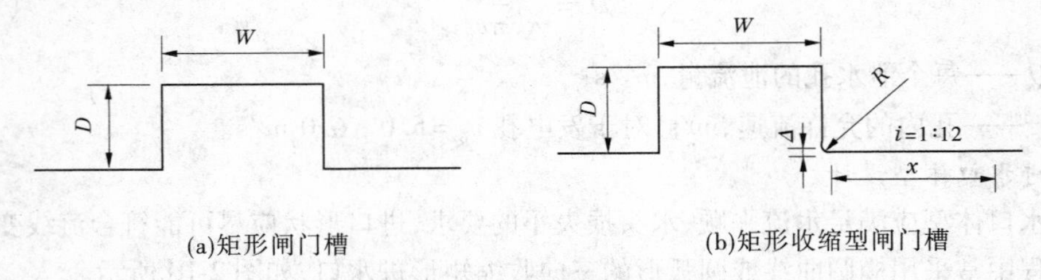

(a)矩形闸门槽　　(b)矩形收缩型闸门槽

图 2-11　泄水孔闸门槽形状

门槽的宽深比 $W/D=1.6\sim1.8$，$\Delta/D=0.05\sim0.08$，$R/D=0.1$，$x/\Delta=10\sim12$。

4. 渐变段

有压泄水孔孔身断面为圆形，进口闸门处为矩形，在进口闸门之后需设置渐变段，以保持水流平顺。渐变段的长度一般为 2 ~3 倍孔径。渐变规律一般都是收缩型，采用圆角过渡，如图 2-12 所示。

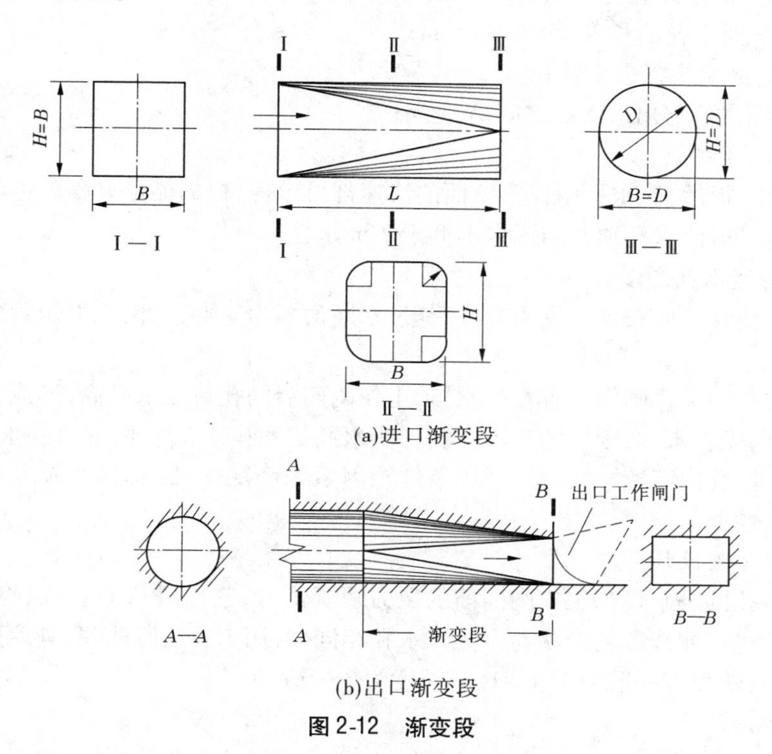

(a)进口渐变段

(b)出口渐变段

图 2-12 渐变段

5. 出水口

有压泄水孔的出口控制着整个泄水孔内的内水压力状况，为了避免空蚀破坏，将出口缩小以增加孔内压力，常采用压坡段（坡度为 1∶5 ~1∶10），出口断面面积为孔身断面的 85% ~95%。

6. 通气孔和平压管

平压管是埋在坝体内部、平衡检修闸门两侧水压以减小启门力的输水管道。从水库中引水，阀门设在廊道内。平压管的直径应根据设计充水时间（一般不超过 8 h）确定。不设平压管的工程，利用检修闸门的小开度充水。

通气孔的断面面积一般取 0.5% ~1.0% 的泄水孔断面面积，同时应大于平压管的过水断面面积。通气孔的下端应尽量靠近闸门之后的最高位置，上端的进口必须与闸门的启门室分开。

7. 水力计算

水力计算的任务：验算泄水能力及孔内的压力分布。泄水能力按管流公式计算：

$$Q = \mu A_c \sqrt{2gH} \tag{2-25}$$

$$\mu = \frac{1}{\sqrt{1 + \left(\frac{2gL}{C^2 R} + \sum \zeta\right)\left(\frac{A_c}{A}\right)^2}}$$

式中 μ——流量系数；

A、A_c——泄水孔孔身和出口断面面积，m^2；

L、R——泄水孔的长度、水力半径，m；

ζ——局部水头损失系数；

H——库水位与出口水面之间高差，m；

C——谢才系数。

当泄流量求得后，泄水孔中任一断面的流速都可求得，根据能量方程即可求出沿程各断面的压强。一般泄水孔顶部的压强不低于 2 m 水柱。

(二)无压泄水孔的设计

无压泄水孔在平面布置上宜为直线，其过水断面多为矩形，它由压力短管和明流段两部分组成。

无压泄水孔的工作闸门布置在进水口，工作闸门后的孔口顶部升高，形成无压流。关闭闸门后，孔内无积水，对坝体的防渗有利。泄水孔的衬砌一般应根据内外水压力、孔口尺寸、受力条件、孔内流速、含沙量、运用条件等因素来确定，一般要求混凝土有一定的强度和抗冲耐磨性能。

1. 进水口体型设计

无压泄水孔的进水口指工作闸门前的压力短管部分，它由进口曲线段、检修闸门槽、压坡段组成。进口曲线段的形状与有压泄水孔相同，常用 1/4 椭圆曲线，其后接一段直线压坡段，压坡段的坡度一般为 1∶4 ~ 1∶6，长度为 3 ~ 6 m。

2. 明流段设计

为使水流平顺，在工作闸门后的明流段的底坡常设计成抛物线形，其方程为：

$$y = \frac{x^2}{6.25\varphi^2 H} \tag{2-26}$$

式中 H——工作闸门孔口中心线处的作用水头，m；

φ——孔口流速系数，一般取 $\varphi = 0.90 \sim 0.96$。

明流段在任何情况下都必须保证形成无压流。明流段的孔顶在水面以上应有足够的富裕度。当孔身为矩形时，顶部高出水面的高度可取最大流量时不掺气水深的 30% ~ 50%；当孔身为城门洞形时，拱脚距水面的高度可取不掺气水深的 20% ~30%。

3. 通气孔设计

检修闸门后的通气孔和平压管的设计与有压泄水孔相同，此外，还要在工作闸门后设通气孔。工作闸门后的通气孔的面积可按下式估算，且一般不小于闸孔面积的 10%。估算公式为：

$$A_a = 0.09A\frac{V_w}{V_a} \tag{2-27}$$

式中 A_a、A——通气孔和明流段的断面面积，m^2；

V_w——闸孔处的水流流速，m/s；

V_a——通气孔的允许风速，一般取 30 ~ 40 m/s。

4. 水力计算

无压泄水孔的泄流能力可按式(2-25)进行计算，但式中 H 应为工作闸门处的水头，A_c 为闸孔的过水断面面积，流量系数 μ 应随进口段的局部水头损失而定，当压力短管长度不超过 10 倍孔高时，有闸门槽时 μ = 0.80 ~ 0.85，无闸门槽时 μ = 0.90 ~ 0.95。

明流段的水面线可根据水力学中分段求和法计算。

第二节　设计实例

一、总论

(一)基本资料

1. 流域概况及枢纽任务

某水库枢纽位于某河上游，全河流域面积 3 200 km^2，流向自北向南，干流的平均比降为 2% ~ 3%。流域内多石山，小部分为丘陵，水土流失不严重。

本枢纽工程是以发电为主兼顾灌溉和供水的综合利用工程，水库的总库容为 1 200 万 m^3，发电引水高程为 347.5 m，最大引水流量为 74 m^3/s，发电装机容量 4 万 kW。灌溉下游左岸耕地 2.5 万 hm^2，灌溉最大引水流量 40 m^3/s，引水高程 352.5 m。

2. 地形地质

地形情况见附图(略)。

坝址处的岩体可大致分为新鲜岩石、微风化层及覆盖层。河槽高程为 332.0 m，河槽处为半风化的花岗岩，风化层厚度为 2 m，基岩具有足够的抗压强度，岩体较完整，无特殊不利地质构造。两岸风化较深呈带状，覆盖层较少，厚度一般 2 ~ 3 m，风化层厚 1 ~ 2 m。坝址两岸均为花岗岩，岩石坚硬，裂隙不发育。

坝基的力学参数：抗剪断系数(混凝土与基岩之间)为 f' = 0.9，c' = 700 kPa。基岩的允许抗压强度为 3 000 kPa。

地震的基本烈度为Ⅵ度。

3. 建筑材料

砂料、卵石在坝址上下游均有，坝址下游 5 km 以内砂储量丰富，可供建筑使用(建筑材料分布图略)。

4. 水文

坝址以上控制集雨面积 123.0 km^2，多年平均流量 3.1 m^3/s，平均年径流量 9 776.2 万 m^3。

水文水利规划成果如下：

上游设计洪水位为 385.4 m，相应的下游水位为 334.3 m，库容为 1 140 万 m^3，溢流坝相应的泄量为1 250 m^3/s；上游校核洪水位为 386.7 m，相应的下游水位为 335.2 m，库容为1 200万 m^3,溢流坝相应的泄量为1 680 m^3/s;上游正常高水位为 383.5 m,相应的下游水位为 331.7 m,库容为 895 万 m^3;死水位为 350 m,相应的库容为 40 万 m^3。淤沙高程为 345 m,相应的库容为 35 万 m^3。

5. 气象

本地区洪水期多年平均最大风速为 14 m/s,水库的风区长度为 2.6 km。

6. 其他有关资料

河流泥沙计算年限采用 50 年,坝前淤沙高程为 345 m,泥沙的浮重度为 9.5 kN/m^3,内摩擦角为 12°。坝体混凝土重度采用 24 kN/m^3。

(二)工程综合说明

根据工程的效益、库容确定本工程属于Ⅲ等工程,其主要建筑物为 3 级,次要建筑物为 4 级,临时性建筑物为 5 级。

枢纽布置:本工程是以发电为主的综合利用工程,溢流坝段应布置在主河槽处,冲沙孔应布置在电站进水口附近,另外电站布置应考虑地形、交通及电站附属建筑物布置等条件。

本枢纽的主体工程由挡水坝段、溢流坝段、泄水底孔坝段、电站坝段及其建筑物组成。电站为坝后式,该重力坝由 18 个坝段组成,每个坝段的长度大约为 15 m,从右岸至左岸依次为:1 号 ~6 号坝段为右岸挡水坝段,7 号、8 号坝段为溢流坝段,9 号、10 号坝段为底孔坝段,11 号 ~18 号坝段为左岸挡水坝段。该坝的坝基面最低高程为 327.0 m,坝顶高程为 386.7 m,最大坝高为 59.7 m,坝体总长为 277.5 m。枢纽工程布置如图 2-13 所示。

非溢流坝段:右岸全长 90 m,左岸全长 123.5 m,其中 18 号坝段长 18.5 m,其他各坝段均为 15 m。坝顶宽度为 7 m,坝顶两侧各设一人行道,人行道宽 1 m。坝顶的上游侧设置钢筋混凝土结构的防浪墙,墙高 1.2 m,宽 0.3 m,下游设置栏杆,沿坝轴线方向每隔 20 m设置一个照明灯。坝的其他尺寸为:上游面为折面,起坡点高程为 347 m,坡度为 1:0.2;下游面坡度为 1:0.7,折坡点的高程为 379.5 m。

溢流坝段:全长 34 m,分 2 个坝段,每个坝段长 17 m,共分 3 孔。溢流堰顶高程为 376.4 m,堰顶安装工作闸门和检修闸门,闸门宽 × 高 = 8 m × 8 m,工作闸门为平面钢闸门,采用坝顶门机启闭。工作桥面高程与非溢流坝顶一致。堰顶设有两个中墩,其厚度 3 m,边墩厚 2 m,缝设在闸孔中间,溢流堰面采用 WES 曲线,过堰水流采用连续式鼻坎挑流消能,坎顶高程为 336.2 m,反弧半径为 18 m,挑射角为 25°。边墩向下游延伸成导水墙,其高度为 3.5 m,断面为梯形,顶宽为 0.5 m,底宽为 2.0 m,需分缝,缝距为 15 m。

电站坝段:电站的装机容量为 2 ×2 万 kW,坝段总长 15 m,坝顶高程为 386.7 m,坝顶宽度为 16 m,坝顶人行道与挡水坝段一致,门机与溢流坝段一致,上游突出 2 m,为拦污栅槽,引水口中心线高程为 348.5 m,孔径为 3.0 m,进口为三向收缩的喇叭口,进口前紧贴坝面布置拦污栅,进口处设置事故闸门和工作闸门,均为平面闸门。在进口闸门后设置渐变段,渐变段为圆角过渡,长度为 6 m。电站厂房采用坝后式,位于左岸非溢流坝段后,由主厂房、副厂房等组成。副厂房在主厂房的上游侧,厂房与坝之间用缝分开,主厂房宽 15 m、高 22 m,内设两台 2 万 kW 的水轮发电机组,发电机层高程为 332 m。副厂房宽 10 m。

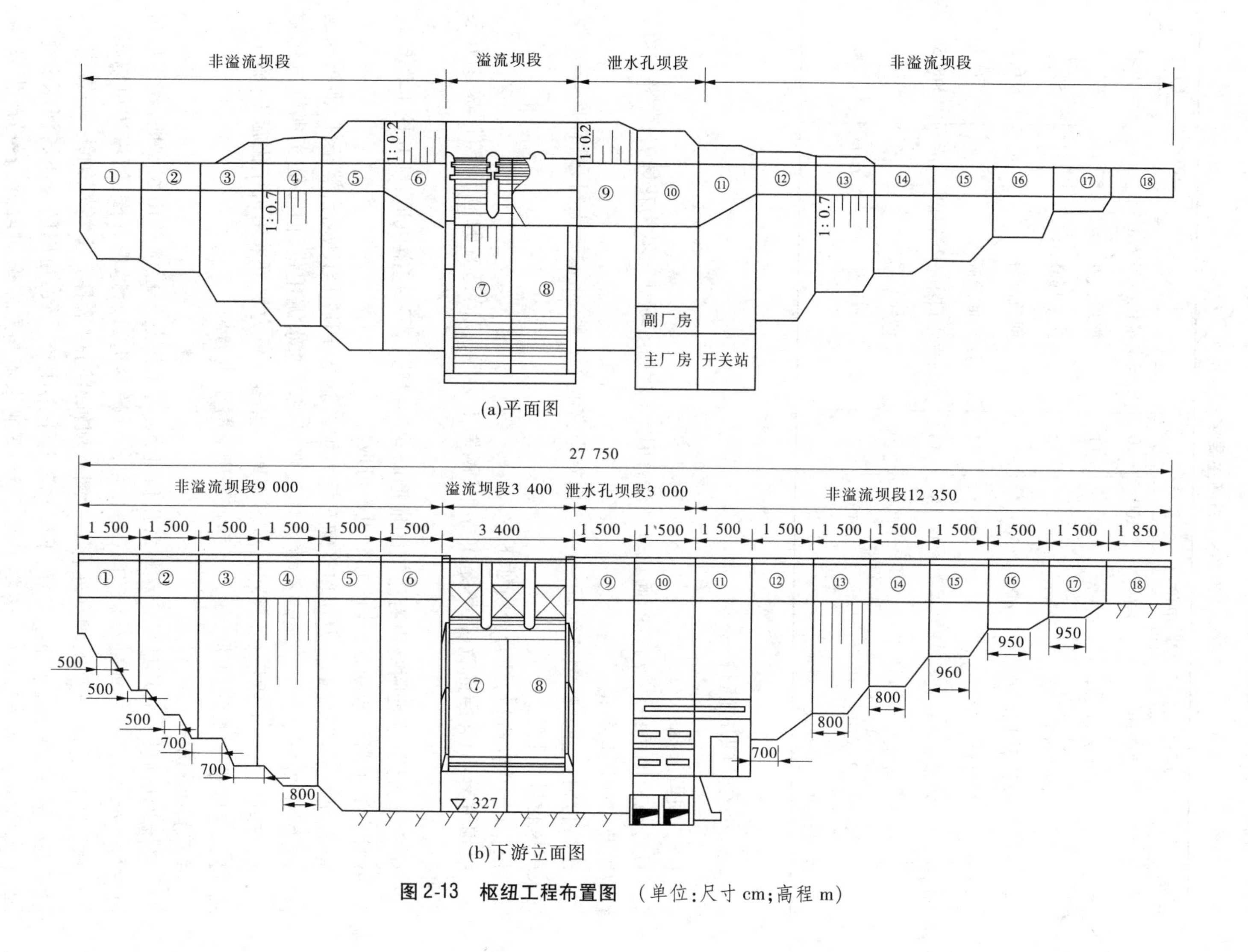

(a)平面图

(b)下游立面图

图 2-13 枢纽工程布置图 （单位：尺寸 cm；高程 m）

枢纽的主要技术指标见表2-9。

表2-9　枢纽主要技术指标

序号	项目	单位	数量	序号	项目	单位	数量
1	流域面积	km^2	3 200	10	校核洪水位时最大泄量	m^3/s	1 680
2	装机容量	万 kW	4	11	坝顶长度	m	277.5
3	灌溉面积	万 hm^2	2.5	12	最大坝高	m	59.7
4	校核洪水位	m	386.7	13	坝顶高程	m	386.7
5	设计洪水位	m	385.4	14	溢流堰顶高程	m	376.4
6	正常高水位	m	383.5	15	电站进水口中心线高程	m	348.5
7	死水位	m	350	16	坝段总数	个	18
8	淤沙高程	m	345	17	总库容	万 m^3	1 200
9	设计洪水位时最大泄量	m^3/s	1 250				

二、坝型、坝址选择

(一)坝型选择

坝址地形地质条件:河谷断面比较宽浅,两岸不对称。坝址区域为花岗岩,完整性好,覆盖层及风化层均较薄。

建筑材料:经勘测,坝址附近5 km以内有丰富的砂石料,但缺乏土料,只有2~3 m厚的表层风化坡积物。

根据以上情况进行综合分析如下:

拱坝方案:河谷断面宽浅,不是V字形,两岸不对称,没有适宜的地形条件,故该方案不可取。

土石坝方案:坝址附近没有适宜的地形修建溢洪道,若开挖溢洪道,则开挖工程量较大,并且当地土料比较缺乏,故该方案也不可取。

重力坝方案:混凝土重力坝和浆砌石重力坝都能充分利用当地的自然条件,泄洪问题容易解决,施工导流容易。浆砌石重力坝虽然可以节约水泥用量,但不能实现机械化施工,施工速度慢,施工质量难以控制,故不可取。混凝土重力坝可采用机械化施工,施工方便,施工速度较快,缩短工期,故本工程宜采用混凝土重力坝。

(二)坝址选择

经地形地质勘测,坝址确定在峡谷出口处,峡谷上游是一巨大的山间盆地,建库后可以有较大的库容,并且坝轴线短,主体工程量小。峡谷出口后地形开阔,河岸边可以布置生活区。由以上分析可知,坝址处有上下两条坝轴线可供选择。上游坝轴线:基岩裸露,清基工程量可以减小,水流条件好,下泄水流与下游主流一致,可以防止下游河床发生冲刷;下游坝轴线:覆盖层较厚,清基工程量大,下泄水流与左岸弯曲段近,容易产生淤积。两条坝轴线在地质、枢纽布置、施工条件、建筑材料等方面基本相似。综合上述,上游坝轴线优于下游坝轴线，故应采用上游坝轴线。

三、非溢流坝设计

（一）剖面尺寸拟定

1. 坝顶高程的确定

按第一节中介绍的式（2-1）、式（2-2）分设计、校核两种情况分别计算，计算结果见表2-10。

表2-10 坝顶高程计算结果

计算情况	风速（m/s）	波高（m）	波长（m）	风壅水面高度（m）	安全加高（m）	静水位以上的超高（m）	坝顶高程（m）
设计情况	28	1.47	14.20	0.48	0.5	2.45	387.8
校核情况	14	0.62	7.10	0.17	0.4	1.19	387.9

经比较可以得出坝顶或防浪墙墙顶高程为387.9 m，并取防浪墙高1.2 m，则坝顶高程为：

$$387.9-1.2=386.7(\mathrm{m})$$

最大坝高为：

$$386.7-327.0=59.7(\mathrm{m})$$

2. 坝顶宽度

考虑交通要求，坝顶宽度取7 m。

3. 坝面坡度

上游坝坡采用折线面，起坡点高程为347 m，坡度为1∶0.2；下游坡度为1∶0.7。

4. 坝基的防渗与排水设施拟定

由于防渗的需要，坝基须设置防渗帷幕和排水孔幕。据基础廊道的布置要求，初步拟定防渗帷幕及排水孔中心线在坝基面处距离坝踵分别为7 m和9 m。

拟定的剖面尺寸如图2-14所示。对初拟的剖面修改—校核—再修改的重复的计算过程略。

（二）荷载计算

1. 计算情况的选择

在设计重力坝剖面时，应按照承载能力极限状态计算荷载的基本组合和偶然组合。荷载基本组合有：正常蓄水情况、设计洪水情况、冰冻情况；偶然组合有：校核洪水情况、地震情况。设计时应对这五种情况分别进行计算。本次设计仅以设计洪水情况为例进行荷载分析计算。

2. 计算截面的选择

抗滑稳定的计算截面一般选择在受力较大、抗剪强度低、容易产生滑动破坏的截面，一般情况有以下几种：坝基面、坝基内软弱层面、坝基缓倾角结构面、不利的地形、混凝土的层面等。

应力分析的位置一般有坝基面、折坡处的截面、坝体削弱部位等。

本次设计仅以坝基面为例来分析计算。

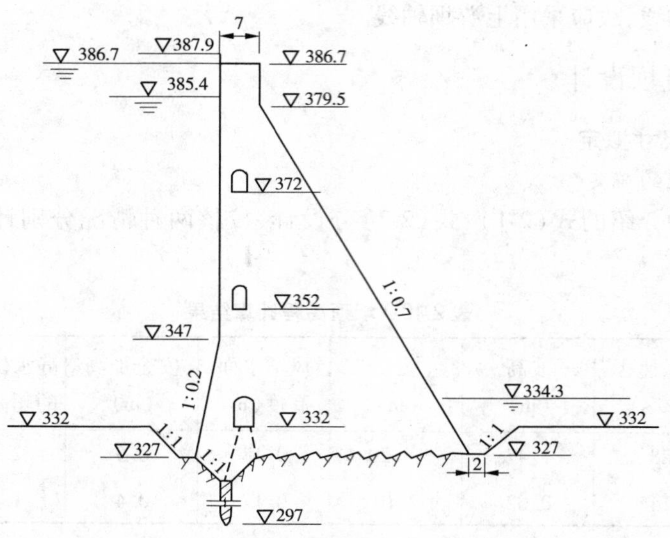

图 2-14　非溢流坝剖面　（单位:m）

3. 荷载计算

先按第一节中介绍的式(2-3)～式(2-7)算出荷载作用的标准值,标准值乘以其分项系数即为荷载作用的设计值;然后,求出荷载作用点对滑动面截面形心的力臂,荷载所产生的力矩的标准值、设计值。

设计洪水情况下作用在坝基面上的荷载有:自重、静水压力、扬压力、泥沙压力、浪压力。有关参数的选择:混凝土的重度为 24 kN/m³,水的重度为 9.81 kN/m³,扬压力的折减系数为 0.25,泥沙的浮重度为 9.5 kN/m³,内摩擦角为 12°,荷载作用的分项系数查表2-2。荷载的计算结果见表 2-11。

(三)抗滑稳定分析

本次采用抗滑稳定极限状态法进行分析。由第一节中的式(2-8)、式(2-9)知,设计洪水情况:$\gamma_0 = 1.0$、$\Psi = 1.0$,摩擦系数、凝聚力的分项系数查表 2-5,分别为 1.3、3.0,$\gamma_d = 1.2$,计算时荷载及材料性能均以设计值代入。

$$\gamma_0 \Psi S(\gamma_G G_k, \gamma_Q Q_k, \alpha_k) = 1.0 \times 1.0 \times \sum P = 17\ 759(\mathrm{kN})$$

$$\frac{1}{\gamma_{d1}} R\left(\frac{f_k}{\gamma_m}, \alpha_k\right) = \frac{1}{\gamma_{d1}}(f' \sum W + c'A)$$

$$= \frac{1}{1.2} \times (0.9/1.3 \times 24\ 761 + 700/3 \times 45.8) = 23\ 191(\mathrm{kN})$$

由以上计算可知,设计洪水情况下,坝基面满足抗滑稳定极限状态要求。

(四)应力分析

按坝体强度极限状态法计算。

用承载能力极限状态法(荷载及材料性能均采用设计值)计算坝趾应力状态,用正常使用极限状态(荷载及材料性能均采用标准值)计算坝踵的应力状态。由式(2-10)、式(2-11)知设计洪水情况下,$\gamma_0 = 1.0$,$\Psi = 1$,$\gamma_d = 1.8$。

表 2-11　非溢流坝荷载计算结果

荷载作用及其分项系数		标准值(kN)				设计值(kN)				对截面形心的力臂(m)	力矩的标准值(kN·m)		力矩的设计值(kN·m)	
		垂直力		水平力		垂直力		水平力						
		↓	↑	→	←	↓	↑	→	←		+	−	+	−
自重(1.0)	W_1	960				960				20.2	19 393		19 393	
	W_2	10 030				10 030				15.4	154 462		154 462	
	W_3	20 749				20 749				0.3	6 224		6 224	
水压力(1.0)	P_{H1}			16 728				16 728		19.47		325 710		325 710
	P_{H2}				261				261	2.43	635		635	
水压力(1.0)	P_{V1}	1 507				1 507				20.9	31 496		31 496	
	P_{V2}	392				392				21.6	8 467		8 467	
	P_{V3}	183				183				21.2		3 880		3 880
泥沙压力(1.2)	P_{skH}			1 009				1 210		6		6 054		7 260
	P_{skV}	308				370				21.7	6 684		8 029	
浪压力(1.2)	P_{L1}			315				378		54.3		17 104		20 525
	P_{L2}				247				296	53.7	13 264		15 895	
小计		34 129 ↓		17 544 →		34 191 ↓		17 759 →			−112 123		−112 774	
扬压力	U_1(1.0)		3 280				3 280			0		0		0
	U_2(1.2)		1 128				1 353			18.4		20 755		24 895
	U_3(1.2)		2 306				2 767			1.6		3 690		4 427
	U_4(1.2)		1 692				2 030			19.9		33 671		40 397
	小计	8 406 ↑				9 430 ↑					−58 116		−69 719	
总计		25 723 ↓		17 544 →		24 761 ↓		17 759 →			−170 239		−182 493	

已知 $m=0.7, B=45.8$ m。

坝趾处：

$$\gamma_0 \Psi S(F_d,\alpha_k) = \gamma_0 \Psi\left(\frac{\sum W}{B} - \frac{6\sum M}{B^2}\right)(1+m^2)$$

$$= 1.0 \times 1 \times \left(\frac{24\ 761}{45.8} + \frac{6 \times 182\ 493}{45.8^2}\right) \times (1+0.7^2) = 1\ 583(\text{kPa})$$

$$\frac{1}{\gamma_d}R(f_d,\alpha_k) = \frac{1}{1.8} \times 3\ 000 = 1\ 667(\text{kPa})$$

坝踵处：

$$\gamma_0 S(\cdot) = \gamma_0\left(\frac{\sum W}{B} + \frac{6\sum M}{B^2}\right)$$

$$= 1.0 \times \left(\frac{25\ 723}{45.8} - \frac{6 \times 170\ 239}{45.8^2}\right) = 75(\text{kPa}) > 0$$

由以上计算可知，设计洪水情况下，坝趾、坝踵处的应力符合强度要求。

四、溢流坝设计

(一)孔口设计

(1)泄水方式的选择。比较第一节所述的两种方式，为使水库具有较大的超泄能力，采用开敞式孔口。

(2)洪水标准的确定。本次设计的重力坝是3级建筑物，根据表2-6可知，采用50年一遇的洪水标准设计，500年一遇的洪水标准校核。

(3)流量的确定。设计情况下，溢流坝的下泄流量为1 250 m^3/s；校核情况下，溢流坝的下泄流量为1 680 m^3/s。

(4)单宽流量的选择。坝址处基岩比较坚硬完整，坝址处河床宽度为208.5 m，河槽宽度为20～30 m，综合枢纽的布置及下游的消能防冲要求，单宽流量取50～100 $m^3/(s \cdot m)$。

(5)孔口净宽的拟定。分别计算设计和校核情况下溢洪道所需的孔口宽度，计算结果如表2-12所示。

表2-12　孔口净宽计算

计算情况	流量 $Q(m^3/s)$	单宽流量 $q(m^3/(s \cdot m))$	孔口净宽 B(m)
设计情况	1 250	50～100	25～12.5
校核情况	1 680	50～100	33.6～16.8

根据以上计算，溢流坝孔口净宽取24 m，假设每孔宽度为8 m，则孔数 n 为3。

(6)溢流坝段总长度(溢流孔口的总宽度)的确定。根据工程经验，拟定闸墩的厚度。初拟中墩厚 d 为3 m，边墩厚 t 为2 m，则溢流坝段的总长度 B_0 为：

$$B_0 = nb + (n-1)d + 2t = 24 + 6 + 4 = 34(\text{m})$$

(7)堰顶高程的确定。初拟侧收缩系数 $\varepsilon=0.95$，流量系数 $m=0.502$，因为过堰水流为自由出流，故 $\sigma_s=1$，由堰流公式计算堰上水头 H，计算水位分别减去其相应的堰上水头即为堰顶高程。计算结果如表2-13所示。

表2-13　堰顶高程计算

计算情况	流量(m^3/s)	侧收缩系数	流量系数	孔口净宽(m)	堰上水头(m)	堰顶高程(m)
设计情况	1 250	0.95	0.502	24	8.5	376.9
校核情况	1 680	0.95	0.502	24	10.3	376.4

根据以上计算，取堰顶高程为376.4 m。

(8)闸门高度的确定。计算如下：

闸门高度 = 正常高水位 - 堰顶高程 + (0.1 ~ 0.2) = 383.5 - 376.4 + 0.1 = 7.2(m)

按规范取闸门高度为8 m。

(9)定型设计水头的确定。堰上最大水头 H_{max} = 校核洪水位 - 堰顶高程，即：

$$H_{max} = 386.7 - 376.4 = 10.3(\text{m})$$

定型设计水头 H_s 为：

$$H_s = (75\% \sim 95\%)H_{max} = 7.73 \sim 9.78(\text{m})$$

取 $H_s=8.8$ m，8.8/10.3 = 0.85，查表知坝面最大负压为：$0.3H_s=2.64$ m，小于规定的允许值(最大不超过3～6 m水柱)。

(10)泄流能力校核。先由水力学公式计算侧收缩系数 ε，然后计算不同水头作用下的流量系数 m，根据已知条件，运用堰流公式校核溢流堰的泄流能力。计算结果如表2-14所示。

表2-14　泄流能力校核计算

计算情况	m	ε	B(m)	H(m)	Q(m^3/s)	$\left\|\frac{Q'-Q}{Q}\right\|\times 100\%$
设计情况	0.502	0.90	24	9	1 297	3.8%
校核情况	0.512	0.92	24	10.3	1 671	0.5%

表2-14中其他各符号的含义是：B 为孔口宽度，m；H 为堰上水头，m；Q 为下泄流量，m^3/s。

(二)消能防冲设计

根据地形地质条件，选用挑流消能。根据已建工程经验，挑射角 $\theta=25°$，挑流鼻坎应高出下游最高水位(335.2 m)1～2 m，鼻坎的高程为：335.2 + 1 = 336.2(m)。

1.反弧半径的确定

坎顶水流流速 v 按下式计算：

$$v = \varphi\sqrt{2gH} = 0.96 \times \sqrt{19.6 \times 49.2} = 29.8(\text{m/s})$$

坎顶水深为：

$$h = \frac{Q}{Bv} = \frac{1\,680}{30 \times 29.8} = 1.88(\text{m})$$

反弧半径 R 为：

$$R = (4 \sim 10)h = 7.5 \sim 18.8(\text{m})$$

取 $R = 18$ m。

2. 水舌的挑距 L 及可能最大冲坑深度 t_k 估算

水舌的挑距 L 及可能最大冲坑深度 t_k 可按式(2-16) ~ 式(2-18)计算。经计算得：$L = 102$ m，$t_k = 23$ m；$L/t_k = 4.43 > 2.5$。由此可知，挑流消能形成的冲坑不会影响大坝的安全。

(三)溢流坝剖面设计

首先绘出顶部的曲线，坐标原点以上部分采用四分之一椭圆曲线，以下部分采用幂曲线。然后绘出其基本剖面，求得基本剖面的下游面与幂曲线的切点 C 的坐标为(14.7,11.4)，由于上游侧超出基本剖面，故需将溢流坝作成倒悬的堰顶以满足溢流曲线的要求，倒悬的高度为5.4 m。最后作出反弧段，反弧半径 $R = 18$ m。溢流坝的剖面如图2-15所示。

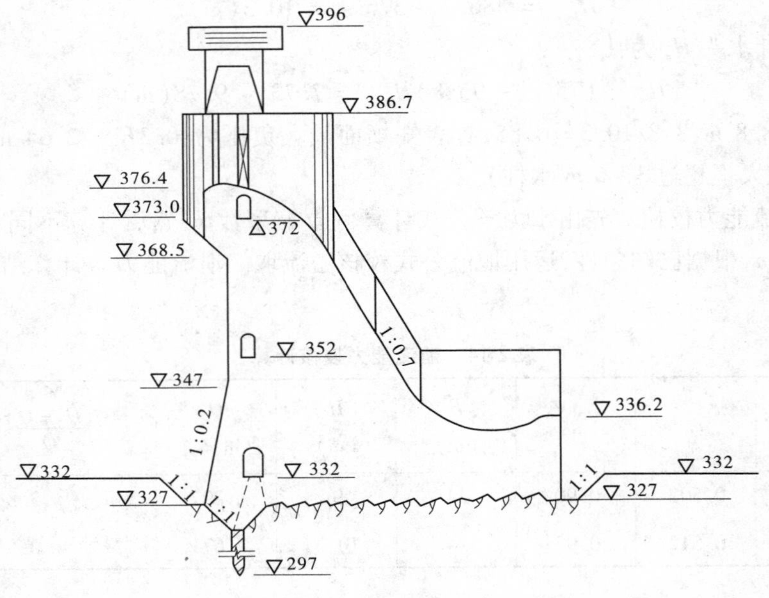

图2-15　溢流坝剖面

幂曲线方程中：n、k 为与上游堰面坡度有关的参数，这里 $n = 1.85$、$k = 2.0$，H_s 为定型设计水头，$H_s = 8.8$ m。

$$y = \frac{x^n}{kH_s^{n-1}} = 0.079x^{1.85}$$

椭圆曲线方程中，取 $a = 0.3$，$b = 0.17$，则 $aH_s = 2.64$，$bH_s = 1.5$，其方程如下：

$$\frac{x^2}{2.64^2} + \frac{(1.5 - y)^2}{1.5^2} = 1$$

五、泄水孔设计

本次设计中发电孔设计为有压孔，灌溉孔设计为无压孔，利用发电尾水供水。下面以发电孔设计为例说明有压孔的设计，对于无压泄水孔的设计部分省略。

发电孔的进口处设置拦污栅和事故闸门（兼作检修闸门用），工作闸门布置在出口，孔的断面为圆形，孔内用钢板衬砌。发电孔共设两条，为单元供水方式。

（一）孔径 D 的拟定

最大发电流量 $Q=74\ m^3/s$，共设两台发电机组，由式（2-23）得到：$D=3.06\sim2.80\ m$，取 $D=3.0\ m$。

（二）进水口体型设计

进水口顶部采用椭圆曲线，曲线方程见式（2-24），这里 $a=3$，$b=1$，则曲线方程为：

$$\frac{x^2}{9}+\frac{y^2}{1}=1$$

列表计算曲线坐标值见表 2-15。

表 2-15　椭圆曲线坐标值

x	3	2	1	0
y	0	0.75	0.9	1

进水口底缘采用平底。

（三）闸门与门槽

进水口处设置拦污栅和平面事故闸门、平面工作闸门。事故闸门紧贴上游坝面布置，闸门槽尺寸为 0.5 m×0.5 m，为矩形闸门槽。

（四）渐变段

在进水口闸门后需设置渐变段，渐变段采用圆角过渡，其长度为（2～3）D，取 6 m。

（五）出水口

出水口前采用 1∶10 压坡段，出口断面面积为孔身断面的 85%～95%，由于孔身断面面积 A 为 7.07 m^2，故出口断面面积为 6～6.7 m^2。出口断面为方形，其尺寸取 2.5 m×2.5 m，面积 A_c 为 6.25 m^2。

（六）水力计算

（1）泄流能力验算。$A_c=6.25\ m^2$，$A=7.07\ m^2$，经计算沿程水头损失系数为 0.145，局部水头损失系数分别为：拦污栅 0.097、进水口 0.01、闸门槽 0.062 5、两个弯管 0.163，由式（2-25）得 $\mu=0.853$，$Q=169.3\ m^3/s$。

（2）泄水孔内压坡线，可以根据能量方程求得（略）。

六、细部构造

（一）坝顶构造

（1）非溢流坝。坝顶上游设置防浪墙，与坝体连成整体，其结构为钢筋混凝土结构。

防浪墙在坝体横缝处留有伸缩缝,缝内设止水。墙高为1.2 m,厚度为30 cm,以满足运用安全的要求。坝顶采用混凝土路面,向两侧倾斜,坡度为2%,两边设有排水管,汇集路面的雨水,并排入水库中。坝顶公路两侧设有宽0.75 m人行道,并高出坝顶路面20 cm,坝顶总宽度为7 m,下游侧设置栏杆及路灯,细部构造图略。

(2)溢流坝。溢流坝的上部设有闸门、闸墩、门机、交通桥等结构和设备。

闸门的布置:工作闸门布置在溢流坝的顶稍偏向下游一些,以防闸门部分开启时水舌脱离坝面而形成负压。采用平面钢闸门,门的尺寸:高×宽=8 m×8 m,工作闸门的上游设有检修闸门,二门之间的净距为2 m。

闸墩:闸墩的墩头形状,上游采用半圆形,下游采用流线形。其上游布置工作桥,顶部高程取非溢流坝坝顶高程,即386.7 m;下游布置交通桥,桥面高程为非溢流坝坝顶高程。中墩的厚度3 m,边墩的厚度2 m,溢流坝的分缝设在闸孔中间,故没有缝墩。工作闸门槽深1 m、宽1 m,检修闸门槽深0.5 m、宽0.5 m。

导水墙:边墩向下游延伸成导水墙。其长度延伸到挑流鼻坎的末端;高度经计算得3.5 m。导水墙需分缝,间距为15 m,其横断面为梯形,顶宽取0.5 m。细部构造图略。

(二)分缝与止水

(1)横缝。垂直于坝轴线布置,缝距为15 m,缝宽2 cm,内有止水。

(2)止水。设有两道止水片和一道防渗沥青井。止水片采用1.0 mm厚的紫铜片,第一道止水片距上游坝面1.0 m。两道止水片间距为1 m,中间设有直径为20 cm的沥青井,止水片的下部深入基岩30 cm,并与混凝土紧密嵌固,上部伸到坝顶。

(3)纵缝。纵缝为临时性缝,缝内设有键槽,待混凝土充分冷却后,水库蓄水前进行灌浆。纵缝与坝面正交,缝距为15 m。

(4)水平缝。混凝土浇筑块厚度为4 m,纵缝两侧相邻坝块的水平缝错开布置,上下层混凝土浇筑间歇为5 d,上层混凝土浇筑前对下层混凝土凿毛,并冲洗干净,铺2 cm厚的水泥砂浆。

(三)廊道系统

(1)基础廊道。位置:廊道底部距坝基面5 m,上游侧距上游坝面7 m;形状:城门洞形,底宽3 m,高3.5 m,内部上游侧设排水沟,并在最低处设集水井。平行于坝轴线方向廊道向两岸沿地形逐渐升高,坡度不大于40°。

(2)坝体廊道。自基础廊道沿坝高每隔20 m设置一层廊道,共设两层。底部高程分别为352 m、372 m,形状为城门洞形,其上游侧距上游坝面3 m,底宽1.5 m,高2.5 m,左右岸各有一个出口。

(四)坝体防渗与排水

(1)坝体防渗。在坝的上游面、溢流面及下游面的最高水位以下部分,采用一层厚2 m具有防渗性能的混凝土作为坝体的防渗设施。

(2)坝体排水。距离坝的上游面3 m沿坝轴线方向设一排竖向排水管幕。管内径为15 cm,间距为3 m,下端通至廊道,垂直布置。排水管采用无砂混凝土管。

七、地基处理

由于坝址处河床上有2～3 m的覆盖层，有1～2 m的风化层，地基开挖时应把覆盖层和严重的风化层全部挖除，坝底面的最低高程为327.0 m，顺水流方向开挖成锯齿状，并在上下游坝基面开挖一个浅齿墙。沿坝轴线方向的两岸岸坡坝段基础，开挖成有足够宽度的分级平台，平台的宽度至少为1/3坝段长，相邻两级平台的高差不超过10 m。注意根据横缝的位置、开挖的深度调整平台的宽度和高程。

(1)坝基的防渗处理。在基础灌浆廊道内钻设防渗帷幕和排水孔幕。防渗帷幕采用膨胀水泥浆作灌浆材料，其位置布置在靠近上游坝面的坝基及两岸。帷幕的深度取10～30 m，河床部位深，两岸逐渐变浅，灌浆孔直径取80 mm，方向竖直，孔距取2 m，设置一排。

(2)坝基排水。坝基的排水孔幕布置在防渗帷幕的下游，向下游倾斜，与灌浆帷幕的夹角为10°，孔距取3 m，孔径为130 mm，孔深为10～15 m，沿坝轴线方向设置一排。

第三节　混凝土重力坝施工组织设计

一、施工条件分析

(一)自然条件分析

枢纽所在地区的自然条件包括地形条件、地质条件、水文条件、气象条件等。

1. 地形条件

分析工程区域地形条件对施工场地布置、施工导流、内外交通等的影响。

2. 地质条件

地质条件包括工程地质条件和水文地质条件，根据工程资料分析地质条件对施工方法、基坑排水以及导截流方案选择的影响。

3. 水文条件

水文条件对混凝土坝施工影响较大，它直接影响导截流方案和坝体施工方案选择。

4. 气象条件

气温、降雨、雾、霜冻等对混凝土施工影响极大，出现以下情况时，应考虑停止浇筑混凝土。

(1)当月平均气温高于25 ℃时，若温控费用过高，可考虑白天停止浇筑。

(2)日平均气温低于－20 ℃或最低气温低于－30 ℃时，一般应停止浇筑(日平均气温高于或等于－10 ℃时，可采取措施浇筑不停工)。

(3)日降雨量大于20 mm时，若无防护措施，一般应停止浇筑。

(4)大风风速在6级以上一般应停工。

(5)能见度小于100 m时应停工。

(二)有效施工天数分析

依据气象条件列出全年各月的有效施工天数，并计算出平均月有效施工天数。一般情况下，混凝土浇筑的月工作天数可按20 d计。在计算控制性工程的工作天数时，应将上述因素影响的停工天数从设计日历数中扣除。

(三)施工特性分析

(1)着重对枢纽建筑物主要组成部分的结构特征、布置形式、断面尺寸、工程量以及水工建筑物设计对施工的要求进行分析。

(2)根据建筑物的工程量和剖面图,绘制坝体各坝段的高程与混凝土方量累积曲线。

(四)其他条件分析

其他条件包括当地技术经济状况、建筑材料供应情况、动力资源供应、工程建设的外部环境、工程前期准备情况等,均应做详细分析。

二、施工导流设计

施工导流设计包括导流标准选择,导流方式选择与导流布置,导流泄水建筑物设计,围堰设计,截流设计,基坑排水,下闸蓄水措施,施工期通航、过木、排冰与供水等。

施工导流是施工组织设计的重要组成部分,并贯穿工程施工的全过程,对枢纽的总体布置、永久建筑物型式、施工程序、施工方法、施工进度、工程造价等均有较大的影响,因此在设计过程中应全面分析各种因素,统筹安排,全面规划,处理好洪水与施工的矛盾,力求使导流方案经济合理、安全可靠。

(一)施工导流标准

1.导流建筑物级别

(1)导流建筑物是指枢纽工程施工期所使用的临时性建筑物。根据其保护对象、失事后果、使用年限和工程规模等因素划分为Ⅲ~Ⅴ级,具体按表2-16确定。

(2)当导流建筑物根据表2-16指标分属不同级别时,应以其中最高级别为准。但列为Ⅲ级导流建筑物时,至少应有两项指标符合要求。

表2-16 施工导流建筑物级别划分

级别	保护对象	失事后果	使用年限(年)	围堰工程规模	
				堰高(m)	库容(亿 m^3)
Ⅲ	有特殊要求的Ⅰ级永久建筑物	淹没重要城镇、工矿企业、交通干线或推迟工程总工期及第一台(批)机组发电,造成重大灾害和损失	>3	>50	>1.0
Ⅳ	Ⅰ、Ⅱ级永久建筑物	淹没一般城镇、工矿企业或影响总工期及第一台(批)机组发电而造成较大经济损失	1.5~3	15~50	0.1~1.0
Ⅴ	Ⅲ、Ⅳ级永久建筑物	淹没基坑,但对总工期及第一台(批)机组发电影响不大,经济损失较小	<1.5	<15	<0.1

注:(1)导流建筑物包括挡水和泄水建筑物,两者级别相同。

(2)表中所列四项指标均按施工阶段划分。

(3)有、无特殊要求的永久建筑物均是针对施工期而言的,有特殊要求的Ⅰ级永久建筑物是指施工期不允许过水的土坝及其他有特殊要求的永久建筑物。

(4)使用年限是指导流建筑物每一施工阶段的工作年限,两个或两个以上施工阶段共用的导流建筑物,如分期导流一、二期共用的纵向围堰,其使用年限不能叠加计算。

(5)围堰工程规模一栏中,堰高是指挡水围堰最大高度,库容是指堰前设计水位所拦蓄的水量,两者必须同时满足。

(3)规模巨大且在国民经济中占有特殊地位的水利水电工程，其导流建筑物的级别和设计洪水标准，应经充分论证后报上级批准。

(4)不同级别的导流建筑物或同级导流建筑物的结构型式不同时，应分别确定洪水标准、堰顶超高值和结构设计安全系数。

(5)应根据不同的施工阶段按表2-16划分导流建筑物级别；同一施工阶段中的各导流建筑物的级别，应根据其不同作用划分；各导流建筑物的洪水标准必须相同，一般以主要挡水建筑物的洪水标准为准。

(6)同一导流建筑物各部位所起作用不同时，级别应根据其作用划分。

(7)一个枯水期将主体工程抢出水面的导流建筑物，其级别仍按表2-16确定，导流设计流量应按该枯水时段内与级别相适应的重现期标准选用。

(8)利用围堰挡水发电时，围堰级别可提高一级，但必须经过技术经济论证。

(9)当导流建筑物与永久建筑物结合时，结合部分结构设计应采用永久建筑物级别标准，但导流设计级别与洪水标准仍按表2-16及表2-17规定执行。

表2-17　导流建筑物洪水标准划分

导流建筑物类型	导流建筑物级别		
	Ⅲ	Ⅳ	Ⅴ
	洪水重现期(年)		
土石	50～20	20～10	10～5
混凝土	20～10	10～5	5～3

(10)当Ⅳ、Ⅴ级导流建筑物地基地质条件非常复杂，或工程具有特殊要求必须采用新型结构，或失事后淹没重要厂矿、城镇时，结构设计级别可提高一级，但设计洪水标准不相应提高。

(11)确定导流建筑物级别的因素复杂，当按表2-16和上述各条规定确定的级别不合理时，可根据工程具体条件和施工导流阶段的不同要求，经过充分论证，予以提高或降低。

2. 洪水标准

(1)导流建筑物设计洪水标准。根据建筑物的类型和级别在表2-17规定幅度内选择，并结合风险度综合分析，使所选择标准经济合理，对失事后果严重的工程，要考虑对超标准洪水的应急措施。

(2)导流建筑物洪水标准。在下述情况下可取用表2-17中的上限值：①河流水文实测资料系列较短(小于20年)或工程处于暴雨中心区；②采用新型围堰结构；③处于关键施工阶段，失事后可能导致严重后果；④工程规模、投资和技术难度用上限值与用下限值相差不大。

(3)枢纽所在河段上游建有水库时，导流建筑物采用的洪水标准，按上游梯级水库的影响及调蓄作用考虑。本工程截流期间还可通过上游水库调度降低出库流量。

(4)围堰施工期各月填筑标准。围堰修筑期各月的填筑最低高程以拦挡下月可能发生的最大设计流量为准。选用各月最大设计流量的重现期标准,可用围堰正常运用时的标准,经过论证也可适当降低。

3. 过水围堰导流标准

(1)过水围堰的挡水标准。应结合水文特点、施工工期、挡水时段,经技术经济比较后,在重现期3~20年范围内选定。当水文序列较长(不小于30年)时,也可按实测流量资料分析选用。

(2)过水围堰级别。按表2-16确定的各项指标是以过水围堰挡水期情况作为衡量依据的。

(3)围堰过水时的设计洪水标准。根据过水围堰的级别和表2-17选定。当水文系列较长(不小于30年)时,也可按实测典型年资料分析选用。通过水力学计算或水工模型试验,找出围堰过水时控制稳定的流量作为设计依据。

4. 截流设计标准

(1)截流时段应根据河流水文特征、气候条件、围堰施工以及通航、过木等因素综合分析选定。一般宜安排在汛后枯水时段,严寒地区应尽量避开河道流冰及封冻期。

(2)截流标准一般可采用截流时段重现期5~10年的月或旬平均流量,也可结合河流水文特性及截流施工特点用其他方法分析确定。

5. 坝体施工期临时度汛洪水标准

当坝体筑高到不需围堰保护时,其临时度汛洪水标准应根据坝型及坝前拦洪库容,按表2-18规定执行。

表2-18　坝体施工期临时度汛洪水标准

坝型	拦洪库容(亿 m^3)		
	>1.0	1.0~0.1	<0.1
	洪水重现期(年)		
土石	>100	100~50	50~20
混凝土	>50	50~20	20~10

6. 导流泄水建筑物封堵后坝体的度汛洪水标准

导流泄水建筑物封堵后,如永久泄洪建筑物尚未具备设计泄洪能力,坝体度汛洪水标准的确定,应对坝体施工和运行要求进行分析后,按表2-19的规定执行。汛前坝体上升高度应满足拦洪要求,帷幕灌浆及接缝灌浆高程应能满足蓄水要求。

7. 围堰安全超高

1)不过水围堰堰顶高程及超高值

(1)堰顶高程应不低于设计洪水的静水位加波浪高度,其安全超高不低于表2-20值。

(2)土石围堰防渗体顶部在设计洪水静水位以上的超高值:斜墙式防渗体为0.8~0.6 m,心墙式防渗体为0.6~0.3 m。

(3)考虑涌浪或冲击水流影响，当下游有支流顶托时，应组合各种流量顶托情况，校核围堰堰顶高程。

(4)北方河流应考虑冰塞、冰坝造成的壅水高度。

表 2-19　导流泄水建筑物封堵后坝体度汛洪水标准

坝型		大坝级别		
		Ⅰ	Ⅱ	Ⅲ
		洪水重现期(年)		
土石	设计	100 ~ 50	100 ~ 50	50 ~ 20
	校核	100 ~ 50	100 ~ 50	100 ~ 50
混凝土	设计	100 ~ 50	50 ~ 20	20 ~ 10
	校核	100 ~ 50	100 ~ 50	100 ~ 50

表 2-20　不过水围堰堰顶安全超高下限值　(单位：m)

围堰型式	围堰级别	
	Ⅲ	Ⅳ、Ⅴ
土石围堰	0.7	0.5
混凝土围堰	0.4	0.3

2)过水围堰堰顶高程

过水围堰堰顶高程按静水位加波浪高度确定，不另加安全超高值。

(二)施工导流布置及水力计算

1.导流方法

施工导流的基本方法主要有两类：一类是分段围堰法导流，另一类是全段围堰法导流。分段围堰法导流就是用围堰将水工建筑物分段分期围护起来进行施工，其具体的分段、分期数应结合具体施工条件经技术经济分析比较后确定；全段围堰法导流依其泄水建筑物的不同，又可分为隧洞导流、明渠导流、涵管导流及明渠隧洞组合导流等。当选定的泄水建筑物不能全部宣泄施工期间的洪水时，可采用洪水期淹没基坑。

2.导流布置

1)围堰布置

常用的围堰型式有草土围堰、土石围堰、混凝土围堰、钢板桩格型围堰、框格填石围堰等，施工时应根据当地可供材料的种类、建筑物类型、河流的地质地貌、水文气象及工期进度要求、施工机械配备等具体条件合理选择。围堰的平面布置主要包括围堰轮廓布置和确定堰内基坑范围两个问题。围堰轮廓布置主要取决于围堰种类、地质条件、防冲措施及导流泄水建筑物的布置等因素，堰内基坑范围大小主要取决于主体工程轮廓和相应的施工方法。通常基坑坡趾距离主体工程轮廓的距离不应小于 20 ~ 30 m，以便布置排水设施、基坑内施工机械、交通道路,堆放材料和模板等。开挖边坡的大小,则视具体地质条件而定。

分段围堰法导流时,为使水流平顺,便于布置运输道路,上、下游横向围堰一般不与河床中心线垂直,围堰轴线的平面布置常呈梯形。全段围堰法导流时,为减少工程量,上、下游围堰多与主河道垂直。有时为了照顾个别建筑物施工,或避开岸边较大的溪沟,也可将围堰轴线布置成折线形。分段围堰法一期纵向围堰位置的确定须考虑下列因素:

(1)一期先围主河槽部分,纵向围堰轴线与河流主流方向大致平行。

(2)一期工程一般选择在施工场地开阔、交通方便的一岸。

(3)一期修建的永久建筑物要便于二期导流,并有利于枢纽提前发挥效益。

(4)各期永久建筑物工程量大体平衡。

(5)一期河床束窄系数 K 为 40% ~60% 。

当纵向围堰不作为永久建筑物的一部分时,基坑坡趾距离主体工程轮廓的距离一般不小于2.0 m,以便于布置排水系统和堆放模板,若无此要求,只需留 0.4 ~0.6 m。为保证基坑开挖和主体建筑物的顺利施工,基坑范围应当留有一定富余。

2)导流隧洞布置

应合理选定隧洞的轴线、间距、底坡、进出口位置与高程等。隧洞断面形式选择取决于地质条件、隧洞工作状况(有压或无压)及施工条件,圆形多用于高水头处,马蹄形用于地质条件不良处,方圆形有利于截流与施工。隧洞断面尺寸的大小取决于设计流量、地质和施工条件,洞径应控制在施工技术与结构安全允许范围内,目前国内单洞断面面积多在 200 m^2 以下,单洞泄流量不超过 2 000 ~2 500 m^3/s。

有条件时,导流隧洞应与永久隧洞相结合,一般高水头枢纽,导流隧洞可考虑与永久隧洞部分结合,中低水头可考虑全部结合。

3)导流明渠布置

导流明渠布置分岸坡布置和滩地布置两种形式。设计时主要是确定导流明渠轴线位置、导流明渠进出口位置和高程,其具体布置原则与要求可参考有关资料。应合理选择明渠断面形式,科学选定明渠的糙率,进而综合分析确定明渠断面尺寸。明渠一般多设计为梯形断面,当渠底为坚硬岩基时,可设计成矩形断面;若有特殊要求,也可设计成复式梯形断面。明渠断面尺寸由设计导流流量控制,并受地形、地质和允许抗冲流速影响,应按不同的明渠断面尺寸与围堰高程和组合,通过分析论证后确定。详见水闸设计。

4)明渠与隧洞组合导流布置

当坝址河床狭窄,或河床覆盖层较厚,而导流流量大,单一明渠或隧洞导流泄量不够时,如两岸地形、地质条件分别适合于布置明渠和隧洞,可考虑明渠结合隧洞导流。导流明渠和隧洞以分别布置在左右岸为宜。

3.导流水力计算

导流水力计算主要是计算各种导流泄水建筑物的泄水能力,以便确定泄水建筑物的尺寸和围堰高程。

(1)束窄河床水位壅高计算。分期导流围堰束窄河床后,使天然水流发生改变,在围堰上游产生水位壅高,其值可采用如下公式试算:

$$Z = \frac{1}{\varphi^2}\frac{v_c^2}{2g} - \frac{v_0^2}{2g} \tag{2-28}$$

$$v_c = \frac{Q}{W_c} \tag{2-29}$$

$$W_c = b_c t_{cp} \tag{2-30}$$

式中 Z——水位壅高，m；

v_0、v_c——行近流速及束窄河床平均流速，m/s；

φ——流速系数(与围堰布置形式有关)；

Q——计算流量，m^3/s；

W_c——收缩断面有效过水面积，m^2；

b_c——束窄河床过水宽度，m；

t_{cp}——河道下游平均水深，m。

试算时，先假设上游水位 H_0，算出 Z 值，以 $Z+t_{cp}$ 与所设 H_0 比较，逐步修改 H_0 直至接近 $Z+t_{cp}$ 值，一般试算 2～3 次即可。

(2)坝体预留缺口过水能力计算。在施工过程中，通过坝体预留缺口泄流，过水能力可按宽顶堰公式计算。当坝面设有闸墩时，尚需考虑侧收缩的影响，侧收缩系数多采用经验公式计算，一般为 0.9 左右，因此导流计算中适当降低流量系数进行估算，以减小误差。

(3)坝身底孔过水能力计算。坝身底孔水力计算一般按有压流和无压流分别进行。

当 $H/a>1.5$ 时，按有压流计算；当 $H/a<1.5$ 时，按无压流计算。其中，H 为从孔底起算的上游水深，a 为孔高，单位均为 m。

有压流计算式：

$$Q = \mu\omega\sqrt{2gH} \tag{2-31}$$

式中 ω——底孔断面面积，m^2；

H——上下游水位差(当下游水位低于底孔中心高程时，下游水位按底孔中心高程计算)，m；

μ——流量系数(一般采用 0.75 估算，详细计算见有关水力计算手册)。

无压流按宽顶堰公式计算。

当上下游水位处于 $H=1.5a$ 上下时，底孔流量将为无压流(堰流)和有压流(孔流)的过渡阶段，流态不稳定，流量可取平均值，根据无压流和有压流公式分别计算出水位流量关系。

(4)堰顶高程的确定。上、下游围堰的堰顶高程由下式确定：

$$H_u = h_d + z + h_a + \delta \tag{2-32}$$

$$H_d = h_d + \delta \tag{2-33}$$

式中 H_u、H_d——上、下游围堰堰顶高程，m；

h_d——下游水位，m，可由原河流水位流量曲线查出；

h_a——波浪爬高，m；

z——上下游水位差，m；

δ——围堰安全超高，m，一般对于不过水围堰按规范采用，对于过水围堰采用

0.2 ~ 0.5 m。

当围堰要拦蓄一部分水流时，则堰顶高程应通过水库调洪计算来确定。

纵向围堰的堰顶高程，要与束窄河段宣泄导流设计流量时的水面曲线相适应。因此，纵向围堰的顶面往往设计成阶梯形或呈倾斜状，其上下游部分与上下游横向围堰堰顶高程相同。

堰顶宽度按交通情况及防汛抢险情况而定，无行车要求的土石围堰堰顶宽度，当堰高 6 ~ 10 m 时，顶宽 3 ~ 4 m，当堰高大于 10 m 时，顶宽不小于 5 m；混凝土围堰顶宽一般为 5 ~ 8 m。若堰顶有行车道，其顶宽按通过围堰的道路等级而定；若堰顶考虑防汛抢险，其宽度尚需考虑增加子堤或堆筑材料。

（三）施工截流

1. 截流方式选择

常用的截流方式主要有平堵法、立堵法、平立堵或立平堵的综合截流方式。若坝址处于峡谷地区，岸坡险峻，交通不便，利用定向爆破截流；或预先在河床上浇筑巨大的混凝土块体，合龙时将其支撑体炸断，使块体落入水中，将龙口封闭。对于人工泄水道，常在泄水道中预先修建闸墩，最后采用下闸截流。

在截流设计时，应充分考虑影响截流的条件，拟定几种可行的方案，通过水文气象条件、地形地质条件、综合利用条件、设备供应条件、经济指标等全面分析，经技术经济比较后选定最佳方案。

2. 截流时间和设计流量的确定

截流时间应根据枢纽工程施工控制性进度计划或总进度计划确定，一般定于枯水期初。

根据已选定的截流时段，采用该时段内 5 ~ 10 年一遇月或旬的平均流量作为设计流量。

在截流设计时，根据历史水文资料确定的枯水期和截流流量与截流时的实际水文条件往往有一定出入。因此，在实际施工中，还应根据当时的水文气象预报所做的水情分析进行修正，最后确定截流时间与截流流量。

三、混凝土工程施工

混凝土重力坝施工，由于其规模庞大，影响因素复杂，涉及的施工类别广，故其施工方案的项目及内容特别多，包括土石方工程、基础处理工程、混凝土工程、金属结构及机电安装工程、骨料及混凝土生产系统等内容，限于篇幅，仅介绍混凝土工程施工部分的内容。

（一）混凝土分缝分块

水工建筑物的挡水长度往往有数百米甚至数千米，横断面宽度一般有数十米至上百米，为避免因地基不均匀沉降、温度变形、混凝土自身体积收缩等产生过大的应力而致使混凝土开裂破坏，在沿建筑物的轴线方向要设置垂直于轴线的横缝将建筑物分成多个坝段，横缝间距一般为 15 ~ 24 m。横缝除拱坝外，一般不进行灌浆处理，是永久变形缝。

为控制坝体施工期混凝土的温度应力和适应混凝土浇筑机械设备的生产能力，各坝段往往平行于建筑物轴线方向设置临时施工缝，其形式有以下几类：

(1)柱状分块。纵缝为带有键槽和铅直缝，把坝段分成若干柱状块体，这种分块形式又称为柱状分块法。在施工中，习惯于按从上游到下游的方向将一个坝段的几个块体编号，俗称为1仓、2仓……为恢复坝体的整体性，纵缝一般应采用水泥接缝灌浆。

(2)斜缝分块。斜缝分块是大致沿坝体两组主应力之一的轨迹面设置的向上游或下游倾斜的收缩缝，其主要优点是使收缩面上出现的剪应力减小，使坝体能保持整体性作用。斜缝按理可以不灌浆，但实际工程中有些作了灌浆处理，也有不灌浆的。斜缝不能直通到坝的上游面，以免库水渗入缝内。在斜缝的终止处，应采取并缝措施。斜缝相邻的上、下游块，同样要注意均匀上升，防止高差过大而导致两块的温差过大，在后浇块的接触面上产生不利的拉应力，形成裂缝。

(3)错缝分块。错缝的错距等于层厚的1/3～1/2，以使垂直缝面与水平缝面搭接范围有一定的变形，因此水平缝搭接部分要求平整，缝面不灌浆。错缝分块，高差要求严格，浇筑顺序需按一定规律安排，对施工进度影响较大。

(4)预留宽槽。为了使坝体某部位不受相邻块高差限制，或因尺寸过大，温控措施和浇筑机械能力不能满足要求，可采用预留宽槽的办法，以达到建筑物施工缝的良好结合，满足建筑物的整体性要求。对二期扩建的工程，亦可采用预留宽槽的办法，使新、老混凝土结合良好。槽的宽度以满足宽槽回填混凝土施工的需要为限度，一般采用1.0～1.5 m。

根据工程的实践经验，为保证回填质量，宽槽回填时，两侧混凝土必须降到设计规定的施工期最低温度或运行期的稳定温度。预留宽槽布置一般应直通结构的顶部，否则将影响宽槽上部混凝土的施工。预留宽槽两侧应设置键槽，回填混凝土之前应对缝面进行凿毛处理。穿过宽槽的钢筋，在形成宽槽时必须分开或切断，待回填混凝土时再进行连接。宽槽形成后应及时封闭，以减少空气对流。混凝土回填时，对老混凝土缝面涂刷水灰比0.5∶1的浓水泥浆，随浇随涂刷。回填混凝土的水泥应选用泌水少、收缩小或微膨胀和发热量低的品种。回填可在12月～翌年3月份进行，最好在1～2月份进行。

(5)通仓浇筑法。在坝段内不设任何形式的纵缝，故可省去接缝灌浆，节省大量的模板，有利于提高机械化施工水平和加快施工速度。由于浇筑块比较大，因基础约束，混凝土块体内部温度应力有所增大，要求温控严格，施工水平高，必须采取多种温控措施。

(二)混凝土施工方案

混凝土工程施工方案选择主要内容包括混凝土施工机械设备选型，设备数量的确定，混凝土拌和、运输、浇筑系统的布置，混凝土施工强度确定等。

1.浇筑方案选择基本步骤

(1)根据水工建筑物的类型、规模、布置、施工要求，结合工程具体情况拟出各种可能的浇筑方案，并经初步分析选择几个主要方案。

(2)根据进度要求，对主要方案进行各种主要机械设备选型、需要量计算，结合工程具体情况进行布置，同时计算辅助设施的工程量等，并从施工方法上论证实现进度的可能性。

(3)对主要方案进行经济、造价计算。

(4)对主要方案进行技术、经济分析，综合方案的主要优缺点。

(5)通过对各主要方案的主要优缺点的比较，综合技术上先进、经济上合理、设备供应可靠等要求，因地制宜地确定推荐方案和备用方案。

2. 混凝土的搅拌设备

混凝土的搅拌设备应根据工程的规模、工程量、混凝土运输和入仓设备的容量、混凝土浇筑强度、混凝土的配合比等因素进行选择。大型工程需选择自动化控制程度高、称量准确、监测手段先进、生产效率高的搅拌楼。中小型和分散工程可选用结构和布置简单的搅拌站。

3. 混凝土浇筑强度

在混凝土浇筑的整个施工延续期,浇筑强度是不均匀的。这是因为在较长的工期中受水文条件、气象条件、建筑物的结构特点及所采用的导流方式等多种因素的影响,施工的浇筑强度不可能完全一样,有高峰时段、高峰年、高峰月和高峰小时等。在确定运输、入仓浇筑设备的数量时,应选定一个合适的月浇筑强度。

1)高峰月浇筑强度

高峰月浇筑强度可用下式计算:

$$P_{月} = QK \tag{2-34}$$

式中 $P_{月}$——高峰月浇筑强度,万 m^3/月;

Q——平均月混凝土浇筑强度,万 m^3/月;

K——计算时段混凝土浇筑月不均匀系数,即高峰月浇筑量与平均月浇筑量之比。

K 值选用无统一规定,表 2-21 为建议采用的 K 值,供参考。

表 2-21 混凝土浇筑月不均匀系数建议采用值

项目	整个工程延续期	高峰时段		
		历时超过 10 个月	历时 12 个月	历时小于 8 个月
国内平均先进值	2.36	1.6	1.5	
国外先进值	1.31	1.28	1.2	
建议值	2.3~1.3	1.6~1.3	1.5~1.25	1.4~1.2

2)高峰小时浇筑强度计算

高峰小时浇筑强度可用下式计算:

$$P = \frac{P_{月}}{nm} K_{日} K_{时} \tag{2-35}$$

式中 P——高峰小时浇筑强度,m^3/h;

$P_{月}$——高峰月浇筑强度,m^3/月;

n——每月工作天数,d;

m——每天工作小时数,h;

$K_{日}$——混凝土浇筑的日不均匀系数(重力坝取 1.1~1.3,轻型坝取 1.2~1.4,河床式闸坝取 1.3~1.5);

$K_{时}$——混凝土浇筑小时不均匀系数(可取 1.2~1.6)。

浇筑机械设备的数量必须满足混凝土浇筑时不产生冷缝的要求,因而要按混凝土初凝时间进行仓面小时浇筑强度复核,必须满足下列要求。

采用平铺法浇筑：

$$P_{时} \geqslant (1.1 \sim 1.2)\sum F\delta/(t_1 - t_2) \tag{2-36}$$

式中 $P_{时}$——混凝土浇筑设备生产能力，m^3/h；

$\sum F$——最大浇筑块的面积或同时几块浇筑的面积总和，m^2；

δ——浇筑层的厚度，m；

t_1——混凝土初凝时间，h；

t_2——混凝土从拌和楼到仓内的时间，h。

采用台阶法浇筑：

$$P_{时} = L(V/\delta)^{1/2}(N+1)(t_1 - t_2) \tag{2-37}$$

式中 L——浇筑块短边长度，m；

V——吊罐容积，m^3；

δ——铺料层厚度，m；

N——台阶数；

其他符号含义同式(2-36)。

结合以上计算结果还要考虑：①同时浇筑的混凝土配合比、强度等级、坍落度、掺合料、外加剂等种类的多少（考虑改换混凝土的配合比、强度等级和坍落度耽搁时间的影响），若种类太多，则应适当提高浇筑设备的生产能力；②冬、夏季施工与温控措施的影响；③混凝土坝结构的复杂程度，轻型坝施工的不均匀性比重力坝大；④浇筑工作面的集中程度，若工作面很分散，则应按单项工程的浇筑强度来校核。

4. 混凝土浇筑方案

混凝土浇筑方案，根据枢纽所在区域的自然条件、坝型、电站型式、导流与度汛、温度控制与灌浆、金属结构安装、施工设备水平及使用经历等有不同的组合方式。常见的混凝土浇筑方案组合形式见表2-22。

表2-22 常见混凝土浇筑方案组合形式

浇筑方案	组合形式
缆机浇筑	有轨或无轨运输设备：立罐，缆机
门（塔）机浇筑	有轨或无轨运输设备：立罐，门（塔）机 无轨运输设备：卧罐，门（塔）机
一般吊车浇筑	无轨运输设备：卧罐，履带式起重机
胶带机浇筑	无轨运输设备：储料斗，胶带机 胶带机直接从搅拌楼接料并运输到仓面

1）混凝土水平运输

主体工程混凝土水平运输方案的选择，主要与混凝土的浇筑方案、搅拌楼高程和位置、起重机取料方式、地形条件等因素有关，如何依据工程的具体情况，选择好混凝土的水平运输方式，是混凝土能否在保证质量的前提下实现快速施工的重要环节之一。

混凝土的水平运输方式主要有以下几类：

(1)有轨运输。一般有机车拖平板车立罐和机车拖侧卸料罐两种。机车拖平板车立罐运输方式，在我国水电建设工程中被广泛应用，尤其当工程量大、浇筑强度高时，这种运输方式运输能力大，运输过程中震动小、平稳，容易保证混凝土的运输质量。

大、中型工程一般多采用 1 435 mm 的准轨线路，中小型工程多用 1 000 mm 窄轨线路，机车轨距主要取决于混凝土运输的强度、其他构件运输的要求和现场布置条件。机车的牵引力应根据牵引的重量和道路特性通过计算确定。如铁路平板车在门、塔机的门架内穿过，铁路平板车与起重机门架之间，应有净空 1 m 以上的安全距离。

(2)无轨运输。一般指汽车运输。主要有汽车搅拌车、后卸式自卸汽车，以及汽车运立罐等。汽车运输混凝土，机动灵活，对地形变化适应大，道路修建的工程量小且费用较低，进行施工规划时，应尽量考虑运输混凝土的道路与基坑开挖出渣道路相结合，在基坑开挖结束后，即利用出渣道路运输混凝土，以缩短混凝土浇筑准备工期。汽车运输混凝土几乎可以同所有入仓设备配套使用，但汽车运输的运距不宜太长。为减少运输过程中过大震动，路面质量要求高，能源消耗大，运输费用较高，不易管理，事故率较高。

(3)架空单轨运输。其布置为采用钢桁架和钢柱架设环行的架空运输单轨道，轨道上悬挂用电动小车牵引行驶的混凝土料斗。该运输系统的轨道是平坡，自动化程度高，较适合于配合缆机浇筑方案。

(4)胶带机运输。胶带机运输混凝土可将混凝土直接入仓，也可作为转料设备，需采用运输混凝土的专用槽形胶带机。作为入仓浇筑混凝土主要有固定式和移动式两种。固定式即用钢筋排架支撑多条胶带通过仓面，每条胶带控制浇筑宽度 5～6 m，每隔几米远设置刮板，混凝土经过溜筒垂直下卸。移动式即是仓面上的移动的梭式胶带布料机与供应混凝土的一固定胶带正交布置，混凝土经过梭式胶带布料机入仓。胶带运输机运输混凝土是一种连续作业，生产效率高，适用于地形高差大的工程部位，动力消耗小，操作管理人员相对少。但是，一旦发生故障，全线停运，停留在胶带上的大量混凝土难以处理，而且同时只能运送一种品种的混凝土料。另外，在夏季使用时，混凝土温度回升大，难以保证设计要求。

在混凝土浇筑方案中，胶带运输机的生产率较高，如 762 mm 胶带，带速为 190～230 m/min，生产率为 240～450 m^3/h。在一些工程中，对主要设备浇不到的部位，采用皮带机悬挂在一台起重机的臂杆上，它的生产率和浇筑半径都要比一台起重机配合吊罐浇筑混凝土大得多。

采用胶带机运送混凝土时，混凝土的垂直下落高度要严格控制。它适用于浇筑基础、闸板和护坦等高度较低、品种单一的大体积混凝土。

2)缆机施工

尽量扩大缆机控制范围，缆机控制的平面范围，应尽量全部覆盖枢纽建筑物。若因地形地质条件限制，局部范围可采用其他浇筑机械（如门、塔机）配合施工；尽量减小缆机平台工程量，缆机基础平台高程，一般均应充分研究利用两岸地形条件，使缆机能浇至坝顶，但有时由于地形地质条件的限制，或者为了减小平台基础工程量，也可考虑将缆机平台高程降低，甚至放在坝顶高程。缆机施工参考数据如下：

(1)主索垂度。缆机主索垂度一般由制造厂家、使用单位共同商定,初步布置时,可按跨度的5% ~6%考虑。

(2)平台基础。缆机塔架基础必须放在稳定的地基上。缆机移动塔架基础的地基承载能力应在0.3 MPa以上。若平台部位地形凹凸不平或地基松软,可考虑设置栈桥通过。

(3)塔架高度。为了将坝体浇到计划高程,有的工程采用高塔架,塔架高度可达100 m左右。但有的工程即使采用高塔架,仍不能浇到坝顶,这时需要布置门、塔机予以辅助。

(4)缆机平台宽度。缆机承重主索固定在三角形塔架的顶端,当起重为10 ~20 t时,塔架高一般为7 ~40 m。塔架前后轨轨距随塔架高度而变化。缆机塔架高度与基础平台宽度的关系见表2-23。

表2-23　缆机塔架高度与基础平台宽度

(单位:m)

塔高	轨距	平台宽度(岩石基础)
40	2/3塔高	轨距+(5~8)
20	3/4塔高	轨距+(4~6)
7(低塔)	1.4倍塔高	轨距+(2~5)

注:当基础岩石风化较严重或岩层对稳定不利时,应适当加大塔前轨外缘宽度。

(5)塔架顶高程。可按下式计算:

塔架顶高程=主缆垂度+主索至吊钩高度+吊钩至料罐底高度+料罐底至计划浇筑高程的安全裕度(一般为3 ~5 m)+计划浇筑高程

(6)缆机吊钩至塔架顶最小水平距离。在布置缆机初步阶段,缆机吊钩至塔架顶最小水平距离可按跨度的10%考虑。若因布置原因需减小最小水平距离,可提出要求,由制造厂家在缆机设计中解决。

(7)缆机主索斜率。两塔顶高程不同,主索倾斜,其斜率应与制造厂家共同商定。初步布置时,可限制在跨度的2% ~5%。

3)门、塔机施工

门、塔机选型,应与水工建筑物布置特点(如高度及平面尺寸)、混凝土搅拌及供料运输能力相协调,若需要多台门、塔机时,其型号应尽量相同。要合理选择栈桥的位置和高程,尽量减少门、塔机"翻高"次数,并与混凝土供料运输布置相协调。栈桥的高度应按导流度汛标准确定,不得与各期导流、度汛和拦洪蓄水相矛盾。栈桥结构型式,选择工程量小、便于安装的通用栈桥型式。门、塔机浇筑闸、坝混凝土的布置,主要有坝外布置、坝内栈桥和蹲块布置三种形式。

(1)坝外布置。当坝体宽度小于所选门、塔机的最大回转半径时,可将门、塔机布置在坝外(上游或下游)。其靠近建筑物的距离,以不碰坝体和满足门、塔机安全运转为原则。这种布置方案需要浇筑门、塔机轨道条形混凝土基础;遇有低洼部位,可修建低栈桥。

(2)坝内独栈桥布置。当坝体宽度大于所选门、塔机最大回转半径或上下游布置门、塔机,使坝体中部有浇不到混凝土的部位时,可将门、塔机栈桥布置在坝内,栈桥高度视坝高、门(塔)机类型和混凝土搅拌系统出料高程选定。

(3)坝内多栈桥布置。适用于坝底宽度较大的高坝工程,或坝后式厂房的施工。一般在坝内和厂坝之间各布置一条平行坝轴线的栈桥。栈桥需要"翻高",门、塔机随之向上拆迁。水平运输车与门、塔机共用栈桥,也可单独布置运输栈桥。

(4)主辅栈桥布置。在坝内布置起重机栈桥,在下游或上游坝外布置运输混凝土运输栈桥。这种布置取决于混凝土搅拌系统供料高程和坝区地形、导流标准及枢纽特性等因素。

(5)蹲块布置。门、塔机设置在已浇筑的坝体上,随着坝体上升分次倒换位置而升高。一般采用拆装方便的丰满门机,每次翻高上升为15~25 m(其他门、塔机可达更大高度)。这种方式施工简单,但活动范围与浇筑面积受限制,倒运次数多,增加施工干扰,影响施工进度。

4)胶带输送机系统

胶带输送机浇筑混凝土的入仓形式,主要有固定式和移动式两种。

固定式用钢筋排架支撑多条胶带通过仓面,每条胶带控制浇筑宽度5~6 m,这种布置形式,每次浇筑高度约10 m。墨西哥 Huites 实体混凝土重力坝布置在坝内的可自升的塔机,吊专用槽形胶带机,浇筑三级配常态混凝土约200万 m^3,平均台月浇筑混凝土4.3万 m^3。

移动式主要有移动式布料机、轮胎吊胶带机、塔机与胶带机组合在一起的塔带机。

5)履带式起重机

高度较低的建筑物,如水闸、消能工程(护坦、消力池等)及混凝土坝的基础部位,均可采用履带式起重机浇筑混凝土。但当浇筑块短边尺寸大于30 m时,利用履带式起重机直接浇筑混凝土就有困难,需局部转料。

不同的工程,根据其施工特点,除可采用以上所述浇筑方法外,还可采用汽车吊、混凝土泵等。

(三)施工进度计划编制

施工进度计划是规定工程的施工顺序和施工进度的文件。

施工进度计划是施工组织设计的主要组成部分,也是施工管理的重要基础。它的作用是合理运用资金、人力、物力和各种施工条件,有计划地组织施工,以实现设计要求,达到预期的经济效益。

1.编制原则

①严格执行基本建设程序,遵照国家政策、法令和有关规程规范;②力求缩短工程建设周期,对控制工程总工期或受洪水威胁的工程和关键项目应重点研究,采取有效的技术和安全措施;③各项施工程序前后兼顾,处理好各单项工程之间、各专业项目之间及施工各阶段的关系,做到衔接合理,干扰少,施工均衡;④采用平均先进指标,并适当留有余地;⑤在保证工程质量与施工总工期的前提下,充分发挥投资效益。

2.编制分类

自工程可行性研究阶段开始,经各个设计阶段,以至施工期间逐年、季、月、旬甚至更短时段,都要编制施工进度计划,以指导施工及各项工作。

施工进度计划的种类较多:①根据不同的使用对象,有项目法人控制的进度计划和承包商控制的进度计划;②按不同的时段,有可行性研究阶段的进度计划、初步设计阶段的进度计划、招标设计阶段的进度计划和工程实施阶段的进度计划;③按计划期限不同,有长期计划、中期计划和短期计划;④按工作内容来分,有勘测设计计划、招投标工作计划、准备工程施工计划、施工总进度计划和工程验收计划;⑤按包括的范围大小来分,有总进度计划、单位工程进度计划和单项工程进度计划等。

3. 编制表达方法

编制表达方法有横道图法、进度曲线法、里程碑法和网络计划等。施工总进度应按工程筹建期、工程准备期、主体工程施工期和工程完建期 4 个阶段进行整体优化,编制网络进度,确定工程项目的总工期、各单项合同的控制工期和相应的施工天数,提出施工强度、劳动力、机械设备需用量曲线和土石方平衡,并根据主要关键控制点编制成简明的横道图进度表,纳入施工规划文件。

中国自 20 世纪 70 年代开始,应用关键线路法和计划评审技术来表示施工进度,这两种方法均使用网络图作为施工进度表示方法。网络图作为工程计划管理的一种方法,现在已广泛地应用于水利工程实践中。通过网络图不仅能明确指出工程内容及其相互关系,而且还能确定某项工作的浮动时间(又称时差),以及时差为零的关键工序,明确了工程重点,能事先发现工程拖延,可采取适当的措施,缩短工期。

在我国的一些大型水利工程(如三峡水利枢纽、小浪底水利枢纽)中,进度管理采用了以计算机为手段的进度管理方法,对工程进度进行科学、有效的控制和管理。

4. 施工总进度的编制步骤

施工总进度的编制步骤如图 2-16 所示。

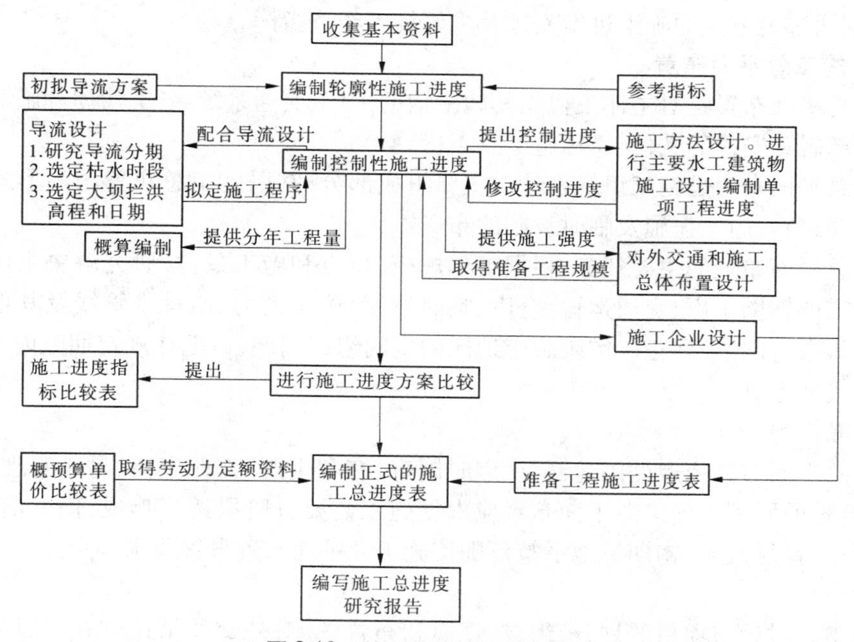

图 2-16 编制施工总进度的步骤

(1)收集基本资料。在编制施工总进度之前和工作过程中,要收集和不断完善编制施工总进度所需的基本资料。

(2)编制控制性施工进度。控制性施工进度在可行性研究阶段,是施工总进度的最终成果;在初步设计阶段,是编制施工总进度的重要步骤,并作为中间成果,提供给施工组织设计有关专业,作为设计工作的初步依据。控制性施工进度的编制是一个反复调整的过程。

(3)进行施工进度方案比较。在可行性研究阶段或初步设计的前期,一般常有几个水工布置方案,对于具有代表性的水工方案,都应编制控制性施工进度表,提出施工进度指标和对水工方案的评价意见,作为水工布置方案比较的依据之一,同时对一个水工布置方案可能做出几种不同的施工方案;以拦河坝为主要主体建筑物的工程可有几种不同的导流方案,因而可编制出多个相应的施工进度方案,需要对施工进度方案进行比较和优选。

(4)编制正式的施工总进度表。在初步设计的后期,即选定水工总体布置方案之后,对以拦河坝为主要主体建筑物的工程,在导流方案确定之后,编制选定的施工总进度表。

在编制施工总进度表时,以控制性施工进度为基础,列入非控制性的工程项目,进一步修改、完善控制性施工进度表,并编制各阶段施工形象进度图,绘制劳动力需要量曲线,同时还要提交准备工程施工进度表。

施工总进度表是控制施工总进度的最终成果。

(5)编写施工总进度研究报告。在施工总进度研究报告中,应列出基本资料,阐明总进度编制的依据,各方案主体建筑物的施工情况、施工程序、主要施工方法、方案比较,以拦河坝为主要主体建筑物的工程为基础,阐明导流方案和相应的施工程序、方案比较意见,最后阐明选定方案的施工进度安排及主要技术经济指标。

(四)施工总平面布置

施工总平面布置是对主体工程及其施工辅助工厂、交通系统、各类房屋和临时设施等作出全面部署和安排的文件,又称施工总布置。

施工总平面布置是施工组织设计的主要组成部分,它以施工总布置图的形式反映拟建的永久建筑物、施工设施及临时设施的布局。

施工总平面布置的主要任务:根据工程规模、特点和施工条件,研究解决主体工程施工期间所需的辅助工厂、交通运输、仓库、临时房屋、施工动力、给排水管线及其他施工设施等的总体布置问题,即正确解决施工地区的空间组织问题,以期在规定期限内完成整个工程的建设任务。

1. 布置原则

施工总平面布置应遵循因地制宜、因时制宜、有利生产、方便生活、易于管理、安全可靠、经济合理的原则。施工总平面布置应根据施工需要分阶段逐步形成,做好前后衔接,尽量避免后阶段拆迁。初期场地平整范围按施工总平面布置最终要求确定。

2. 设计要点

①施工临时设施项目的划分、组成、规模和布置;②对外交通衔接方式、站场位置、主要交通干线及跨河设施的布置情况;③可资利用场地的相对位置、高程、面积和占地赔偿;④供生产、生活设施布置的场地;⑤着重考虑临建工程和永久设施的结合;⑥前后期结合和重复利用场地的可能性。

3. 布置内容

①施工场地选择、区域规划及分区布置;②施工场内交通规划、运输方案比较、运输方式选择及运输量计算;③施工辅助工厂及其他施工辅助设施布置;④仓库系统及转运站布置;⑤施工管理及生活福利区布置;⑥施工场地防洪、排水及防护;⑦土石方平衡。

4. 方案比较指标

①交通道路的主要技术指标包括工程质量、造价、运输设备需用量及运输费用;②各方案土石方平衡计算成果,场地平整的土石方工程量和形成时间;③风、水、电系统管线的主要工程量、材料和设备等;④生产、生活福利设施的建筑物面积和占地面积;⑤施工征地移民的各种指标;⑥施工辅助工厂的土建、安装工程量;⑦站场、码头和仓库装卸设备需要量;⑧其他临建工程量。

工期较长的水利工程,需根据不同时期主体工程、施工条件的变化,提出分期而互相衔接的施工总平面布置图。

5. 设计步骤

施工总布置设计步骤见图2-17。

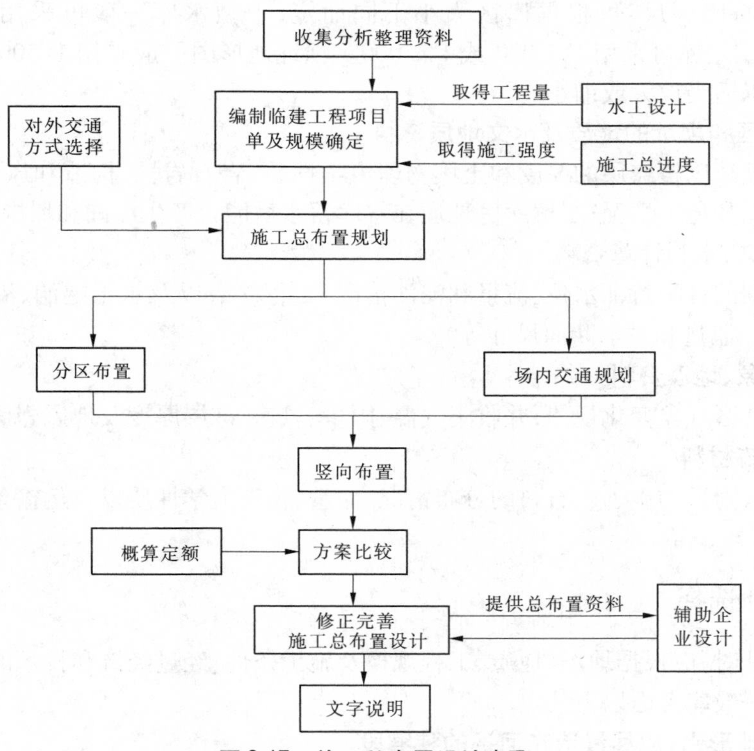

图2-17　施工总布置设计步骤

第三章 土石坝枢纽设计与施工

第一节 设计内容及方法

一、基本资料

基本资料是水库枢纽设计的依据，它直接影响到坝型选择、工程规模、工程效益、材料用量和投资等，因此必须认真调查和收集。

（一）地形资料

为了选择坝址和进行水库建筑物的总体布置以及施工方案比较等，都需要用地形图。库区地形图的比例尺，可根据库区大小不同而定，中型水库一般可采用1:5 000或1:10 000，小型水库可采用1:1 000或1:2 000。坝址地形图一般采用1:500或1:1 000。特殊情况可以适当放大或缩小。

（二）库区和坝址的地质及水文地质资料

查清坝址河床覆盖层的厚度和土壤物理力学性质，岩石岩性、构造和风化程度，坝基与两岸的渗漏和稳定情况；了解库区地质在水库蓄水后能否产生渗漏和塌岸等。

（三）水文、水利计算资料

水库规划的各种特征水位、流量和泥沙情况，工程等级以及水工隧洞、溢洪道的工程规模（如高程、泄量和过水断面尺寸等）。

（四）气象、地理资料

了解坝址区气象变化规律，并收集气温、雨量、风速、冻层厚度及地震烈度等资料。

（五）建筑材料

收集坝区附近的土、砂、石料的分布情况、储量、物理力学性质以及运输条件和单价等资料。

二、坝址选择

选择坝址时，应根据地形、地质、工程规模及施工条件，经过经济和技术的综合分析比较来选定。一般应考虑以下几点。

（一）在地形上，应尽量选在河谷的狭窄段

这样坝轴线短，工程量小。但必须与施工场地和泄水建筑物的布置情况以及运用上的要求等同时考虑。对于两岸坝端要有足够的高程和厚度，以给工程扩建留有余地。

（二）地质条件

坝基和两岸山体，应无大的不利地质构造问题，岩石应较完整，并应尽量将坝基置于透水性小的坚实地层上（黏土、壤土或岩基），或厚度不大的透水地基上，尽量避免在强透水地基上建坝。

（三）筑坝材料

坝址附近要有足够数量符合设计要求的土、砂、石料，且便于开采运输。

（四）枢纽布置

坝址区应有便于布置输水建筑物、溢洪道、电站等工程的地形、地质条件，且各建筑物之间应互不干扰，便于施工和管理运用。

以上几个条件很难同时满足，应抓住主要矛盾，权衡轻重，做好调查研究工作，进行细致的方案比较，就能选出比较合适的坝轴线。

三、土石坝枢纽组成及布置

（一）枢纽组成

枢纽建筑物以土石坝为主体，并包括有泄洪建筑物、灌溉引水建筑物、发电引水建筑物、水电厂房、开关站、排沙建筑物、工业用水引水建筑物、放空水库的泄水建筑物、施工导流建筑物、过船建筑物、过木建筑物、鱼道等。这些建筑物有的可以合并结合使用，如发电引水建筑物和灌溉引水建筑物可合并或部分合并，排沙建筑物和放空水库泄水建筑物可以结合，有的则可以分开，如泄洪建筑物可分开成溢洪道和泄洪洞。这些都要按具体情况加以研究。

通常我们所说的土石坝蓄水枢纽“三大件”即土石坝、溢洪道和隧洞。土石坝用以拦蓄洪水，形成水库；溢洪道用以宣泄洪水，确保大坝安全；隧洞则用以灌溉、发电、导流、泄洪、排沙等。

（二）枢纽布置原则

枢纽布置应做到安全可靠、经济合理、施工互不干扰、管理运用方便。应选择多种方案进行技术经济比较，从而选出最优方案。

枢纽布置应服从以下原则：

（1）枢纽中的泄水建筑物应能满足设计规定的运用条件和要求。

（2）选择泄洪建筑物形式时，宜优先考虑采用开敞式溢洪道为主要泄洪建筑物，并经技术经济比较确定。

（3）泄水、引水建筑物进口附近的岸坡应有可靠的防护措施，当有平行坝坡方向的水流可能会冲刷坝坡时，坝坡也应有防护措施。

（4）应确保泄水、引水建筑物进口附近的岸坡的整体稳定性和局部稳定性。

（5）当泄水建筑物出口消能后的水流冲刷下游坝坡脚时，应比较调整尾水渠和采取工程措施保护坝坡脚的可靠性和经济性，可采取其中一种措施，也可同时采取两种措施。

（6）对于多泥沙河流，应考虑布置排沙建筑物，并在进水口采取防淤措施。

（7）高、中坝和地震区的坝，不得采用布置在非岩石地基上的坝下埋管形式。低坝采用非岩石地基上的坝下埋管时，必须对埋管周围填土的压实方法、可能达到的压实密度及其抵抗渗透破坏的能力能否满足要求进行论证。

（8）枢纽布置应考虑建筑物开挖料的利用。

四、土石坝设计

(一)坝型选择

碾压式土石坝可在以下三类基本坝型中选择:均质坝、土质防渗体分区坝、人工材料防渗体坝。

坝型选择应综合考虑下列因素,经技术经济比较后确定。

(1)坝高。高坝宜采用土质防渗体分区坝,低坝可采用均质坝。岩基上高度 200 m 以下的坝宜优先考虑钢筋混凝土面板坝。

(2)筑坝材料。料场开采的或枢纽建筑物开挖材料的种类、性质、数量、位置和运输条件。

(3)坝址区地形地质条件。

(4)施工导流、施工进度与分期、填筑强度、气象条件、施工场地、运输条件和初期度汛等施工条件。

(5)枢纽布置、坝基处理形式、坝体与泄水引水建筑物等的连接。

(6)枢纽的开发目标和运行条件。

(7)土石坝以及枢纽的总工程量、总工期和总造价。

对Ⅱ级及其以下的低坝,可采用土工膜防渗体坝。

(二)剖面拟定

土石坝的剖面拟定包括坝坡、坝顶宽度和坝顶高程三个方面。

1. 坝坡

坝坡应综合考虑坝型、坝高、坝的级别、坝体及坝基材料的性质、荷载、施工和运用条件等因素,经技术经济比较后确定。

土质防渗体土石坝、沥青混凝土心墙和面板坝,可参照已建成坝的经验或近似方法初步拟定坝坡,最终坝坡须经稳定计算确定。表 3-1、表 3-2 分别给出心墙坝和均质坝坝坡参考值。一般情况下,上游坝坡应较下游坝坡缓;下部坝坡应比上部缓。土石坝坝坡一般为 1:2 ~1:4。

表 3-1　心墙坝坝坡参考值

坝壳部分					心墙部分	
坝高(m)	平台顶宽(m)	平台级数	上游坡(由上而下)	下游坡(由上而下)	顶宽(m)	边坡
<15	1.5	1	1:(2.0 ~2.25) 1:(2.25 ~2.5)	1:(1.75 ~2.0) 1:(2.0 ~2.25)	1.5	1:0.2
15 ~25	2.0	1 ~2	1:(2.25 ~2.5) 1:(2.5 ~2.75)	1:(2.0 ~2.25) 1:(2.25 ~2.50)	2.0	1:(0.15 ~0.25)
25 ~35	2.0	2	1:(2.5 ~2.75) 1:(2.75 ~3.0) 1:(3.0 ~3.50)	1:(2.25 ~2.50) 1:(2.50 ~2.75) 1:(2.75 ~3.0)	2.5	1:(0.15 ~0.25)

注:表中坝壳部分边坡变化范围可根据不同土质选用,土质较好时可用较陡值。心墙部分边坡变化范围根据塑性材料透水性的强弱选用,透水性弱者可用较陡值。

土石坝上、下游边坡沿坝高常为变坡，在每个变坡处设一条宽为1.5～2.0 m的马道。

表3-2　均质坝坝坡参考值

塑性指数较高的亚黏土					塑性指数较低的亚黏土				
坝高（m）	平台		上游坡	下游坡	坝高（m）	平台		上游坡	下游坡
	顶宽（m）	级数	由上而下	由上而下		由上而下	由上而下	由上而下	由上而下
<15	1.5	1	1:2.50 1:2.75	1:2.25 1:2.50	<15	1.5	1	1:2.25 1:2.50	1:2.00 1:2.25
15～25	2	2	1:2.75 1:3.00	1:2.50 1:2.75	15～25	2	2	1:2.50 1:2.75	1:2.25 1:2.50
25～35	2	3	1:2.75 1:3.00 1:3.50	1:2.50 1:2.75 1:3.00	25～35	2	3	1:2.50 1:2.75 1:3.25	1:2.25 1:2.50 1:2.75

2. 坝顶宽度

坝顶宽度应综合考虑构造、施工、运行、抗震等因素确定。高坝的最小坝顶宽度可选用10～15 m，中低坝可选用5～10 m，坝的级别高时应选大值，反之选小值。

3. 坝顶高程

坝顶高程根据正常运用和非常运用的静水位加相应的超高 Y 予以确定。Y 按式(3-1)计算(见图3-1)。

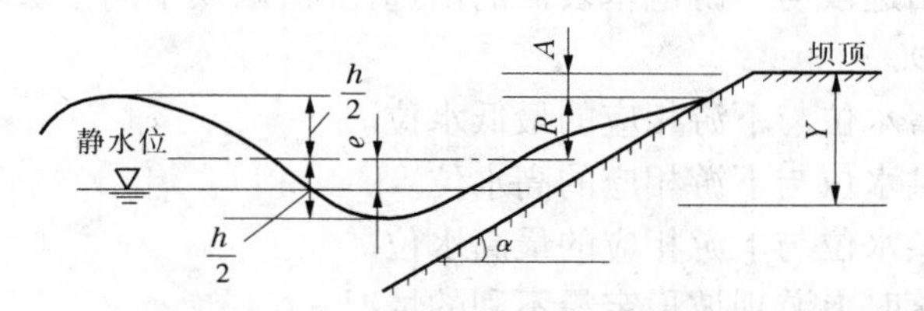

图3-1　坝顶超高计算简图

$$Y = R + e + A \tag{3-1}$$

$$e = \frac{Kv_0^2 D}{2gH_m}\cos\beta \tag{3-2}$$

式中　R——波浪在坝坡上的最大爬高，m；

e——最大风壅水面高度，即风壅水面超出原库水位高度的最大值，m；

H_m——坝前水域平均水深，m；

K——综合摩阻系数，其值变化在 $(1.5 \sim 5.0) \times 10^{-6}$，计算时一般取 $K = 3.6 \times 10^{-6}$；

β——风向与水域中线(或坝轴线的法线)的夹角，(°)；

v_0、D——计算风速和风区长度；

A——安全加高，m，根据坝的等级和运用情况，按表3-3确定。

波浪爬高 R 的计算，土石坝设计规范推荐采用莆田试验站公式，其具体计算方法可参见有关教材及规范。

表 3-3　安全加高 A　（单位：m）

运用情况	坝的级别			
	1 级	2 级	3 级	4、5 级
正常	1.5	1.0	0.7	0.5
非常	0.7	0.5	0.4	0.3

坝顶高程等于水库静水位与超高之和，应分别按以下四种情况进行计算，然后取其中最大值为坝顶高程：①设计洪水位 + 正常运用情况的坝顶超高；②正常蓄水位 + 正常运用条件的坝顶超高；③校核洪水位 + 非常运用情况的坝顶超高；④正常蓄水位 + 非常运用情况的坝顶超高 + 地震安全加高。

坝顶设防浪墙时，超高值 Y 是指静水位与墙顶的高差。

应该指出，这里计算的坝顶高程是指坝体沉降稳定后的数值。因此，竣工时的坝顶高程还应有足够的预留沉陷值。对施工质量良好的土石坝，坝顶沉降值约为坝高的 1%。

（三）各种不同坝型渗流计算方法

1. 渗流计算内容

（1）确定坝体浸润线及其下游出逸点的位置，绘制坝体及地基内的等势线分布图或流网图。

（2）确定坝体与地基渗流量。

（3）确定坝坡出逸段与下游地基表面的出逸比降，以及不同土层之间的渗透比降。

2. 渗流计算情况

（1）上游正常蓄水位与下游相应的最低水位。

（2）上游设计洪水位与下游相应的高水位。

（3）上游校核洪水位与下游相应的最高水位。

（4）库水位降落时上游坝坡稳定最不利的情况。

3. 渗流计算方法

渗流计算可通过公式计算、手绘流网、数值计算和模拟试验等方法进行，应根据工程等级、地质条件和设计阶段等因素选用。

对Ⅰ、Ⅱ级坝和高坝应采用数值计算或模拟试验确定渗流场的各种渗流因素。对Ⅲ级坝可采用水力学法进行计算。

4. 水力学计算公式

表 3-4 给出了不同类型地基土坝渗流计算的公式。

（四）抗滑稳定分析方法

1. 稳定分析内容

土石坝从施工、建成、蓄水到泄水的各个时期，受到不同荷载的作用，土体也具有不同的抗剪强度，应分别核算其稳定性。稳定分析中应核算土石坝稳定的工况为施工期（包括竣工时）、稳定渗流期、水库水位降落期和正常运用遇地震。四种工况应核算的稳定分析内容为：

表 3-4　不同类型地基土坝渗流计算的公式

地基类型	坝型		计算简图	计算公式	
				浸润线方程	q
不透水地基	均质坝	带棱体排水	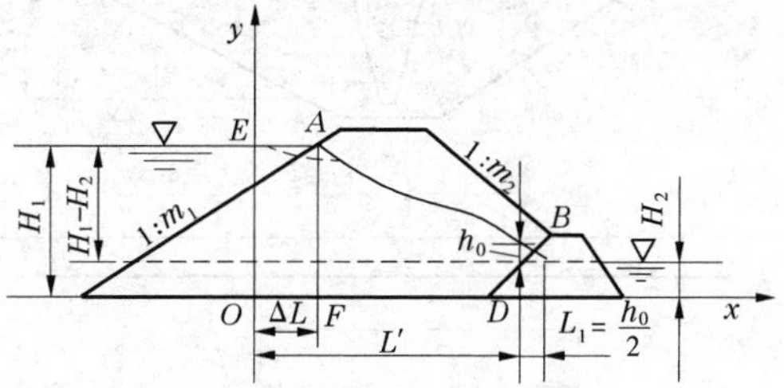 y, E, A, $1:m_2$, B, H_2, H_1, H_1-H_2, $1:m_1$, h_0, O, ΔL, F, D, x, $L_1=\frac{h_0}{2}$, L'	$y=\sqrt{H_1^2-\frac{2q}{k}x}$	$q=\frac{k[H_1^2-(H_2+h_0)^2]}{2L'}$ $h_0=\sqrt{L'^2+(H_1-H_2)^2}-L'$
		带褥垫排水	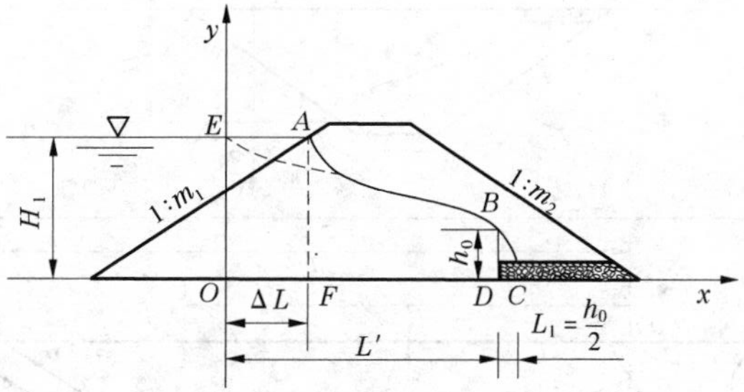 y, E, A, H_1, $1:m_1$, $1:m_2$, B, h_0, O, ΔL, F, D, C, x, $L_1=\frac{h_0}{2}$, L'	$y=\sqrt{H_1^2-\frac{2q}{k}x}$	$q=\frac{k}{2L'}(H_1^2-h_0^2)$ $h_0=\sqrt{L'^2+H_1^2}-L'$
	心墙坝		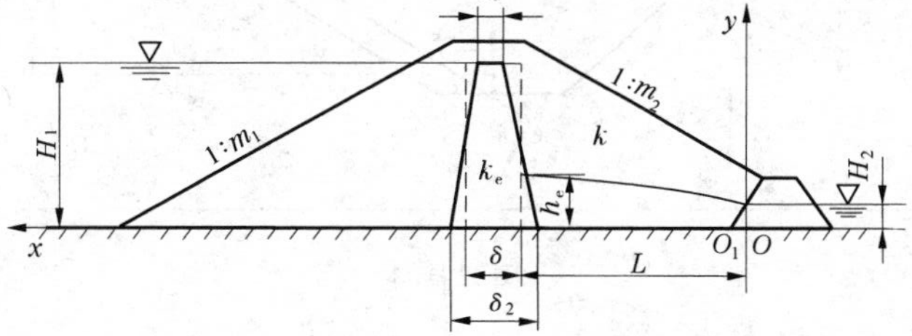 δ_1, y, H_1, $1:m_1$, $1:m_2$, k, k_e, h_e, H_2, x, δ, δ_2, L, O_1, O	$y=\sqrt{\frac{2q}{k}x+H_2^2}$	$q=k\frac{h_e^2-H_2^2}{2L}$

续表 3-4

地基类型	坝型	计算简图	计算公式	
			浸润线方程	q
不透水地基	斜墙坝	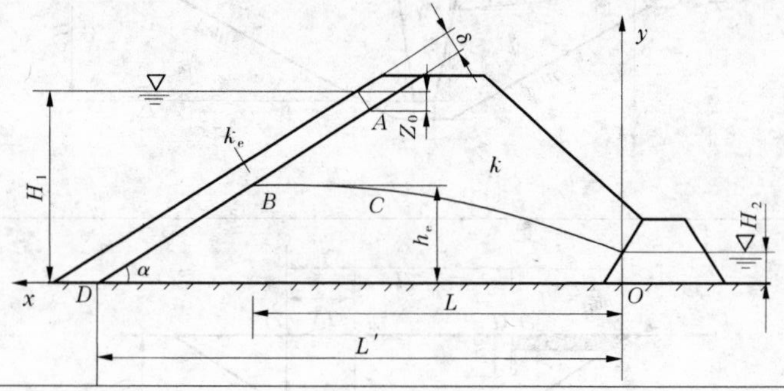	$y=\sqrt{\frac{2q}{k}x+H_2^2}$	联立下式求解 h_e、q $q=k\frac{h_e^2-H_2^2}{2L}$ $q=k_e\frac{H_1^2-h_e^2-(\delta\cos\alpha)^2}{2\delta\sin\alpha}$
有限深透水地基	均质坝	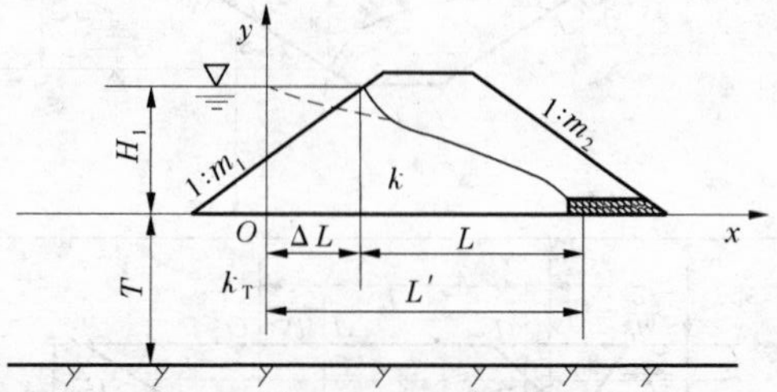	$y=\sqrt{H_1^2-\frac{2q}{k}x}$	$q=k\frac{H_1^2}{2L'}+k_T\frac{TH_1}{L'+0.44T}$
有限深透水地基	心墙坝	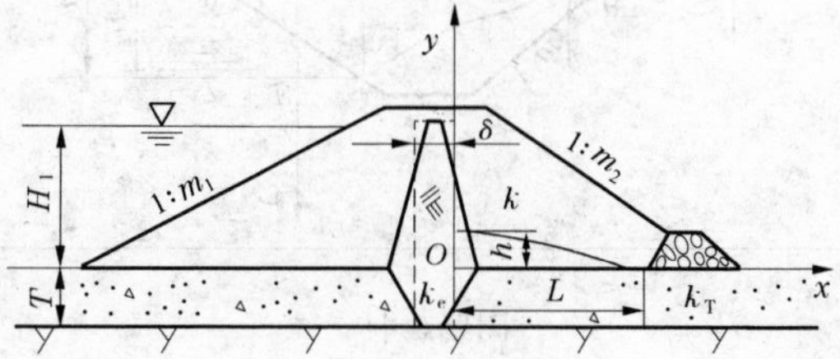	$y^2=h^2-\frac{h^2}{L}x$	联立下式求解 h、q $q=k_e\frac{(H_1+T)^2-(h+T)^2}{2\delta}$ $q=k\frac{h^2}{2L}+k_T\frac{h}{L+0.44T}T$

续表 3-4

地基类型	坝型	计算简图	计算公式	
			浸润线方程	q
有限深透水地基	斜墙坝	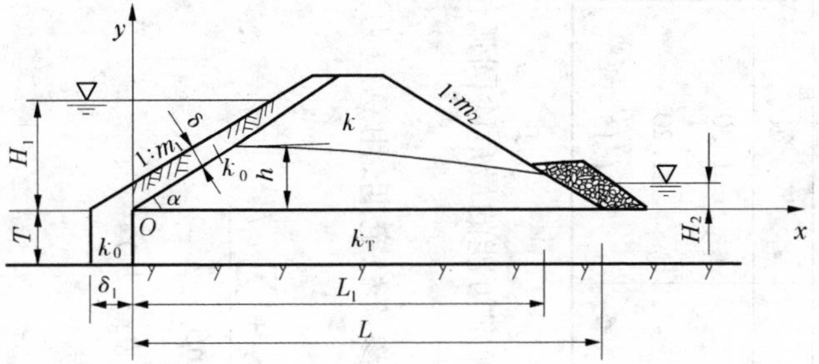 (a) 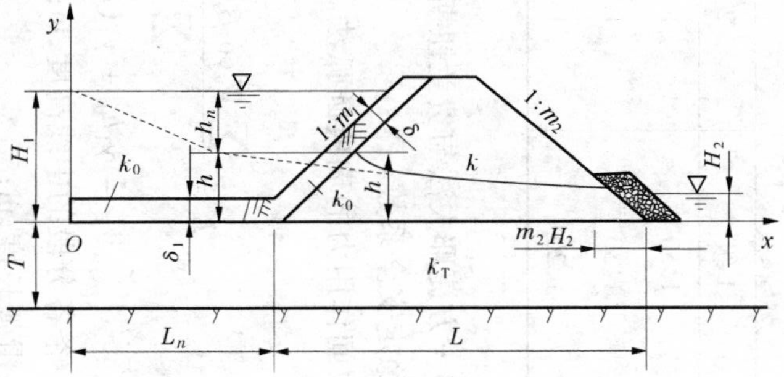 (b)	$y^2=\dfrac{L_1}{L_1-m_1h}h^2-\dfrac{h^2}{L_1-m_1h}x$	联立下式求 h、q $\left.\begin{aligned}q&=\dfrac{k_0(H_1^2-h^2)}{2\delta\sin\alpha}+\dfrac{k_0(H_1-h)}{\delta_1}T\\ q&=\dfrac{k(h^2-H_2^2)}{2(L-m_2H_2)}+\dfrac{k_T(h-H_2)}{L+0.44T}T\end{aligned}\right\}$

(1)施工期的上、下游坝坡。

(2)稳定渗流期的上、下游坝坡。

(3)水库水位降落期的上游坝坡。

(4)正常运用遇地震的上、下游坝坡。

2. 稳定分析方法

现行的边坡稳定分析方法很多,基本上都属于刚体极限平衡法。首先选定一种(或几种)破坏面的形式(如圆弧、直线、折线或复合滑动面),再在其中选取若干个可能的破坏面,分别计算出它们的安全系数,其中安全系数最小的滑动面即为最危险滑动面,相应的安全系数即为所求的安全系数。

土石坝设计中目前最广泛应用的圆弧滑动静力计算方法有不计及条块间作用力的瑞典圆弧法和简化的毕肖普(Bishop)法。

采用计及条块间作用力的计算方法时,坝坡的抗滑稳定安全系数应不小于表 3-5 规定的数值;采用不计及条块间作用力的瑞典圆弧法计算坝坡抗滑稳定安全系数时,对 1 级坝正常运用条件最小安全系数应不小于 1.30,其他情况应比表 3-5 规定的数值减小 8%。

表 3-5　容许最小抗滑稳定安全系数

运用条件	工程等级			
	1 级	2 级	3 级	4、5 级
正常运用	1.50	1.35	1.30	1.25
非常运用	1.30	1.25	1.20	1.15
正常运用加地震	1.20	1.15	1.15	1.10

首先采用 B · B · 方捷耶夫法与费兰钮斯法确定可能的最危险圆弧位置。然后,利用以下公式计算抗滑稳定安全系数。

(1)不计及条块间作用力的瑞典圆弧法。在渗流稳定期,用总应力法计算公式如下(参照图 3-2):

$$K = \frac{\sum W_i \cos\beta_i \tan\varphi_i + \sum c_i l_i}{\sum W_i \sin\beta_i} \tag{3-3}$$

$$W_i = \gamma_1 h_1 + \gamma_3 (h_2 + h_3) + \gamma_4 h_4 \tag{3-4}$$

式中　$h_1 \sim h_4$——土条各分段的中线高度,m;

l_i——各土条滑弧长度,m;

γ_1、γ_3、γ_4——坝体土的湿重度、浮重度和坝基土的浮重度,kN/m³。

当采用有效应力时,式中的 $W_i \cos\beta_i$ 应改为 $W_i \cos\beta_i - u_i l_i$,$\varphi_i$、$c_i$ 应改用有效抗剪强度指标 φ_i'、c_i',其中 u_i 为孔隙水压力。

(2)考虑渗透动水压力时的坝坡稳定计算。当坝体内有渗流作用时,还应考虑渗流对坝坡稳定的影响,如图 3-2 所示。在工程中常采用替代法。其稳定安全系数表达

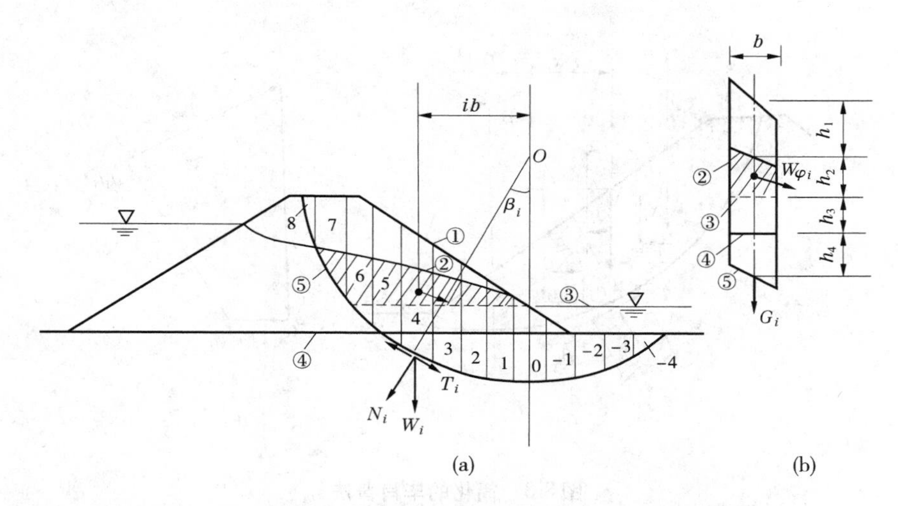

①—坝坡面；②—浸润线；③—下游水面；④—地基面；⑤—滑裂面

图 3-2　用总应力法计算稳定安全系数

式为：

$$K = \frac{\sum b_i(\gamma_m h_{1i} + \gamma' h_{2i})\cos\beta_i \tan\varphi_i + \sum c_i l_i}{\sum b_i(\gamma_m h_{1i} + \gamma_{sat} h_{2i})\sin\beta_i} \tag{3-5}$$

式中　γ_m——土体的湿重度，kN/m³；

γ'——土体的浮重度，kN/m³；

γ_{sat}——土体的饱和重度，kN/m³；

h_1、h_2——浸润线以上和浸润线与滑弧之间的土条高度，m。

利用替代法计算时，取 1 m 坝长，采用列表的方法进行，如表 3-6 所示。

表 3-6　替代法计算表

土条编号	$\sin\beta_i$	$\cos\beta_i$	h_{1i}	h_{2i}	$\gamma_m h_{1i}$	$\gamma' h_{2i}$	$\gamma_{sat} h_{2i}$	(⑥+⑦)$\cos\beta_i\tan\varphi_i$	(⑥+⑧)$\sin\beta_i$
①	②	③	④	⑤	⑥	⑦	⑧	⑨	⑩

(3)简化的毕肖普法。毕肖普法近似考虑了土条间相互作用力的影响，其计算简图如图 3-3 所示。图中 E_i 和 X_i 分别表示土条间的法向力和切向力；W_i 为土条自重，在浸润线上、下分别按湿重度和饱和重度计算；Q_i 为水平力，如地震力等；N_i 和 T_i 分别为土条底部的总法向力和总切向力；其余符号含义如图 3-3 所示。

为使问题可解，毕肖普假设 $X_i = X_{i+1}$，即略去土条间的切向力，故称简化的毕肖普法，计算公式如下：

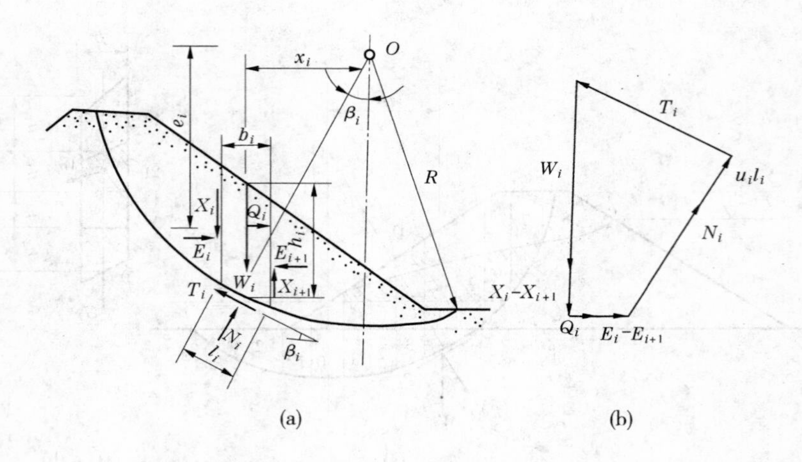

图 3-3　简化的毕肖普法

$$K = \frac{\sum \left[(W_i - u_i l_i)\tan\varphi_i' + c_i' l_i \right] \frac{1}{m_{ai}}}{\sum W_i \sin\beta_i} \tag{3-6}$$

式中，$m_{ai} = \cos\beta_i + \frac{\sin\beta_i \tan\varphi_i'}{K}$。

因为 m_{ai} 中包含有 K，所以按式(3-6)计算时要用试算法。一般可先假定 $K=1$，求出 m_{ai}，再代入式(3-6)中求 K，若 $K>1$，则用此 K 值求出新的 m_{ai} 及 K。如此反复 3~4 次，直至假设的 K 和算出的 K 接近。

利用简化的毕肖普法计算时，取 1 m 坝长，采用列表的方法进行，如表 3-7 所示。

表 3-7　毕肖普法计算表

土条编号	h_{1i}	h_{2i}	$\gamma_m h_{1i}$	$\gamma_{sat} h_{2i}$	$\sin\beta_i$	$\cos\beta_i$	$u_i l_i$	(① + ② − ③) $\tan\varphi_i'$	$c_i' l_i$
			①	②			③	④	⑤

土条编号	④ + ⑤	$\cos\beta_i + \frac{\sin\beta_i + \tan\varphi_i'}{K}$	⑥/⑦	(① + ②) $\sin\beta_i$	⑧/⑨
	⑥	⑦	⑧	⑨	

注：h_1 为浸润线以上土条高度(m)；h_2 为浸润线以下土条高度(m)。

非黏性土的坝坡，例如心墙坝的上、下游坝坡和斜墙坝的下游坝坡，以及斜墙坝的上游保护层和保护层连同斜墙一起滑动时，常形成折线滑动面。折线法计算方法可参见有关教材。

（五）土料设计

筑坝材料的设计与土坝结构设计、施工方法以及工程造价有关，一般力求坝体内材料分区简单，就地、就近取材。土料设计的任务是：确定黏壤土的填筑干重度、含水量，砾质土的砾石含量、干重度、含水量，砂砾料的相对密度和干重度等指标。

1. 黏性土料设计

黏壤土用南京水利科学研究院标准击实仪做击实试验，求最大干重度、最优含水量。应该使土样最优含水量接近其塑限含水量，据此确定击数，得出多组平均最大干重度 γ_{max} 和平均最优含水量 $\overline{W}_0$。设计干重度为：

$$\gamma_d = m\gamma_{max} \tag{3-7}$$

式中 γ_d——设计干重度，kN/m^3；

m——压实度，m 值对于 1、2 级坝或高坝采用 0.98～1，对于 3、4 级坝或低坝采用 0.96～0.98。

设计最优含水量为：

$$W_0 = \overline{W}_0 \tag{3-8}$$

用下列公式计算设计干重度作为校核参考：

$$\gamma_d = \frac{\Delta_s(1 - V_a)}{1 + \Delta_s W} \tag{3-9}$$

式中 Δ_s——土粒密度；

W——填筑含水量，以小数计；

V_a——压实土的含气量（黏土 $V_a = 0.05$，砂质黏土 $V_a = 0.04$，砂质壤土 $V_a = 0.03$）。

还应当用下式作校核：

$$\gamma_d \geqslant (1.02 \sim 1.12)(\gamma_d)_0 \tag{3-10}$$

式中 $(\gamma_d)_0$——土场自然干重度，kN/m^3。

对于 1、2 级坝，还应该进行现场碾压试验进行复核，据以选定施工碾压数。

2. 坝壳砂砾料设计

坝壳砂砾填筑的设计指标以相对紧密度表示如下：

$$D_r = \frac{e_{max} - e}{e_{max} - e_{min}} \tag{3-11}$$

或

$$D_r = \frac{(\gamma_d - \gamma_{min})\gamma_{max}}{(\gamma_{max} - \gamma_{min})\gamma_d} \tag{3-12}$$

式中 e_{max}——最大孔隙比，$e_{max} = \Delta_s/(\gamma_{min} - 1)$；

e_{min}——最小孔隙比，$e_{min} = \Delta_s/(\gamma_{max} - 1)$；

e——填筑的砂、砂卵石或地基原状砂、砂卵石的孔隙比，$e = \Delta_s/(\gamma_d - 1)$；

Δ_s——砂粒密度；

γ_{max}、γ_{min}——最大、最小干重度，由试验求得；

γ_d——填筑的砂、砂卵石或地基原状砂、砂卵石的干重度。

设计相对紧密度要求不低于 0.70～0.75，地震区为防震动液化，浸润线以下部分土体设计密实度不低于 0.75～0.85。

(六)细部构造设计

1. 坝顶构造

坝顶可根据运用及交通的要求,用碎石、砾石、块石、混凝土或沥青等铺设成路面,若无交通要求,也可用草皮护面。为了便于排除雨水,坝顶应向一侧或两侧倾斜,呈 2% ~ 3% 的坡度。

当坝顶设计防浪墙时,墙体可用混凝土或浆砌石砌筑。墙底和坝身的防渗体要连接好,严防漏水。坝顶的细部构造如图 3-4 所示。

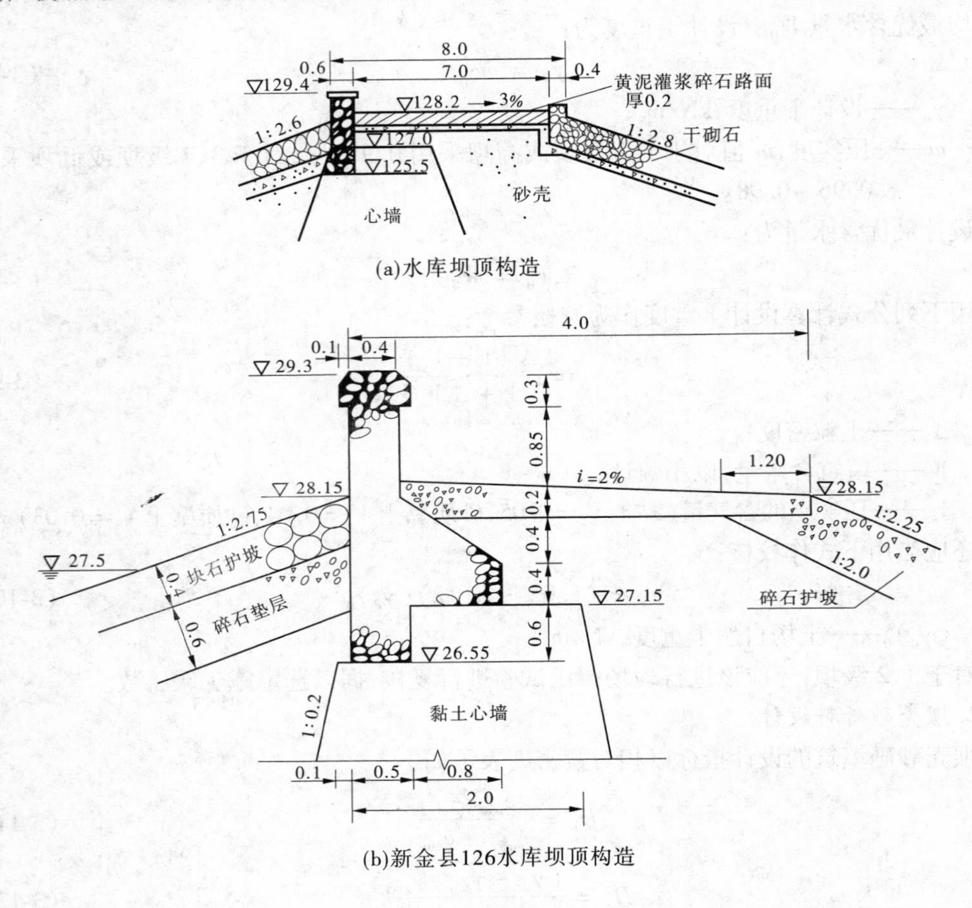

(a)水库坝顶构造

(b)新金县126水库坝顶构造

图 3-4 坝顶构造 (单位:m)

2. 护坡

土坝的上、下游坝坡都应进行防护。护坡工程的造价一般占总造价的 10% 左右,所以必须采用经济又坚固的护坡构造。护坡的石料,要求质地坚固、完整、新鲜、抗冲刷、不易风化和有足够的稳定性,以减少运用过程中的维修工作量。

(1)上游干砌块石护坡。目前最常采用的是干砌块石护坡。一般应从坝顶护到坝脚,也可结合围堰或弃土作为护坡的一部分,其底脚应深入坝基内缘的沟内(见图 3-6),以增加护坡的稳定性和便于检修。上游护坡构造可参见图 3-5 及图 3-6。

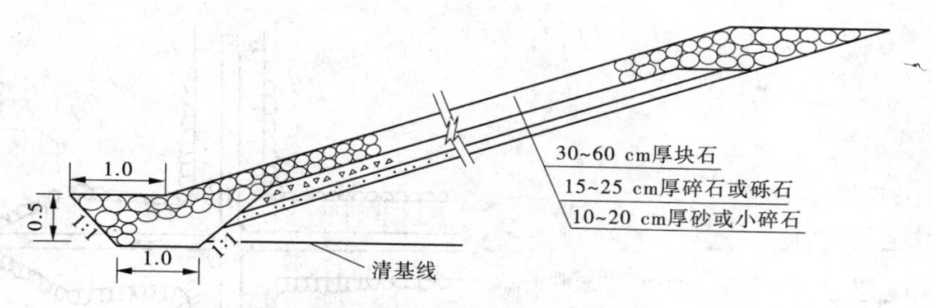

图 3-5　上游干砌石护坡构造　（单位:m）

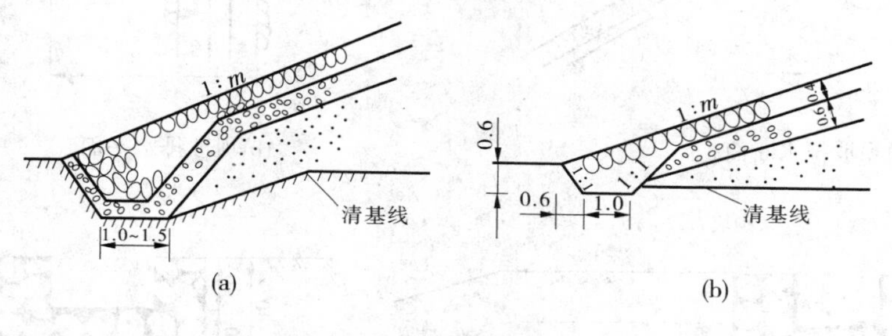

图 3-6　上游护坡与坝基连接　（单位:m）

（2）下游护坡。土坝下游边坡通常采用碎石或砾石护坡，也可采用草皮护坡。下游护坡及坝坡排水构造可参见图 3-7 及图 3-8。

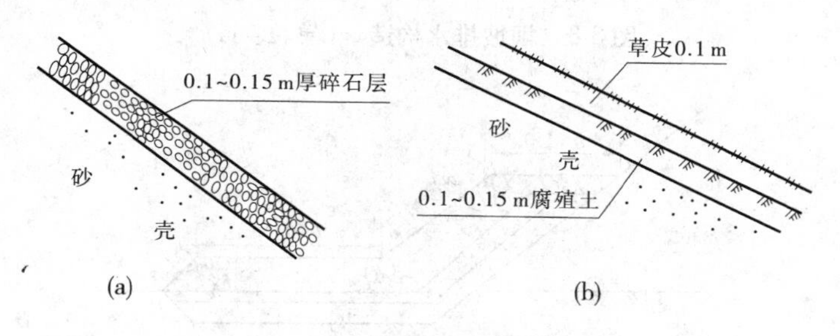

图 3-7　下游护坡构造

3. 排水设备

（1）贴坡排水，其构造见图 3-9。

（2）棱体排水，其构造见图 3-10。

（3）坝内排水，其构造见图 3-11。

（4）组合式排水，其构造见图 3-12。

4. 反滤层的设计

对于被保护土的第一层反滤料，考虑安全系数为 1.5 ~ 2.0，按太沙基准则确定，即：

$$\left.\begin{aligned} D_{15}/d_{85} &\leqslant 4 \sim 5 \\ D_{15}/d_{15} &\geqslant 5 \end{aligned}\right\} \tag{3-13}$$

式中　D_{15}——反滤料粒径，mm，小于该粒径土占总土重的 15%；

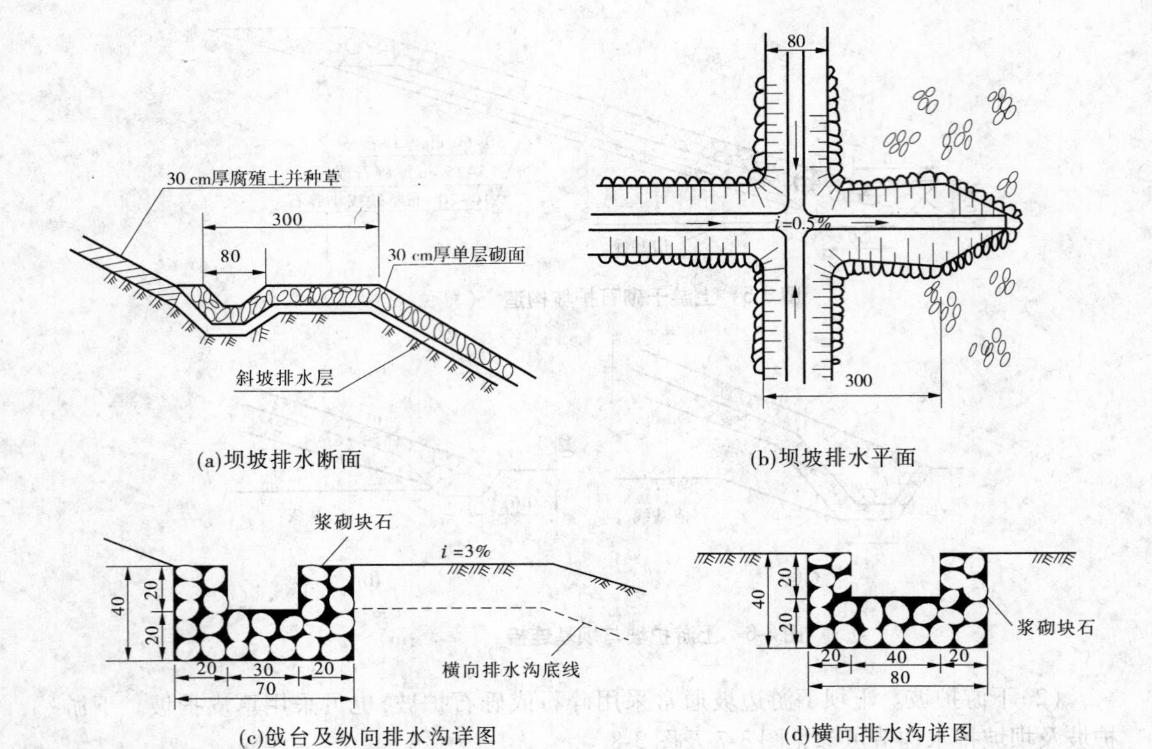

图 3-8　坝坡排水构造　（单位：cm）

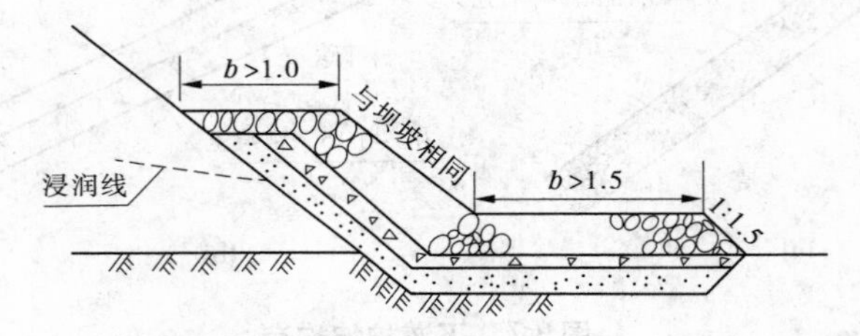

图 3-9　贴坡排水　（单位：m）

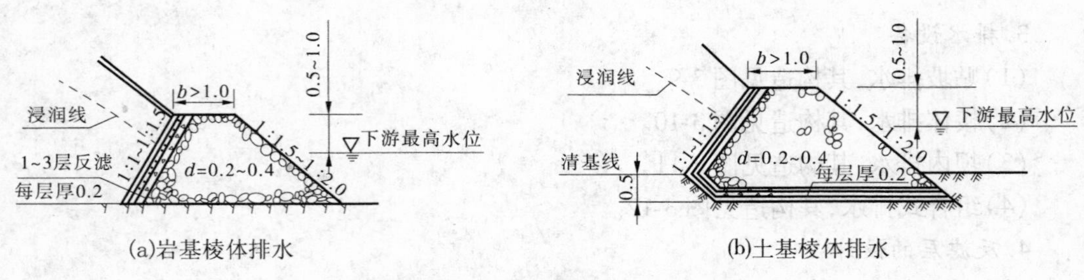

图 3-10　棱体排水　（单位：m）

d_{85}——被保护土粒径，mm，小于该粒径的土占总土重的85%；

d_{15}——被保护土粒径，mm，小于该粒径的土占总土重的15%。

第二、三层反滤料的选择也按上述办法进行。

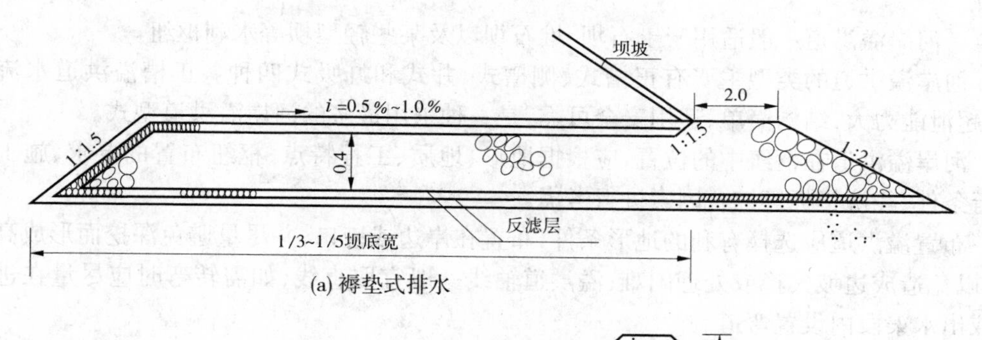

(a) 褥垫式排水

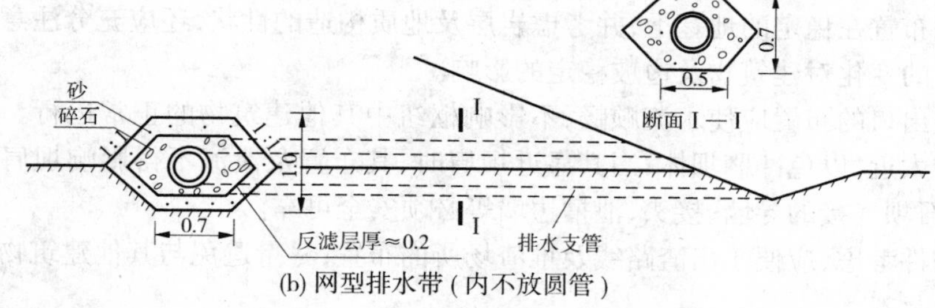

(b) 网型排水带(内不放圆管)

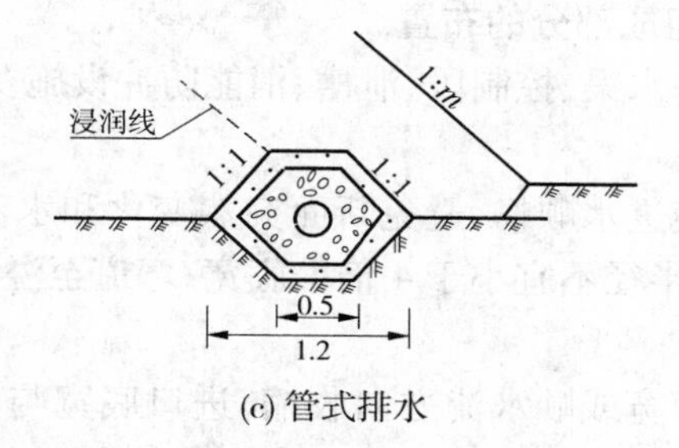

(c) 管式排水

图 3-11 坝内排水 (单位:m)

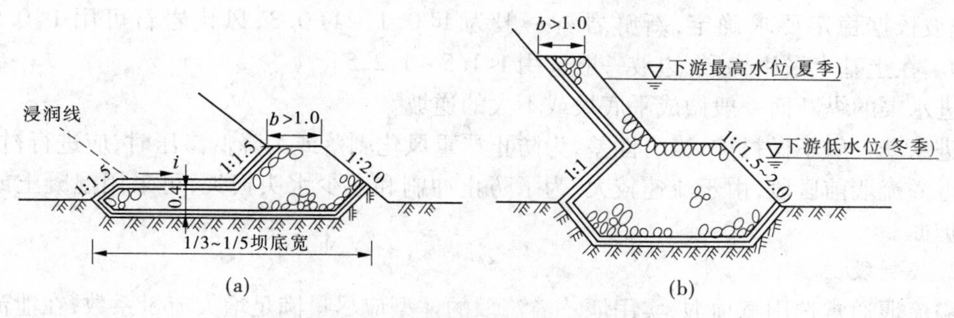

图 3-12 组合式排水 (单位:m)

按此标准天然砂砾料不能满足要求,须对土料进行筛选。

五、河岸溢洪道设计

(一)概述

河岸溢洪道的作用是宣泄规划库容所不能容纳的洪水,防止洪水漫坝失事,确保工程安全。河岸溢洪道一般适用于土石坝、堆石坝以及某些轻型坝等水利枢纽。

河岸溢洪道的类型主要有正槽式、侧槽式、井式和虹吸式四种。正槽溢洪道水流平顺,超泄能力大,结构简单,运用安全可靠,是一种采用最多的河岸溢洪道型式。

河岸溢洪道在枢纽中的位置,应根据地形、地质、工程特点、枢纽布置的要求、施工及运行条件、经济指标等综合因素进行考虑。

布置溢洪道应选择有利的地形条件,布置在岸边或垭口,并尽量避免深挖而形成高边坡,以免造成边坡失稳或处理困难;溢洪道轴线一般宜取直线,如需转弯时应尽量在进水渠或出水渠段内设置弯道。

溢洪道应布置在稳定的地基上,并考虑岩层及地质构造的性状,还应充分注意建库后水文地质条件的变化对建筑物及边坡稳定的影响。

溢洪道进出口的布置应使水流顺畅,不影响枢纽中其他建筑物的正常运行。进出口不宜距土石坝太近,以免冲刷坝体;当其靠近坝肩时,其布置及泄流不得影响坝肩及岸坡的稳定,与土石坝连接的导墙、接头、泄槽边墙等必须安全可靠。

从施工条件考虑,应便于出渣路线及堆渣场所的布置;尽量避免与其他建筑物施工相互干扰。

(二)正槽溢洪道各组成部分的布置

正槽溢洪道通常由进水渠、控制段、泄槽、消能防冲设施及出水渠等部分组成。

1.进水渠

进水渠平面布置应使进水顺畅,避免断面突然变化和水流流向的急转弯。在平面上如需转弯,其轴线的转弯半径不宜小于4倍渠底宽,弯道至溢流堰之间宜有适当长度的直线段。

进水渠底板一般为等宽或顺水流方向收缩,进口底宽与溢流堰宽之比宜为1.5~3。渠道内的流速应大于悬移质不淤流速,小于渠道的不冲流速,一般不大于4 m/s,岸边较陡、开挖较大的溢洪道的进水渠流速,最大可采用5~7 m/s。其横断面在岩基上接近矩形,边坡根据稳定要求确定,新鲜岩石一般为1∶0.1~1∶0.3,风化岩石可用1∶0.5~1∶1.0。在土基上采用梯形,边坡一般选用1∶1.5~1∶2.5。

进水渠的纵断面一般做成平底坡或不大的逆坡。

进水渠一般不做衬护,当岩性差,为防止严重风化剥落或为降低渗压时,应进行衬护;在靠近溢流堰前区段,由于流速较大,为了防止冲刷和减少水头损失,可采用混凝土或浆砌石护面。

2.控制段

溢流堰通常选用宽顶堰、实用堰。溢流堰的体型应尽量满足增大流量系数,在泄流时不产生空穴水流或诱发振动的负压等。宽顶堰在泄量不大或附近地形较平缓的中小型工程中应用较广。大、中型水库,特别是岸坡较陡时,多采用实用堰。

实用堰堰面曲线有真空和非真空两种型式,通常多采用非真空型堰面曲线。我国最常采用的是WES标准剖面堰、克-奥型剖面堰和幂曲线剖面堰。这些实用堰的特征参数可从《水力学》或有关手册中查阅。对重要工程应进行水工模型试验确定。

中、小型水库溢洪道,特别是小型水库溢洪道常不设闸门,堰顶高程就是水库的正常蓄水位;溢洪道设闸门时,堰顶高程低于水库的正常蓄水位。堰顶是否设置闸门,应从工程安全、洪水调度、水库运行、工程投资等方面论证确定。侧槽式溢洪道的溢流堰一般不设闸门。

溢洪道的溢流孔口尺寸,主要是溢流堰堰顶高程和溢流前沿宽度的确定。其设计方法与溢流重力坝基本相同。但由于溢洪道出口一般离坝脚较远,其单宽流量可以比溢流重力坝所采用数值大一些。

3. 泄槽

正槽溢洪道在溢流堰后多用泄槽与消能防冲设施相连,以便将过堰洪水安全地泄向下游河道。河岸溢洪道的落差主要集中在该段。泄槽的底坡常大于水流的临界坡,所以又称陡槽。槽内水流处于急流状态,紊动剧烈,由急流产生的高速水流对边界条件的变化非常敏感。

(1)泄槽的平面布置。泄槽在平面上宜尽可能采用直线、等宽、对称布置。当泄槽的长度较大,地形、地质条件不允许做成直线时,或为了减少开挖工程量、便于洪水归河和有利于消能等原因,常设置收缩段、扩散段或弯道段。

收缩段的收缩角(泄槽中心线与边墙的夹角)越小,冲击波也越小。一般收缩角小于11.25°。

扩散段的扩散角必须保证水流扩散时不能与边墙分离,避免产生竖轴旋涡。按直线扩散的扩散角 θ 一般不宜超过6°~8°。初步设计时,扩散角 θ 可根据下式计算选用:

$$\tan\theta \leqslant \frac{1}{KFr} \tag{3-14}$$

式中 Fr——扩散段起、止断面的平均弗劳德数,$Fr=\frac{v}{\sqrt{gh}}$;

K——经验系数,一般取3.0;

v——扩散段起、止断面的平均流速,m/s;

h——扩散段起、止断面的平均水深,m。

泄槽在平面上需要设置弯道时,弯道段宜设置在流速小、水流比较平稳、底坡较缓且无变化部位。宜选用较大的转弯半径及合适的转角,相对半径可取 $R/B>6\sim10$(R 为轴线转弯半径,B 为泄槽底宽),转角$\theta\geqslant20°$。如图3-13所示。

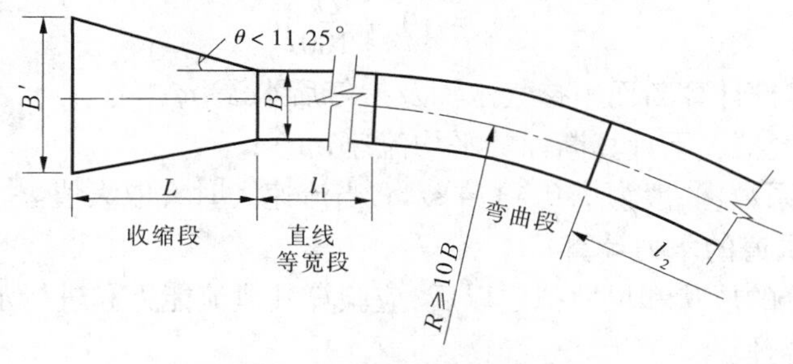

图3-13 泄槽平面布置示意图

(2)泄槽的纵剖面。泄槽的纵剖面应尽量按地形、地质以及工程量少、结构安全稳定、水流流态良好的原则进行布置。泄槽纵坡必须大于水流临界坡度。常用的纵坡为

1% ~5%,有时可达10% ~15%,坚硬的岩石上可以更大,实践中有用到1∶1的。为了节省开挖方量,泄槽的纵坡通常是随地形、地质条件而改变的,但变坡次数不宜过多,而且在不同坡度连接处要用平滑曲面相连接,以免高速水流在变坡处脱离槽底引起负压或槽底遭到动水压力的破坏。当坡度由陡变缓时,可采用半径为(6 ~12)h(h为反弧段水深)的反向弧段连接,流速大者宜选用大值;当底坡由缓变陡时,可采用竖向射流抛物线连接,如图3-14所示。其方程式为:

$$y = x\tan\theta + \frac{x^2}{K(4H_0\cos\theta)} \tag{3-15}$$

式中　x、y——以缓坡泄槽末端为原点的抛物线横、纵坐标;

θ——缓坡泄槽底坡坡角,(°);

H_0——抛物线起始断面比能,$H_0 = h + \frac{\alpha v^2}{2g}$;

h、v——抛物线起始断面平均水深(m)及流速(m/s);

α——流速分布不均匀系数,通常取$\alpha = 1.0$;

K——系数,对于落差较大的重要工程,取$K = 1.5$,对于落差较小者,取$K = 1.1 \sim 1.3$。

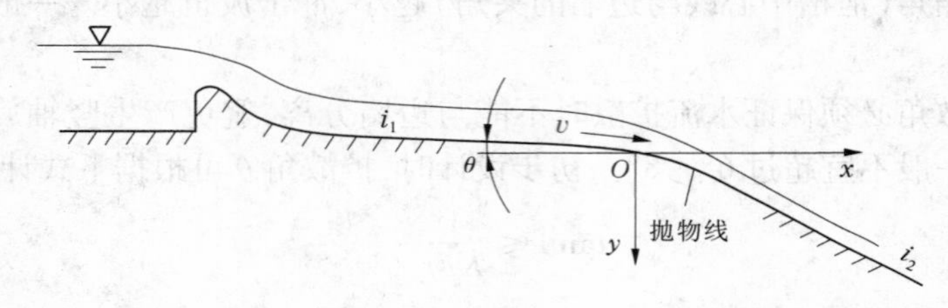

图3-14　变坡处的连接

(3)泄槽的横剖面。泄槽横剖面形状在岩基上多做成矩形或近似于矩形,以使水流均匀分布和有利于下游消能,边坡坡比一般为1∶0.1 ~1∶0.3;在土基上则采用梯形,但边坡不宜太缓,以防止水流外溢和影响流态,一般为1∶1 ~1∶2。

泄槽边墙顶高程,应根据波动和掺气后的水面线,加上0.5 ~1.5 m的超高来确定。对非直线段、过渡段、弯道等水力条件比较复杂的部位,超高应适当增加。掺气程度与流速、水深、边界糙率及进口形状等因素有关,掺气后水深h_b(m)可用下式估算:

$$h_b = \left(1 + \frac{\zeta v}{100}\right)h \tag{3-16}$$

式中　h、h_b——泄槽计算断面不掺气水深及掺气后水深,m;

v——不掺气情况下计算断面的平均流速,m/s;

ζ——修正系数,一般为1.0 ~1.4 s/m,当流速大时宜取大值。

(三)正槽溢洪道的水力计算

溢洪道各部分的形状和尺寸拟定以后,应验算其泄流能力和进行水面线及消能计算,以判断方案是否合理。

1.进水渠的水力计算

进水渠水力计算内容是:根据渠内流速的大小,求库水位与下泄流量关系曲线,校核泄流能力;求渠内水面曲线,确定进水渠边墙高。

(1)根据堰流公式(3-17)求 H_0(已知 B、Q):

$$H_0 = \left(\frac{Q}{\varepsilon\sigma_s mB\sqrt{2g}}\right)^{2/3} \tag{3-17}$$

式中 H_0——包括行近流速水头的堰上水头,m;

B——全部闸孔净宽,m;

m——流量系数;

ε——侧收缩系数;

σ_s——淹没系数;

Q——流量,m^3/s。

(2)联立求解下列方程,计算堰前水深 h 和流速 v:

$$\left.\begin{aligned} h &= H_0 + P_1 - \frac{v^2}{2g} \\ v &= \frac{Q}{\omega} = \frac{Q}{bh + mh^2} \end{aligned}\right\} \tag{3-18}$$

进水渠为梯形断面,b 为渠底宽,m 为进水渠边坡系数。其余参数含义见图 3-15。

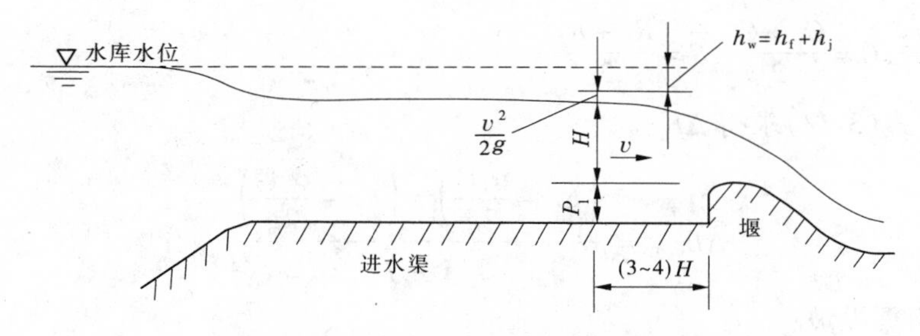

图 3-15 溢洪道进水渠堰流水的计算图

(3)计算水库水位。当 $v \leqslant 0.5$ m/s 时,进水渠水头损失很小,可忽略不计,则:

$$水库水位 = 堰顶高程 + H_0 \tag{3-19}$$

当 $v = 0.5 \sim 3.0$ m/s,并且进水渠沿程断面、糙率不变(或变化很小)、平面布置比较顺直时,进水渠水头损失所占比重也很小,这时仍可按明渠均匀流公式进行近似计算,计算误差并不是很大,且偏于安全,则:

$$水库水位 = 堰顶高程 + H + \frac{\alpha v^2}{2g} + h_w \tag{3-20}$$

式中 h_w——进水渠总水头损失,为沿程水头损失 h_f 与局部水头损失 h_j 之和,其中:$h_j = \zeta\frac{v^2}{2g}$, $h_f = JL = \frac{v^2 n^2 L}{R^{4/3}}$;

ζ——局部水头损失系数,参见有关水力学教材;

L——进水渠长度,m;

α——动能改正系数,一般采用 $\alpha = 1.0$;

其他符号含义见图 3-15。

当进水渠流速 $v \geqslant 3.0$ m/s,进水渠沿程断面糙率变化较大时,则要用明渠非均匀流公式进行计算。

首先计算起始断面的水力要素——水深、流速。进水渠的起始断面一般可选择在堰前(3~4)H处,如图3-16中的1—1断面。起始断面水深为h_1,流速为v_1(用式(3-18)试算)。

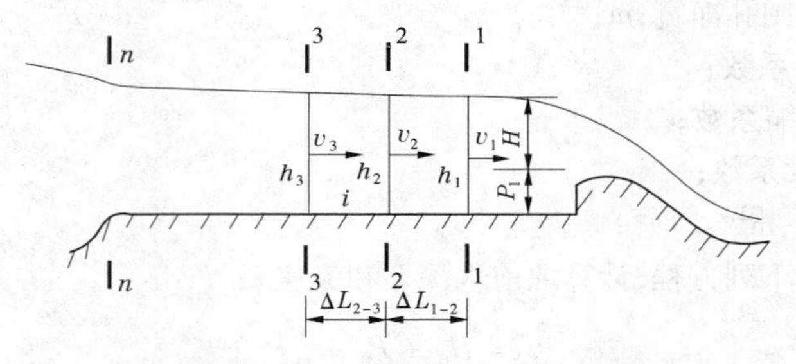

图3-16 溢洪道进水渠水面线计算图

然后假定h_2,求$v_2 = Q/\omega_2$;根据式(3-21)计算$\bar{J}$。

$$\bar{J} = \frac{\bar{v}^2}{\bar{C}^2 \bar{R}} \tag{3-21}$$

式中,$\bar{v} = \dfrac{v_1 + v_2}{2}$,$\bar{C} = \dfrac{C_1 + C_2}{2}$,$\bar{R} = \dfrac{R_1 + R_2}{2}$。

将$\bar{J}$代入式(3-22)求得ΔL_{1-2}。

$$\Delta L_{1-2} = \frac{\left(h_1 + \dfrac{\alpha_1 v_1^2}{2g}\right) - \left(h_2 + \dfrac{\alpha_2 v_2^2}{2g}\right)}{i - \bar{J}} \tag{3-22}$$

式中 i——引渠纵坡;

α_1、α_2——动能修正系数,一般取1.0。

重复上述步骤求得ΔL_{2-3},ΔL_{3-4},…直至$\sum \Delta L$等于引渠全长,推算到渠首断面n—n计算h_n、v_n,即可推求引渠的水面线,则水库水位可由下式计算:

$$水库水位 = 渠底高程 + h_n + \frac{\alpha v_n^2}{2g} + \zeta \frac{\alpha v_n^2}{2g} \tag{3-23}$$

2. 控制段水力计算

控制段水力计算主要是校核溢流堰过流能力。

溢流堰选用实用堰($0.67H < L < 2.5H$)或宽顶堰($2.5H < L < 10H$),其堰上水头H_0都可用式(3-17)计算,则上游堰高$= h - H_0$。泄流能力的校核可采用$Q = \varepsilon \sigma_s m B \sqrt{2g} H_0^{3/2}$进行验算。

当宽顶堰顺水流方向的长度$L > 10H$时,水流流态已不属于宽顶堰流,而是明渠非均匀流,它的沿程水头损失已不能忽略。如图3-17所示,当一个平坡或缓坡接一陡坡时,渠中水流由缓流变为急流,在两坡的交接断面处,水深可以近似看成是临界水深h_k。对该情况可用下述方法求得其泄流量。

取断面1—1和断面2—2列能量方程如下:

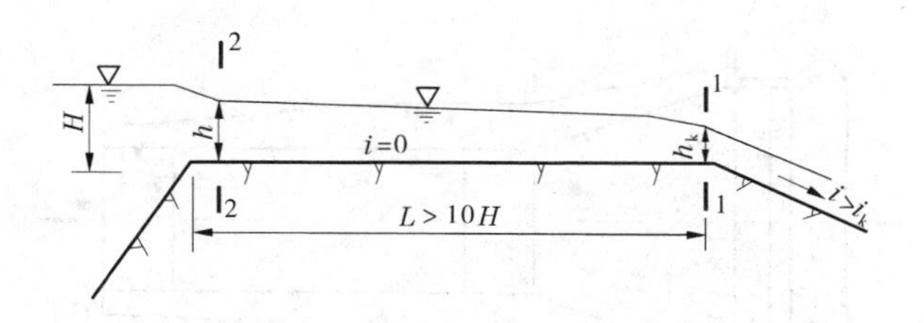

图 3-17 水力计算示意图

$$h+\frac{v^2}{2g}=h_k+\frac{v_k^2}{2g}+h_f \tag{3-24}$$

式中 h、v、h_k、v_k——2—2 断面和 1—1 断面的水深和流速；

h_f——两断面间的能量损失。

计算时，假定 h，按下式求流量 Q：

$$Q=\varphi Bh\sqrt{2g(H-h)} \tag{3-25}$$

式中 φ——流速系数，视进口形状而定，一般为 0.96 左右；

B——进口 2—2 断面的渠底宽；

H——库水位与渠底高差。

求得 Q 后，即可求得式(3-24)中的 v、h_k、v_k 及 h_f（$v=\frac{Q}{Bh}$，$h_k=\sqrt[3]{\frac{Q^2}{B_k^2 g}}$，$v_k=\frac{Q}{B_k h_k}$，$h_f=\frac{\bar{v}^2 n^2 L}{\bar{R}^{4/3}}$，$\bar{v}$、$\bar{R}$ 为两断面间的平均流速和平均水力半径，B_k 为 1—1 断面的渠底宽）。将以上各值代入式(3-24)，若左右相等，h、Q 即为所求值；若不相等，则再设 h 重新试算。

3. 过渡段水力计算

过渡段的作用是用来连接控制段和泄槽，它把单宽流量小、溢流前缘长的宽浅式进口与宽深合适、开挖量和衬砌工程量有机地结合起来。过渡段大多是变宽度、变底坡，有的甚至是改变方向的明槽。过渡段可布置在陡槽上（也叫渐变槽），平面布置如图 3-18 所示。也可采用缩窄陡槽过渡段：先用斜坡缩窄底宽降低槽底高程，再由调整段调整水流，使其平顺流入下游陡槽，如图 3-19 所示。

过渡段的水力设计应考虑以下要求：不能影响控制段的设计过流能力；不能因收缩或改变流向而引起水流扰动（如冲击波等）传向下游泄槽和消能防冲设施；在满足前两点的情况下，尽可能简化过渡段形式，减小长度、宽度和深度。

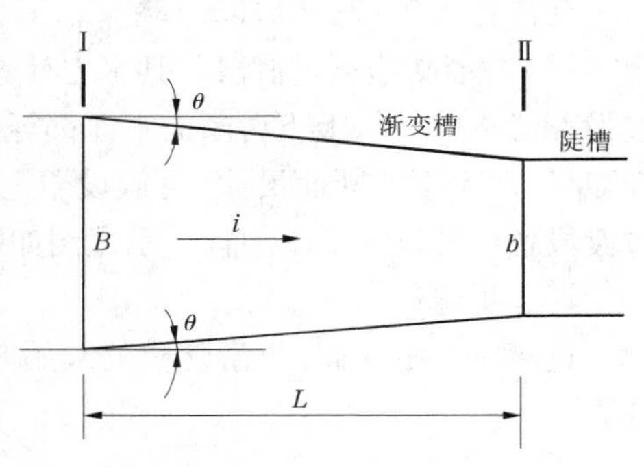

图 3-18 渐变槽过渡段平面

(1) 渐变槽式过渡段。其水平方向长度 L 可用下式计算：

$$L=\frac{B-b}{2\tan\theta} \tag{3-26}$$

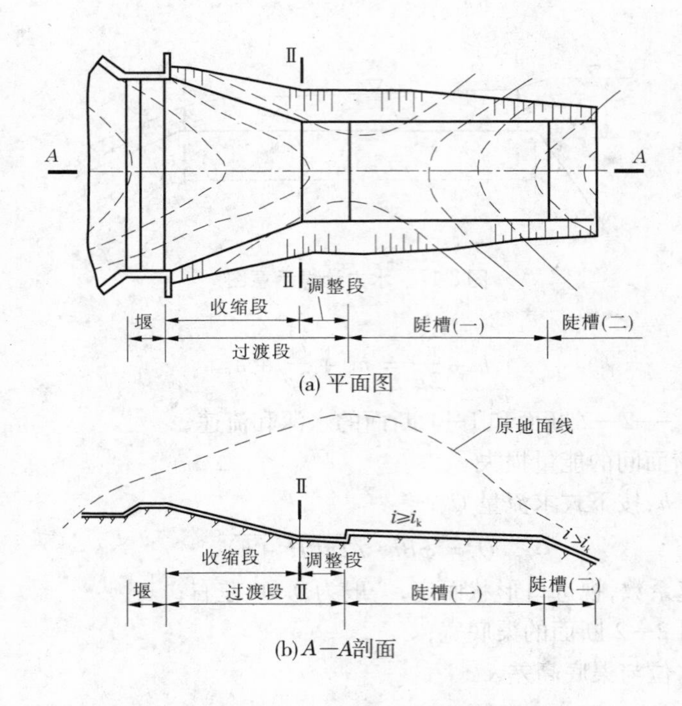

图3-19　缩窄陡槽过渡段示意图

1—1 断面水深认为近似等于临界水深 $h_k=\sqrt[3]{\frac{\alpha q^2}{g}}$，1—1 断面到 2—2 断面水深按下式能量方程求解：

$$E_1+i_1L=E_2+h_f \tag{3-27}$$

式中　$E_1=h_1+\frac{\alpha v_1^2}{2g}, E_2=h_2+\frac{\alpha v_2^2}{2g}, h_f=\frac{\bar{v}^2L}{\bar{C}^2\bar{R}}$；

v_1、v_2、h_1、h_2——两断面的流速及水深；

$\bar{v}$、$\bar{C}$、$\bar{R}$——两断面的平均流速、平均谢才系数、平均水力半径。

其计算步骤：先求 $h_1(h_k)$ 验算 i_1，i_1 应大于 i_k；再设 h_2，试算 E_2，直至满足能量方程。

(2)缩窄陡槽型过渡段。其水力计算基本假定为：上游控制段为宽顶堰或平底渠，通过设计流量 Q_k 时，上下游断面水深都等于临界水深 h_k，中间不存在水跃。设计条件为已知 Q_k 以及上下游断面尺寸(可假设 Q_k 为设计流量或校核流量)。水力计算内容是确定过渡段各部分尺寸。水力计算示意图如图 3-20 所示。

计算步骤：

过渡段下游断面(下游陡槽的起始断面)槽底与上游溢流堰高差 ΔZ_k 采用式(3-28)计算。

$$\Delta Z_k=h_{k2}-h_{k1}+\frac{v_{k2}^2-v_{k1}^2}{2g}+h_w \tag{3-28}$$

式中　h_{k1}、h_{k2}——通过流量 Q_k 时，过渡段上、下游的临界水深，m；

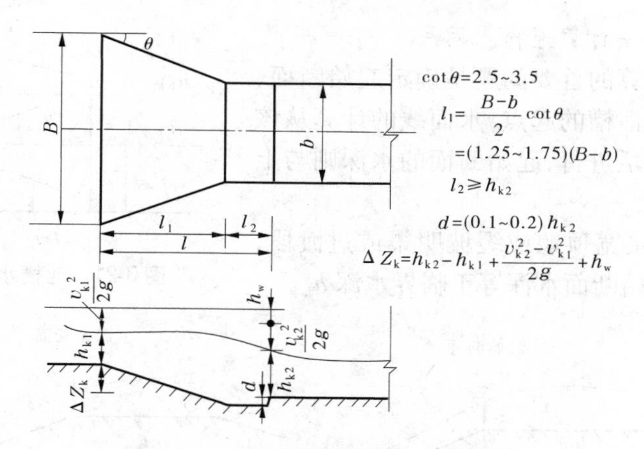

图 3-20　缩窄陡槽型过渡段水力计算示意图

v_{k1}、v_{k2}——相应的临界流速，m/s；

h_w——过渡段的水头损失，m；

h_f——沿程摩阻损失，$h_f=\left(\frac{\bar{v}^2 n^2}{\bar{R}^{4/3}}\right)l$，m；

$\bar{v}$、$\bar{R}$ 和 n——平均流速、平均水力半径和糙率；

h_j——缩窄断面而成的局部水头损失，$h_j=\zeta\frac{v_{k2}^2-v_{k1}^2}{2g}$，m，选用 $\zeta=0.1\sim0.2$。

为简化计算，h_w 和 ΔZ_k 可采用下式计算：

$$h_w=\zeta'\frac{v_{k2}^2-v_{k1}^2}{2g}\quad 选用\ \zeta'=0.2\sim0.3$$

$$\Delta Z_k=(h_{k2}-h_{k1})+(1+\zeta')\frac{v_{k2}^2-v_{k1}^2}{2g}$$

收缩段长度 l_1 根据式(3-26)计算。

调整段长度 l_2 的计算。调整段的作用是使受收缩影响后而在断面上产生分布不均的水流，在此平面内得到调整，并较平顺地流到下游泄槽，其长度不要小于两倍的末端断面水深，即 $l_2\geqslant 2h_{k2}$。挖深 d 值一般采用 $d=(0.1\sim0.2)h_{k2}$。

4. 泄槽水力计算

泄槽水力计算是在确定了泄槽的纵向坡度及断面尺寸后，根据溢洪道的设计与校核流量，计算泄槽内水深和流速的沿程变化，即进行水面线计算，以便确定边墙高度，为边墙及衬砌的结构设计和下游消能计算提供依据。

1）泄槽水面线的定性分析

计算水面线之前，必须先确定所要计算水面线的变化趋势，以及上下两断面的位置（定出水面线的范围）。以泄槽底坡线、均匀流的水面线（N—N 线）和临界水深的连线（K—K 线）三者的位置来区分，可将泄槽渠底以上的空间分成（a）、（b）、（c）三个区域，如图3-21 所示。（a）区为缓流区，（b）、（c）区为急流区。泄槽中可以发生 a_{II} 型壅水曲线、b_{II} 型降水曲线及 c_{II} 型壅水曲线三种，出现最多的是 b_{II} 型降水曲线，其形状如图 3-21 所示。

2)用分段求和法计算泄槽水面线

泄槽水面线计算的首要问题是确定起始断面，起始断面一般都在泄槽的起点，水面线的计算从该断面开始向下游逐段进行，起始断面的水深则与上游渠道情况有关：

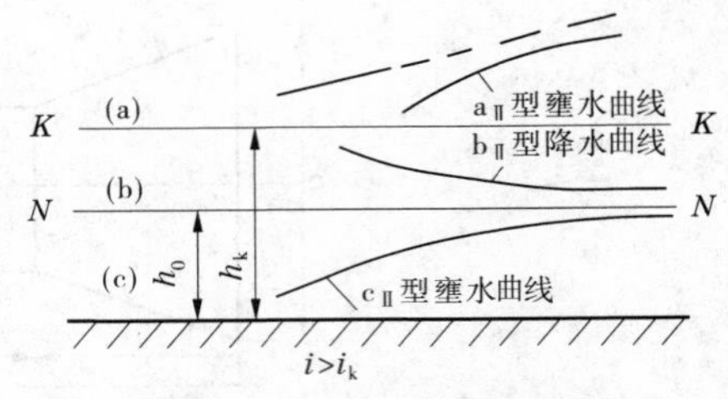

图 3-21　泄槽水面线示意图

(1)泄槽上游接宽顶堰或缓坡明渠或过渡段，如图 3-22 所示，起始断面水深等于临界水深 h_k。

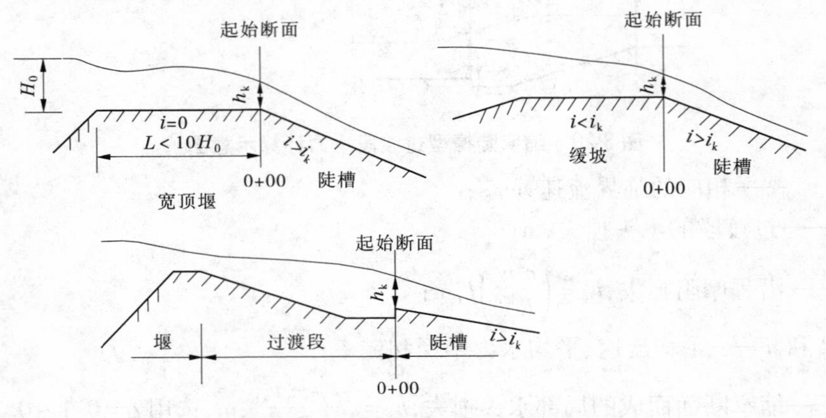

图 3-22　泄槽起始断面水深为临界水深

(2)泄槽上接实用堰，如图 3-23(a)所示。起始断面水深 h_c 可由堰前断面 0—0 与起始断面 C—C 的能量方程求得。当 $h_c<h_0$ 时，泄槽首端一定范围内将发生 $c_{Ⅱ}$ 型壅水曲线，其后水深沿程下降；当 $h_0<h_c<h_k$ 时，泄槽中发生 $b_{Ⅱ}$ 型降水曲线。泄槽上游接另一个泄槽，如图 3-23(b)所示，起始断面水深由上游段泄槽水力计算求得。

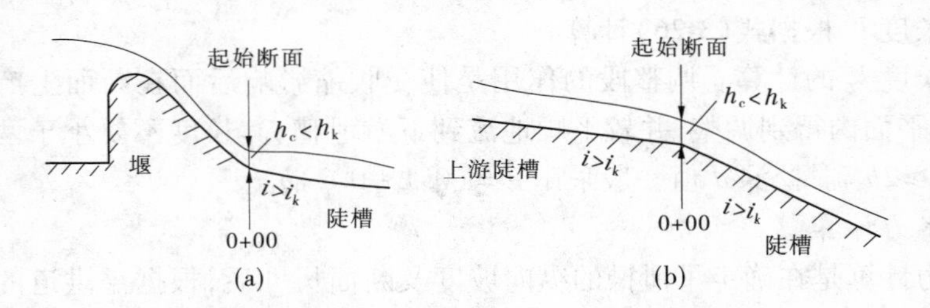

图 3-23　泄槽起始断面水深小于临界水深

(3)泄槽水面线的计算及边墙高度的确定。泄槽水面线的计算采用分段求和法。该法的基本公式为式(3-22)，计算步骤同引渠水面线计算所述，或参考有关水力学教材进行计算。水面线确定以后可根据槽内流速大小及式(3-16)，考虑施工方便，确定边墙高度。

5. 消能设计水力计算

溢洪道消能设计水力计算可参考第二章有关挑流消能设计内容及第四章有关底流消能设计内容进行计算。

六、水工隧洞设计

（一）概述

在水利枢纽中，为满足泄洪、灌溉、发电等任务而设置的隧洞称为水工隧洞。

水工隧洞按洞内水流状态分为有压洞和无压洞。一般隧洞可设成有压，也可设成无压，或设成前段有压而后段无压。但在同一洞段内，应避免出现时而有压时而无压的明满流交替现象，以防止不利流态。

在设计水工隧洞时，应根据枢纽的规划任务，尽量一洞多用，以降低工程造价。如导流洞与永久隧洞相结合，泄洪、排沙、放空隧洞的结合等。

（二）水工隧洞的线路选择

隧洞选线关系到工程造价、施工难易、工程进度、运行可靠性等。影响因素多，如地质、地形、施工条件等。因此，应综合考虑，进行技术比较后加以选定。

1. 地质条件

隧洞路线应选在地质构造简单、岩体完整坚硬的地区，尽量避开不利地质构造，尽量避开地下水位高、渗水严重地段，以减小隧洞衬砌上的外水压力。洞线要与岩层、构造断裂面及主要软弱带走向有较大的交角。在高地应力地区，洞线应与最大水平地应力方向尽量一致，以减小隧洞的侧向围岩压力。隧洞应有足够的覆盖厚度，对于有压隧洞，当考虑弹性抗力时，围岩的最小覆盖厚度不小于3倍洞径。根据以往工程经验，对于围岩坚硬完整无不利构造的岩体，有压隧洞的最小覆盖厚度不小于$0.4H$（H为压力水头），若不加衬砌，则应不小于$1.0H$。

在隧洞进、出口处，围岩厚度往往较薄，应根据地质、施工、结构等因素综合分析确定，一般情况下，进、出口顶部的岩体厚度不宜小于1倍洞径或洞宽。

2. 地形条件

洞线应尽量短直，当因地形、地质等原因需要转弯时，对于低流速的隧洞弯道曲率半径不应小于5倍洞径或洞宽，转弯转角不宜大于60°，弯道两端的直线段长度也不宜小于5倍洞径或洞宽。高流速的隧洞设弯道时，最好通过试验确定。

3. 水流条件

隧洞进口应力求水流顺畅，出口水流应与下游河道平顺衔接，与土石坝下游坝脚及其建筑物保持足够距离，防止出现冲刷。

4. 施工条件

洞线选择应考虑施工出渣通道及施工场地布置问题。设置曲线时，其弯曲半径应考虑施工所要求的转弯半径。对于长洞，应利用地形、地质条件布置施工支洞、斜洞、竖井，以便进料、出渣和通风，改善施工条件，加快施工进度。

此外，洞线选择应满足总体布置和运行要求，避免对其他建筑物的干扰。

（三）水工隧洞的布置

隧洞的布置主要包括进口段、洞身段和出口段。

1. 进口段的型式和构造

进口建筑物按其布置及结构型式，分为竖井式、塔式、岸塔式和斜坡式等，在工程中常根据地形、地质、施工等具体条件选用。

进口段的组成包括进水喇叭口、闸室、通气孔、平压管和渐变段等几部分。

(1)进水喇叭口。进水口是隧洞首部,其体型应与孔口水流流态相适应,避免产生不利的负压和空蚀破坏,同时还应尽量减小局部水头损失,以提高泄流能力。

隧洞进口常采用顶板和两侧边墙顺水流方向三向逐渐收缩的平底矩形断面,形成喇叭口状。收缩曲线常采用1/4 椭圆曲线,椭圆方程为:

$$\frac{x^2}{a^2}+\frac{y^2}{b^2}=1 \tag{3-29}$$

式中 a——椭圆长半轴,对于顶板曲线,约等于闸门处孔口高度 H,对于边墙曲线,约等于闸门处孔口宽度 B;

b——椭圆短半轴,顶板曲线可用 $H/3$,边墙曲线一般为$(1/3\sim1/5)B$。

深式无压隧洞进水口是一短管形压力段,为了增加压力段压力,改善压力分布,常在进口段顶部设置倾斜压坡(见图 3-24)。这种形式的压力进口段顶部曲线由椭圆曲线 AB、直线段 BC 及 EF 组成。通常 BC 段稍缓于 EF 段,压板长度 L 应满足塔顶启闭机的布置和闸门检修的要求,可采用 3~6 m。

(2)通气孔。当闸门部分开启时,孔口处的水流流速很大,门后的空气会被水流带走,形成负压区,引起空蚀破坏使闸门振动,危及工程的安全运行。因此,对设在泄水隧洞进口或中部的闸门之后应设通气孔。通气孔在隧洞运用中,承担着补气、排气的双重任务,对改善流态、避免运行事故起着重要的作用。

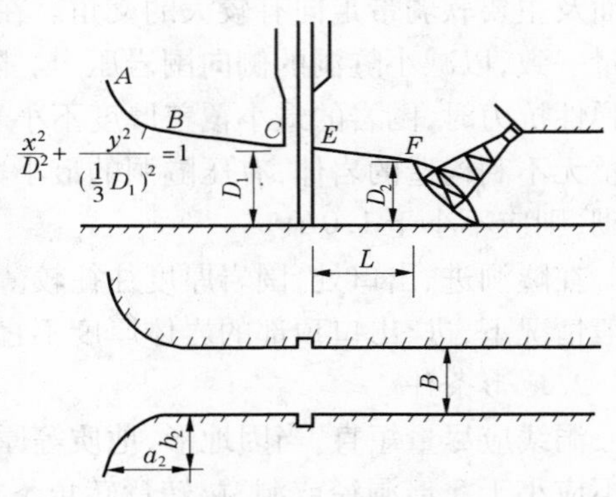

图 3-24　进口段洞顶压坡布置

通气孔进口必须与闸门启闭机室分开设置,以免充气或排气时,因风速太大,影响工作人员的安全。通气孔在洞内出口应紧靠闸门的下游面,并尽量在洞顶,以保证在任何流态下都能充分通气。通气孔管身应顺直,减少转弯突变,以减小阻力。

(3)平压管。为了减小启门力,往往要求检修门在静水中开启。为此,应设置平压管。检修工作结束后,在开启检修门之前,先打开平压管的阀门,将水放进两道门之间,使检修门两侧的水压平衡,此时在静水中开启检修门,可大大减小启门力。

平压管的尺寸根据灌水时间、两道门间的灌水空间及后一道门漏水量来确定。

(4)拦污栅。拦污栅是为防止水库中漂浮物进入隧洞而设置的。泄水隧洞一般不设拦污栅。需要拦截水库中较大浮沉物时,可在进口设置固定栅梁或粗拦污栅。

引水发电洞进口应设置较密的细栅,以防污物阻塞和破坏阀门及水轮机叶片。

(5)渐变段、闸室。可参见重力坝的有关内容。

2. 洞身段

(1)洞身断面形式及尺寸。无压洞多采用圆拱直墙形断面,由于顶部为圆拱形,适宜于承受垂直围岩压力,且施工时便于开挖和衬砌。顶拱中心角一般为 90°~180°。若围岩条件较差还可用马蹄形断面。当围岩条件差,而且又有较大的地下水压力时,可以考虑采用圆形断面。有压隧洞由于内水压力较大,从水流及受力条件考虑,一般用圆形断面。

无压隧洞断面尺寸主要根据其泄流能力及洞内水面线确定。对于表孔溢流式进口,泄流能力按堰流计算;对于深式进口,泄流能力可按管流计算。

洞内水面曲线用能量方程分段求出。为保证洞内无压流状态,水面以上应有足够的净空。当洞内流速大于15~20 m/s时,应考虑高速水流引起的掺气和冲击波影响。流速较低、通气良好的隧洞,要求净空不小于洞身断面面积的15%,其高度不小于40 cm;流速较高的隧洞,在掺气升高的水面以上净空面积一般为洞身断面面积的15%~25%,冲击波波峰高不应超过城门洞形断面的直墙范围。

有压隧洞的断面尺寸应根据泄流能力及沿程压坡线确定。有压隧洞的泄流能力按管流计算。在隧洞出口应设有压坡段,以保证洞内水流始终处于有压状态,并要求洞顶有2 m以上的压力余幅。洞内流速越大,要求压力余幅越大,对于高流速的有压泄水隧洞,压力余幅可高达10 m左右。

在确定隧洞断面尺寸时,应考虑到施工和检查维修等要求,圆形断面内径一般不小于1.8 m,非圆形断面尺寸不小于1.5 m×1.8 m(宽×高)。

(2)洞身衬砌。隧洞衬砌主要可分为以下几种类型:平整衬砌、单层衬砌、喷锚衬砌、组合式衬砌、预应力衬砌等。洞身衬砌类型的选择,应根据隧洞的任务、地质条件、断面尺寸、受力状态、施工方法及运行条件等因素,通过综合分析技术经济比较后确定。

在混凝土及钢筋混凝土衬砌中,一般设有施工缝和永久横向变形缝。

隧洞在穿过断层、软弱破碎带以及和竖井交接处,或其他可能产生较大的相对变位时,衬砌需要加厚,应设置横向变形缝。围岩地质条件比较均一的洞身段只设施工缝。根据浇筑能力和温度收缩等因素确定沿洞线的分段长度,一般采用6~12 m,底拱和边拱、顶拱的环向缝不得错开。

隧洞灌浆分为回填灌浆和固结灌浆两种。

隧洞应设置排水设备以降低作用在衬砌外壁上的外水压力。对于无压隧洞衬砌,当地下水位较高时,外水压力为衬砌的主要荷载,对衬砌结构应力影响很大。为此,可在洞底设纵向排水管通向下游,或在洞内水面线以上,通过衬砌设置排水孔,将地下水直接引入洞内(见图3-25)。排水孔间距、排距以及孔深一般为2~4 m。

对有压圆形隧洞,外水压力一般不起控制作用,可不设置排水设备。当外水位很高,外水压力很大时,可在衬砌底部外侧设纵向排水管,通至下游,纵向排水管由无砂混凝土管或多孔缸瓦管做成。必要时,可沿洞轴线每隔6~8 m设一道环向排水槽,可用砾石铺筑,将渗水汇入

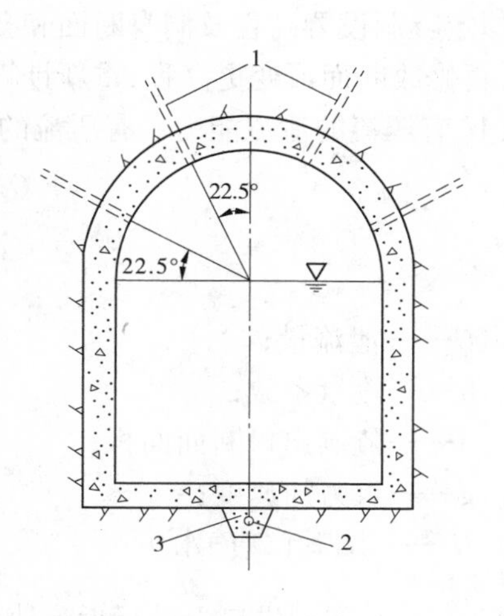

1—径向排水孔;2—纵向排水管;3—小石子

图3-25 无压隧洞排水布置

纵向排水管(见图3-26)。

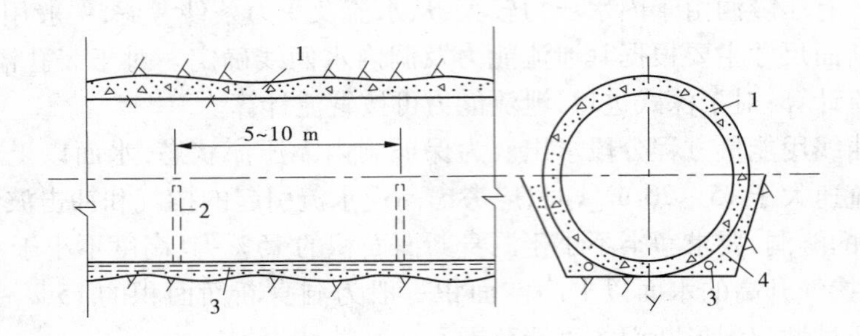

1—隧洞混凝土衬砌;2—横向排水槽;3—纵向排水管;4—卵石

图3-26 有压隧洞排水布置

3.出口段及消能设施

有压隧洞的出口常设有工作闸门及启闭机室,闸门前有渐变段,出口之后即为消能设施。无压隧洞出口仅设有门框,其作用是防止洞脸及其以上岩石崩塌,并与扩散消能设施的两侧边墙相衔接。

泄水隧洞出口宽度小,单宽流量大,能量集中,所以常在出口处设置扩散段,使水流扩散,减小单宽流量,然后再以适当形式消能。

泄水隧洞的消能方式大多采用挑流消能,其次是底流消能。近年来,国内也在研究和采用新的消能方式,如窄缝挑流消能和洞内突扩消能等。

(四)水力计算的内容

水工隧洞水力计算的内容一般有:泄流能力计算、水头损失计算、绘制压坡线(有压隧洞)、水面线的计算(无压隧洞)。

1.泄流能力计算

水工隧洞泄流能力计算,分有压流和无压流两种情况。在实际工程中,多半是根据用途先拟定隧洞设置高程及洞身断面和孔口尺寸,然后通过计算校核其泄流量。若不满足要求,再修改断面或变更高程,重新计算流量,如此反复计算比较,直至满意为止。

(1)有压流的泄流能力。有压流的泄流能力按式(3-30)计算:

$$Q = \mu A \sqrt{2gH_0} \tag{3-30}$$

$$H_0 = H + \frac{v_0^2}{2g}$$

式中 Q——泄流量;

μ——流量系数;

A——隧洞出口断面面积;

g——重力加速度;

H——出口孔口静水头;

$\frac{v_0^2}{2g}$——隧洞进口上游行近流速水头。

流量系数μ随出流条件不同而略有差异,自由出流和淹没出流分别按式(3-31)和式(3-32)计算：

$$\mu = \frac{1}{\sqrt{1 + \sum \zeta_j \left(\frac{A}{A_j}\right)^2 + \sum \frac{2gl_i}{C_i^2 R_i}\left(\frac{A}{A_i}\right)^2}} \tag{3-31}$$

$$\mu = \frac{1}{\sqrt{\left(\frac{A}{A_2}\right)^2 + \sum \zeta_j \left(\frac{A}{A_j}\right)^2 + \sum \frac{2gl_i}{C_i^2 R_i}\left(\frac{A}{A_i}\right)^2}} \tag{3-32}$$

式中 A——隧洞出口断面面积；

A_2——隧洞出口下游渠道过水断面面积；

ζ_j——局部水头损失系数；

A_j——与 ζ_j 相应流速的断面面积；

l_i、A_i、R_i、C_i——某均匀洞段的长度、面积、水力半径和谢才系数。

上述泄流能力计算公式适用于有压泄水隧洞，对发电的有压引水隧洞，其过流能力取决于机组设计流量，即流量为已知，要求确定洞径。

(2)无压流的泄流能力。无压泄水隧洞的洞身底坡常大于临界坡度，洞内水流呈急流状态，其泄流能力不受洞长影响，而受进口控制，若进口为深孔有压短管，仍可按式(3-31)和式(3-32)计算，而忽略其沿程水头损失(根号中的最后一项)。

表孔堰流进口的斜井式无压隧洞，其泄流能力由堰流公式计算：

$$Q = \varepsilon mB\sqrt{2g}H_0^{3/2} \tag{3-33}$$

式中 ε——侧收缩系数；

m——流量系数；

B——堰顶宽度，m；

H_0——包括行近流速水头$\frac{v_0^2}{2g}$的堰顶水头，m。

流量系数和侧收缩系数与堰型有关。为保证曲线堰面与斜井底板有准确的切点，使过水表面平整，建议采用WES标准剖面堰型，其曲线方程和有关计算参数可参见武汉水利电力学院编的《水力计算手册》。

隧洞的水头损失包括沿程水头损失和局部水头损失，其计算方法可参见武汉水利电力学院编的《水力计算手册》。

2. 绘制压坡线

连接隧洞沿程测压管水头，即得有压隧洞的压坡线。设计时应根据隧洞可能的运行条件绘制最高、最低压坡线。前者供确定隧洞各段的最大设计内水压力，后者用以检验洞内是否会出现负压力。绘制压坡线的步骤如下：

(1)根据水流连续方程计算隧洞沿程各不同断面的流速。

(2)逐段计算沿程水头损失和各项局部水头损失。

(3)从隧洞出口断面底板高程为基准的隧洞进口总水头中，自上而下沿程逐段逐项累减各项水头损失，得各转换断面上的总水头$\left(z + \frac{p}{\gamma} + \frac{v^2}{2g}\right)$。

(4)从各转换断面的总水头中减去相应的流速水头,得各转换断面上的测压管水头$\left(z+\frac{p}{\gamma}\right)$,连接各测压管水头,即得隧洞沿程压坡线。

以隧洞进口上游最低运行水位为准算出的压坡线,若出现低于隧洞洞顶高程者,说明该段洞身将发生负压,通常情况下,不允许隧洞在负压上运行。降低隧洞高程,加大隧洞洞径,收缩隧洞出口断面尺寸,以及改善出口体型,均可提高洞身压力,达到消除负压的目的。

3. 水面线的计算

明流隧洞的过水断面多为矩形,计算水面线较为简便的方法是直接分段求和法。对两相邻过水断面建立能量方程式可得:

$$\Delta x = \frac{\Delta E}{i_b - i_f} \tag{3-34}$$

式中 Δx——隧洞沿程分段长度;

ΔE——两相邻断面的比能差,$\Delta E = E_2 - E_1$;

i_b——洞底坡度;

i_f——能线坡度,$i_f = \frac{n^2 v^2}{R^{4/3}}$;

E——比能,$E = y + \frac{\alpha v^2}{2g}$;

y——断面水深。

一般情况下,隧洞宽度、坡度和过流量均为已知,通过水面线类型分析,先确定起始断面水深,然后按式(3-34)列表计算隧洞沿程各断面水深。

第二节 设计实例

一、设计基本资料

(一)流域的基本情况及枢纽任务

某水库位于颍河干流上,控制流域面积为94.1 km^2。流域内南部多石山,小部分为丘陵,已耕种,北部为丘陵,大部分为梯田,山区平均地面坡度为1/10~1/15,丘陵地区平均地面坡度为1/50左右,水土流失不严重,河流平均纵坡为1/130。

该水库主要任务以灌溉为主,结合灌溉进行发电。灌溉下游左岸2 900 hm^{2}耕地,灌溉最大引水量4 m^3/s。引水高程347.49 m,发电装机容量75 kW。

(二)地形地质

水库位于低山丘陵区,南部多山,高程为400~500 m,发育南北向冲沟。北、西、东多为第四纪黄土覆盖的丘陵阶地,高程为300~400 m,颍河由西向东流经坝区。

坝址两岸河谷狭窄。

坝址及库区岩层均为第三纪砂页岩,无大的不利地质构造。

坝址岩层为黄色石英砂岩与紫色砂质页岩互层,岩层走向SE110°~120°,倾向NE

20° ~30°,倾角 20° ~40°。

坝址两岸为黄色石英砂岩,岩石坚硬,但裂隙较为发育,上覆 6 ~10 m 黄土,左岸有部分黏土。

地震基本烈度为Ⅵ度。

(三)建筑材料

1. 土料

在坝址附近 400 ~1 500 m 的河道右岸有丰富的土料,大部分为中粉质壤土,储量在 150 万 m^3 以上,坝址下游有 30 万 m^3 左右的重粉质壤土,可作为防渗材料。

2. 砂卵石料

颍河河槽及两岸滩地也有大量砂、砾石及卵石,上下游河滩地表层 0 ~2 m 黄土覆盖,下为 3 ~7 m 厚砂卵石,在枯水季节河水位降低,上游在坝脚 100 m 以外 2 000 m 以内卵石平均取深 1.5 m,约 86 万 m^3,下游在坝脚 100 m 以外2 000 m 以内平均取深 1.3 m,约 86 万 m^3,其休止角经现场试验最小 30°,最大 37°,平均值 33°。其物理力学性质指标见表 3-8。

表 3-8　土石料物理力学性质指标

指标		单位	坝基砂卵石	坝体					
				中粉质壤土	重粉质壤土	砂卵石		堆石	
						水上	水下	水上	水下
饱和快剪	φ	(°)	28	16.9	13.86	33	30	40	38
	c	kPa	0	35	98	0	0	0	0
饱和固结快剪	φ	(°)	28	20.1	17.8	33	30	40	38
	c	kPa	0	76	111	0	0	0	0
颗粒重度		kN/m^3	27.1	27.1	27.1	27.1		27.1	
干重度		kN/m^3	19.0	16.5	16.5	20		19.0	
含水量		%		19.2	18.3	7		3	
湿重度		kN/m^3		19.5	20.1	21.4		19.4	
饱和重度		kN/m^3	20.0	20.5	20.7	22.5		22.0	
渗透系数		cm/s	6.1×10^{-3}	1.2×10^{-5}	1.18×10^{-7}	6.1×10^{-3}			
塑限含水量		%		17	18.5				
料场含水量		%		19.3	21.3				

(四)气象

1. 气温

历年各月特征气温如表 3-9 所示。

表 3-9 历年各月特征气温 （单位:℃）

月份	1月	2月	3月	4月	5月	6月	7月	8月	9月	10月	11月	12月
多年平均日气温	-0.5	2.9	7.7	15.3	21.1	25.7	26.8	25	23.1	15.0	8.2	2.1
极端最高气温	8.1	22.3	28.4	36.7	38.7	39.8	44.0	37.0	35.0	32.6	28.2	19.8
极端最低气温	-20.0	-8.2	-7.8	0.7	3.5	14.5	12.4	15.0	9.8	8.9	-4.0	-9.6

2. 风速

多年平均最大风速 12.1 m/s。

水库最大吹程 3.2 km。

3. 降水

流域年平均降水量 690 mm 左右,其中 2/3 降于 6~9 月,约有 45% 的降水集中于 7、8 月两个月,各月不同平均日降水量的天数见表 3-10。

表 3-10 各月不同平均日降水量的天数 （单位:d）

降水量(mm)	1月	2月	3月	4月	5月	6月	7月	8月	9月	10月	11月	12月
5~10	0.43	0.57	1.43	0.57	1.72	2.00	2.29	1.57	1.72	1.43	1.57	0.5
10~20	0.14	0.14	0.14	1.57	1.14	1.29	2.43	2.72	0.71	0.86	0.29	0
20~30	0	0	0.14	0.57	0.43	0.71	1.43	1.43	0.43	0	0	0
≥30	0	0	0	0	0.29	0.43	2.00	2.29	0.43	0.40	0	0

(五)水文

(1)坝址处河流多年平均流量 0.5 m^3/s,年总径流量 1 684.39 万 m^3。

(2)$P=10\%$ 年份的径流年内分配如表 3-11 所示。

表 3-11 $P=10\%$ 年份径流年内分配

月份	1月	2月	3月	4月	5月	6月	7月	8月	9月	10月	11月	12月
径流量(m^3/s)	0.16	0.12	0.08	0.08	0.22	0.18	5.77	2.67	0.61	0.57	0.55	0.35

(3)各频率洪峰流量见表 3-12。

表 3-12 各频率洪峰流量

P	5%	2%	1%	0.2%
洪峰流量(m^3/s)	860	1 106	1 360	1 675

(六)枢纽规划成果

(1)死水位 340 m。

(2)最高兴利水位 360.52 m,相应库容 1 413.07 万 m^3。

(3)设计洪水位 363.62 m(频率 2%),相应库容 1 998.36 万 m^3,相应最大泄量 (540 + 90) m^3/s。

(4)校核洪水位 364.81 m(频率 0.2%),相应库容 2 299.68 万 m^3,相应最大泄量 (800 + 110) m^3/s。

(5)水能指标如下:

装机容量:75 kW;

机型:2DJ - LM - 60 型一台;

平均发电水头:5.63 m;

厂房面积:6 m × 10 m;

平均发电流量:1.89 m^3/s;

水轮机安装高程:348.69 m。

二、工程等别及建筑物级别

(一)水库枢纽主要建筑物组成

根据本枢纽的任务,主要建筑物应包括拦河大坝、溢洪道、泄洪洞、发电引水洞、电站厂房。

(二)工程规模

根据《水利水电枢纽工程等级划分及设计标准》(SL 252—2000)以及该工程的一些指标确定工程规模如下:

根据水库总库容 2 299.68 万 m^3(校核洪水位时相应的库容),在 0.1 亿 ~ 1 亿 m^3 间,属Ⅲ等工程;根据枢纽灌溉面积 2 900 hm^2,在 3 300 ~ 330 hm^2 间,属Ⅳ等工程;根据电站装机容量 75 kW,小于 0.05 万 kW,属Ⅴ等工程。

根据规范规定,对于具有综合利用效益的水利水电工程,各效益指标分属不同等别时,整个工程的等别应按其最高的等别确定,故本水库枢纽为Ⅲ等工程。

同时又根据水工建筑物级别的划分标准,Ⅲ等工程中的主要建筑物为 3 级建筑物,所以本枢纽中的大坝、溢洪道、泄洪洞及电站厂房都为 3 级建筑物。

三、枢纽的总体布置

水库枢纽总体布置见图 3-27。

(一)资料分析

1. 地形条件分析

该坝址处两岸河谷狭窄,上、下游均有坡度较缓的滩地,这就为减小坝体长度、获得较大库容、布置施工场地、堆放施工材料提供了有利条件。在河槽处基岩裸露,建坝时地基处理简单,左岸有南北向冲沟,有利于布置溢洪道,右岸山坡较陡,便于布置泄洪洞。

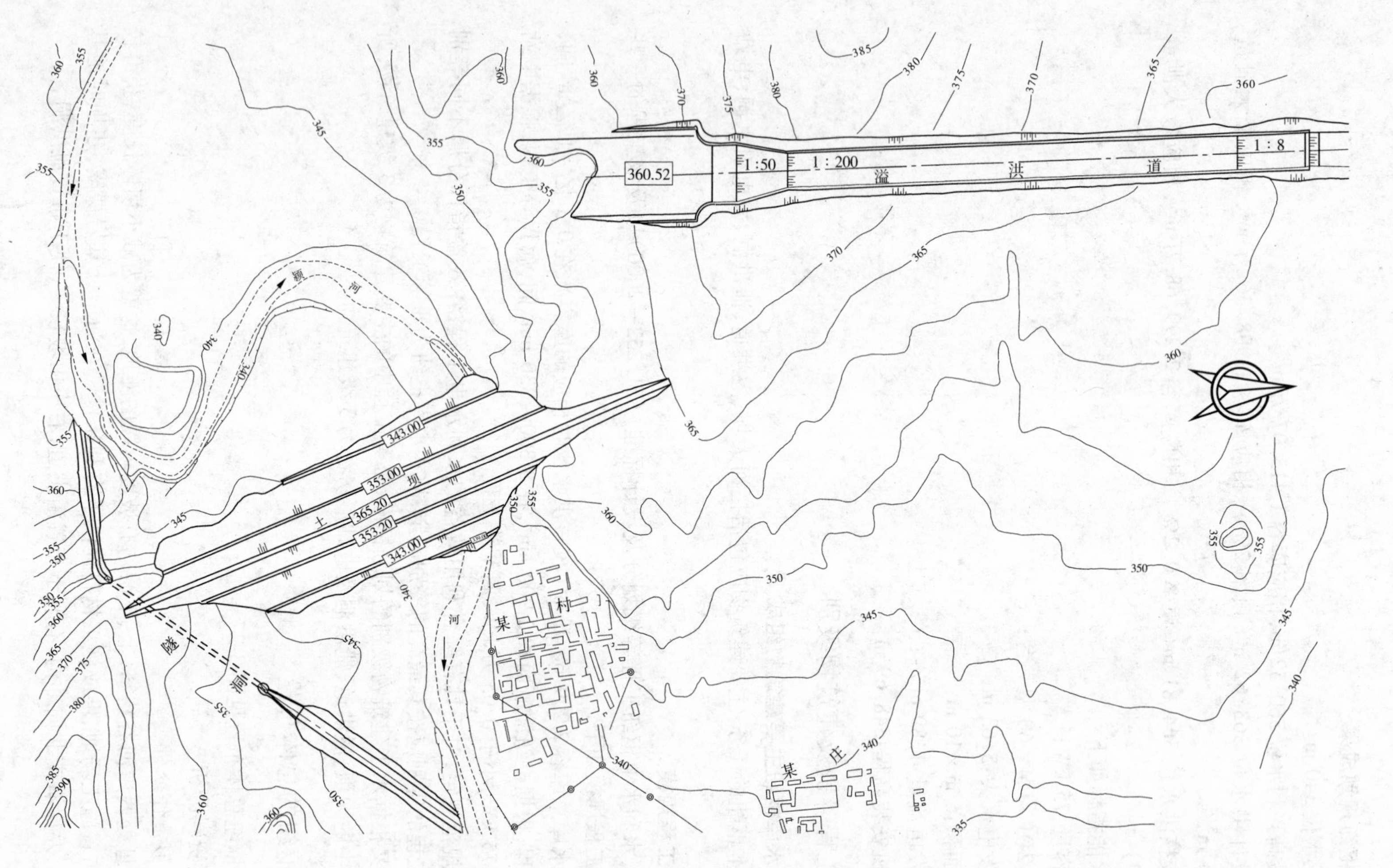

图 3-27 某水库枢纽总体布置

2. 地质条件分析

坝址及库区岩层均为砂页岩,无大的地质构造和大的破碎带,河槽基岩裸露,滩地覆盖层厚3.5~10 m,储藏有丰富的合乎要求的天然筑坝材料。两岸均为黄色石英砂岩,左岸裂隙较为发育,渗漏性不大,经过地基处理,可以解决渗漏问题。

3. 地震资料分析

地震基本烈度为Ⅵ度,本次设计不予考虑。

4. 建筑材料分析

在坝址附近沿河流两岸有丰富的重、中粉质壤土,运距较近,便于开挖,可以作为防渗材料,河槽及两岸滩地有大量的砂、砾石及卵石,所以筑坝材料满足建坝要求。

5. 水文分析

颍河主要水源来自于降水,雨季集中在6~9月,特别是7、8月两个月,枯水期在10月~翌年5月,整个流域雨量集中,为下游防洪、发展灌溉提供了较合理的条件。同时,枯水期较长,坝址处又无冰冻现象,所以不考虑冰冻对施工的影响。雨量集中对施工导截流的选择很有利,水量按中等年份一般年径流量1 684.39万m^3。

由以上几点分析看,该处有良好的建坝条件,在此建坝是合理的。

(二)坝轴线的选择

坝轴线在SE158°某村以西300 m附近,轴线两岸山头较高且河岸狭窄,坝体工程量较小,轴线上游有大面积的滩地,高程340~350 m。筑坝材料丰富,轴线上游也较开阔,所以建库后可获得较大库容。而轴线的下游相对较平坦,高程基本上为335~350 m,是良好的施工场地。从枢纽的布置考虑,轴线上端左岸有天然垭口,可以布置溢洪道,右岸山体陡峻,可以布置泄洪隧洞。坝址距公路只有3 km,交通方便。通过以上分析,认为某村坝址是比较合理的。

(三)溢洪道轴线选择

从溢洪道轴线布置方案可知,该溢洪道位于左岸,轴线布置方位为SE181°,进出口为一天然的冲沟,利于布置正槽溢洪道,轴线长850 m左右,泄水于颍河左支,距坝体较远,所以回水不会危及大坝的安全,但从地形上看,地势较高,开挖量大,大部分挖方为黄土和黏土,岩石较少,可以用机械开挖,开挖方量可用做围堰材料或堆至右侧山谷中,另外局部土基需做衬砌(可用开挖石料)。若将溢洪道轴线布置在右岸,则开挖量大,施工困难(岸体难以开挖),同时与隧洞存在施工干扰,而且尾水可能对村庄不利,结合以上分析采用左岸直线方案是比较合理的。

(四)泄洪洞轴线的选择

将泄洪洞布置在右岸,洞长约200 m,工程量较小,与其他建筑物不干扰,进出口水流都较顺畅,从地质条件看,隧洞位于山岩中,岩石的抗风化能力较强,埋深也满足要求,开挖出的石渣还可作为围堰的填筑材料,故取右岸方案。

(五)建筑物类型比较

1. 挡水建筑物的类型选择

在基岩上筑坝有三种类型:拱坝、重力坝、土石坝。

(1)拱坝方案。修建拱坝理想的地形条件是左右岸对称,岸坡平顺无突变,在平面上向下游收缩的峡谷段,而某村坝址处无雄厚的山脊作为坝肩,狭谷不对称,且下游河床开阔,无建拱坝的可能。

(2)重力坝方案。从坝轴线地图上看,坝址岩层虽为石英砂岩、砂页岩互层,但有第四纪黏土覆盖 8 ~ 12 m,砂卵石层 35 ~ 45 m,若建重力坝,则清基开挖量大,且不能利用当地筑坝材料,故建重力坝不经济。

(3)土石坝方案。土石坝对地形、地质条件要求低,几乎在所有条件下都可以修建,且施工技术简单,可实行机械化施工,也能充分利用当地建筑材料,覆盖层也不必挖去,因此造价相对较低,所以采用土石坝。

2. 开敞式溢洪道的选择

开敞式溢洪道分为正槽式及侧槽式。根据本枢纽条件采用正槽式溢洪道,泄水槽与堰上水流方向一致、水流平顺、泄洪能力大、结构简单、运行安全可靠,适用于各种水头和流量。当枢纽附近有马鞍形垭口时,采用该型式最为合理。

四、土坝设计

(一)坝型选择

在坝址附近颍河左岸有丰富土料,大部分为中粉质壤土,坝址下游有少量重粉质壤土,可作为防渗材料,坝址上下游及两岸滩地又有大量砂、砾石及卵石,可作为坝壳材料,溢洪道开挖弃料可用做坝壳材料,从建筑材料上说,均质坝、心墙坝、斜墙坝均可。

(1)心墙坝。用做心墙坝防渗材料的重粉质壤土在坝下游,运距远,施工困难,造价高。

(2)斜墙坝。断面较大,特别是上游坡较缓,坝脚伸出较远,对溢洪道和输水洞进口布置有一定影响,防渗体坐落在黄土地基上,由于黄土有湿陷性,易断裂。

(3)均质坝。坝址附近有中粉质壤土,天然含水量接近塑限含水量 17%,渗透系数 $k = 1.2 \times 10^{-5}$ cm/s,满足 $k < 1.0 \times 10^{-4}$ cm/s,内摩擦角 20.1°,较大,同其他坝型比较,造价较低,且对地基要求低,施工简单,干扰不大,材料单一,便于群众性施工。

通过分析认为宜选用均质坝。

(二)地基处理

结合本坝坝基情况,从坝轴线剖面图可知,地基处理如下:

(1)从坝右肩到钻 2 断面,覆盖层厚,清基开挖量大,故表面 5 ~ 8 m 的黄土覆盖层处理的方法是:预先浸水,促其湿陷,即在坝基上开挖纵横沟槽或坑,灌水,必要时随着浸水的过程预加荷重。我国黄土地区筑坝实践说明,若不预加荷重,仅靠浸水使黄土湿陷的效果不大,将在水库初蓄和二次蓄水时发生很大沉陷。下面 3 ~ 5 m 厚的砂卵石层可用钻孔灌浆的方法处理。

(2)从钻 2 断面到河槽覆盖层厚 4 ~ 8 m,可开挖截水槽,挖至弱风化层 0.5 m 深处,内填中粉质壤土。截水槽横断面拟定:边坡采用 1∶1.5 ~ 1∶2.0;底宽:渗径不小于(1/3 ~ 1/5)H,其中 H 为最大作用水头。

(3)河槽处,水流常年冲刷,基岩裸露,抗风化能力强。坝体与岩基结合面是防渗的薄弱环节,需设混凝土齿墙,以增加接触渗径。延长后的渗径 L 长为(1.05 ~ 1.10)倍原渗径，一般可布置4 排。

(4)左滩地到左坝肩，黄土厚 3 ~ 7 m，处理可采用预先浸水法，然后灌浆处理。

(5)坝体与岸坡的连接。坝肩结合面范围内的所有腐殖土层、树根、草根，均需彻底清除。岸坡应削成平顺的斜面，右岸削成 1∶4缓坡，岸坡上修建混凝土齿墙，左岸较陡，边坡开挖成 1∶0.75 坡度。

(三)坝体剖面设计

土石坝的剖面设计包括坝坡大小、坝顶宽度和坝顶高程的确定。

1.坝坡

坝高约 30 m，故采用三级变坡。

(1)上游坝坡：1∶3.0；1∶3.25；1∶3.5。

(2)下游坝坡：1∶2.5；1∶2.75；1∶3.0。

(3)马道：第一级马道高程为 343 m，第二级马道高程为 353 m。

2.坝顶宽度

本坝顶无交通要求，对中低坝最小宽度 $B > B_{min} = 5$ m，取 $B = 6$ m。

3.坝顶高程

坝顶高程等于水库静水位与超高之和，并分别按以下运用情况计算，取其最大值：①设计洪水位加正常运用情况的坝顶超高；②校核洪水位加非常运用情况的坝顶超高。计算公式采用式(3-1)、式(3-2)及下式：

$$\overline{R} = \frac{K_w K_\Delta K_\beta}{\sqrt{1 + m^2}} \sqrt{2\overline{h}_c \cdot 2\overline{L}_c}$$

$$2\overline{h}_c = 0.001\,8 \frac{v^2}{g}\left(\frac{gD}{v^2}\right)^{0.45}$$

$$2\overline{L}_c = 25.2\overline{h}_c$$

式中 $\overline{R}$——波浪平均爬高，m；

K_Δ——与糙率有关的系数，采用砌石护面，$K_\Delta = 0.75$；

K_w——经验系数；

K_β——折减系数；

$2\overline{h}_c$——平均波高，m；

$2\overline{L}_c$——平均波长，m；

D——吹程，km；

v——计算风速，m/s；

m——计算坡度系数。

代入数据，两种计算结果列于表 3-13。

验算：坝顶高程 > $\begin{cases}\text{设计洪水位} + 0.5\text{ m，即 } 363.62 + 0.5 = 364.12(\text{m}) \\ \text{校核洪水位 } 364.81\text{ m}\end{cases}$

表 3-13　坝顶高程计算　　（单位：m）

运用情况	静水位	R	e	A	Δh	防浪墙顶高程		坝顶高程
设计	363.62	1.853	0.013	0.7	2.566	366.19	366.38	365.18（取 365.20）
校核	364.81	1.164	0.005	0.4	1.569	366.38		

（四）坝体排水设备选择及尺寸拟定

常用的坝体排水有以下几种型式：贴坡排水、棱体排水、褥垫式排水。

贴坡排水不能降低浸润线，多用于浸润线很低和下游无水的情况。

棱体排水可降低浸润线，防止坝坡冻胀和渗透变形，保护下游坝脚不受尾水淘刷，且有支撑坝体增加稳定的作用，是效果较好的一种排水型式。

褥垫式排水，对不均匀沉陷的适应性差，不易检修。

本土坝坝体排水设备选用棱体排水，尺寸为：顶宽 2 m，内坡 1∶1.5，外坡 1∶2.0；顶部高程须高出下游最高水位 1.0～2.0 m，故顶部高程为 340.10 m。

在排水设备与坝体和土基接合处，设反滤层。

绘出坝体最大剖面图见图 3-28。

（五）渗流计算

1. 计算情况选择

渗流计算考虑下列水位组合情况：

（1）上游正常高水位与下游相应的最低水位。

（2）上游设计洪水位与下游相应的水位。

（3）上游水位为 1/3 坝高处。

2. 渗流分析的方法

采用水力学法进行土石坝渗流计算，将坝内渗流分为若干段，应用达西定律和杜平假设，建立各段的运动方程式，然后根据水流的连续性求解渗透流速、渗透流量和浸润线等。

3. 计算断面及公式

本设计仅对河槽处最大断面进行渗流计算。计算公式采用表 3-4 中的不透水地基情况。

4. 单宽流量计算

其计算结果列于表 3-14。

5. 绘制浸润线

（1）正常蓄水位情况下，浸润线方程：$y=\sqrt{757.35-7.92x}$，$x\in(0,95.63)$。

计算结果列于表 3-15，绘于图 3-29。

（2）设计洪水位情况下，浸润线方程：$y=\sqrt{10.33x+63.52}$，$x\in(0,84.58)$。

计算结果列于表 3-16，绘于图 3-30。

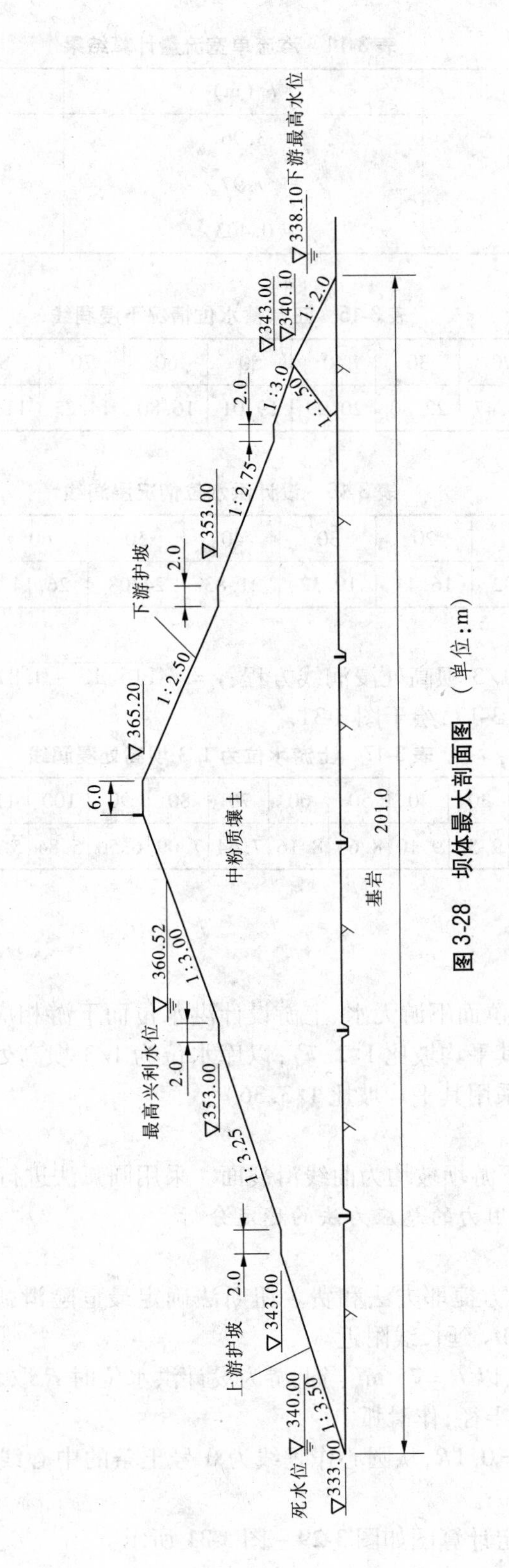

图3-28 坝体最大剖面图（单位：m）

表 3-14 渗流单宽流量计算结果

计算情况	h_0(m)	$q(m^3/(s \cdot m))$
正常蓄水位	3.96	4.75×10^{-5}
设计洪水位	7.97	6.2×10^{-5}
1/3 坝高水位	0.403	0.483×10^{-5}

表 3-15 正常蓄水位情况下浸润线 (单位:m)

x	0	10	20	30	40	50	60	70	80	90	93.65	95.63
y	27.52	26.04	24.47	22.80	20.99	19.01	16.80	14.25	11.12	6.67	3.96	0

表 3-16 设计洪水位情况浸润线 (单位:m)

x	0	10	20	30	40	50	60	70	80	84.58
y	7.97	12.92	16.44	19.32	21.83	24.08	26.14	28.05	29.83	30.61

(3)上游水位为 1/3 坝高处浸润线方程:$y=\sqrt{115.13-0.81x}$,$x \in (0,142.97)$。

计算结果列于表 3-17,绘于图 3-31。

表 3-17 上游水位为 1/3 坝高处浸润线 (单位:m)

x	0	10	20	30	40	50	60	70	80	90	100	110	120	130	140	142.97
y	10.73	10.35	9.95	9.53	9.10	8.64	8.16	7.64	7.09	6.50	5.84	5.10	4.23	3.14	1.32	0

(六)稳定计算

1. 分析情况选择

以上游正常高水位而下游无水、上游设计洪水位而下游相应水位来验证下游坝坡的稳定(下游坝坡采用其平均坡比 1:2.7);以库水位为 1/3 坝高处而下游无水来验证上游坝坡稳定(上游坝坡采用其平均坡比 1:3.36)。

2. 滑裂面形式

对于均质坝,上下游坝坡均为曲线滑裂面。采用圆弧法进行稳定计算。

3. 不计条块间作用力的总应力法的稳定分析

1)计算分析步骤

(1)利用 B·B·方捷耶夫法和费兰钮斯法确定最危险滑弧所对应圆心的范围。在一扇形范围内的 M_1、M_2 延长线附近。

(2)取 O 为圆心,以 $R=75$ m(当上游为设计洪水位时 R 取 70 m,库水位为 1/3 坝高处时 R 取 87.5 m)为半径,作滑弧。

(3)分条编号:$b=0.1R$,从圆心作垂线为 0 号土条的中心线,向上依次为 1,2,3,…;向下依次为 -1,-2,…。

(4)绘制坝坡稳定计算图如图 3-29 ~ 图 3-31 所示。

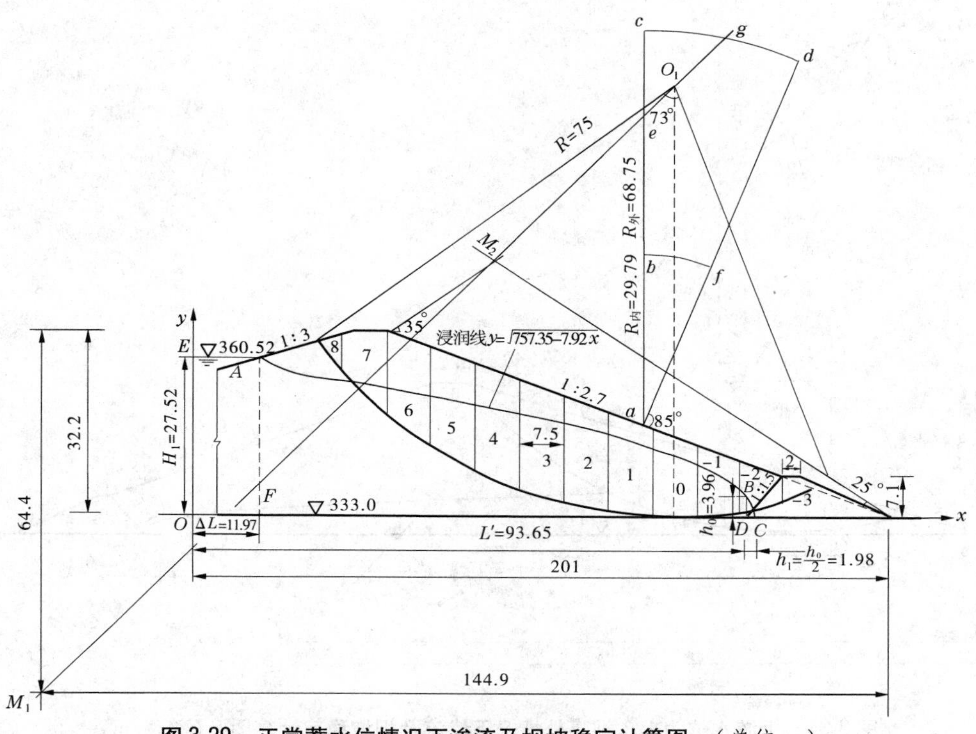

图 3-29　正常蓄水位情况下渗流及坝坡稳定计算图　（单位:m）

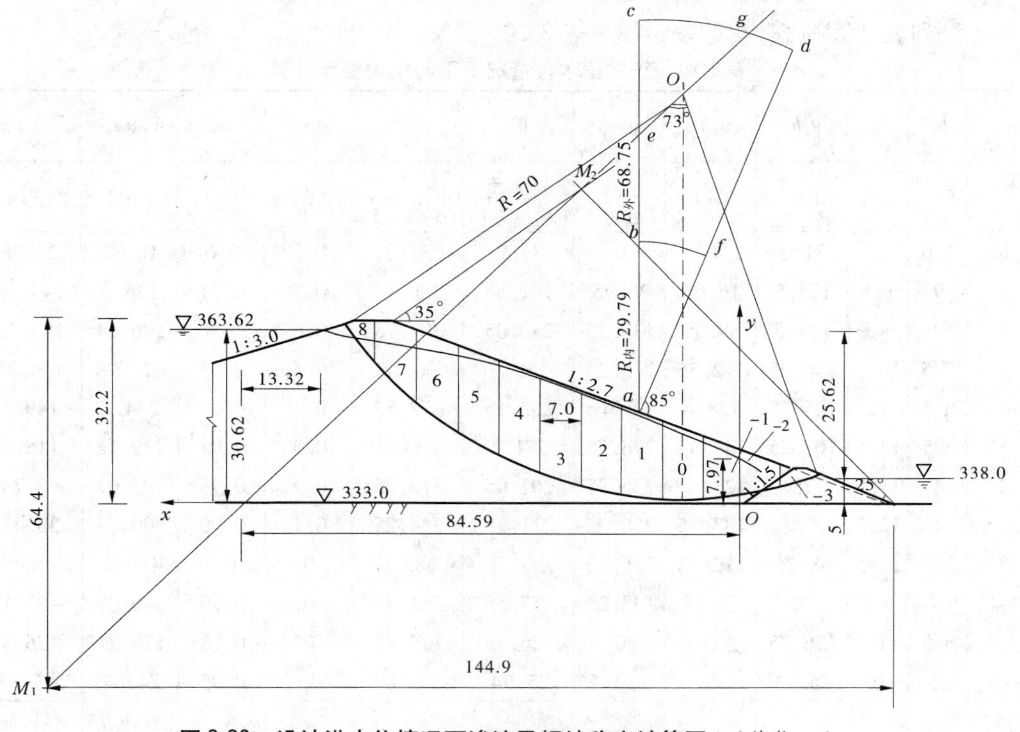

图 3-30　设计洪水位情况下渗流及坝坡稳定计算图　（单位:m）

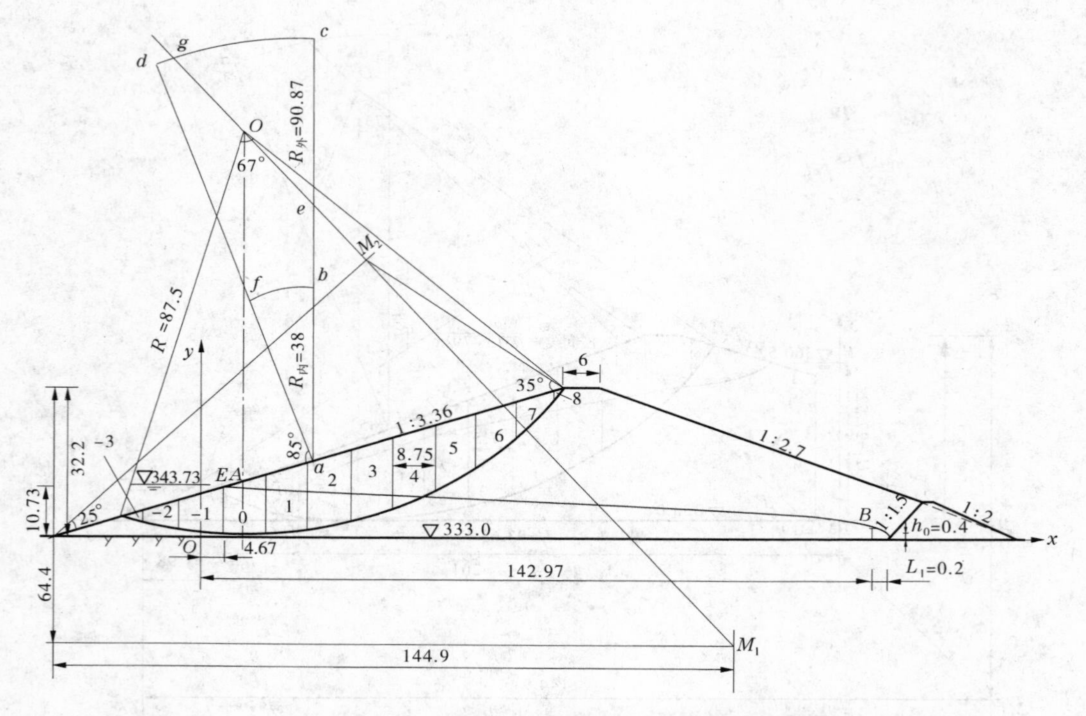

图 3-31　上游水位为 1/3 坝高处情况下渗流及坝坡稳定计算图　（单位：m）

（5）列表计算荷载，参见表 3-18 ~ 表 3-20。

表 3-18　正常蓄水位情况下下游坝坡稳定计算

土条编号	h_1	h_2	$\gamma_1 h_1$	$\gamma_3 h_2$	$\gamma_2 h_2$	W_i	W_i'	$\sin\alpha_i$	$\cos\alpha_i$	$W_i\cos\alpha_i$	$W_i'\sin\alpha_i$
	(1)	(2)	(3)	(4)	(5)	(6) = (3) + (4)	(7) = (3) + (5)	(8)	(9)	(10)	(11)
8	1.6	0	31.2	0	0	31.2	31.2	0.8	0.6	18.72	24.96
7	9	1.5	175.5	16.05	30.75	191.55	206.25	0.7	0.71	136.0	144.38
6	9	6.5	175.5	69.55	133.25	245.05	308.75	0.6	0.8	196.04	185.25
5	7.5	10.5	146.25	112.35	215.25	258.6	361.5	0.5	0.87	224.98	180.75
4	6.5	12	126.75	128.4	246	255.15	372.75	0.4	0.92	234.7	149.1
3	5.5	13.5	107.25	144.45	276.75	251.7	384.0	0.3	0.95	239.12	115.2
2	4	11.5	78	123.05	235.75	201.05	313.75	0.2	0.98	197.03	62.75
1	4	12.5	78	133.75	256.25	211.75	334.25	0.1	0.99	209.63	33.43
0	3.5	10.5	68.25	112.35	215.25	180.6	283.5	0	1.0	180.6	0
−1	4	6.5	78	69.55	133.25	147.55	211.25	−0.1	0.99	146.07	−21.13
−2	6.5	0	126.75	0	0	126.75	126.75	−0.2	0.98	124.22	−25.35
−3	1.33	0	25.94	0	0	25.94	25.94	−0.3	0.95	24.64	−7.78
合计										1 931.75	841.56

表 3-19 设计洪水位情况下下游坡坝稳定计算

土条编号	h_1	h_2	h_3	$\gamma_1 h_1$	$\gamma_2 h_2$	$\gamma_3 h_2$	$\gamma_3 h_3$	W_i	W_i'	$\sin\alpha_i$	$\cos\alpha_i$	$W_i\cos\alpha_i$	$W_i'\sin\alpha_i$
	(1)	(2)	(3)	(4)	(5)	(6)	(7)	(8) = (4) + (6) + (7)	(9) = (4) + (5) + (7)	(10)	(11)	(12)	(13)
8	3	1.7	0	58.5	34.85	18.19	0	76.69	93.35	0.8	0.6	46.01	74.68
7	3.85	6.5	0	75.08	133.25	69.55	0	144.63	208.33	0.7	0.71	102.69	145.83
6	2.5	11.5	0	48.75	235.75	123.05	0	171.8	284.5	0.6	0.8	137.44	170.7
5	1	15	0	19.5	307.5	160.5	0	180	327	0.5	0.87	156.6	163.5
4	0.5	16.5	0	9.75	338.25	176.55	0	186.3	348	0.4	0.92	171.4	139.2
3	0.5	16	0.75	9.75	328	171.2	8.03	188.98	345.78	0.3	0.95	179.53	103.73
2	0.75	13	2.5	14.63	266.5	139.1	26.75	180.48	307.88	0.2	0.98	176.87	61.58
1	0.6	10.5	3.5	11.7	215.25	112.35	37.45	161.5	264.4	0.1	0.99	160	26.44
0	0.75	7.75	4	14.63	158.88	82.93	42.8	140.36	216.31	0	1	140.36	0
-1	1.5	4.5	3.5	29.25	92.25	48.15	37.45	114.85	158.95	-0.1	0.99	113.7	-15.9
-2	3.5	0	2	68.25	0	0	21.4	89.65	89.65	-0.2	0.98	87.86	-17.93
-3	1.4	0	1.4	27.3	0	0	14.98	42.28	42.28	-0.3	0.95	40.17	-12.68
合计												1 512.63	839.15

表 3-20 上游水位为 1/3 坝高处上游坝坡抗滑稳定计算

土条编号	h_1	h_3	$\gamma_1 h_1$	$\gamma_3 h_3$	W_i	W_i'	$\sin\alpha_i$	$\cos\alpha_i$	$W_i\cos\alpha_i$	$W_i'\sin\alpha_i$
	(1)	(2)	(3)	(4)	(5) = (3) + (4)	(6) = (3) + (4)	(7)	(8)	(9)	(10)
8	0.1	0	1.95	0	1.95	1.95	0.8	0.6	1.17	1.56
7	5	0	97.5	0	97.5	97.5	0.7	0.71	69.23	68.25
6	9	0	175.5	0	175.5	175.5	0.6	0.8	140.40	105.30
5	13	0	253.5	0	253.5	253.5	0.5	0.87	220.55	126.75
4	13.5	1	263.25	10.7	273.95	273.95	0.4	0.92	252.03	109.58
3	10	5	195	53.5	248.5	248.5	0.3	0.95	236.08	74.55
2	7.5	7.5	146.25	80.25	226.5	226.5	0.2	0.98	221.97	45.30
1	4.5	9	87.75	96.3	184.05	184.05	0.1	0.99	182.21	18.41
0	1.5	10	29.25	107	136.25	136.25	0	1	136.25	0
-1	0	8.5	0	90.95	90.95	90.95	-0.1	0.99	90.04	-9.10
-2	0	4.5	0	48.15	48.15	48.15	-0.2	0.98	47.19	-9.63
-3	0	0.55	0	5.89	5.89	5.89	-0.3	0.95	5.60	-1.77
合计									1 602.72	529.20

(6)利用公式计算抗滑稳定安全系数 K。

$$K = \frac{\sum W_i \cos\alpha_i \tan\varphi_i + \frac{1}{b}\sum c_i l_i}{\sum W'_i \sin\alpha_i}$$

$$W_i = \gamma_1 h_1 + \gamma_3 (h_2 + h_3) + \gamma_4 h_4$$

$$W'_i = \gamma_1 h_1 + \gamma_2 h_2 + \gamma_3 h_3 + \gamma_4 h_4$$

式中　γ_1、γ_2、γ_3——坝体土的湿重度、饱和重度、浮重度,γ_4、h_4 本设计不考虑。

由提供的资料可知,本建筑物是 3 级建筑物。

$\gamma_1 = 19.5\ \text{kN/m}^3$, $\gamma_2 = 20.5\ \text{kN/m}^3$, $\gamma_3 = 20.5 - 9.8 = 10.7(\text{kN/m}^3)$, $\varphi = 20.1°$, $c = 76\ \text{kPa}$。

2)计算结果

三种情况计算结果如下:

(1)正常运用期,下游坝坡的抗滑稳定计算如下:

$$\sum l_i = \frac{\pi R}{180}\theta = \frac{3.14 \times 75}{180} \times 73 = 95.5(\text{m})$$

$$K = \frac{1\ 931.75 \times 0.366 + \frac{1}{7.5} \times 76 \times 95.5}{841.56} = 1.99$$

(2)上游为设计洪水、下游相应水位,下游坝坡的抗滑稳定计算如下:

$$K = \frac{1\ 512.63 \times 0.366 + \frac{1}{7} \times 76 \times 89.14}{839.15} = 1.81$$

(3)上游水位为 1/3 坝高处,上游坝坡的抗滑稳定计算如下:

$$\sum l_i = \frac{\pi R}{180}\theta = 102.27$$

$$K = \frac{1\ 602.72 \times 0.366 + \frac{1}{8.75} \times 76 \times 102.27}{529.2} = 2.79$$

3)求最小抗滑稳定安全系数

(略)

五、溢洪道设计

(一)溢洪道基本数据

溢洪道水力计算结果见表 3-21。

溢洪道开挖后,为减轻糙率和防止冲刷,须进行衬砌,糙率取 $n = 0.016$。溢洪道为 3 级建筑物,按 50 年一遇设计、500 年一遇校核的洪水标准。

(二)工程布置

1. 进水渠

进水渠的作用是将水流平顺引至溢流堰前。采用梯形断面,底坡为平坡, 边坡采用

表 3-21　溢洪道水力计算结果

水位　(m)		泄量(m^3/s)
正常蓄水位	360.52	0
设计洪水位	363.62	540
校核洪水位	364.81	800

1:1.5。为提高泄洪能力,渠内流速 $v<3.0$ m/s,渠底宽度大于堰宽,渠底高程是 360.52 m。进水渠断面拟定尺寸,具体计算见表 3-22。

表 3-22　溢洪道引水渠断面计算

水位(m)		泄量(m^3/s)	水深 H(m)	底宽 B(m)	计算公式(假设 $v=2$ m/s)
设计	363.62	540	3.1	82.4	$Q=vA$, $A=(B+mH)H$,式中:A 为过水断面面积,B 为渠底宽度
校核	364.81	800	4.29	86.7	

由计算可以拟定引渠底宽 $B=90$ m(为了安全)。

进水渠与控制堰之间设 20 m 渐变段,采用圆弧连接,半径 $R=20$ m,引渠长 $L=150$ m。

2. 控制段

其作用是控制泄流能力。本工程是以灌溉为主的中型工程,采用无闸控制,溢洪道轴线处地质条件较好,岩石坚硬,堰型选用无坎宽顶堰,断面为矩形。顶部高程与正常蓄水位齐平,为 360.52 m。堰厚 δ 拟为 30 m($2.5H<\delta<10H$)。堰宽由流量方程求得,具体计算见表 3-23。

表 3-23　溢洪道控制段宽顶堰堰宽计算(忽略行近流速水头 $v^2/(2g)$)

水位(m)		泄量(m^3/s)	H_0(m)	计算公式及符号意义	b(m)
设计	363.62	540	3.1	$b=\dfrac{Q}{m'\sqrt{2g}H_0^{3/2}}$,式中:$m'$为流量系数,等于 0.364;$H_0$ 为堰上水头,不包括行近流速水头;Q 为泄量;b 为控制堰宽	61.40
校核	364.81	800	4.29		55.87

由计算知,控制堰宽取 $b=65$ m 为宜。

3. 泄槽

泄槽是宣泄过堰洪水的,槽底布置在基岩上,断面必须为挖方,且要工程量最小,坡度不宜太陡。为适应地形、地质条件,泄槽分收缩段、泄槽一段和泄槽二段布置。

据已建工程拟收缩段收缩角 $\theta=12°$,首端底宽与控制堰同宽,$b_1=65$ m,末端底宽 b_2 拟为 40 m,断面取为矩形,则渐变段长 $L_1=\dfrac{b_1-b_2}{2\tan\theta}=58.81$ m,取整则 L_1 为 60 m,底坡

$i=\frac{1}{50}$。

泄槽一段上接收缩段，下接泄槽二段，拟断面为矩形，宽 $b=40$ m，长 L_2 为 540 m，底坡 $i=\frac{1}{200}$。

泄槽二段断面为宽 40 m 的矩形，长 L_3 为 80 m，底坡 $i=\frac{1}{8}$。

4. 出口消能

溢洪道出口段为冲沟，岩石比较坚硬，离大坝较远，采用挑流消能，水流冲刷不会危及大坝安全。

5. 尾水渠

其作用是将消能后的水流较平稳地泄入原河道。

为了防止小流量产生贴流、淘刷鼻坎，鼻坎下游设置长 $L=10$ m 的护坦。

（三）溢洪道水力计算

1. 溢流堰泄流能力校核

当引渠很长时，水头损失不容忽视。

（1）基本公式如下：

$$h_j=\zeta\frac{\alpha v^2}{2g};\quad h_f=\frac{v^2L}{C^2R}=\frac{v^2n^2L}{R^{4/3}};\quad R=\frac{A}{\chi};\quad C=\frac{1}{n}R^{1/6}$$

式中 h_j——局部水头损失，m；

ζ——局部水头损失系数；

g——重力加速度，m/s^2；

α——动能系数，一般为 1.0；

R——水力半径，m；

χ——湿周，m；

h_f——沿程水头损失，m；

v——引渠水流流速，m/s；

L——引渠长度，m；

C——谢才系数；

A——过水断面面积，m^2；

n——引渠糙率。

$$Q=\sigma_s m' b\sqrt{2g}H_0^{3/2}$$

$$H_0=H+\frac{\alpha v^2}{2g}$$

式中 σ_s——淹没系数，取 1.0；

b——堰宽，m；

Q——流量，m^3/s；

m'——无坎宽顶堰的流量系数；

H_0——包括行近流速水头的堰上水头，m。

(2)求堰前水深和堰前引水渠流速。采用试算法,联立公式 $H = H_0 - \frac{v^2}{2g}$,$H_0 = \left(\frac{Q}{\sigma_s m'b\sqrt{2g}}\right)^{2/3}$ 可求得,具体计算见表3-24。

表3-24 溢洪道堰前水深和流速计算

计算情况		泄量 Q	H_0	H	假设 v	试算 v
设计水位	363.62	540	2.99	2.78	2.0	2.06
校核水位	364.81	800	3.89	3.62	2.3	2.32

由计算表中流速可知,均小于3 m/s,满足要求。

(3)求引渠总水头损失 h_w。

$$h_w = h_j + h_f;\quad h_j = \zeta\frac{v^2}{2g};\quad h_f = \frac{v^2 n^2 L}{R^{4/3}}$$

式中 ζ=0.1(渠道匀缓进口,局部水头损失系数 ζ 采用0.1)。

具体计算见表3-25。

表3-25 引水渠水头损失计算

计算情况	H	v	$\frac{v^2}{2g}$	h_j	A	χ	R	$R^{4/3}$	n	L	h_f	h_w
设计水位	2.78	2.0	0.20	0.02	261.79	100.02	2.62	3.61	0.016	150	0.042	0.062
校核水位	3.62	2.3	0.27	0.027	345.46	103.05	3.35	5.02	0.016	150	0.041	0.068

(4)绘制库水位—流量关系曲线。库水位=堰顶高程+堰上水头+水头损失,具体计算见表3-26。

表3-26 溢洪道水位—流量计算

Q(m³/s)	H_0(m)	h_w(m)	堰顶高程(m)	库水位(m)
540	2.99	0.062	360.52	363.57
650	3.14	0.068	360.52	363.73
800	3.89	0.068	360.52	364.48

2.溢洪道水面曲线计算

1)基本公式

$$h_k = \sqrt[3]{q^2/g};\quad q = \frac{Q}{b};\quad i_k = \frac{g\chi_k}{C_k^2 B_k};\quad R_k = \frac{A_k}{\chi_k};\quad A_k = bh_k;\quad C_k = \frac{1}{n}R_k^{1/6}$$

式中 h_k——临界水深,m;

Q——槽内泄量,m³/s;

q——单宽流量，$m^3/(s \cdot m)$；

i_k——临界坡降；

b——泄槽首端宽度，m；

g——重力加速度，m/s^2；

B_k——相应临界水深的水面宽，m；

A_k、χ_k、R_k、C_k——临界水深时对应的过水断面面积（m^2）、湿周（m）、水力半径（m）、谢才系数；

n——泄槽糙率。

$$E_1 + iL = E_2 + h_f; \quad E_1 = \frac{\alpha v_1^2}{2g} + h_1; \quad E_2 = \frac{\alpha v_2^2}{2g} + h_2$$

式中 E_1——1—1 断面的比能，m；

E_2——2—2 断面的比能，m；

h_1、h_2——1—1、2—2 断面水深，m；

v_1、v_2——1—1、2—2 断面平均流速，m/s；

h_f——沿程水头损失，m；

iL——1—1、2—2 断面的底部高程差，m；

L——断面间长度，m。

2）渐变段水面线计算

（1）临界水深 h_k 及临界坡降 i_k。渐变段首端宽 $b_1=65$ m，尾端宽 $b=40$ m，断面为矩形。具体计算见表 3-27。

渐变段 $i=\frac{1}{50}>i_k$，故属陡坡急流，槽内形成 b_{II} 型降水曲线，属明渠非均匀流计算。

（2）渐变段水面线计算。首端断面水深为临界水深 h_k，具体计算见表 3-28。

表 3-27 溢洪道临界水深和临界底坡计算

计算情况	Q	B_k	q_k	h_k	A_k	χ_k	R_k	C_k	$i_k=\frac{g\chi_k}{C_k^2 B_k}$
设计水位	540	65	8.31	1.92	124.8	68.84	1.81	69.00	0.002 18
校核水位	800	65	13.31	2.62	170.3	70.24	2.42	72.42	0.002 02

表 3-28 溢洪道渐变段水面线计算

计算情况	Q	h_1	q_1	A_1	χ_1	R_1	v_1	E_1	i_1	设 h_2	q_2	A_2
设计水位	540	1.92	8.31	124.8	68.84	1.81	4.33	2.88	0.02	2.75	13.5	110
校核水位	800	2.49	13.31	161.85	69.98	2.31	4.94	3.74	0.02	3.5	20	140

计算情况	χ_2	R_2	v_2	E_2	i_2	$\bar{R}$	$\bar{v}$	L	n	h_f	E_1+iL	E_2+h_f
设计水位	45.5	2.42	4.91	3.98	0.02	2.12	4.60	60	0.016	0.12	4.08	4.10
校核水位	47	2.99	5.71	5.16	0.02	2.65	5.30	60	0.016	0.12	4.94	5.28

注：$\bar{v}$ 为两断面间平均流速，m/s；$\bar{R}$ 为两断面间平均水力半径，m。

由计算得渐变段末端水深分别为 $h_{设}=2.75$ m,$h_{校}=3.5$ m。

3)泄槽一段水面线计算

泄槽一段断面为矩形,宽 40 m,长 540 m,$i=\frac{1}{200}$。

(1)临界水深 h_k 和临界坡降 i_k。具体计算见表 3-29。

表 3-29 溢洪道泄槽一段临界水深和临界坡降计算

计算情况	Q	B_k	q_k	h_k	A_k	χ_k	R_k	C_k	$i_k=\frac{g\chi_k}{C_k^2 B_k}$
设计水位	540	40	13.5	2.65	106	45.3	2.34	72.01	0.002 14
校核水位	800	40	20	3.44	137.6	46.88	2.94	74.81	0.002 05

$i=\frac{1}{200}>i_k$,故泄槽一段属急流,按陡槽计算。

(2)泄槽一段末端水深(正常水深 h_0)。采用试算法,具体计算见表 3-30。

表 3-30 溢洪道泄槽一段正常水深计算

计算情况	Q	b	i	设 h_0	A_0	χ_0	R_0	C_0	$K_0=A_0C_0\sqrt{R_0}$	$Q_0=K_0\sqrt{i}$
设计水位	540	40	$\frac{1}{200}$	2.03	81.2	44.06	1.84	69.19	7 620.94	539
校核水位	800	40	$\frac{1}{200}$	2.6	104	45.2	2.3	71.81	11 326.15	800.88

经试算,设计水位时,$h_0=2.03$ m;校核水位时,$h_0=2.6$ m。

(3)泄槽一段水面线。采用分段求和法,按水深进行分段,具体计算见表 3-31。

4)泄槽二段水面线计算

泄槽二段断面为矩形,宽 40 m,长 80 m,底坡 $i=\frac{1}{8}$。

(1)求临界底坡 i_k、控制断面水深 h_0(正常水深)。因泄槽二段同泄槽一段流量、形状、断面尺寸相同,故临界底坡和临界水深不变。

设计水位时,$i_k=0.002\ 14$;校核水位时,$i_k=0.002\ 05$。$i=\frac{1}{8}>i_k$,属陡坡急流,按陡槽非均匀流计算。

控制断面水深 h_0 用试算法,具体计算列于表 3-32。

经试算,设计水位时,$h_0=0.76$ m;校核水位时,$h_0=0.96$ m。

(2)泄槽二段水面线。泄槽二段首端控制水深,设计水位时 $h=2.03$ m;校核水位时,$h=2.6$ m。采用分段求和法计算水面曲线,具体计算见表 3-33。

表 3-33 中仅推到泄槽二段末端,若推到正常水深,陡槽长已超过设计长度,这是不切实际的,故泄槽二段内不产生正常水深。

由计算知,末端水深在设计水位时为 $h=0.93$ m;在校核水位时为 $h=1.29$ m。

表 3-31　溢洪道泄槽一段水面线计算

计算情况	断面	h_0(m)	A(m²)	v(m/s)	$v^2/(2g)$ (m)	E_s (m)	ΔE_s(m)	χ(m)	R(m)	C ($m^{\frac{1}{2}}/s$)	$\bar{J}=\frac{\bar{v}^2}{C^2R}$	$i-\bar{J}$	ΔL (m)	$\sum\Delta L$(m)
设计水位	1—1	2.75	110	4.91	1.23	3.98		45.5	2.42	72.42				
							0.02				0.002 23	0.002 77	7.22	7.22
	2—2	2.45	98	5.51	1.55	4.00		44.9	2.18	71.17				
							0.06				0.003 044	0.001 956	30.67	37.89
	3—3	2.30	92	5.87	1.76	4.06		44.6	2.06	70.5				
							0.10				0.003 750	0.001 25	80	117.89
	4—4	2.15	86	6.28	2.01	4.16		44.3	1.94	69.8				
							0.13				0.004 567	0.000 433	300.23	418.12
	5—5	2.03	81.2	6.65	2.26	4.29		44.06	1.84	69.19				
校核水位	1′—1′	3.50	140	5.71	1.67	5.166		47	2.98	74.97				
							0.003				0.002 088	0.002 912	1.03	1.03
	2′—2′	3.35	134	5.97	1.82	5.169		46.7	2.87	74.50				
							0.024				0.002 405	0.002 595	9.25	10.28
	3′—3′	3.20	128	6.25	1.99	5.193		46.4	2.76	74.02				
							0.075				0.002 863	0.002 137	35.10	45.38
	4′—4′	3.00	120	6.67	2.27	5.268		46	2.61	73.33				
							0.135				0.003 532	0.001 468	91.96	137.34
	5′—5′	2.80	112	7.14	2.60	5.403		45.6	2.46	72.60				
							0.216				0.004 431	0.000 569	379.61	516.95
	6′—6′	2.60	104	7.69	3.02	5.619		45.2	2.30	71.81				

表 3-33　溢洪道泄槽二段水面线计算

计算情况	断面	h(m)	A(m^2)	v(m/s)	E_s (m)	ΔE_s(m)	χ(m)	R(m)	C (m$^{\frac{1}{2}}$/s)	$\bar{J}=\frac{\bar{v}^2}{\bar{C}^2\bar{R}}$	$i-\bar{J}$	ΔL (m)	$\Sigma\Delta L$(m)
设计水位	1—1	2.03	81.2	6.65	4.286	0.281	44.06	1.84	69.20	0.005 838	0.119 162	2.36	2.36
	2—2	1.85	74	7.30	4.567	0.35	43.7	1.69	68.23	0.007 750	0.117 25	2.99	5.35
	3—3	1.70	68	7.94	4.917	0.716	43.4	1.57	67.36	0.010 854	0.114 146	6.27	11.62
	4—4	1.50	60	9.0	5.633	1.169	43.0	1.40	66.07	0.016 789	0.108 211	10.80	22.42
	5—5	1.30	52	10.38	6.802	1.983	42.6	1.22	64.61	0.027 906	0.097 094	20.42	42.84
	6—6	1.10	44	12.27	8.785	2.896	42.2	1.04	62.94	0.048 199	0.076 801	37.71	80.55
	7—7	0.93	37.2	14.52	11.681		41.86	0.89	61.28				
校核水位	1′—1′	2.6	104	7.69	5.619	0.324	45.2	2.30	71.81	0.005 672	0.119 328	2.72	2.72
	2′—2′	2.4	96	8.33	5.943	0.474	44.8	2.14	70.96	0.007 408	0.117 592	4.03	6.75
	3′—3′	2.2	88	9.09	6.417	0.685	44.4	1.98	70.05	0.009 913	0.115 087	5.95	12.70
	4′—4′	2.0	80	10.0	7.102	0.997	44.0	1.82	69.05	0.013 685	0.111 315	8.96	21.66
	5′—5′	1.8	72	11.11	8.099	1.473	43.6	1.65	67.95	0.019 637	0.105 363	13.98	35.64
	6′—6′	1.6	64	12.50	9.572	2.240	43.2	1.48	66.73	0.029 487	0.095 513	23.45	59.09
	7′—7′	1.4	56	14.29	11.812	1.742	42.8	1.31	65.36	0.041 746	0.083 254	20.92	80.01
	8′—8′	1.29	51.6	15.50	13.554		42.58	1.21	64.53				

表 3-32　溢洪道泄槽二段正常水深计算

计算情况	Q	b	i	设 h_0	A_0	χ_0	R_0	C_0	$K_0=A_0C_0\sqrt{R_0}$	$Q_0=K_0\sqrt{i}$
设计水位	540	40	$\frac{1}{8}$	0.76	30.4	41.52	0.73	59.34	1 541.28	545
校核水位	800	40	$\frac{1}{8}$	0.96	38.4	41.92	0.92	61.59	2 268.48	802

5)溢洪道护砌高度的确定

计算溢洪道水面线是为确定边墙高度、边墙及衬砌底板的结构设计和下游消能计算提供依据。

(1)溢洪道边墙高度计算公式。其计算公式为:

$$H = h + h_b + \Delta$$

$$h_b = \frac{vh}{100}$$

式中　h——不掺气时水深,m;

h_b——当流速大于 7 ~ 8 m/s 时掺气增加水深,m;

Δ——安全超高,设计时取 1.0 m,校核时取 0.7 m;

H——边墙高度,m。

(2)引水渠边墙高度计算。引水渠边墙高见表 3-34。

表 3-34　引水渠边墙高度计算(v < 7 ~ 8 m/s)

计算情况	h(m)	Δ(m)	$H=h+\Delta$　(m)
设计水位	2.78	1.0	3.78
校核水位	3.62	0.7	4.32

(3)陡坡边墙高度计算。控制堰边墙高度与引渠等高:设计水位时,边墙高度 H = 3.78 m;校核水位时,边墙高度 H = 4.12 m。收缩段边墙高度具体计算见表 3-35。收缩段最大流速 v = 5.71 m/s < 7 ~ 8 m/s, 不考虑掺气所增加水深, 故 $H=h+\Delta$。泄槽一段边墙高度具体计算见表 3-36。泄槽二段边墙高度具体计算见表 3-37。

表 3-35　溢洪道收缩段边墙高度计算

计算情况	断面	断面距渐变段首端距离(m)	计算水深 h (m)	安全超高 Δ(m)	边墙高度 H(m)
设计水位	首端	0	1.92	1.0	2.92
	尾端	60	2.75	1.0	3.75
校核水位	首端	0	2.49	0.7	3.19
	尾端	60	3.50	0.7	4.20

表 3-36　溢洪道泄槽一段边墙高度计算

计算情况	断面	断面距槽首端距离(m)	计算水深 h (m)	流速 v (m/s)	$h_b = \frac{vh}{100}$ (m)	Δ(m)	H(m)
设计水位	1—1	0	2.75			1.0	3.75
	2—2	7.22	2.45			1.0	3.45
	3—3	37.89	2.30			1.0	3.30
	4—4	117.89	2.15			1.0	3.15
	5—5	418.12	2.03			1.0	3.03
校核水位	1′—1′	0	3.50			0.7	4.20
	2′—2′	1.03	3.35			0.7	4.05
	3′—3′	10.28	3.20			0.7	3.90
	4′—4′	45.38	3.00	6.67		0.7	3.70
	5′—5′	137.34	2.80	7.14	0.20	0.7	3.50
	6′—6′	516.95	2.60	7.69	0.20	0.7	3.30

注: 当 $v > 7$ m/s 时,才考虑掺气增加水深。

表 3-37　溢洪道泄槽二段边墙高度计算

计算情况	断面	断面距槽首端距离(m)	计算水深 h (m)	流速 v (m/s)	$h_b = \frac{vh}{100}$ (m)	Δ(m)	H(m)
设计水位	1—1	0	2.03	6.65		1.0	3.03
	2—2	2.36	1.85	7.30	0.135	1.0	2.99
	3—3	5.35	1.70	7.94	0.135	1.0	2.84
	4—4	11.62	1.50	9.00	0.135	1.0	2.64
	5—5	22.42	1.30	10.38	0.135	1.0	2.44
	6—6	42.84	1.10	12.27	0.135	1.0	2.24
	7—7	80.55	0.93	14.52	0.135	1.0	2.07
校核水位	1′—1′	0	2.60	7.69	0.20	0.7	3.5
	2′—2′	2.72	2.40	8.33	0.20	0.7	3.3
	3′—3′	6.75	2.20	9.09	0.20	0.7	3.1
	4′—4′	12.70	2.00	10.0	0.20	0.7	2.9
	5′—5′	21.66	1.80	11.11	0.20	0.7	2.7
	6′—6′	35.64	1.60	12.50	0.20	0.7	2.5
	7′—7′	59.09	1.40	14.29	0.20	0.7	2.3
	8′—8′	80.01	1.29	15.50	0.20	0.7	2.19

6)出口消能计算

溢洪道出口消能计算的任务是:估算下泄水流的挑射距离;选择挑流鼻坎形式,确定挑流鼻坎方式、反弧半径、挑射角等尺寸,以保证达到最优消能效果;估算下游冲刷坑的深度和范围。(具体计算略)

第三节　土石坝枢纽施工组织设计

一、施工资料分析

（一）基本资料分析

收集并熟悉设计资料，全面了解设计任务。

（1）水文资料：最大设计流量、坝址水位流量曲线、库容曲线等。

（2）气象资料：降雨、气温、冰冻等。

（3）地形、地质条件，筑坝材料来源及有关物理性质等。

（4）水利枢纽组成、建筑物布置及型式、尺寸等。

（5）工期要求。

（6）施工机械、风、水、电供应情况以及其他施工条件。

（二）施工天数确定

1. 依据

（1）坝区各种天气统计表。

（2）坝区各种气温天数统计表。

（3）法定假日。

（4）各种因雨、气温停工标准见《水利水电工程施工组织设计规范》（SL 303—2004）。

（5）其他有关资料。

2. 施工天数分析计算

月有效施工天数 = 日历天数 - 因雨、雪、气温不能施工天数 - 法定节假日

有效施工天数统计可参考表3-38，当降雨资料系列较短时（例如10年以下）以选取多雨年为宜，当系列较长时，可选取多年平均值作为设计依据，而以多雨年的有效施工天数作为研究施工措施时的备用情况。

表3-38　有效施工天数统计

项目			1月	2月	3月	4月	5月	6月	7月	8月	9月	10月	11月	12月	全年(d)
日历天数															
停工天数	因雨停工	多雨年													
		多年平均													
	低温停工														
	假日停工														
	其他停工														
	小计														
有效施工天数	多雨年														
	多年平均														

二、工程量计算

工程量计算是为施工方案的选择、编制进度计划、强度论证及工程造价提供依据。计算时单位要与定额单位一致,与施工方法相适应,不漏项、不重项。

(一)土坝工程量计算

1. 土坝坝体工程量的计算

(1)坝体工程量的计算一般采用断面法,基本公式如下:

$$V = \sum_{i=1}^{n} V_i \tag{3-35}$$

$$V_i = (A_m + A_n) H_{mn}/2 \tag{3-36}$$

式中 V——坝体的工程量,m^3;

V_i——m、n 截面间坝体的体积,m^3;

A_m、A_n——坝体 m、n 截面的面积,m^2;

H_{mn}——坝体 m、n 截面的高差,m。

坝体工程量的计算一般采用表 3-39 的格式。坝面面积采用数方格或求积仪计算。

表 3-39 坝体体积及不同高程坝面面积计算

高程(m)	高差(m)	面积(m^2)				平均面积(m^2)				坝体工程量(m^3)				累计工程量(m^3)			
		上游坝壳	下游坝壳	防渗体	反滤料	上游坝壳	下游坝壳	防渗体	反滤料	上游坝壳	下游坝壳	防渗体	反滤料	上游坝壳	下游坝壳	防渗体	反滤料

(2)绘制坝体高程与累计工程量关系曲线,如图 3-32 所示。

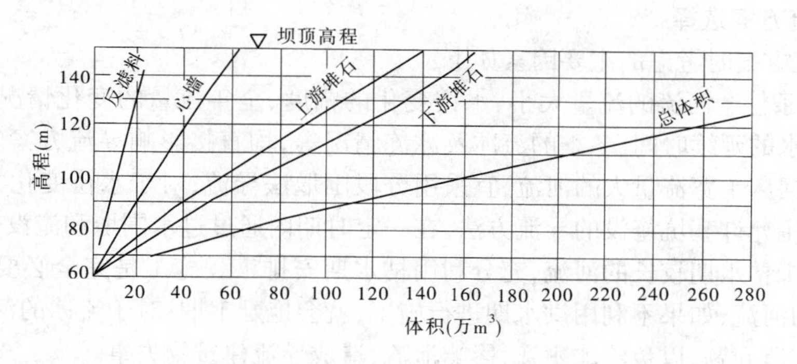

图 3-32 坝体高程与累计工程量关系曲线

2. 大坝各期工程量计算

根据大坝分期,按下列公式计算(适用于梯形河谷)各期工程量 V:

$$V = \frac{H}{b}\{L[3b + (m_1 + m_2)H] + l[3b + 2(m_1 + m_2)H]\} \tag{3-37}$$

式中　V——计算部分坝体工程量,m^3;

L——计算部分坝体顶部长度,m;

H——计算部分坝体高度,m;

b——计算部分坝体顶宽,m;

l——计算部分坝体底部长度,m;

m_1、m_2——计算部分坝体上、下游边坡比。

(二)溢洪道开挖工程量计算

溢洪道开挖工程量计算一般采用断面法。断面选取时要注意计算的精度要求、地形变化及溢洪道断面变化情况,计算时要分别计算土方开挖和石方开挖的方量。

(三)其他永久建筑物工程量计算

(1)土石方开挖工程量。根据开挖设计图按不同土壤和岩石类别进行计算,石方开挖的工程量应将明挖、槽挖、水下开挖及暗挖分开,暗挖中应将平洞、斜井分别计算。

(2)土石方填筑工程量。根据建筑物设计断面中的不同部位及其不同材料分别进行计算,其沉陷量应包括在内。

(3)混凝土工程量。按不同类型、不同强度等级分别计算。

(4)灌浆工程量。坝基固结与帷幕灌浆自基岩面算起,单位均以 m 计;回填灌浆按设计的混凝土外缘面积计其工程量;地下工程的固结灌浆工程量,根据设计要求以 m 计算。

(5)地下工程的永久喷锚支护工程量。根据设计要求计算,喷混凝土以 m^3 计,锚杆按不同直径、深度、间距以根计。

(四)施工临时工程的工程量计算

施工临时工程包括场内外交通、现场仓库、料场、骨料筛分及混凝土生产系统、堆料场、施工导截流工程、临时房屋等,按相关专业工程量计算规则计算。

三、施工导流

(一)导流方案选择

选择导流方案时考虑的主要因素如下:

(1)水文条件。河流的流量大小、水位变化的幅度、全年流量的变化情况、枯水期的长短、汛期洪水的延续时间、冬季的流冰及冰冻情况等,均直接影响导流方案的选择。一般来说,对于河床单宽流量大的河流,宜采用分段围堰法导流;对于水位变化幅度大的山区河流,可采用允许基坑淹没的导流方法,在一定时期内通过过水围堰和淹没基坑来宣泄洪峰流量;对于枯水期较长的河流,充分利用枯水期安排工程施工是完全必要的,但对于枯水期不长的河流,如果不利用洪水期进行施工,就会拖延工期;对于流冰的河流,应充分注意流冰的宣泄问题,以免流冰壅塞,影响泄流,造成导流建筑物失事。

(2)地形条件。坝区附近的地形条件,对导流方案的选择影响很大。对于河床宽阔的河流,尤其在施工期间有通航、过木要求的情况,宜采用分段围堰法导流,当河床中有天然石岛或沙洲时,采用分段围堰法导流,更有利于导流围堰的布置,特别是纵向围堰的布置。在河段狭窄、两岸陡峻、山岩坚实的地区,宜采用隧洞导流。至于平原河道,河流的两岸或一岸比较平坦,或有河湾、老河道可资利用时,则宜采用明渠导流。

(3)地质及水文地质条件。河流两岸及河床的地质条件对导流方案的选择与导流建筑物的布置有直接影响。若河流两岸或一岸岩石坚硬、风化层薄且有足够的抗压强度,则有利于选用隧洞导流。如果岩石的风化层厚且破碎,或有较厚的沉积滩地,则适合于采用明渠导流。此外,选择围堰型式,基坑能否允许淹没,能否利用当地材料修筑围堰等,也都与地质条件有关。水文地质条件则对基坑排水工作和围堰型式的选择有很大关系。因此,为了更好地进行导流方案的选择,要对地质和水文地质勘测工作提出专门要求。

(4)水工建筑物的型式及其布置。水工建筑物的型式和布置与导流方案相互影响,因此在决定建筑物的型式和枢纽布置时,应该同时考虑并拟定导流方案,而在选定导流方案时,又应该充分利用建筑物型式和枢纽布置方面的特点。

如果枢纽组成中有隧洞、渠道、涵管、泄水孔等永久泄水建筑物,在选择导流方案时应该尽可能加以利用。在设计永久泄水建筑物的断面尺寸并拟定其布置方案时,应该充分考虑施工导流的要求。

就挡水建筑物的型式来说,土坝、土石混合坝和堆石坝的抗冲能力小,除采取特殊措施外,一般不允许从坝身过水,所以多利用坝身以外的泄水建筑物(如隧洞、明渠等)或坝身范围内的涵管来导流,这时,通常要求在一个枯水期内将坝身抢筑到拦洪高程以上,以免水流漫顶,发生事故。

(5)施工期间河流的综合利用。施工期间,为了满足通航、筏运、渔业、供水、灌溉或水电站运转等的要求,导流问题的解决更加复杂。如前所述,在通航河流上,大多采用分段围堰法导流,要求河流在束窄以后,河宽仍能便于船只的通行,水深要与船只吃水深度相适应,束窄断面的最大流速一般不得超过2.0 m/s,特殊情况需与当地航运部门协商研究确定。

对于浮运木筏或散材的河流,在施工导流期间,要避免木材壅塞泄水建筑物或者堵塞束窄河床。

在施工的中、后期,水库拦洪蓄水时,要注意满足下游供水、灌溉用水和水电站运行的要求,有时为了保证渔业的要求,还要修建临时的过鱼设施,以便鱼群能洄游。

(6)施工进度、施工方法及施工场地布置。水利水电工程的施工进度与导流方案密切相关。通常是根据导流方案才能安排控制性进度计划,在水利水电枢纽施工导流过程中,对施工进度起控制作用的关键性时段主要有:导流建筑物的完工期限、截流的时间、坝体拦洪的期限、封堵临时泄水建筑物的时间以及水库蓄水发电的时间等。但各项工程的施工方法和施工进度又直接影响到各时段中导流任务的合理性和可能性。

在选择导流方案时,除综合考虑以上各方面因素外,还应使主体工程尽可能及早发挥效益,简化导流程序,降低导流费用,使导流建筑物既简单易行,又适用可靠。

(二)导流设计流量确定

导流标准确定,参见混凝土坝设计部分。

土石坝一般不允许坝体过水,因此当施工期较长,而洪水来临前又不能完建时,导流时段就要考虑以全年为标准,其导流设计流量,就应按导流设计标准确定的一定标准的年最大流量。但若安排的施工进度能够保证在洪水来临之前使坝体起拦洪作用,则导流时段即可按洪水来临前的施工时段为标准,导流设计流量即为该时段内按导流标准确定的一定标准的最大流量。在各时段中，围堰和坝体的挡水高程和泄水建筑物的泄水能力，均应按相应时段内一定标准的最大流量作为导流设计流量进行设计。

（三）导流建筑物设计

1. 导流隧洞

导流隧洞包括进口段、洞身段和出口段。进口段包括喇叭口、闸室和渐变段；出口段包括闸室段和消能段。

隧洞断面尺寸的大小取决于导流设计流量、地质和施工条件，洞径应控制在施工技术和结构安全允许范围内，目前国内单洞断面尺寸多在200 m^2 以下，单洞泄量不超过2 000～2 500 m^3/s。

隧洞断面形式取决于地质条件、隧洞工作状况（有压或无压）及施工条件，常用断面形式有圆形、马蹄形、方圆形。圆形多用于高水头处，马蹄形多用于地质条件不良处，方圆形有利于截流和施工，国内外导流隧洞多采用方圆形。

隧洞糙率 n 值的选择是十分重要的问题，糙率的大小直接影响到断面的大小，而衬砌与否、衬砌的材料和施工质量、开挖的方法和质量则是影响糙率大小的因素。一般混凝土衬砌糙率值为0.014～0.017；不衬砌隧洞的糙率变化较大，光面爆破时为0.025～0.032，一般炮眼爆破时为0.035～0.044。设计时根据具体条件，查阅有关手册，选取设计的糙率值。对重要的导流隧洞工程，应通过水工模型试验验证糙率的合理性。

导流隧洞应布置在地质条件良好的山体中，洞轴线宜按直线布置，当有转弯时，转弯半径不小于5倍洞径（或洞宽），转角不宜大于60°，弯道首尾应设直线段，长度不应小于3～5倍洞径（或洞宽）；进出口引渠轴线与河流主流方向夹角宜小于30°。隧洞间净距、隧洞与永久建筑物间距、洞脸与洞顶围岩厚度均应满足结构和应力要求。隧洞进出口位置应保证水力学条件良好，距离围堰应大于50 m，以满足围堰防冲要求。进口高程多由截流控制，出口高程由下游消能控制。一般导流隧洞进口底部高程应高出河床1.5～2.5 m。

导流隧洞的水力计算参考水工设计部分水工隧洞水力计算。

2. 导流明渠

导流明渠的布置及水力计算可参考水闸设计部分及其他有关书籍。

（四）围堰工程

参见混凝土坝部分。

（五）截流工程

参见混凝土坝部分。

（六）拦洪度汛

1. 坝体拦洪的导流标准

当坝体填筑高程达到不需围堰保护时，其临时度汛洪水标准应根据坝型及坝前拦洪库容，按混凝土坝部分相关规定执行。

2. 拦洪高程的确定

根据水量平衡方程：

$$\overline{Q} + \left(\frac{V_1}{\Delta t} - \frac{q_1}{2}\right) = \left(\frac{V_2}{\Delta t} + \frac{q_2}{2}\right) \tag{3-38}$$

式中 $\overline{Q}$——计算时段中的平均入库流量，m^3/s，$\overline{Q} = (Q_1 + Q_2)/2$；

Q_1、Q_2——计算时段初、末的入库流量，m^3/s；

q_1、q_2——计算时段初、末的下泄流量，m^3/s；

V_1、V_2——计算时段初、末水库蓄存水量，m^3；

Δt——计算时段，一般取 1～6 h，需化为秒数。

建立库水位 Z 与 $V/\Delta t$、$q/2$、$(V/\Delta t - q/2)$、$(V/\Delta t + q/2)$ 的函数关系，根据选定的计算时段 Δt、水位库容关系曲线和水位流量关系曲线，通过图解的方法可计算出最大泄量 q_m 与上游最高水位 H_m。上游最高水位 H_m 加上安全超高即为坝体拦洪高程，用公式表示为：

$$H_f = H_m + \delta \tag{3-39}$$

式中 H_m——拦洪水位，m；

δ——安全超高，m，依据坝的级别而定：Ⅰ级 $\delta \geq 1.5$ m，Ⅱ级 $\delta \geq 1.0$ m，Ⅲ级 $\delta \geq 0.75$ m，Ⅳ级 $\delta \geq 0.5$ m。

3. 拦洪度汛措施

土石坝一般不允许过水，若坝身在汛期前不可能填筑到拦洪高程，一般可以考虑采取降低溢洪道高程、设置临时溢洪道并用坝体临时断面挡水，或经过论证采取临时坝体保护过水等措施。

（七）基坑排水

1. 排水量的确定

1）初期排水量估算

依靠经验估算初期排水总流量：

$$Q = Q_j + Q_s = k\frac{V}{T} \tag{3-40}$$

式中 Q_j——积水排除的流量，m^3/s；

Q_s——渗水排除的流量，m^3/s；

V——基坑积水体积，m^3；

T——初期排水时间，s；

k——经验系数，主要与围堰种类、防渗措施、地基情况、排水时间等因素有关，根据国外一些工程的统计，$k = 4 \sim 10$。

基坑积水体积可按基坑积水面积和积水水深计算。排水时间，大型基坑一般可采用 5～7 d，中型基坑一般不超过 3～5 d。

按以上方法估算初期排水流量，选择抽水设备后，往往很难符合实际。在初期排水过程中，可以通过试抽法进行校核和调整，并为经常性排水计算积累一些必要资料。试抽时如果水位下降很快，则显然是所选择的排水设备容量过大，此时应关闭一部分排水设备，使水位下降速度符合设计规定。试抽时若水位不变，则显然是设备容量过小或有较大渗漏通道存在。此时，应增加排水设备容量或找出渗漏通道予以堵塞，然后再进行抽水。还有一种情况是水位降至一定深度后就不再下降，这说明此时排水流量与渗流量相等，据此可估算出需增加的设备容量。

2）经常性排水排水量的确定

经常性排水包括降雨量、施工废水和基坑渗透流量等。

（1）降雨量的确定。大型工程可采用20年一遇三日降雨中最大的连续6 h雨量，再减去估计的径流损失值（每小时1 mm），作为降雨强度。也有的工程采用日最大降雨强度，基坑内的降雨量可根据上述计算降雨强度和基坑集雨面积求得。

（2）施工废水。施工废水主要考虑混凝土养护用水，其用水量估算应根据气温条件和混凝土养护的要求而定。一般初估时可按每立方米混凝土每次用水5 L，每天养护8次计算。

（3）渗透流量计算。基坑渗透总量包括围堰渗透量和基础渗透量两大部分。关于渗透量的详细计算方法，在水力学、水文地质和水工结构等论著中均有介绍。

2. 基坑排水布置

排水系统的布置通常应考虑两种不同情况。一种是基坑开挖过程中的排水系统布置，另一种是基坑开挖完成后修建建筑物时的排水系统布置。布置时，应尽量同时兼顾这两种情况，并且使排水系统尽可能不影响施工。基坑开挖过程中的排水系统布置，应以不妨碍开挖和运输工作为原则。一般常将排水干沟布置在基坑中部，以利两侧出土。随基坑开挖工作的进展，逐渐加深排水干沟和支沟。通常保持干沟深度为1～1.5 m，支沟深度为0.3～0.5 m。集水井多布置在建筑物轮廓线外侧，井底应低于干沟沟底。但是，由于基坑坑底高程不一，有的工程采用层层设截流沟、分级抽水的办法，即在不同高程上分别布置截水沟、集水井和水泵站，进行分级抽水。

建筑物施工时的排水系统，通常都布置在基坑四周，排水沟应布置在建筑物轮廓线外侧，且距离基坑边坡坡脚不少于0.3～0.5 m。排水沟的断面尺寸和底坡大小，取决于排水量的大小。一般排水沟底宽不小于0.3 m，沟深不大于1.0 m，底坡坡度不小于0.002。在密实土层中，排水沟可以不用支撑，但在松土层中，则需用木板或麻袋装砂石来加固。

四、主体工程施工

（一）土石坝施工

1. 施工强度计算

施工强度的计算是进行施工进度控制和施工机械设备数量、型号选择的重要基础，一般采用列表法计算，如表3-40所示。

2. 土方施工机械的选择及数量计算

（1）常用土方施工机械的适用性及可供选择的型号及规格见表3-41。

（2）土石坝施工作业机械化方案选定。根据工程量、施工强度、料场条件、运输道路、上坝条件、坝面作业等选择合理的机械化施工方案。土石坝工程各种作业可供采用的机械化方案如表3-42所示。

表 3-40　土石坝施工强度计算

施工分期	Ⅰ	Ⅱ	Ⅲ	Ⅵ	说明
高程(m)					$Q_{平} = \frac{V}{T}$ $Q_{大} = KQ_{平}$ 施工不均匀系数: $K = 1.5 \sim 1.6$
工程量 $V(m^3)$					
有效工日 T(d)					
平均施工强度 $Q_{平}(m^3/d)$					
最大施工强度 $Q_{大}(m^3/d)$					

表 3-41　常用土方施工机械的适用性及可供选择的型号及规格

机械名称		适用范围	可供选择的型号及规格
开挖机械	正向铲	用于开挖土、砂砾料、石渣并装车	$W_{100}(1\ m^3)$　$W_{200}(2\ m^3)$ $W_{400}(4\ m^3)$
	索式挖土机	用于开挖水下砂砾料	
	装载机	开挖松散土料、砂、砾、石渣等并装车	$Z_4-3.5$　斗容 1.7 m^3 $Z_4-5.0$　斗容 3.0 m^3
	轮斗式装载机	开挖土料、砂砾料等并装车	WUD400/700　$P_{理}=400/700\ m^3/h$
	链斗式采砂船	开挖水下砂砾料	斗容 150 L　$P_{理}=120\ m^3/h$ 斗容 400 L　$P_{理}=250\ m^3/h$
	推土机	用于料场集料、坝面平土	移山－80　T_2-120
运输机械	自卸汽车		牌号　载重量　容积 黄河 QD35　7 t　3.4 m^3 交通 SH361　15 t　6 m^3 小松 HD180　18 t　10.7 m^3 佩尔利尼 T30　20 t　11.7 m^3
	皮带机	用于转运、运输土料、砂砾料	
压实机械	羊脚碾	压实黏土	$YT_2-3.5$　自重 3.5 t　加重 6.5 t
	气胎碾	压实黏土、壤土、砂砾等	YZP14　自重 13.5 t
	振动碾	压实砂性土、砂砾、石渣等	YT_3-50　自重 15 t　加重 50 t
钻孔机械	风动钻机	手持气锤钻,钻孔直径 34～43 mm,钻进深度 4 m,重 23 kg	01－30 手持风钻
	钻车	导轨式钻车,装有 YG40 凿岩机,钻孔直径 40～80 mm	CGJ15－3

(3)主要机械数量计算。机械生产率可采用定额指标(可参考现行预算定额)或计算方法确定。设计时根据可取得的资料及设计深度确定计算方法。机械数量按下式计算:

$$N = \frac{Q_m}{np} \tag{3-41}$$

式中 Q_m——各期最大施工强度,m^3/d;

p——机械生产率,m^3/台班;

n——采用班制,1～3 班/d。

3. 坝体施工方法

(1)坝基开挖和地基处理。坝基开挖与土石方明挖法相同,自上而下进行,一般在截流前完成坝肩岸坡开挖,河床基坑部分开挖工作在截流后进行。土石坝一般对地基的要求不很高,但不同分区对地基的要求不同。

表 3-42 土石坝工程各种作业可供采用的机械化方案

黏土心墙施工	开挖	(1)推土机松土集料成堆 (2)挖土机挖装
	运输	(1)皮带机运输上坝(辅以集料斗及汽车分送) (2)自卸汽车运输上坝
	压实	推土机平土,羊脚碾或气胎碾压实
砂砾坝壳施工	开挖	(1)正向铲或装载机挖装水上砂砾 (2)索铲或采砂船采取水下砂砾
	运输	(1)皮带机运输上坝 (2)自卸汽车运输上坝
	压实	推土机平土,气胎碾或振动碾、夯土机压实

(2)大体积砂石料填筑。大体积砂石料填筑施工包括运输、卸料、铺料、加水、压实、检查等工序。坝料运输一般采用自卸汽车运料直接上坝。根据国内外经验,坝体方量在 500 万 m^3 以下的,以 30 t 级为主,大于 500 万 m^3 应以 45 t 以上级为主。卸料、铺料、加水、压实、超径石处理等坝面作业应采用流水作业法组织施工,即将坝面分成若干个大致相等的填筑块(2～4 个),依次完成填筑的各道工序,使各工作面上所有工序能够连续进行,分块长度一般 50～100 m。

(3)反滤料、垫层料、过渡料施工。反滤料、垫层料、过渡料施工要求较高,铺料不能分离,一般与防渗体和一定宽度的大体积坝壳石料平起上升,压实标准高,分区线的误差一定要控制在允许范围内。

(二)隧洞施工

1. 开挖方法选择

开挖方法有全断面开挖和导洞开挖,主要根据隧洞断面尺寸、围岩地质条件、施工机械设备状况及施工通道等确定。一般而言,地质条件和设备允许采用全断面的,应尽量采用全断面开挖,可减少对围岩的爆破振动次数,有利于围岩的稳定;对地质条件较差的大、中断面隧洞,宜采用导洞开挖,一般采用液压凿岩台车钻孔。

2. 施工措施

(1)安全支护。分喷射混凝土、锚杆支护(砂浆锚杆、楔缝式锚杆、树脂锚杆、胀圈式锚杆等)、预应力锚索支护、金属网和钢拱架支护等。

(2)出渣。主要有无轨出渣、有轨出渣和提升机出渣。出渣方式和设备的选择应根据开挖断面尺寸、开挖长度、施工进度要求、设备来源等综合分析比较而定。

3. 钻孔爆破机械设备的选择及循环作业项目

(1)钻孔机械。近20余年来,钻孔机械发展迅速,特别是液压凿岩台车已得到普及。我国除小型隧洞仍采用手风钻钻孔开挖外,大、中型隧洞大部分已采用液压凿岩台车钻孔。液压凿岩台车操作方便,钻孔速度快,每分钟进尺1.8~2.0 m,大大提高了隧洞开挖速度,改善了钻孔作业环境。

液压凿岩台车有两臂、三臂和四臂的,可根据隧洞断面尺寸和工程特性选择机械型号。目前,国内主要采用进口的液压凿岩台车。国外生产液压凿岩台车的主要厂家有瑞典Atlas Coplo公司、英国英格索兰公司、芬兰TarnroR公司、英国Boart公司、法国赛可马,日本古河、大成等。国内南京工程机械厂联合瑞典Atlas Coplo公司生产的凿岩台车,曾经在北京十三陵抽水蓄能电站尾水隧洞和天生桥一级电站导流洞、引水洞施工中应用。

钻孔深度决定隧洞开挖循环进尺,主要受隧洞断面尺寸、地质条件、机械能力等因素控制,国外一般不追求高的循环进尺,而按每循环施工一个或两个整台班控制,以便于施工管理和追求高爆破效率。我国通常按取得尽可能大的进尺确定钻孔深度。

(2)开挖循环作业。隧洞开挖钻爆法施工循环作业项目主要有钻孔、装药、爆破、散烟、安全检查处理、支护、出渣、其他管线的安装等。循环作业时间一般8~16 h。如某平洞开挖12 h循环作业如表3-43所示。

表3-43 平洞开挖循环作业图

时间(h)	1	2	3	4	5	6	7	8	9	10	11	12
装药爆破散烟	—	—										
装渣机械进出		—					—					
钻车进出							—					—
钻孔								—	—	—	—	—
出渣			—	—	—	—	—					

五、施工总进度计划编制

施工总进度计划编制具体步骤,参见混凝土重力坝施工组织设计部分。有关指标见表3-44~表3-50。

表 3-44　国内已建部分工程基础开挖指标

工程名称	开挖项目	开挖量（万 m^3）	开挖面积（m^2）	最大挖深（m）	开挖日期（年.月）	开挖强度（万 m^3）		
						月平均	月最高	日最高
三门峡	坝基石方	82.5		24	1957.2～1958.6 1959.1～1959.8	3.4	6.4	
新安江	坝基石方	岸坡 35.1 河床 33.2		20 11	1957.4～1959.1	3.1	10.5	
柘溪	坝基砂石	25.0		68	1959.9～1959.11	8.5		0.43
梅山	坝基砂石	33.7		12	1954.11～1955.1 1955.6～1955.7	8.4		
大化	厂房石方	81.6	175×75.6	36	1976.11～1978.4	5.6	10.3	0.543
龙羊峡	坝基石方	130.4				10.0	14.0	

表 3-45　坝基开挖强度参考值

基坑开挖面积（m^2）	月平均开挖强度（万 m^3/月）	说明
10 000～15 000	3～5	1. 平均月强度系数应低于 1.5
15 000～30 000	5～10	2. 包括覆盖层在内
30 000～50 000	10～20	3. 相当于平均月挖深 3～4 m
50 000～100 000	20～35	

表 3-46　国内部分已建工程挖掘机实际平均生产率

工程名称	挖掘机斗容（m^3）	工作性质	台班产量（m^3）
大伙房	0.5	挖砂	272
三门峡	1.0	挖土砂石	256
	3.0	挖砂石	499
	1.2	基坑出渣	123
	2.5	基坑出渣	184
	3.0	基坑出渣	287
石头河	4.0	采挖岸石	621
	4.0	挖石岩	687
新安江	1.0	挖砂石	270
	1.0	基坑出渣	124
	3.0	基坑出渣	400
柘溪	0.75	水下挖砂石	328
	1.0	水下挖砂石	564

表 3-47　国内部分工程防渗墙工程施工进度参考值

工程名称	部位	工程量	实际工期（年.月）	历时（月）	冲击钻（台）	平均产量指标(m)		
						平均月产量	台月产量	台日产量
龚嘴	上游围堰	造孔 7 378 m 混凝土 5 522 m^3	1966.7～1967.4 1966.9～1967.4	10 8	13	738 m 700 m^3	56.8	2.27
	下游围堰	造孔 3 661 m 混凝土 2 605 m^3	1967.4～1967.7 1967.5～1967.7	3 2.3	9	1 220 m 1 130 m^3	135.6	5.42
乌江渡	下游围堰	造孔 436 m	1972.1～1972.3	2	4	218 m	54.5	2.18
碧口	大坝深墙	造孔 9 976 m	1972.5～1973.1	9	15	1 108 m	74.8	3

表 3-48　土石坝施工上升速度

项目	坝体上升速度（m/d）	说明
黏土心墙	0.25～0.4	月上升速度按设计分析的有效工作日乘以日上升速度求得，一般可按月上升 5 m 考虑
黏土斜墙	0.3～0.45	
反滤层	0.5～0.8	
坝壳	0.5～0.8	

表 3-49　水平隧洞掘进与混凝土衬砌进度指标参考值

开挖断面（m^2）	不同掘进方式平均月进度（m/月）			混凝土衬砌进度（m/月）
	全断面钻爆法	台阶钻爆法（综合指标）	掘进机钻进	
>20	150～200		200～250	100～120
20～50	100～150		150～200	80～100
50～120	50～100		100～150	50～80
>120		<50		<50

表 3-50　水轮发电机安装工期

名称	机组容量及转轮直径					
	3 000 kW 或 $D=1$ m	16 000 kW 或 $D=2$ m	40 000 kW 或 $D=3.3$ m	75 000 kW 或 $D=4.1$ m	150 000 kW 或 $D=5.5$ m	300 000 kW 或 $D=11$ m
水轮发电机安装工期	3 月	6 月	8 月	9 月	10 月	12 月

六、施工总体布置

（一）施工总布置的主要内容

（1）坐标系统，指北针，必要的地形、地物、标高、图例等。

（2）主体建筑物及主要导流建筑物轮廓布置。

（3）主要施工机械设备布置、运输系统（如缆索起重机、混凝土铁路运输线、栈桥等）轮廓布置。

（4）主要施工分区及建筑面积、主要施工辅助企业、大型临时设施布置及土石堆、弃场地。

（5）风、水、电及其他动力，能源厂址位置及其主干管线。

（6）当地主要建筑材料场地位置及范围。

（7）场地排水布置。

（8）准备工程量一览表。

（9）临建工程项目及其规模一览表。

（二）施工总布置设计成果

（1）文字说明。

（2）施工总布置图，比例1/2 000～1/10 000。

（3）施工对外交通图。

（4）居住小区规划图，比例1/500～1/1 000。

（5）施工征地规划范围和施工用地面积一览表。

（6）施工用地分期征用示意图。

（三）编制施工总布置的基本方法

1. 收集资料

收集、分析、整理基本资料。

2. 编制施工临建工程项目清单及其规模估算

根据工程的施工条件，结合类似工程的施工经验编制临时建筑物的项目清单，并估算出它们的占地面积、敞棚面积、建筑面积，提出布置要求，对于施工辅助企业项目要提出服务对象，生产能力，班制，人员，以及风、水、电的需用量等。编制项目清单时，应了解已制定的工程施工方法和施工程序。

3. 施工总布置规划

（1）施工场地选择。当枢纽附近有多处场地可供选择时，应结合地形、地质、交通条件和枢纽布置进行选定。原则上由近至远，先下游后上游，布置高程一般考虑20年一遇的洪水位以上。

（2）施工区域规划。大、中型土石坝工程，可划分为主体工程施工区、主要施工区、施工辅助企业区、建筑材料开采区、仓库、站、场（厂）和码头等施工区。根据枢纽工程施工场地地形、地质条件，结合工程特点，确定区域规划方式。

在施工场地区域规划后，进行各项临时设施的具体布置。包括场内交通线路，施工辅助企业和其他辅助设施，风、水、电等系统布置及永久建筑物施工区的布置等。

4. 具体布置要点

当对外交通采用标准铁路时，首先确定车站、码头的位置，然后布置场内交通干线，同时布置重点辅助企业和生产系统，再沿干线布置其他辅助企业、仓库等有关各项临建设施，然后布置风、水、电等系统及施工管理区和生活福利设施。

当对外交通采用公路时，应与场内交通连接成一个系统，再沿线布置辅助企业、仓库等临建设施。对外交通专用线的铁路车站或汽车站可以布置在施工现场的入口附近，并与坝址相距适当距离，以便调整线路，适应施工高程的较大幅度的变化，避免压缩场地，也便于出线通向全场而不产生反向运输。

场内运输道路布置应先铁路后公路，先永久后临时，先干线后支线，先运输量大的后运输量小的，先低部位的后高部位的。

混凝土系统，包括混凝土搅拌厂、水泥仓库、砂石料堆场、外加剂间、掺合料间、修配间、配电室、空压站及制冷厂等，应布置在接近主要建筑物的地区。从混凝土工厂到浇筑地点的距离，通常大于0.5～1.5 km，若采用铁路运输混凝土，混凝土系统场地的平整高程应与运输混凝土栈桥的高程和场内铁路车站及公路干线的高程相适应。

破碎筛分系统和砂石筛分系统，通常应布置在采石场和砂砾石料场附近，以减少废料运输。若料场分散和地形条件限制，可将上述两个工厂布置在主要建筑物附近，尽量靠近混凝土系统。

制冷厂的位置以布置在主体混凝土建筑物和混凝土系统附近的适当场地上为宜。

钢筋加工厂、木材加工厂、混凝土预制构件厂，若三厂统一管理，统称综合厂，虽然三厂的原材料和成品及半成品的运输量相当大，但运输上坝的距离没有严格要求，它们还为辅助企业厂房、生活房屋建筑等加工制作部分成品和半成品，因此位置可布置在第二线场地范围内，但应具备运输成品和半成品上坝的运输条件。

机械修配厂、汽车修配厂是为工地机械设备和汽车的修配加工和零件制造服务的，由于服务面广，有笨重机械运出和运入，占地面积较大，以布置在场地第二线或后方为宜，但应靠近工地交通干线。

金属结构、机电设备安装基地，是直接为主体建筑物加工制造供安装用的成品和半成品的企业，可在主体工程施工一段时间后才开展工作。它们加工制造或安装的成品或半成品有重大的部件，对运输车辆和运输重量有特殊要求，因此运输上坝的距离应近勿远。如果前方场地条件许可，应布置在前方，否则可布置在后方，前方设立拼装场，对此，必须研究重大部件的运输问题。

空压站的主要供风对象是基坑和两岸石方开挖钻孔设备及混凝土振捣设备。为减少风量和风压损失，供风管道长度以不超过500 m为宜。主要空压站设在坝址两岸空气洁净的较高位置，纵向围堰下段是设置空压站的适宜位置。需要压缩空气的其他辅助企业，可在企业内部或附近另设空压站。

供电系统，当电源是外来高压供电系统时，降压电站位置应靠近负荷中心；若工地自发电，要考虑燃料和循环冷却水供应方便，尽量减少烟囱排放粉煤灰对机械设备的影响。电站位置应靠近铁路，并且在施工企业和生活区的下风向。

生产用水系统主要服务对象是砂石筛分系统、电厂、制冷厂、混凝土系统等，根据水源和取水条件、水质要求、供水范围和供水高程，合理布置。

机械供应基地、汽车基地是保养维护企业，可以布置在后方，与机械修配厂、汽车修配厂场地接近。为了前方施工和运输的方便，前方应设保养场。

基建基地是为全工地修建企业车间厂房、办公及居住房屋、仓库的企业，在施工准备期间，它的任务很重，在施工中期还继续发挥其作用，应布置在场地的第二线或后方的适当地点。

砂石堆场、钢筋仓库、木材堆场、水泥仓库都是专门为某辅助企业的加工制造储备供应材料的，储存数量很大，有的还与企业的生产工艺有不可分割的关系，因此这类仓库和堆场必须布置在所服务的企业附近。

钢材仓库、五金工具仓库、化工制品仓库、机械仓库、机械配料仓库、机械停放场、煤炭堆场等，是为多数辅助企业的生产运行和修配服务的，这些仓库、堆场应布置在所服务的企业后方或适当位置。

炸药仓库、油料仓库，都具有爆炸和燃烧的危险性，必须特殊处理，布置在不危害企业和住宅的安全地区。

储量大而且对防雨、防潮、防尘等没有严格要求的器材设备，可采用露天堆存，如砂石料、原木、煤炭等。对于钢材、钢筋、木材成品或半成品等应采用棚式仓库储存，对于防潮、防尘要求较高的器材如水泥、机电设备及机械配件、电工仪表等，应采用封闭式仓库储存。对于易爆和易燃的物资，如炸药、油料，则宜采用地下式或油罐储存。

5. 修正、完善施工总布置设计

施工临时设施的平面布置和竖向布置完成后，对施工总布置进行协调修正，检查施工临时设施和主体工程施工之间、各临时建筑物之间是否协调，有无干扰，能否满足保安全、防火和卫生等要求，对不协调的布置进行调整。

第四章　水闸设计

本章主要阐述水闸设计过程中所涉及到的主要方法、理论、计算公式，包括闸址及闸底板高程的选择、水力计算、防渗排水设计、闸室布置、闸室稳定验算、闸底板结构设计以及两岸连接建筑物布置等内容。

一、闸址及闸底板高程的选择

(一)闸址的选择

闸址选择关系到工程建设的成败和经济效益的发挥，是水闸设计中的一项重要内容，应根据水闸的功能、特点和运用要求以及区域经济条件，综合考虑地形、地质、建筑材料、交通运输、水流、潮汐、泥沙、冰情、施工、管理、周围环境等因素，经技术经济比较后确定。

闸址应选择在地形开阔、岸坡稳定、岩土坚实和地下水位较低的地点。宜选用地质条件良好的天然地基，壤土、中砂、粗砂、砂砾石适于作为水闸的地基，尽量避免淤泥质土和粉砂、细砂地基，必要时应采取妥善的处理措施。

拦河闸应选择在河道顺直、河势相对稳定和河床断面单一的河段，或选择在弯曲河段裁弯取直的新开河道上。进水闸、分水闸或分洪闸闸址宜选择在河岸基本稳定的顺直河段或弯道凹岸顶点稍偏下游处，但分洪闸闸址不宜选择在险工堤段或重要城镇的下游堤段。排水闸宜选择在附近地势低洼、出水通畅处。

选择闸址应考虑材料来源、对外交通、施工导流、场地布置、基坑排水、施工水电供应等条件，同时还应考虑水闸建成后工程管理维修和防汛抢险等条件。

根据给定的地形、地质、水位条件，结合实际分析确定闸址位置，并在地形图上标示出来。

(二)闸室、闸孔型式的选择

1. 闸室结构型式的选择

常见的闸室结构型式有开敞式和涵洞式两大类。

(1)开敞式水闸。适用于有泄洪、排水、过木等要求的河流，多用于拦河闸、排冰闸等。当上游水位变幅大，而下泄流量又有限制时，为避免闸门过高，常采用带胸墙的开敞式水闸，如进水闸、排水闸、挡潮闸多用这种型式。

(2)涵洞式水闸。常用于穿堤取水或排水的水闸。

根据水闸所承担的任务及设计要求，确定闸室结构型式。

2. 闸孔型式的选择

闸孔型式一般有宽顶堰型、低实用堰型和胸墙孔口型三种。

(1)宽顶堰型。这是水闸最常用的底板结构型式。其主要优点是结构简单、施工方便，泄流能力比较稳定，有利于泄洪、冲沙、排淤、通航等；其缺点是自由泄流时流量系数较小，容易产生波状水跃。

(2)低实用堰型。有梯形、曲线形和驼峰形。实用堰自由泄流时流量系数较大,水流条件较好,选用适宜的堰面曲线可以消除波状水跃。但泄流能力受尾水位变化的影响较为明显,不稳定。

(3)胸墙孔口型。这种堰可以减小闸门高度和启门力,也可降低工作桥高和工程造价。

根据各种型式的适用条件,选择一种较优的闸孔型式。

(三)底板高程的选择

底板高程与水闸承担的任务、泄流或引水流量、上下游水位及河床地质条件等因素有关。

闸底板应置于较为坚实的土层上,并应尽量利用天然地基。在地基强度能够满足要求的条件下,底板高程定得高些,闸室宽度大,两岸连接建筑相对较低。对于小型水闸,由于两岸连接建筑在整个工程中所占比重较大,因而总的工程造价可能是经济的。在大中型水闸中,由于闸室工程量所占比重较大,因而适当降低底板高程,常常是有利的。当然,底板高程也不能定得太低,否则,由于单宽流量加大,将会增加下游消能防冲的工程量,闸门增高,启闭设备的容量也随之增大。另外,基坑开挖也较困难。

选择底板高程以前,首先要确定合适的最大过闸单宽流量。它取决于闸下游河渠的允许最大单宽流量。允许最大过闸单宽流量可按下游河床允许最大单宽流量的1.2~1.5倍确定。根据工程实践经验,一般在细粉质及淤泥河床上,单宽流量取5~10 $m^3/(s\cdot m)$,在砂壤土地基上取10~15 $m^3/(s\cdot m)$,在壤土地基上取15~20 $m^3/(s\cdot m)$,在黏土地基上取20~25 $m^3/(s\cdot m)$。当下游水深较深、上下游水位差较小和闸后出流扩散条件较好时,宜选用较大值。

一般情况下,拦河闸和冲沙闸的底板顶面可与河床齐平;进水闸的底板顶面在满足引用设计流量的条件下,应尽可能高一些,以防止推移质泥沙进入渠道;分洪闸的底板顶面也应较河床稍高;排水闸则应尽量定得低些,以保证将渍水迅速降至计划高程,但要避免排水出口被泥沙淤塞;挡潮闸兼有排水闸作用时,其底板顶面也应尽量定低一些。

二、水力计算

通过水力计算来确定闸孔尺寸,验算过流能力,确定下游消能方式及消能设施的细部构造及尺寸。

(一)确定闸孔尺寸

1.判别堰的出流流态

闸门全开宣泄洪水时,一般属于淹没条件下的堰流,所以应采用平底板宽顶堰流的堰流公式。根据设计、校核情况下的上游水位、下游水位、流量进行计算。对于宽顶堰,其淹没条件为:

$$h_s \geq 0.8H_0 \tag{4-1}$$

式中 h_s——下游水深,m;

H_0——含有行近流速水头在内的堰上水头,m。

根据淹没条件来判别是否为淹没出流。

2. 确定闸孔净宽

对于平底板宽顶堰,《水闸设计规范》(SL 265—2001)中推荐的堰流公式为:

$$B = \frac{Q}{\varepsilon\sigma_s m \sqrt{2g} H_0^{3/2}} \tag{4-2}$$

式中 B——闸孔净宽,m;

Q——流量,m^3/s;

ε——侧收缩系数,初拟可按 0.95~1.00 估计;

m——流量系数,初拟可按 0.385 计算;

σ_s——淹没系数,一般可以通过查表求得。

根据设计、校核两种情况,可计算出两个闸室总净宽 B,取大值。

3. 闸孔单孔尺寸的选择

闸室单孔宽度,应根据闸的地基条件、运用要求,闸门结构型式,启闭机容量以及闸门的制作、运输、安装等因素,进行综合比较确定。我国大中型水闸,单孔净宽度 b_0 一般采用 8~12 m。

闸孔孔数 $n = B/b_0$,n 值应取略大于计算要求值的整数。当闸孔孔数少于 8 孔时,应采用奇数孔,以利于对称开启闸门,改善下游水流条件。

闸室总宽度 $L = nb_0 + (n-1)d$,其中,d 为闸墩厚度。初步拟定闸墩厚度及墩头形状、底板型式,并画出闸孔尺寸布置图。

4. 校核闸孔的过流能力

《水闸设计规范》(SL 265—2001)中堰流的计算公式为:

$$Q = \varepsilon\sigma_s mB \sqrt{2g} H_0^{3/2} \tag{4-3}$$

式中 $B = nb_0$,分别按设计、校核两种情况精确计算参数,算出相应的实际过闸流量 Q',校核过流能力。一般其相对差值不得超过 ±5%。

$$\left| \frac{Q_{设} - Q'_{设}}{Q_{设}} \right| \leqslant 5\% \tag{4-4}$$

$$\left| \frac{Q_{校} - Q'_{校}}{Q_{校}} \right| \leqslant 5\% \tag{4-5}$$

5. 下游水位流量关系曲线的绘制

根据水闸所在的河流纵横断面图,绘制下游水位与流量关系曲线。用明渠均匀流公式进行计算:

$$Q = AC\sqrt{Ri}; \quad C = \frac{1}{n}R^{1/6}; \quad R = \frac{A}{\chi} \tag{4-6}$$

式中 A——过流断面面积,m^2;

C——谢才系数,$m^{1/2}/s$;

R——水力半径,m;

n——河槽的糙率;

χ——过水断面的湿周,m;

i——渠道底坡。

(二)消能防冲设计

1. 消能方式选择

平原地区的水闸,由于水头低,下游水位变幅大,一般都采用底流式消能。对于山区灌溉渠道上的泄水闸和退水闸,如果下游是坚硬的岩体,又具有较大的水头,可以采用挑流消能。当下游河道有足够的水深且变化较小,河床及河岸的抗冲能力较大时,可采用面流式衔接。

2. 消能控制条件的分析

水闸在泄水(或引水)过程中,随着闸门开启度不同,闸下水深、流态及过闸流量也随之变化,设计条件较难确定。一般上游水位高、闸门部分开启、单宽流量大是控制条件,为保证水闸既能安全运行,又不增加工程造价,设计时应以闸门的开启程序、开启孔数和开启高度进行多种组合计算,进行分析比较确定。

上游水位一般采用开闸泄流时的最高挡水位。选用下游水位时,应考虑水位上升滞后于泄量增大的情况,计算时可选用相应于前一开度泄量的下游水位。下游始流水位应选择在可能出现的最低水位,同时还应考虑水闸建成后上下游河道可能发生淤积或冲刷以及尾水位变动的不利影响。

《水闸设计规范》(SL 265—2001)中指出,为了降低工程造价,保证水闸安全运行,应制定合理的闸门开启程序,做到对称开启,关闭时也要对称进行。消力池主要计算公式如下。

孔口出流流量公式:

$$Q = \mu ebn\sqrt{2gH_0} \tag{4-7}$$

消力池池深:

$$d = \sigma_0 h''_c - h_s - \Delta Z \tag{4-8}$$

挖池前收缩水深:

$$h_c = \varepsilon' e \tag{4-9}$$

挖池后收缩水深:

$$h_c^3 - T_0 h_c^2 + \frac{\alpha q^2}{2g\varphi^2} = 0 \tag{4-10}$$

跃后水深:

$$h''_c = \frac{h_c}{2}\left(\sqrt{1 + \frac{8\alpha q^2}{gh_c^3}} - 1\right) \tag{4-11}$$

出池落差:

$$\Delta Z = \frac{\alpha q^2}{2g\varphi^2 h_s^2} - \frac{\alpha q^2}{2gh''^2_c} \tag{4-12}$$

式中 Q——下泄流量,m^3/s;

μ——宽顶堰上孔流流量系数,$\mu = \varepsilon'\varphi$;

e——闸门开启高度,m;

ε'——收缩系数;

φ——流速系数,$\varphi = 0.9 \sim 1.0$;

b——闸孔单宽,m;

H_0——堰上水头，m；

n——开启孔数；

d——消力池池深，m；

σ_0——水跃淹没系数，可采用1.05～1.10；

h''_c——跃后水深，m；

h_c——收缩水深，m；

T_0——总势能，m；

ΔZ——出池落差，m；

h_s——出池河床水深，m。

对于消力池池深的计算，应先计算出挖池前收缩水深，按水力学公式估算出池深，然后求出总势能，再试算出挖池后收缩水深。其计算表式如表4-1所示，计算简图见图4-1。

表4-1　池长池深估算表

开启孔数	开启高度（m）	单宽流量（$m^3/(s\cdot m)$）	收缩水深（m）	跃后水深（m）	下游水深（m）	流态判别	出池落差（m）	消力池尺寸		
								池深（m）	水跃长度（m）	池长（m）

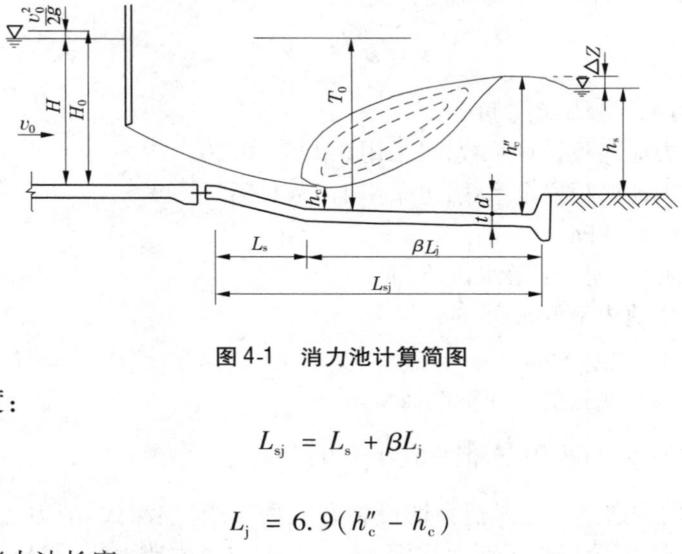

图4-1　消力池计算简图

消力池长度：

$$L_{sj} = L_s + \beta L_j \tag{4-13}$$

水跃长度：

$$L_j = 6.9(h''_c - h_c) \tag{4-14}$$

式中　L_{sj}——消力池长度，m；

L_s——消力池斜坡段水平投影长度，m；

β——水跃长度校正系数，可采用0.7～0.8；

L_j——水跃长度，m。

大型水闸的消力池池深和长度，在初步设计阶段，应进行水工模型试验验证。

通过跃后水深与下游水位的比较进行流态判别，经过计算，找出最大的池深、池长作为相应的控制条件。同时考虑到经济及其他原因，对于池深过大的开启高度可采取限开的措施。关于流态的判别方法如下：

$h''_c < h_s$，为淹没出流；

$h''_c = h_s$，为临界状态；

$h''_c > h_s$，为自由出流的远驱式水跃。

3. 消能设计

(1)消力池池深的计算。按表4-1计算出的结果，可以取较大值作为池深控制条件，应验算消力池的水跃淹没系数 σ_0，并控制在1.05～1.10，验算公式如下：

$$\sigma_0 = \frac{d + h_s + \Delta Z}{h''_c} \tag{4-15}$$

(2)消力池池长确定。根据消力池池深，用式(4-13)、式(4-14)来计算相应的消力池长度。

(3)消力池护坦厚度。消力池底板(即护坦)承受水流的冲击力、水流脉动压力和底部扬压力等作用，应具有足够的质量、强度和抗冲耐磨的能力。护坦一般是等厚的，也可采用不同的厚度，始端厚度大，向下游逐渐减小。

护坦厚度可根据抗冲和抗浮要求，分别计算，并取其最大值。

按抗冲要求计算消力池护坦厚度公式为：

$$t = k_1 \sqrt{q \sqrt{\Delta H'}} \tag{4-16}$$

按抗浮要求计算消力池护坦厚度公式为：

$$t = k_2 \frac{p_y - \gamma h_d}{\gamma_1} \tag{4-17}$$

式中 t——消力池底板始端厚度，m；

k_1——消力池底板计算系数，可采用0.175～0.20；

k_2——消力池底板安全系数，可采用1.1～1.3；

p_y——扬压力，kPa；

$\Delta H'$——泄水时上、下游水位差，m；

h_d——消力池内平均水深，m；

γ——水的重度，kN/m^3；

γ_1——消力池底板的饱和重度，kN/m^3。

消力池末端厚度，可采用 $\frac{t}{2}$，但不宜小于0.5 m。

(4)消力池的构造。底流式消力池设施有三种形式：挖深式、消力槛式和综合式，见图4-2。①当闸下尾水深度小于跃后水深时，可采用挖深式消力池；②当闸下尾水深度略小于跃后水深时，可采用消力槛式消力池；③当闸下尾水深度远小于跃后水深，且计算消力池深度又较深时，可采用挖深式与消力槛式相结合的综合式消力池。当水闸上、下游水位差较大，且尾水深度较浅时，宜采用二级或多级消力池消能。

底板一般用C15或C20混凝土浇筑而成，并按构造配置Φ(10～12)@(25～30)cm的构造钢筋。大型水闸消力池的顶、底面均需配筋，中、小型的可只在顶面配筋。

为了降低护坦底部的渗透压力，可在水平护坦的后半部设置排水孔，孔下铺设反滤

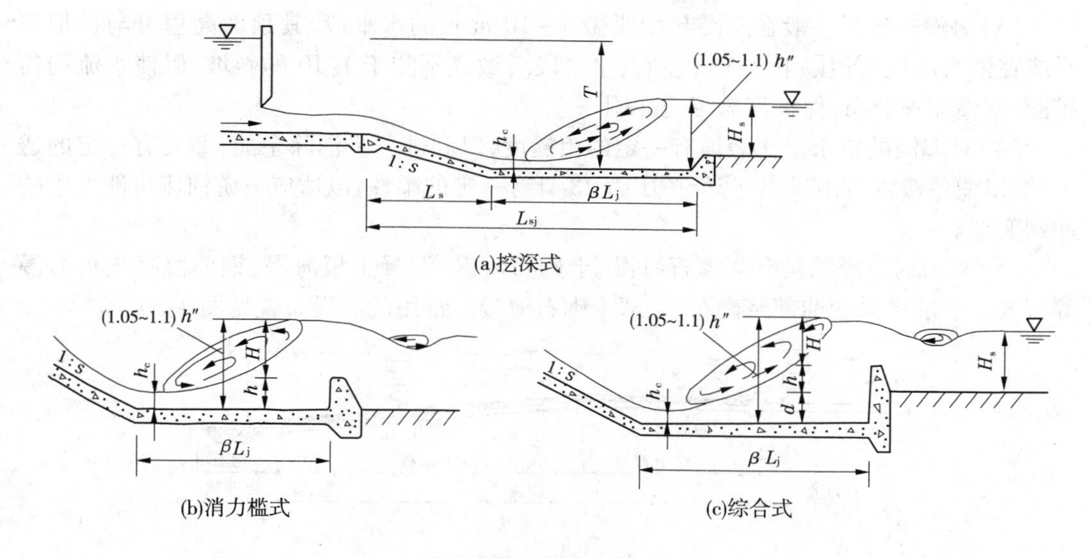

图 4-2　消力池形式

层,排水孔孔径一般为 5 ~ 10 cm,间距 1.0 ~ 3.0 m,呈梅花形布置。

护坦与闸室、岸墙及翼墙之间,以及其本身沿水流方向均应用缝分开,以适应不均匀沉陷和温度变形。护坦自身的缝距可取 10 ~ 20 m,靠近翼墙的消力池缝距应取得小一些,缝宽 2.0 ~ 2.5 cm。护坦在垂直水流方向通常不设缝,以保证其稳定性。缝的位置若在闸基防渗范围内,缝中应设止水设备;不在防渗范围内的缝,一般铺贴沥青油毛毡。

为增强护坦的抗滑稳定性,常在消力池的末端设置齿墙,墙深一般为 0.8 ~ 1.5 m,宽为 0.6 ~ 0.8 m。

4. 海漫设计

(1)海漫作用。由于出池后水流仍不稳定,对下游的影响较大,所以应通过海漫进一步消除余能,调整流速分布,使水流均匀扩散,排出闸基渗水。

(2)海漫长度。应根据可能出现的不利水位、流量组合情况进行计算。当 $\sqrt{q_s\sqrt{\Delta H'}}$ = 1 ~9,且消能扩散情况良好时,海漫长度可按式(4-18)列表计算(见表 4-2),选取最大值。

$$L_p = k_s\sqrt{q_s\sqrt{\Delta H'}} \tag{4-18}$$

式中　L_p——海漫长度,m;

q_s——消力池末端单宽流量,$m^3/(s \cdot m)$;

$\Delta H'$——泄水时的上、下游水位差,m;

k_s——海漫长度计算系数,可查《水工建筑物》教材。

表 4-2　海漫长度计算

流量	上游水位	下游水位	$\Delta H'$	q_s	L_p

(3)海漫构造。一般在海漫起始段做5~10 m长的水平段,其顶面高程可与护坦齐平或在消力池尾坎顶以下0.5 m左右,水平段后做成不陡于1:10的斜坡,以使水流均匀扩散,调整流速分布,保护河床不受冲刷。

(4)对海漫的要求。①表面有一定的粗糙度,以利进一步消除余能;②具有一定的透水性,以便使渗水自由排出,降低扬压力;③具有一定的柔性,以适应下游河床可能发生的冲刷变形。

(5)常用的海漫结构有浆砌石海漫、干砌石海漫、混凝土板海漫、钢筋混凝土板海漫等型式。一般多采用前部浆砌石、后部干砌石海漫。常用的海漫布置见图4-3。

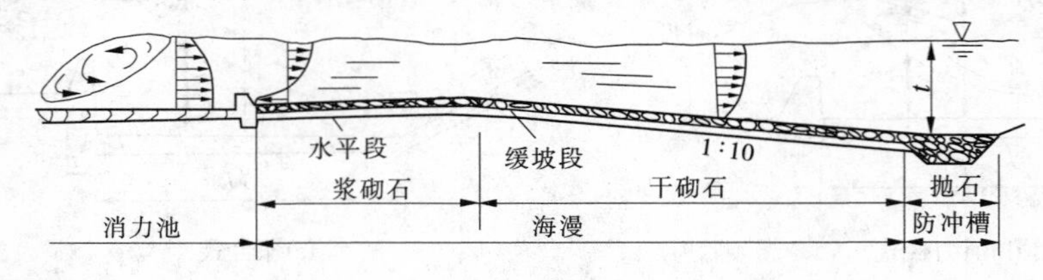

图4-3 海漫布置示意图

5.防冲槽设计

(1)作用。防止冲刷坑向上游扩展,保护海漫末端安全。

(2)工作原理。在海漫末端挖槽抛石预留足够的石块,当水流冲刷河床形成冲坑时,预留在槽内的石块沿斜坡陆续滚下,铺在冲坑的上游斜坡上,防止冲刷坑向上游扩展,保护海漫安全。

(3)尺寸。根据冲坑深度估算防冲槽深度。冲坑深度估算公式为:

$$t'' = 1.1\frac{q'}{[v_0]} - t \tag{4-19}$$

式中 t''——海漫末端的可能冲刷深度,m;

q'——海漫末端的单宽流量,$m^3/(s \cdot m)$;

$[v_0]$——河床土质的不冲流速,m/s;

t——海漫末端的水深,m。

防冲槽构造见图4-4。

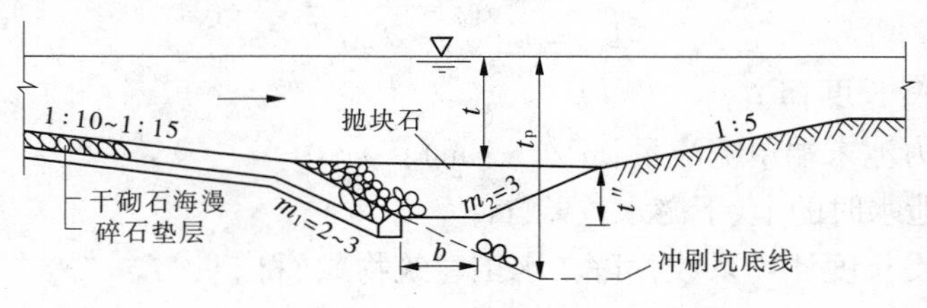

图4-4 防冲槽构造

6.上、下游河岸的防护

上、下游河道两岸冲刷也比较严重,需要进行护坡保护。可采用浆砌石材料护坡,根据两岸的土质情况,在砌石下设一层粗砂层进行找平和过渡。

三、防渗排水设计

对防渗排水设备的型式进行选择,确定闸基的渗透压力,验算渗流逸出处的渗透坡降。

(一)闸室地下轮廓线布置

1. 防渗设计的目的

计算闸底板下扬压力的大小;验算渗流逸出处是否会发生渗透变形;计算渗透水量损失;合理选择地下轮廓的型式、尺寸,使工程安全可靠、经济合理。

2. 防渗设计的原则

一般采用防渗与排水相结合的原则。即在高水位侧采用铺盖、板桩、齿墙等防渗设施,用以延长渗径,减小渗透坡降和闸底板下的渗透压力;在低水位侧设置排水设施,若面层排水、排水孔或减压井与下游连通,使地基渗水尽快排出,以减小渗透压力,并防止在渗流出口附近发生渗透变形。

3. 防渗设施

根据闸址附近的地质情况来确定采取相应的设施。黏性土壤具有凝聚力,不易产生管涌,但摩擦系数较小。防渗措施常采用水平铺盖,而不用板桩,以免破坏黏土的天然结构,在板桩与地基间造成集中渗流通道。砂性土粒间无黏着力,易产生管涌,要求防止渗透变形是其考虑的主要因素,可采用铺盖与板桩相结合的形式。

(1)铺盖。铺盖为水平防渗设施,一般适用于黏性土地基和砂性土地基。

(2)板桩。板桩为垂直防渗设施,适用于砂性土地基,一般设在闸底板上游端或铺盖前端,用于降低渗透压力。

(3)齿墙。一般设在底板的上、下游端,有利于抗滑稳定,并可延长渗径。

4. 地下轮廓布置

(1)闸底板长度的拟定。根据闸底板的型式(前边已定),用经验公式(4-20)计算,并根据闸上结构布置及地基承载能力两方面要求来综合考虑,拟定闸底板顺水流方向的长度。

$$L_{底} = AH \tag{4-20}$$

式中 A——系数,对于砂砾石地基可取1.5~2.0,对于砂土、砂壤土地基可取2.0~2.5,对于黏壤土地基可取2.0~3.0,对于黏土地基可取2.5~3.5;

H——上下游最大水头差。

(2)齿墙的尺寸。一般深度为0.5~1.5 m,厚度为闸孔净宽的1/5~1/8。

(3)铺盖。主要用来延长渗径,应具有相对的不透水性;为适应地基变形,也要有一定的柔性。铺盖常用黏土、黏壤土或沥青混凝土等材料,有时也可用钢筋混凝土作为铺盖材料。铺盖的渗透系数应比地基土的渗透系数小100倍以上,最好达1 000倍。铺盖的长度应由闸基防渗需要确定,一般采用上下游最大水位差的3~5倍。铺盖的厚度δ应根据铺盖土料的允许水力坡降值计算确定,即$\delta = \Delta H/J$,其中,ΔH为铺盖顶、底面的水头差,J为材料的容许坡降,黏土为4~8,壤土为3~5。铺盖上游端的最小厚度由施工条件确定,一般为0.6~0.8 m,逐渐向闸室方向加厚至1.0~1.5 m。铺盖与底板连接处为一薄弱部位,通常将底板前端做成斜面,使黏土能借自重及其上的荷载与底板紧贴,在连接处铺设油毛毡等止水材料，一端用螺栓固定在斜面上，另一端埋入黏土铺盖中。为了防止铺盖在施工期遭受破坏和运行期间被水流冲刷，应在其表面先铺设砂垫层，然后再铺设单层或双层块石护面。黏土铺盖的构造见图 4-5。

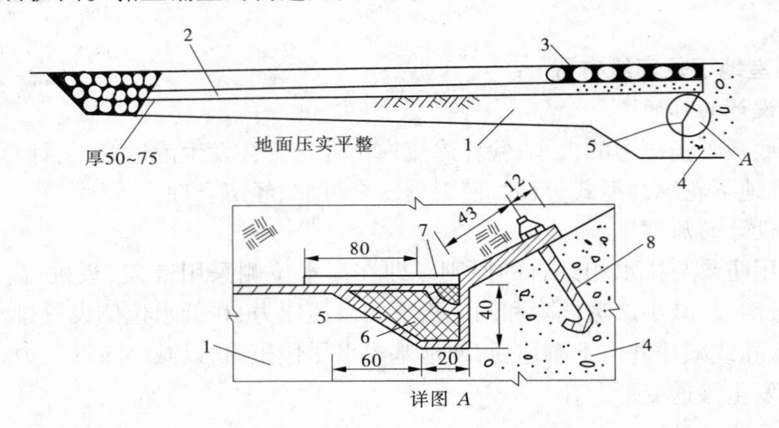

1—黏土铺盖；2—垫层；3—浆砌块石保护层（或混凝土板）；4—闸室底板；
5—沥青麻袋；6—沥青填料；7—木盖板；8—斜面上螺栓

图 4-5　黏土铺盖的细部构造（单位：cm）

(4) 闸基防渗长度。初步拟定闸基防渗长度应满足下式的要求：

$$L \geqslant CH \tag{4-21}$$

式中 L——闸基防渗长度，即闸基轮廓线防渗部分水平段和垂直段长度的总和，m；

C——允许渗径系数，其值见表 4-3，当采用板桩时，允许渗径系数值可采用表中规定值的小值；

H——上下游最大水头差，m。

表 4-3　允许渗径系数值

排水条件	地基类别									
	粉砂	细砂	中砂	粗砂	中砾、细砾	粗砾夹卵石	轻粉质砂壤土	轻砂壤土	壤土	黏土
有反滤层	13 ~ 9	9 ~ 7	7 ~ 5	5 ~ 4	4 ~ 3	3 ~ 2.5	9 ~ 7	7 ~ 5	5 ~ 3	3 ~ 2
无反滤层	—	—	—	—	—	—	—	—	7 ~ 4	4 ~ 3

（二）排水设计及细部构造

1. 排水设计

(1) 水平排水的布置。水平排水采用直径为 1 ~ 2 cm 的卵石、砾石或碎石等平铺在预定范围内，最常见的是在护坦和浆砌石海漫底部，或伸入底板下游齿墙稍前方，厚0.2 ~ 0.3 m。为防止渗透变形，应在排水与地基接触处做好反滤层。

反滤层一般由二层或三层无黏性土料组成，它们的粒径沿渗流方向逐渐加大。设计反滤层要遵循以下原则：较细一层的颗粒不应穿过颗粒较大一层的孔隙；被保护土的颗粒不应穿过反滤层而被带走，但特别小的颗粒例外；每一层内的颗粒在层内不应发生移动；

反滤层不应被堵塞。

(2)铅直排水的布置。常见的铅直排水为设置在消力池前端出流平台上的减压井，减压井周围设反滤层，防止溢出坡降大而产生管涌和流土。

另一常见的形式为护坦后部设排水孔，孔径一般为5～10 cm，间距应大于或等于3 m，按梅花形排列。排水孔下应设反滤层，防止渗透变形。

(3)侧向排水的布置。为排除渗水，单向水头的水闸可在下游翼墙和护坡上设置排水设施，如图4-6所示。排水设施可根据墙后回填土的性质选用不同的形式。如：①排水孔。在稍高于地面的下游墙上，每隔2～4 m留一直径5～10 cm的排水孔，以排除墙后的渗水。这种布置适用于透水性较强的砂性回填土。②连续排水垫层。在墙背上覆盖一层用透水材料做成的排水垫层，使渗水经排水孔排向下游。这种布置适用于透水性很差的黏性回填土。连续排水垫层也可沿开挖边坡铺设。

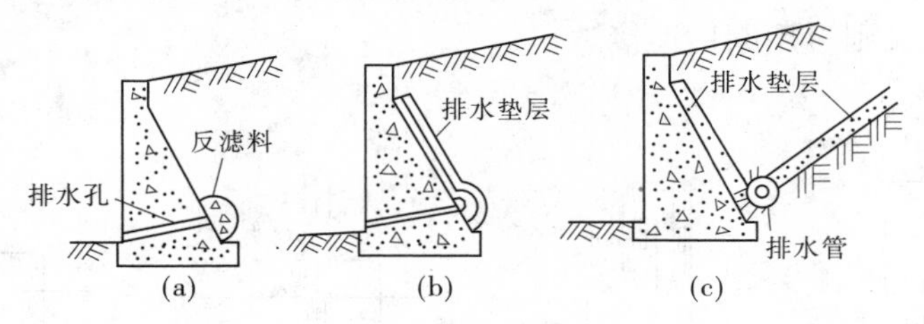

图4-6 下游翼墙后的排水设施

2. 细部构造

凡具有防渗要求的缝，都应设止水设备。止水分铅直止水和水平止水两种，见图4-7和图4-8。前者设在闸墩中间、边墩与翼墙间以及上游翼墙本身；后者设在铺盖、消力池与底板和翼墙、底板与闸墩间以及混凝土铺盖及消力池本身的温度沉降缝内。

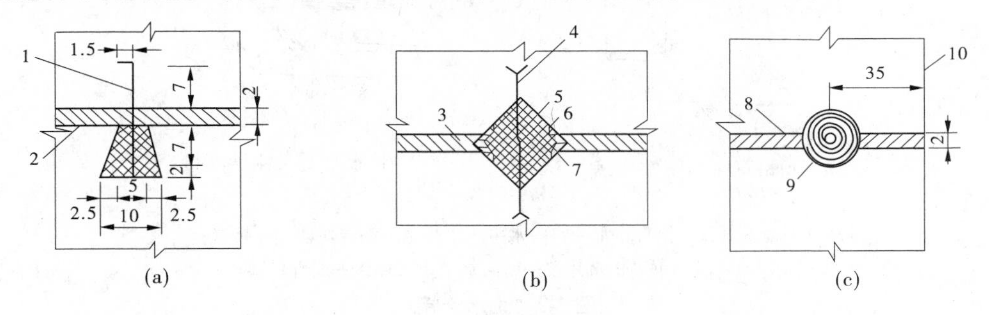

1—紫铜片和镀锌铁片(厚0.1 cm，宽18 cm)；2—两侧各0.25 cm柏油毛毡伸缩缝，其余为柏油沥青席；
3—沥青油毛毡及沥青杉板；4—金属止水片；5—沥青填料；6—加热设备；
7—角铁(镀锌铁片)；8—柏油油毛毡伸缩缝；9—ϕ 10 cm柏油油毛毡；10—临水面

图4-7 铅直止水构造 (单位：cm)

在无防渗要求的缝中，一般铺贴沥青毛毡。

必须做好止水交叉处的连接，否则，容易形成渗水通道。交叉有两类：一是铅直交叉，二是水平交叉。交叉处止水片的连接方式也可分为两种：一种是柔性连接，即将金属止水片的接头部分埋在沥青块体中；另一种是刚性连接，即将金属止水片剪裁后焊接成整体

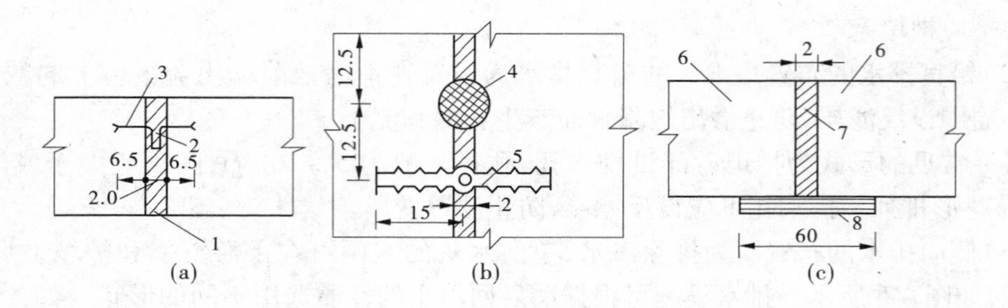

1—柏油油毛毡伸缩缝；2—灌 3 号松香柏油；3—紫铜片 0.1 cm(或镀锌铁片 0.12 cm)；
4—ϕ 7 cm 柏油麻绳；5—塑料止水片；6—护坦；7—柏油油毛毡；8—三层麻袋二层油毡浸沥青

图 4-8　水平止水构造　(单位:cm)

(见图 4-9)。在实际工程中,可根据交叉类型及施工条件决定连接方式,铅直交叉常用柔性连接,而水平交叉则多用刚性连接。

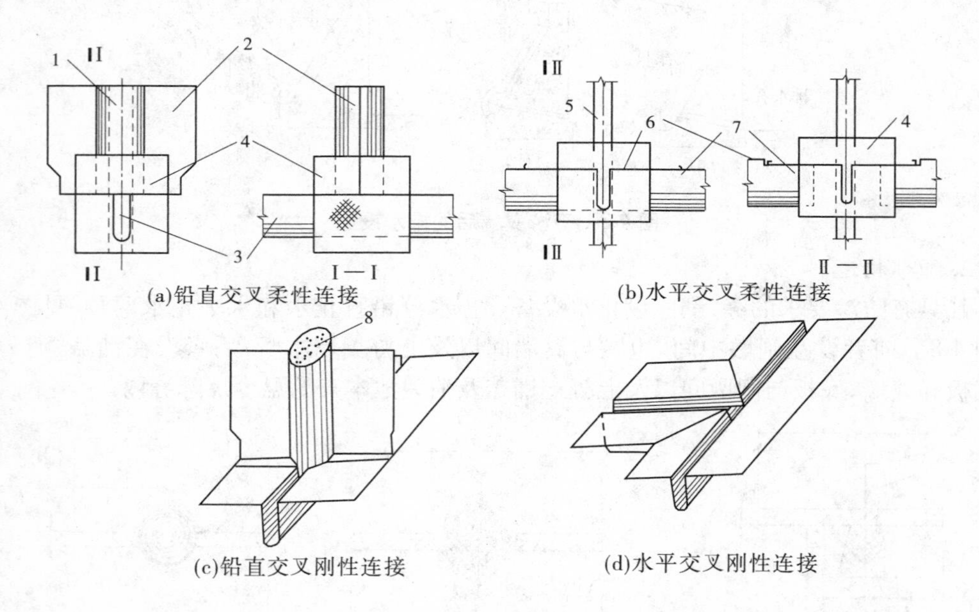

1—铅直缝;2—铅直止水片;3—水平止水片;4—沥青块体;5—接缝;
6—纵向水平止水片;7—横向水平止水片;8—沥青柱

图 4-9　止水连接

(三)渗流计算

1.渗流计算的目的

求解闸基的渗透压力、渗透坡降,并验算地基土在初步拟定的地下轮廓线下的抗渗稳定性。

2.渗流计算方法

常用的有流网法和改进阻力系数法;对于地下轮廓比较简单,地基又不复杂的中小型工程,可考虑采用直线法。

3. 改进阻力系数法计算渗透压力

(1)基本原理。这是一种以流体力学为基础的近似解法。对于比较复杂的地下轮廓,先将实际的地下轮廓进行适当简化,使之成为垂直和水平两个主要部分。再从简化的地下轮廓线上各角点和板桩尖端引出等势线,将整个渗流区域划分成几个简单的典型流段,即进出口段、内部垂直段和水平段,由公式计算出各典型段的阻力系数,即可算出任一流段的水头损失。将各段的水头损失由出口向上游依次叠加,即可求得各段分界线处的渗透压力以及其他渗流要素。

(2)确定地基的有效计算深度 T_e。当地基不透水层埋藏较深时,需要一个有效深度 T_e 来代替实际深度 T,T_e 可按式(4-22)确定。

$$\left.\begin{aligned}&\text{当}\frac{L_0}{S_0}\geqslant 5\text{ 时},T_e=0.5L_0\\&\text{当}\frac{L_0}{S_0}<5\text{ 时},T_e=\frac{5L_0}{1.6\dfrac{L_0}{S_0}+2}\end{aligned}\right\}\tag{4-22}$$

式中 T_e——土基上水闸的地基有效计算深度,m;

L_0——地下轮廓的水平投影长度,m;

S_0——地下轮廓的垂直投影长度,m。

当计算的 T_e 值大于地基实际深度时,T_e 值应按地基实际深度采用。

(3)典型段的划分。简化地下轮廓,使之成为典型渗流段,如图 4-10 所示。

(4)计算各典型段的阻力系数。

进、出口段:

$$\xi_0=1.5\left(\frac{S}{T}\right)^{3/2}+0.441\tag{4-23}$$

式中 ξ_0——进、出口段的阻力系数;

S——板桩或齿墙的入土深度,m;

T——地基透水层深度,m。

内部垂直段:

$$\xi_y=\frac{2}{\pi}\ln\cot\left[\frac{\pi}{4}\left(1-\frac{S}{T}\right)\right]\tag{4-24}$$

式中 ξ_y——内部垂直段的阻力系数。

水平段:

$$\xi_x=\frac{L-0.7(S_1+S_2)}{T}\tag{4-25}$$

式中 ξ_x——水平段的阻力系数;

L——水平段长度,m ;

S_1、S_2——进、出口段板桩或齿墙的入土深度,m。

(5)计算各典型段的水头损失:

$$h_i=\xi_i\frac{\Delta H}{\sum\limits_{i=1}^{n}\xi_i}\tag{4-26}$$

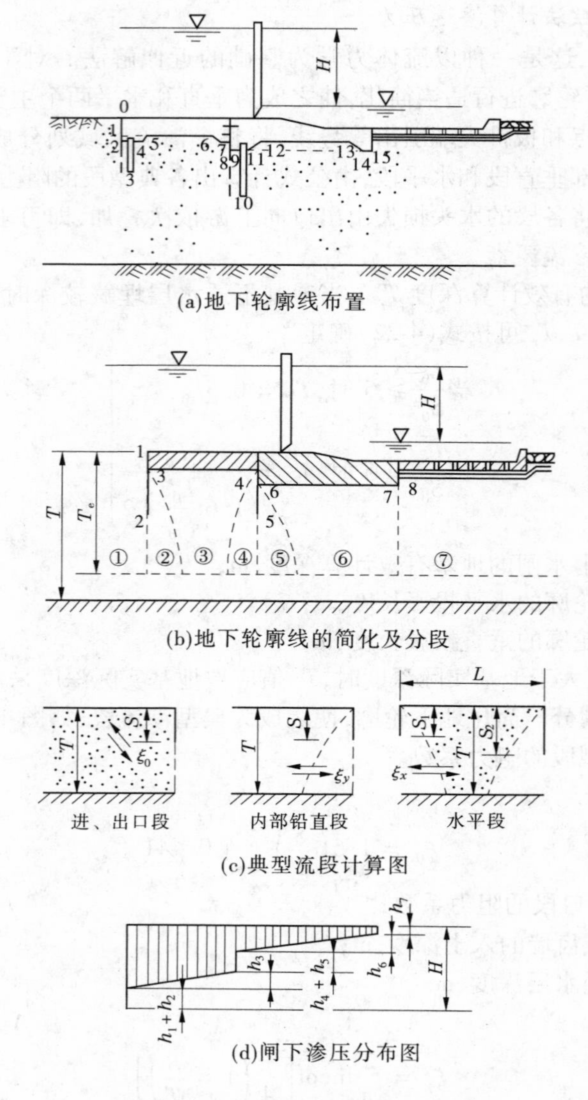

(a)地下轮廓线布置

(b)地下轮廓线的简化及分段

(c)典型流段计算图

(d)闸下渗压分布图

图 4-10 改进阻力系数法计算图

(6)进、出口段水头损失局部修正。进、出口水力坡降呈急变曲线形式，由式(4-23)算得的进、出口段水头损失与实际情况相差较大，需进行必要的修正。修正后的水头损失 h_0' 为：

$$h_0' = \beta' h_0 \tag{4-27}$$

式中 h_0'——进、出口段修正后的水头损失值，m；

h_0——按式(4-23)计算出的水头损失值，m；

β'——阻力修正系数，可按式(4-28)计算，当计算的 $\beta' \geqslant 1.0$ 时，采用 $\beta' = 1.0$。

$$\beta' = 1.21 - \frac{1}{\left[12\left(\frac{T'}{T}\right)^2 + 2\right]\left(\frac{S'}{T} + 0.059\right)} \tag{4-28}$$

式中 S'——底板埋深与板桩入土深度之和，m；

T'——板桩另一侧地基透水层深度，m。

修正后的进、出口段水头损失将减小 Δh(m)：

$$\Delta h = (1 - \beta')h_0 \tag{4-29}$$

水力坡降呈急变形式的长度 a(m)可按下式计算：

$$a = \frac{\dfrac{\Delta h}{\Delta H}}{\sum_{i=1}^{n} \xi_i} T \tag{4-30}$$

有关进、出口水头损失值的详细计算如下，先用进、出口段的前一段水头损失与修正后水头损失的减小值相比较：

若 $h_x \geqslant \Delta h$，则按 $h_x' = h_x + \Delta h$ 修正。

若 $h_x < \Delta h$，则与进、出口段的前二段水头损失的和相比较。

若 $h_x + h_y \geqslant \Delta h$，则按 $h_x' = 2h_x$，$h_y' = h_y + \Delta h - h_x$ 修正。

若 $h_x + h_y < \Delta h$，则按 $h_x' = 2h_x$，$h_y' = 2h_y$，$h_{CD}' = h_{CD} + \Delta h - (h_x + h_y)$ 修正。h_{CD} 为与进、出口相邻的第三个典型流段的水头损失。根据公式列表计算(见表4-4)。

表4-4　各典型段水头损失计算

编号	名称	S	S_1	S_2	T	L	ξ	h_i	h_i'

(7)计算角点的渗压水头。对于简化后地下轮廓各角点的渗压水头可用下式计算，中间没有计算到的点，均用此段上下游段渗透水头差内插计算。

各段渗压水头 = 上一段渗压水头 − 此段的水头损失值

(8)验算渗流逸出坡降。为了保证闸基的抗渗稳定性，要求出口段的逸出坡降必须小于规定的容许值。出口处的逸出坡降 J 为：

$$J = h_0'/s' \tag{4-31}$$

验算闸基抗渗稳定性时，要求水平段和出口段的渗流坡降必须分别小于规定的水平段和出口段允许 J 值。

(9)绘制闸下渗压分布图。

四、闸室布置

闸室布置的主要内容是，确定水闸闸室的主要构件，如闸底板、闸墩、闸门、启闭机、上部构件等的具体型式及尺寸。(详细内容略)

五、闸室稳定计算

闸室能否满足地基承载力的要求及抗滑稳定的要求，在闸室稳定计算中检验。

（一）设计情况及相应荷载组合

1. 设计情况选择

根据水闸运用过程中可能出现的所有情况进行分析，寻找最不利情况进行闸室稳定及地基承载力验算。

完建无水期是水闸建成后尚未投入使用，此时竖向荷载最大，且无扬压力，最容易发生沉陷及不均匀沉陷，是地基承载力验算的控制情况。

正常运用期是工作闸门关门挡水，下游无水，此时上下游水位差最大，水平推力大，且闸底板下扬压力最大，最容易发生闸室滑动失稳破坏，是抗滑稳定的控制情况。

2. 荷载组合

完建无水期和正常挡水期均为基本荷载组合。

（二）完建期荷载计算及地基承载力验算

1. 荷载计算

以一联为计算单元，画出该联闸室的荷载计算简图，并在图上标出荷载作用位置，如图4-11所示。

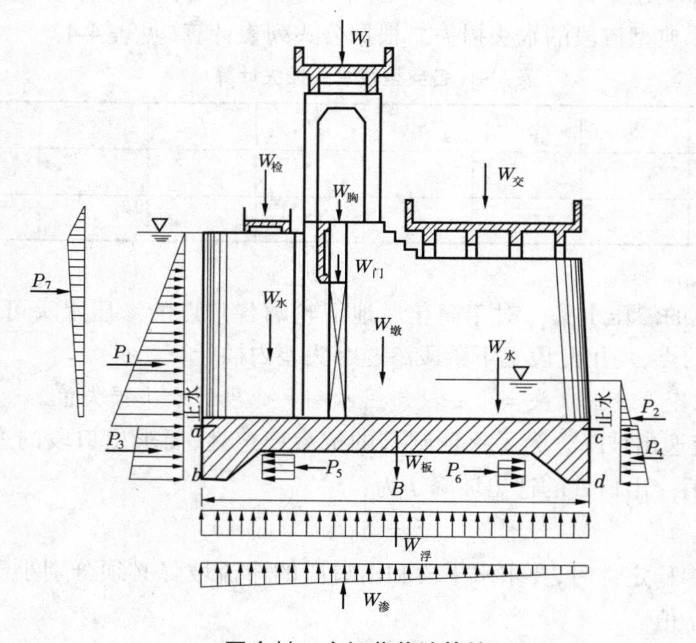

图4-11　水闸荷载计算简图

列表进行计算，表式如表4-5所示。

表4-5　荷载计算表

构件	自重（kN）	力臂（m）	力矩（kN·m）

2. 地基承载力验算

《水闸设计规范》(SL 265—2001)中地基承载力公式为：

$$P_{\substack{max \\ min}} = \frac{\sum G}{A} \pm \frac{\sum M}{W} = \frac{\sum G}{A}\left(1 \pm \frac{6e}{B}\right) \tag{4-32}$$

式中 $P_{\substack{max \\ min}}$——完建无水期基底压力的最大值和最小值,kPa；

e——偏心距,$e = \frac{B}{2} - \frac{\sum M}{\sum G}$,m；

$\sum G$——作用在闸室上的全部竖向荷载,kN；

$\sum M$——作用在闸室上的竖向和水平荷载对于闸底板上游角点处的力矩和,逆时针旋转为正,顺时针旋转为负,kN·m；

A——闸室基础底面的面积,m^2；

W——闸室基础底面对于底面垂直水流方向的形心轴的截面矩,m^3。

地基承载力不均匀性验算公式：

$$\eta = \frac{P_{max}}{P_{min}} \leqslant [\eta] \tag{4-33}$$

根据计算结果,判断是否满足要求。

(三)正常挡水运用期荷载计算及抗滑稳定验算

1. 荷载计算

参考完建无水期。

2. 地基承载力及不均匀性验算

参考完建无水期。

3. 闸室抗滑稳定验算

根据设计的闸室底板以及闸基是否有软弱夹层来确定滑动面。如果是浅齿墙,则沿闸底板与地基的接触面滑动,采用式(4-34)计算;如果是深齿墙,则沿上下游齿墙的边线滑动,采用式(4-35)计算。根据计算结果,判断是否满足抗滑要求。

《水闸设计规范》(SL 265—2001)提出的闸室抗滑稳定计算公式：

$$K = \frac{f\sum G}{\sum P} \geqslant [K] \tag{4-34}$$

$$K = \frac{\tan\varphi_0 \sum G + c_0 A}{\sum P} \geqslant [K] \tag{4-35}$$

式中 f——闸室与地基的摩擦系数；

$\sum G$——作用在闸室上的全部竖向荷载,kN；

$\sum P$——作用在闸室上的全部水平荷载,kN；

φ_0——闸室基础底面与土质地基之间的摩擦角,(°)；

A——闸室基础底面与土质地基之间的接触面积,m^2；

c_0——闸室基础底面与土质地基之间的黏结力,kPa。

六、上下游连接建筑物

水闸与河岸或堤、坝等连接时,必须设置连接建筑物,包括上、下游翼墙和边墩(或边墩和岸墙),有时还设有防渗刺墙。其作用是:挡住两侧填土,维持土坝及两岸的稳定;保持两岸或土坝边坡不受过闸水流的冲刷;控制通过闸身两侧的渗流,防止与其相连的岸坡或土坝产生渗透变形。

(一)翼墙的布置

上游翼墙应与闸室前端平顺连接,其顺水流方向的投影长度应大于或等于铺盖长度。下游翼墙的平均扩散角每侧宜采用7°~12°,其顺水流方向的投影长度大于或等于消力池长度。上、下游翼墙的墙顶高程应分别高于上、下游最不利的运用水位。翼墙分段长度应根据结构和地基条件确定,可采用15~20 m。建在软弱地基或回填土上的翼墙分段长度可适当缩短。

翼墙平面布置通常有下列几种形式:

(1)反翼墙。翼墙自闸室向上、下游延伸一段距离,然后转弯90°插入堤岸,墙面铅直,转弯半径2~5 m,如图4-12所示。这种布置形式的防渗效果和水流条件均较好,但工程量较大,一般适用于大中型水闸。对于渠系小型水闸,为节省工程量,可采用一字形布置形式,即翼墙自闸室边墩上下游端即垂直插入堤岸。这种布置形式进出水流条件较差。

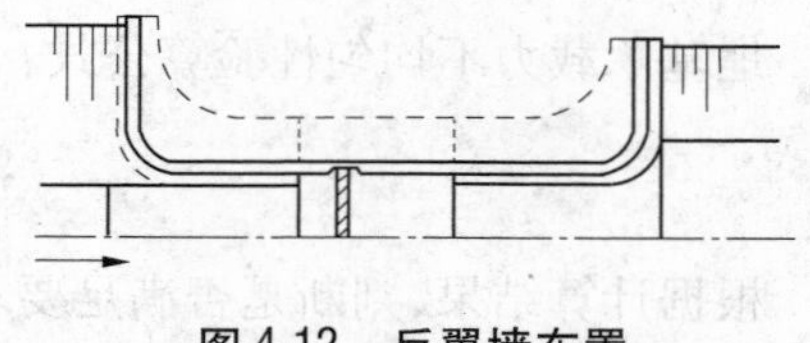

图4-12　反翼墙布置

(2)圆弧式翼墙。这种布置是从边墩开始,向上、下游用圆弧形的铅直翼墙与河岸连接。上游圆弧半径为15~30 m,下游圆弧半径为30~40 m,如图4-13所示。其优点是水流条件好,但模板用量大,施工复杂。适用于上下游水位差及单宽流量较大、闸室较高、地

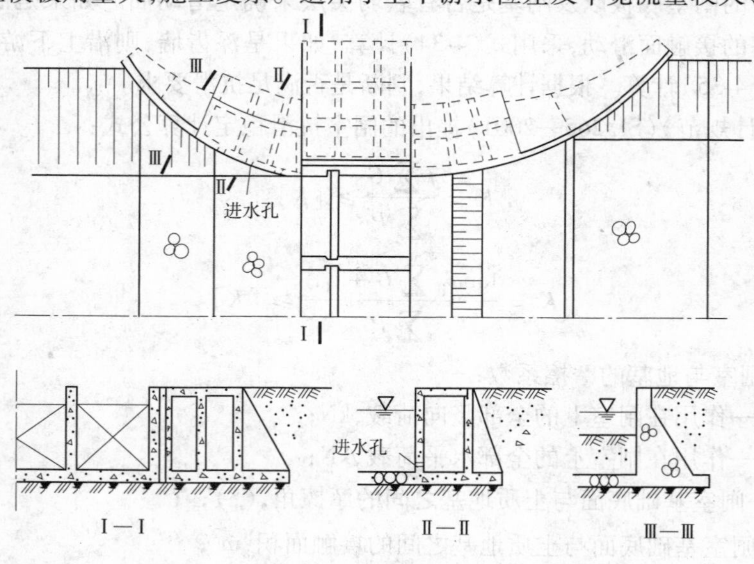

图4-13　圆弧式翼墙布置

基承载力较低的大中型水闸。

(3)扭曲面翼墙。翼墙迎水面是由与闸墩连接处的铅直面向上、下游延伸而逐渐变为倾斜面,直至与其连接的河岸(或渠道)的坡度相同为止,如图 4-14 所示。翼墙在闸室端为重力式挡土墙断面形式,另一端为护坡形式。这种布置形式的水流条件好,且工程量小,但施工较为复杂,应保证墙后填土的夯实质量,否则容易断裂。这种布置形式在渠系工程中应用较广。

(4)斜降翼墙。在平面上呈八字形,随着翼墙向上、下游延伸,其高度逐渐降低,至末端与河底齐平,如图 4-15 所示。这种布置的优点是工程量省,施工简单,但防渗条件差,泄流时闸孔附近易产生立轴旋涡,冲刷河岸或坝坡,一般用于较小水头的小型水闸。

(二)两岸连接建筑物的结构型式

两岸连接建筑物常用的型式有重力式、悬臂式、扶壁式、空箱式及连拱空箱式墙等。

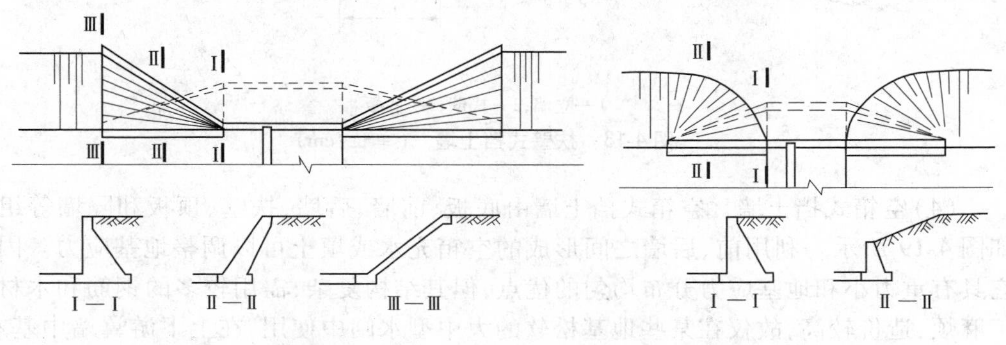

图 4-14 扭曲面翼墙布置 **图 4-15 斜降翼墙布置**

(1)重力式挡土墙,主要依靠自身的重力维持稳定,常用混凝土和浆砌石建造。由于挡土墙的断面尺寸大,材料用量多,建在土基上时,基墙高一般不宜超过 5 ~ 6 m,如图 4-16 所示。

(2)悬臂式挡土墙,是由直墙和底板组成的一种钢筋混凝土轻型挡土结构。其适宜高度为 6 ~ 10 m,如图 4-17 所示。用做翼墙时,断面为倒 T 形,用做岸墙时,则为 L 形。这种翼墙具有厚度小、自重轻等优点。它主要是利用底板上的填土维持稳定。

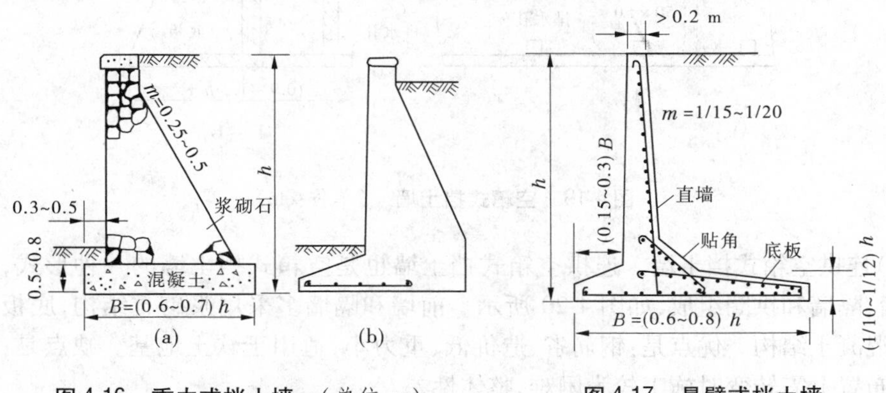

图 4-16 重力式挡土墙 (单位:m) **图 4-17 悬臂式挡土墙**

(3)扶壁式挡土墙。当墙的高度超过 9 ~ 10 m 时，采用钢筋混凝土扶壁式挡土墙较为经济。扶壁式挡土墙由立墙、底板及扶壁三部分组成。利用扶壁和立墙共同挡土，并可利用底板上的填土维持稳定，如图 4-18 所示。

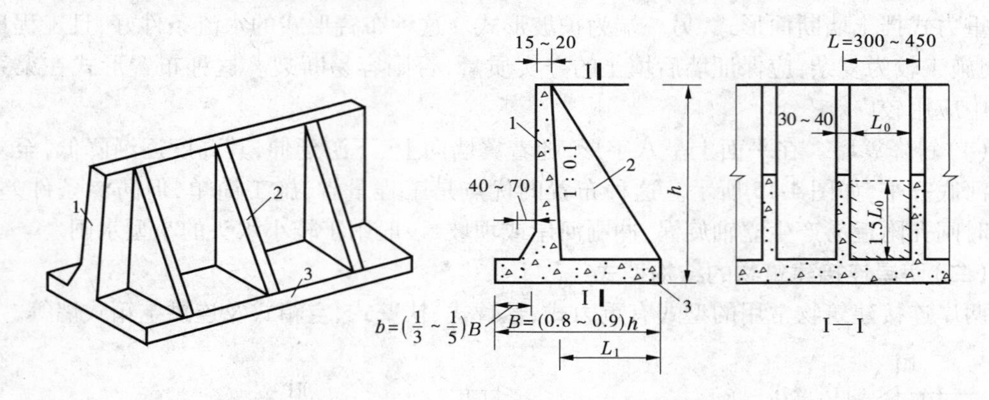

1—立墙；2—扶壁；3—底板

图 4-18　扶壁式挡土墙　（单位：cm）

(4)空箱式挡土墙。空箱式挡土墙由底板、前墙、后墙、扶壁、顶板和隔墙等组成，如图 4-19 所示。利用前、后墙之间形成的空箱充水或填土可以调整地基应力。因此，它具有重力小和地基应力分布均匀的优点，但其结构复杂，需用较多的钢筋和木材，施工麻烦，造价较高，故仅在某些地基松软的大中型水闸中使用，在上下游翼墙中基本上不再采用。

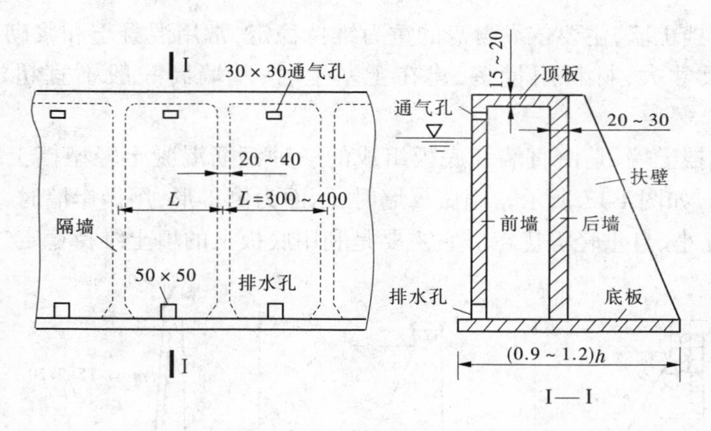

图 4-19　空箱式挡土墙　（单位：cm）

(5)连拱空箱式挡土墙。连拱空箱式挡土墙也是空箱式挡土墙的一种形式，它由底板、前墙、隔墙和拱圈组成，如图 4-20 所示。前墙和隔墙多采用浆砌石结构，底板和拱圈一般为混凝土结构。优点是：钢筋省、造价低、重力小，适用于软土地基。缺点是：挡土墙在平面布置上需转弯时施工较为困难，整体性差。

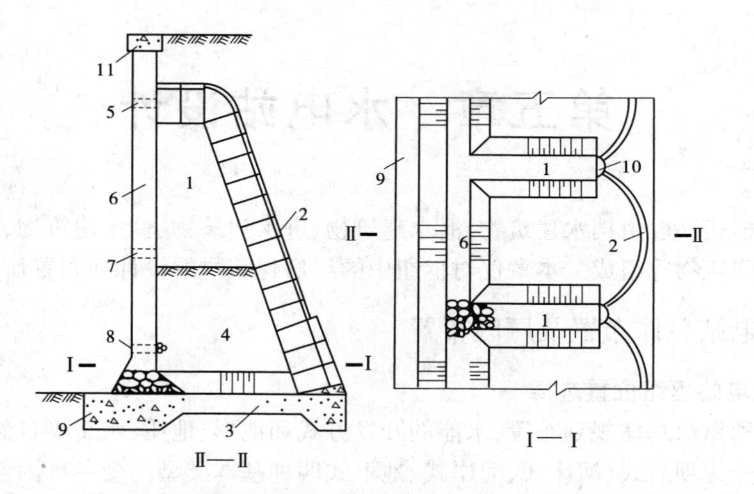

1—隔墙;2—预制混凝土拱圈;3—底板;4—填土;5—通气孔;6—前墙;
7—进水孔;8—排水孔;9—前趾;10—C10 混凝土;11—盖顶

图 4-20　连拱空箱式挡土墙

第五章　水电站设计

水电站枢纽一般由挡水建筑物、泄水建筑物、进水建筑物、输水建筑物、平水建筑物及水电站厂房建筑物等组成。本章仅对枢纽中的厂房建筑物的设计和布置作一介绍。

一、水电站总体布置及厂区布置

(一)水电站枢纽位置选择

由于水利枢纽总体规划布置、水能的开发方式和地形、地质、水文等自然条件不同,水电站厂房可分为坝后式、河床式、河岸式、地下式四种基本类型。受各种因素的影响,又演变出溢流式、坝内式、露天式或半露天式等其他类型。根据水轮发电机组主轴装置方式,又可分为立式机组厂房和卧式机组厂房。因此,设计者首先应根据电站设计的基本资料和设计依据,因地制宜地选择厂房类型。

当厂房类型确定后,结合枢纽平面布置,从充分利用水资源和地形、地质、施工及运行管理等几个方面综合比较,并考虑输水系统的布置,最终选定电站枢纽位置。

(二)厂区布置

水电站厂区布置的任务是以水电站主厂房为核心,合理安排主厂房、副厂房、变压器场、高压开关站、引水道(可能还有调压室或前池)、尾水道、内外交通线及管理用房等的相互位置。

1. 厂区布置原则

由于自然条件、水电站类型和厂房型式不同,厂区布置是多种多样的,但应遵循以下主要原则:

(1)应综合考虑自然条件、枢纽布置、厂房型式、对外交通、厂房进水排水方式及送出线路方向等因素,使厂区各部分与枢纽其他建筑物相互协调,避免或减少干扰。

(2)既要照顾厂区各组成部分的不同作用和要求,也要考虑它们的联系与配合,要统筹兼顾,共同发挥作用。主厂房、副厂房、变压器场等建筑物应相距近、高差小,满足电站出线方便,电能损失小,便于设备的运输、安装、运行和检修。

(3)应充分考虑施工条件、施工程序、施工导流方式的影响,并尽量为施工期间利用已有铁路、公路、水运及建筑物等创造条件,还应考虑电站的分期施工和提前发电,宜尽量将本期工程的建筑物布置适当集中,以利分期建设分期安装,为后期工程或边发电、边施工创造有利的施工和运行条件。

(4)应保证厂区所有设备和建筑物都是安全可靠的。必须避免在危岩、滑坡及构造破碎地带等不良地质构造上布置建筑物。对于陡坡则应根据地质条件,进行适当的削坡卸荷,并结合必要的护坡加固措施,并做好地表水及地下水(如排水管、排水隧洞等)排水,以确保施工期和投产后都能安全可靠。

(5)应尽量少破坏天然绿化。在满足运行和管理的前提下,积极利用、改造荒坡地,尽量少占农田。

(6)在满足运行可靠、检修方便的前提下,应采用工程量最少、投资最省、效益最高的方案。

2. 主厂房布置

主厂房是厂房枢纽的主要建筑物。它的布置是厂区布置的关键。副厂房、主变压器场、开关站的位置都依它的位置而定。因此,选定主厂房的位置必须慎重。

主厂房应布置在地质条件好、开挖量小、岸坡稳定、对外交通方便、施工条件好且导流容易解决、出线方便、对整个水利枢纽工程经济合理的位置。

坝后式水电站厂房与整个枢纽紧密相连,厂房位置与泄洪建筑物的布置密切相关。当河谷狭窄,无法同时布置溢流坝段和厂房坝段时,则可采用河岸泄洪方案或采用溢流式、坝内式、地下式厂房布置方案。

河床式水电站由于采用了起挡水作用的河床式厂房,厂房与大坝位于同一纵轴上,故厂房位置对枢纽布置、施工程序和施工导流影响很大,应给予充分注意,妥善解决。

引水式水电站常用河岸式厂房。其特点是距枢纽较远,因此首部枢纽布置和施工条件对其影响很小,而引水系统对其影响较大。所以,应首先依地形、地质、水文等自然条件选择引水方式后,再确定厂房的位置和布置。布置时应尽可能使厂房进出水平顺,最好采用正面进水,尾水渠要逐渐斜向下游,或加筑导墙以改善水流条件,免受河道洪水顶托而产生壅水、旋涡和淤积。厂房背后山势陡峻者,应注意岸坡的稳定和处理方法。厂房屋顶结构以及布置在厂房附近的重要机电设备,要考虑防坠石破坏的安全措施。引水系统中的调压室或压力前池的位置,以选在地面较高、地质条件好而又尽量靠近厂房的地点为宜。

3. 主变压器场和开关站的布置

主变压器位于出线侧高压配电装置和发电机电压配电装置之间,起着连接、升压作用。布置主变压器场应考虑下列原则:

(1)主变压器尽可能靠近主厂房,以缩短昂贵的发电机电压母线和减少电能损失。

(2)便于运输、安装和检修。如考虑主变在安装间检修,变压器场最好靠近安装间,并与安装间及进厂公路布置在同一高程上,还应铺设运输主变的轨道。要注意任一台主变进入安装间检修时都不能影响其余主变的正常工作。

(3)便于维护、巡视及排除故障。为此,在主变四周要留有0.8~1.0 m以上的空间。

(4)土建结构经济合理。主变基础安全可靠,应高于最高洪水位。四周应有排水设施,以防雨水汇集为害,并满足消防排水要求。对于露天的主变基坑,应设置专门的排水管等设施。

(5)便于主变通风、冷却和散热,并符合保安和防火要求。

主变压器场具体位置应视电站具体情况选定。

坝后式水电站往往可利用厂坝之间布置主变。高压引出线可以从埋设在坝坡上的锚筋架引到开关站;河床式水电站上游侧由进水口及设备占用,因此大多把主变布置在尾水平台上,当主变压器台数不超过两台时,可将主变压器布置在主厂房的一端或岸边;引水式水电站厂房多数是顺河流沿山坡等高线布置,厂房与背后山坡间地方不大,为减少开挖量,可将主变布置在厂房一端的公路旁,当主变台数多、容量大,厂房上游有空间时,宜布置在上游侧,也有布置在下游侧的。

高压开关站一般为露天式。当地形陡峻时,为了减少开挖和平整的工程量,也可采用阶梯布置方案或高架方案。若采用气体绝缘金属封闭开关设备(GIS),也可采用户内布置。

高压开关站的布置原则与主变压器场相似,要求高压引出线及低压控制电缆尽量短且安装方便,便于运输、检修、巡视,土建结构稳定。因为户外高压配电装置的故障率很低,所以靠近厂房和主变的山坡或河岸上有较为平坦的场地,出线方向和交通均较便利时,即可布置开关站。当高压出线电压不是一个等级时,可以根据出线回路和出线方向,分设两个以上的高压开关站。泄水建筑物在泄水时有水雾,对高压线不利,故开关站要距泄水建筑物远些,高压架空线尽量不跨越溢流坝。

对河床式水电站,高压开关站一般均布置在河岸上;对河岸式厂房,一般布置在岸边台地上,最好靠近主变压器场。有时为了节约开挖量可布置成阶梯式;对坝后式厂房,通常布置在厂坝之间,若场地不足亦可设置在岸坡上,也可按不同的电压等级分开设置,并以道路连接。

4. 副厂房布置

大中型水电站都设有副厂房。水轮机辅助设备尽可能放在主厂房内,而电气辅助设备多装设在副厂房内。按副厂房的作用可分为三类:

(1)直接生产副厂房。它是布置与电能生产直接有关的辅助设备的房间,如中央控制室、高低压开关室等。直接生产副厂房应尽量靠近主厂房,以便运行管理和缩短电缆。

(2)检修试验副厂房。它是布置机电修理和试验设备的房间,如电工修理间、机械修理间、高压试验室等。此类副厂房可结合直接生产副厂房布置。

(3)生产管理副厂房。它是运行管理人员的办公和生活用房,如办公室、警卫室、盥洗室等。办公用房宜布置在对外联系方便的地方。

副厂房的位置可以在主厂房的上游侧、下游侧或一端。副厂房布置在主厂房上游侧,运行管理也比较方便,电缆也较短,在结构上与主厂房连成一体,造价较经济。当主厂房上游侧比较开阔、通风采光条件好时可以采用。副厂房布置在下游会影响主厂房通风采光,尾水管加长会增大工程量,且尾水平台一般是有振动的,中控室不宜布置在该处。副厂房布置在主厂房一端时,宜布置在对外交通便利的一端。当机组台数较多时,会使电缆及母线加长。

坝后式水电站应尽量利用厂坝间的空间并结合端部布置副厂房。河床式水电站可利用尾水平台以下空间及端部布置副厂房。引水式水电站的副厂房宜布置在主厂房一端,或利用主厂房与后山坡之间的空间,布置在主厂房上游侧。

5. 厂区交通及附属建筑物的布置

厂区内外铁路、公路及桥梁、涵洞,应充分考虑机电设备重件、大件的运输。有水运条件时应尽量利用。坝后式及河床式厂房常由下游进厂,河岸式厂房受地形限制可沿等高线自端部进厂。进厂专用的铁路、公路应直接进入安装间,以便利用厂内桥吊卸货。厂区内还必须有公路与枢纽各建筑物及生活区相通。

厂区内的公路线的转弯半径一般不小于35 m,纵坡不宜大于9%,坡长限制在200 m内。单行道路宽不小于6.5 m,厂门口要有回车场。在靠近厂房处,公路最好有水平段,以保证车辆可平稳缓慢地进入厂房。厂区内铁路线的最小曲率半径一般为200~300 m,纵坡不大于2%~3%,路基宽度不小于4.6 m,并应符合新建铁路设计技术规范的规定。铁路进厂前也要有一段较长的平直段,以保证车辆能安全、缓慢地进入厂房,并停在指定的位置。铁路一般应从下游侧垂直厂房纵轴进厂。回车场应与安装间同高,并有向外倾斜的坡度,避免雨水流进厂内。

6.尾水渠的布置

尾水渠应使水流顺畅下泄,根据地形、地质、河道流向、泄洪影响、泥沙情况,并考虑下游梯级回水及枢纽各泄水建筑物的泄水对河床变化的可能影响进行布置。尾水渠尽可能远离溢洪道或泄洪洞出口,要避免泄洪时在尾水渠内形成壅水、水位波动和旋涡,对机组运行不利。尾水渠的位置还应使尾水与原河道水流平顺衔接,不被河道泥沙淤塞。在保证这些要求的同时,要尽量缩短尾水渠长度,以减少工程量。坝后式或河床式厂房的尾水渠宜与河道平行,与泄洪建筑物用足够长的导水墙隔开。河岸式厂房尾水渠应斜向河道下游,渠轴线与河道轴线交角不宜大于45°,必要时在上游侧加设导墙,保证泄洪时能正常发电。因为水轮机安装高程较低,故尾水渠常为倒坡。水轮机尾水管出口处水流紊乱、旋涡多,流速分布极不均匀,易发生淘刷,应根据地质情况加强衬砌保护。尾水渠下游河道不应弃渣,以防因弃渣而抬高水位,并在第一台机组发电前将围堰等障碍清除干净。

二、水轮发电机组的选择

(一)水轮机选型

在水电站设计中,水轮机选择是一项重要任务,它不仅涉及到机组能否高效率安全可靠地工作,而且对水电站造价、建设速度、水电站专用建筑物的布置形式与尺寸都有影响。

水轮机选择遵循的原则是:在满足水电站出力要求和与水电站参数(水头和流量)相适应的条件下,选用性能好和尺寸小的水轮机。

所谓性能好,包括能量性能好和耐空蚀性能好两个方面。能量性能好是要求水轮机的效率高,不仅水轮机最高效率高,而且在水头和负荷变化的情况下,其平均效率也高。为此,应尽可能在水电站水头变化范围内选择 $\eta=f(N)$ 曲线变化平缓的水轮机。耐空蚀性能好,就是说所选水轮机的空化系数要小,能保证机组运行稳定可靠。

要使水轮机尺寸小,就应尽可能选用比转速高的水轮机,比转速高的水轮机转速高,转轮直径小。为此,在水轮机选择计算时,应采用 n_1' 等于或稍高于最优单位转速 n_{10}',而 Q_1' 值则应采用转轮参数表中推荐使用的接近最大单位流量 $Q_{1\max}'$,以充分利用水轮机的过水能力,减小水轮机尺寸。

选择水轮机除考虑上述基本原则外,还应考虑所选择机组易于制造,便于运输,施工安装方便,以便尽可能缩短水电站建设工期,争取早日发电。

水轮机机型选择是在已知装机容量 N_y 和水电站各种特征水头 $H_{\max}$、$H_{\min}$、$H_{平均}$ 和 H_p 的情况下进行的。当已知装机容量 N_y 和选定机组台数 m 后,则水轮机单机出力 $N=$

$\frac{N_y}{m\eta_电}$，其中$\eta_电$为发电机效率，大中型机组$\eta_电 = 96\% \sim 98\%$，中小型机组$\eta_电 = 95\% \sim 96\%$。

为了便于水轮机机型选择，我国曾编制了反击式水轮机暂行系列型谱表及《中小型轴流式混流式水轮机系列型谱》。水轮机初步机型可根据已确定的单机出力及水电站水头范围，从水轮机转轮型谱中选择出适宜的机型。型谱中推荐了各种机型适用的水头范围，其上限水头是由水轮机结构强度和空蚀特性等条件限制的，下限水头主要是由经济因素定出的。适合电站水头范围的机型即为可选机型。当水轮机机型确定后，可按模型转轮综合特性曲线确定水轮机主要参数。即以模型和原型水轮机满足相似条件为前提，根据相似公式计算出所选原型水轮机的主要参数，然后再将其换算成模型水轮机参数，并放置在主要综合特性曲线上，检验所选水轮机的性能是否理想。

近60年来，通过大量的工程实践和技术进步，特别是30年改革开放引进国际先进技术，我国不仅在大型和巨型水轮发电机组的设计与制造方面取得跨越式的发展，中小型水电站也获益良多。水轮机的研发能力、设计理论、模型试验、制造水平、材料质量等都有了很大提高。水轮机选型工作已从先前的"采用"、"套用"、"按型谱选用"发展到按水轮机比转速和比速系数进行统计分析，利用计算机技术进行数值模拟分析和选择，使水力机械的技术性能明显提高，新型优质转轮也不断研发推广。因此，最终水电站所采用的水轮发电机组设备均通过招标投标后获取，水轮发电机组设备制造商所提供的水轮机转轮的综合性能指标往往具有明显的先进性和优越性。

下面仅以混流式水轮机为例说明其初步选型方法。具体确定步骤如下。

1.计算转轮直径

转轮直径D_1(m)按下式计算：

$$D_1 = \sqrt{\frac{N}{9.81 Q'_1 H_p^{3/2} \eta}} \tag{5-1}$$

式中 N——水轮机单机出力，kW；

H_p——设计水头，m；

Q'_1——水轮机单位流量，m^3/s，Q'_1按有利于工作稳定性和经济性的原则，取过最优单位转速的水平线与5%出力限制线交点附近所对应的单位流量Q'_1，但不应超过型谱表中的推荐值；

η——原型水轮机效率，取上述计算点处的模型效率η_m加效率修正值$\Delta\eta$，初步计算时可假定$\Delta\eta = 1\% \sim 3\%$，待$D_1$确定后再进行效率修正计算。

原型水轮机最高效率初步计算可采用下列公式：

当$H \leqslant 150$ m时：

$$\eta_{max} = 1 - (1 - \eta_{mmax}) \sqrt[5]{\frac{D_{1m}}{D_1}} \tag{5-2}$$

当$H > 150$ m时：

$$\eta_{max} = 1 - (1 - \eta_{mmax}) \sqrt[5]{\frac{D_{1m}}{D_1}} \sqrt[20]{\frac{H_m}{H}} \tag{5-3}$$

式中　η_{max}、η_{mmax}——原型和模型水轮机的最高效率；

D_1、D_{1m}——原型和模型水轮机的转轮直径；

H、H_m——原型和模型水轮机的水头。

考虑制造工艺的影响，计入工艺修正值 $\Delta\eta_{工}$，则最优工况时的效率修正值为：

$$\Delta\eta = \eta_{max} - \eta_{mmax} - \Delta\eta_{工} \tag{5-4}$$

大型水轮机 $\Delta\eta_{工} = 1\% \sim 2\%$，中小型水轮机 $\Delta\eta_{工} = 2\% \sim 4\%$，其他工况时原型水轮机效率为：

$$\eta = \eta_m + \Delta\eta \tag{5-5}$$

计算的效率修正值 $\Delta\eta$ 应与假定值相符，否则，应重新假定 $\Delta\eta$，重新计算确定 D_1。

计算出 D_1 后，可选取与计算值相近的标称直径，通常取偏大值。

我国水轮机型谱规定的转轮标称直径（cm）系列如表 5-1 所示。

表 5-1　反击型水轮机转轮标称直径系列　（单位：cm）

25	30	35	(40)	42	50	60	71	(80)	84
100	120	140	160	180	200	225	250	275	300
330	380	410	450	500	550	600	650	700	750
800	850	900	950	1 000					

注：括号中的数字仅适用于轴流式水轮机。

由于大量水电站工程建设和水轮机制造技术的进步，新建水电站的水轮机转轮标称直径已不局限于表 5-1 系列，一般均根据该水电站的具体参数确定非标称直径。

2. 计算转速

转速 n（r/min）按下式计算：

$$n = \frac{n_1' \sqrt{H}}{D_1} \tag{5-6}$$

式中　D_1——转轮直径，采用选定的标称直径，m；

H——水头，采用运行中经常出现的水头，可采用加权平均水头或额定水头，m；

n_1'——单位转速，采用最优单位转速 n_{10}'，$n_{10}' = n_{10m}' + \Delta n_1'$。

其中，单位转速的修正值为：

$$\Delta n_1' = n_{10}' - n_{10m}' = n_{10m}'\left(\sqrt{\frac{\eta_{max}}{\eta_{mmax}}} - 1\right) \tag{5-7}$$

当 $\dfrac{\Delta n_1'}{n_{10m}'} = \sqrt{\dfrac{\eta_{max}}{\eta_{mmax}}} - 1 < 3\%$ 时，$\Delta n_1'$ 可忽略不计，不进行单位转速的修正。一般 $\Delta Q_1'$ 与 Q_1' 相比很小，可忽略不计，即不再进行单位流量的修正。

计算出转速后，应选取与计算值相近的同步转速。

水轮发电机的同步转速与其磁极对数有关，见表 5-2。

3. 检验水轮机实际工作范围

由于所选水轮机的转速取标准值，效率修正取假定值，与计算结果往往会有差异，这就需要检验所选参数是否符合选型原则。可从以下两方面检验：

表 5-2　磁极对数与同步转速关系

磁极对数 P	3	4	5	7	8	9	10	12	14
同步转速 n(r/min)	1 000	750	600	428.6	375	333.3	300	250	214.3
磁极对数 P	16	18	20	22	24	26	28	30	32
同步转速 n(r/min)	187.5	166.7	150	136.4	125	115.4	107.1	100	93.8
磁极对数 P	34	36	38	40	42	46	48	50	
同步转速 n(r/min)	88.2	83.3	79	75	71.4	68.2	62.5	60	

(1)据水轮机单机出力 N,额定水头 H_p 和 D_1、η,计算相应的单位流量 Q_1',即

$$Q_1' = \frac{N}{9.81 D_1^2 H_p^{3/2} \eta} \tag{5-8}$$

检查计算的 Q_1' 是否接近而不超过原选择计算点所对应的 Q_1' 值。若超过,说明 D_1 太小,不能满足出力要求;若比原计算点的 Q_1' 小得多,说明 D_1 偏大,不经济。若符合接近而不超过的原则,则可求得水轮机设计流量,作为计算蜗壳尺寸的依据。

(2)据最大水头 H_{max}、最小水头 H_{min} 和 D_1、n,计算相应模型水轮机的最小单位转速 n'_{1mmin} 和最大单位转速 n'_{1mmax},即

$$n'_{1mmin} = \frac{nD_1}{\sqrt{H_{max}}} - \Delta n_1' \tag{5-9}$$

$$n'_{1mmax} = \frac{nD_1}{\sqrt{H_{min}}} - \Delta n_1' \tag{5-10}$$

在转轮综合特性曲线上绘出对应于 n'_{1mmax} 和 n'_{1mmin} 为常数的两条直线,若这两条直线包括了主要综合特性曲线上的高效率区,则说明所选 D_1 和 n 是合理的。否则,应适当修改 D_1 和 n,重新计算。

只有以上两方面都能满足,才说明所选 D_1 和 n 在额定水头时能发出额定出力,且水轮机效率高、尺寸小。

4. 计算允许吸出高度 H_s,并确定安装高程 Z_s

允许吸出高度 H_s 按下式计算:

$$H_s = 10 - \frac{\nabla}{900} - (\sigma + \Delta\sigma) H \tag{5-11}$$

式中,∇ 为水轮机安装处的高程,$\Delta\sigma$ 为安全裕量,空化系数 σ 应根据 H_p、H_{max} 和 H_{min} 分别求出的 n_1' 和 Q_1',在转轮综合特性曲线上查得,然后代入上式,分别计算 H_p、H_{max} 和 H_{min} 时的 H_s,并取偏于安全的最小值作为采用值。

安装高程 Z_s 根据确定的 H_s 值和所选机型进行计算确定:

$$Z_s = Z_a + H_s + \frac{b_0}{2} \tag{5-12}$$

式中　Z_s——安装高程,m;

Z_a——下游尾水位,m;

H_s——吸出高度,m;

b_0——导叶高度,m。

(二)调速器及油压装置的选择

调速器一般由调速柜、接力器、油压装置三部分组成。中小型调速器的调速柜、接力器和油压装置组合在一起,称为组合式;大型调速器分开设置,称为分离式。

中小型调速器是根据计算水轮机所需的调速功 A 查调速器系列型谱表来选择的。

反击式水轮机调速功 A(N·m)的经验公式为:

$$A = (200 \sim 250) Q \sqrt{H_{max} D_1} \tag{5-13}$$

式中 H_{max}——水轮机的最大工作水头,m;

Q——最大工作水头下水轮机发出额定出力时的流量,m^3/s;

D_1——水轮机转轮的标称直径,m;

200~250——系数,高水头取200,低水头取250。

一般中小型水轮机系列产品均有配套调速器,其型号可直接选用。

大型调速器为分离式,选择时应对调速柜、主接力器、油压装置分别选配。

大型调速器是以主配压阀直径形成标准系列,选择时先由机型确定采用单调节调速器或双调节调速器,再计算主配压阀直径,来选定调速器型号。选择计算方法如下。

1.接力器的选择

大型调速器常用两个接力器来操作导水机构,当油压装置的额定油压为2.5 MPa时,每个接力器的直径 d_D(m) 按下列经验公式计算:

$$d_D = \lambda D_1 \sqrt{\frac{b_0}{D_1} H_{max}} \tag{5-14}$$

式中 λ——计算系数,查表5-3得;

b_0——导叶高度,m;

D_1——转轮标称直径,m;

H_{max}——水轮机最大水头,m。

表5-3 计算系数 λ

导叶类型	导叶数 Z_0		
	16	24	32
标准正曲率导叶	0.031~0.034	0.029~0.032	
标准对称导叶	0.029~0.032	0.027~0.030	0.027~0.030

根据计算的 d_D 查标准接力器系列表5-4选相邻偏大的直径。

表5-4 标准接力器系列

接力器直径(mm)										
	200	225	250	275	300	325	350	375	400	450
	500	550	600	650	700	750	800	850	900	

接力器最大行程 S_{max} 计算经验公式为：

$$S_{max} = (1.4 \sim 1.8)a_{0max} \tag{5-15}$$

$$a_{0max} = a_{0mmax}\frac{D_0 Z_{0m}}{D_{0m} Z_0} \tag{5-16}$$

式中 a_{0max}——水轮机导叶最大开度，mm；

a_{0mmax}——模型水轮机导叶最大开度，mm；

D_0、D_{0m}——原型、模型水轮机导叶轴心圆直径，m；

Z_0、Z_{0m}——原型、模型水轮机的导叶数目；

1.4～1.8——系数，转轮直径 $D_1>5$ m 时用小值。

把 S_{max} 单位化为 m，则两接力器的总容积 $V_s(m^3)$ 为：

$$V_s = 2\pi\left(\frac{d_D}{2}\right)^2 S_{max} = \frac{1}{2}\pi d_D^2 S_{max} \tag{5-17}$$

2. 主配压阀直径的选择

通常主配压阀的直径等于通向接力器的油管直径。通过主配压阀油管的流量 Q（m^3/s）为：

$$Q = \frac{V_s}{T_s} \tag{5-18}$$

式中 T_s——导叶从全开到全关的直线关闭时间，s。

则主配压阀直径 d(m)为：

$$d = \sqrt{\frac{4Q}{\pi v_m}} = 1.13\sqrt{\frac{V_s}{T_s v_m}} \tag{5-19}$$

式中 v_m——管内油的流速，m/s，额定油压为2.5 MPa时 $v_m=4\sim5$ m/s，管短且工作油压较高时取大值。

由计算的 d 值查相应表格选定调速器型号。

3. 油压装置选择

油压装置的工作容量以压力油罐的总容积为表征，选择时以压力油罐的总容积 V_k 为依据，V_k 的经验公式为：

$$V_k = (18 \sim 20)V_s \tag{5-20}$$

当选定额定油压为2.5 MPa时，可按计算的压力油箱总容积由袁俊森主编《水电站》表5-2选择相近偏大的油压装置。

随着设备制造技术的进步，为减小设备外形尺寸，油压装置的额定油压已向常用4.0 MPa、6.3 MPa压力等级发展。

（三）水轮发电机的选择

水轮发电机的主要参数、结构型式和总体布置应根据水轮机的型式、单机容量、额定转速，厂房尺寸和机组稳定性等因素确定，同时应满足电力系统的要求。

三、水电站厂房设计

(一)主厂房各层高度和主要高程的确定

1. 水轮机安装高程 Z_s

对于立轴反击式水轮机,其安装高程是指导叶中心线高程。它是一个控制性标高,把它确定之后,才能确定厂房上下各种设计高程。

安装高程 Z_s 的计算方法同前。

2. 尾水管底板高程

$$尾水管底板高程 = Z_s - \frac{b_0}{2} - h_1 \tag{5-21}$$

式中 h_1——尾水管高度,m。

3. 厂房基础开挖高程

$$厂房基础开挖高程 = 尾水管底板高程 - s \tag{5-22}$$

式中 s——尾水管底板厚度,初设阶段,岩基 $s=1\sim2$ m,土基 $s=3\sim4$ m。

4. 水轮机层地面高程

$$水轮机层地面高程 = Z_s + \rho + \delta \tag{5-23}$$

式中 ρ——金属蜗壳进口断面半径,混凝土蜗壳为进口断面在水轮机安装高程以上的高度,m;

δ——蜗壳进口顶部混凝土厚度,决定于结构的强度和接力器的布置,初步计算可取0.8~1.0 m,大型机组可达2~3 m。

5. 主阀廊道地面高程

$$主阀廊道地面高程 = Z_s - \frac{1}{2}D - 1.8 \tag{5-24}$$

式中 D——压力水管直径,m;

1.8——压力水管底至廊道地面的安装检修距离,m。

6. 发电机层和安装间地面高程

在确定发电机层地面高程时,一般要考虑以下几方面的因素:

(1)当机组选定后,水轮机安装高程至发电机定子基础安装高程之间的主轴长度和定子高度均为定值,未经厂家同意,不能任意增长或缩短。

(2)水轮机层净空高度必须满足发电机出线、布置机墩进人孔(孔高一般为2~2.5 m,孔顶上机墩混凝土厚度不小于1.0 m)和运行管理要求,一般需3~4 m。若布置电缆夹层,尚需适当加高。

(3)发电机层地面高程最好高于下游的设计最高洪水位,以便进厂公路(或铁路)在洪水期也能畅通,并使厂房上部结构保持干燥,有利于电气设备的运行和维护。

安装间地面高程最好能与发电机层地面和进厂道路相同,且高于下游设计洪水位。这对机组安装检修、运行管理和对外交通均有利。

7. 尾水平台高程

尾水平台是布置尾水闸门及启闭机的地方,也是主厂房的外部通道,在施工期还可能是重要的运输通道。其高程最好与安装间地面高程相同,但也有根据下游洪水位以及设备布置和交通要求,使尾水平台高于或低于安装间地面高程的。当尾水平台上布置有主变压器时,为了防洪宜采用较高的高程。

8. 吊车轨顶高程

吊车轨顶高程 = 发电机层地面高程 + 发电机层楼板至吊车轨顶高度

发电机层楼板至吊车轨顶高度,根据吊车吊运最长部件的方式、外形尺寸及安全距离确定。厂房内最长吊运部件一般为发电机转子带轴。伞式发电机,转子可与轴分开吊运,低水头、大流量电站,可能为水轮机转轮带轴。当主变压器需要在安装间检修时,还应考虑主变抽芯起吊高度。当发电机层地面与安装间地面同高时,发电机层楼板至吊车轨顶高度可按下式确定:

$$\text{发电机层楼板至吊车轨顶高度} = a + H_m + e + h \tag{5-25}$$

式中 a——垂直向安全距离,不小于0.3 m;

H_m——最高部件高度,m;

e——吊钩中心至吊件的距离,一般为1.2~1.5 m,使用刚性吊具时可缩短至0.8~1.0 m;

h——吊钩极限位置时,吊钩中心至吊车轨顶的高度,一般为1.2~1.3 m。

吊运最长部件时与周围建筑物及设备间应有不小于0.4 m的水平向安全距离。

考虑主变进安装间检修时,整体吊至专设的变压器坑内,然后吊出铁芯检修,则:

$$\text{发电机层地面至吊车轨顶高度} = H_{变} + e + h + 0.2 \tag{5-26}$$

式中 $H_{变}$——主变铁芯高度,m;

其他符号意义同前。

由式(5-25)和式(5-26)两式结果中取大者。

9. 厂房天花板高程和厂房顶高程

为了检修吊车和布置灯具,需在小车顶端到厂房天花板或屋顶大梁底面之间,留出至少0.3 m的安全高度。吊车在轨顶以上的高度由吊车规格决定。

天花板高程 = 吊车轨顶高程 + 吊车在轨顶以上的高度 + 安全高度

再根据房顶结构型式和尺寸,最后定出厂房顶高程。

(二)主厂房长度的确定

主长房的长度取决于机组台数 n、机组间距 L_C、边机组段长度 L_1 和 L_2 及安装间长度 L_a。

1. 机组间距 L_C

机组间距 L_C 是相邻两机组轴心之间的水平距离,当机组等距离布置时,机组间距等于一个机组段长度。一般中、低水头大流量机组,L_C 常取决于蜗壳或尾水管的最大宽度;而高水头小流量机组,常取决于发电机尺寸。此外,辅助设备的布置和厂房的分缝对机组段长度也有影响。

(1)当机组间距由发电机尺寸控制时:L_C = 发电机定子外径 + 2 × 风道宽 + 风道间过道宽。

发电机定子外径由制造厂家提供,风道宽一般为0.8~1.5 m,风道之间的通道宽一般不小于2 m。通道的宽度除应满足附属设备调速器及油压装置和楼板结构布置时要求外,所剩通道净宽不小于0.8 m。

(2)当机组间距由蜗壳尺寸控制时:L_C = 蜗壳最大宽度 c + 蜗壳间混凝土厚度 d。

金属蜗壳或混凝土蜗壳的最大宽度可由前面所述的方法确定,两蜗壳间混凝土厚度 d 等于蜗壳两侧混凝土厚度之和,每侧厚度不小于0.8 m。

(3)当机组间距由尾水管控制时:L_C = 尾水管出口宽(包括中墩)B + 尾水闸墩厚 T。

尾水管出口宽度 B 可由前述方法确定,T 值由尾水闸门槽深度及设备布置决定,一般为2~3 m,大、中型机组可达3~4 m。

确定机组间距时,一般应先根据上述三种情况分别拟定出机组间距,从中选出最大者作为采用数据,然后再校核是否能满足其他各方面的要求,并进行必要的修正。各机组间距最好布置成等距的并与厂房排架柱间距一致,以简化厂房结构。对于坝后式厂房,机组段分缝常和大坝分缝相一致,此时,机组间距将受大坝分缝的影响。

2. 边机组段长度

与安装间相邻的边机组段长度,必须满足发电机层设备布置要求,下部块体结构尺寸应考虑蜗壳外围或尾水管边墙的混凝土厚度 Δl 在0.8 m以上,而与安装间相对一端边机组段长度(指远离安装间最远的机组),除满足设备布置外,为了保证边机组在桥吊工作范围以内,则 L_1(或 L_2)$\geqslant J+x$,其中 J 为桥吊主钩至桥吊外侧的距离,x 为吊车梁末端挡车板的长度,一般为0.4~0.9 m。

当蜗壳前装有主阀时,则还应满足主阀吊装和操作的要求,并以此来确定 L_1(或 L_2)。

3. 安装间长度

当机组台数不超过4~6台时,可按检修一台机组时能放置四大部件并留有足够的工作通道来确定。初步设计时,可采用 $L_a=(1.0\sim1.5)L_C$。当机组台数较多,需要同时安装或检修两台机组时,应加大安装间长度。

当 n、L_C、L_1、L_2 和 L_a 确定后,则主厂房的总长度为:

$$L=(n-1)L_C+L_1+L_2+L_a \tag{5-27}$$

水轮机层长度一般与发电机层同长,视安装间下面是否用来布置辅助设备及实际需要而定。尾水管层的长度则较短。

(三)主厂房宽度的确定

主厂房的宽度应从厂房上部和下部结构的不同因素来考虑。上部宽度取决于吊车的跨度、发电机尺寸、最大部件的吊运方式、辅助设备的布置与运行方式等条件。厂房下部宽度取决于蜗壳和尾水管的尺寸,若设有主阀,还应满足主阀布置的要求。

主厂房宽度以厂房纵轴线分为上、下两部分。厂房上部结构上游侧的宽度与下部结构上游侧宽度基本相等。当上游侧作为吊运设备的主通道时,厂房上游侧的宽度由发电机风罩外半径、机电设备(如机旁盘、调速器等)和主阀吊孔的布置以及吊运水轮机转轮和发电机转子的要求来确定,并应保证吊车外缘距排架柱的距离不小于6 cm,距上游墙不小于60 cm。

主机房下游侧宽度,由厂房纵轴线下游侧蜗壳的宽度加蜗壳外围混凝土厚度(一般不小于0.8 m)及排架柱截面尺寸确定,或由发电机风罩外半径加通道宽(一般不小于

0.8 m，若作为主通道则应满足吊运主机设备的要求）与排架柱截面尺寸确定。主机房下游侧宽度应取两者中的较大值。

发电机层总宽度 = 厂房上游侧的宽度 + 厂房下游侧的宽度

确定发电机层总宽度时，还应考虑吊车标准跨度 L_K。选用桥吊系列产品，争取提前供货和节约费用。

主机房基础宽度等于上部结构宽度加尾水平台宽度。尾水平台宽度主要由尾水管长度、尾水闸门启闭机的型式和尺寸、是否布置主变及有无交通要求等因素确定，一般为3～4 m，大、中型水电站有时达4～8 m。若布置主变和有交通要求，应根据需要确定。

此外，主厂房的宽度尚应考虑主厂房内各运行层之间的楼梯通道布置。

（四）厂房内机电设备布置及交通运输

1. 水轮发电机组的布置

水轮发电机组选定之后，有关水轮机和发电机的各项技术资料应由制造厂家提供。布置机组时，应根据已经确定的厂区布置和主厂房在厂区的平面位置，初步拟定机组间距和厂房的纵、横轴线位置，根据厂家提供的水轮机尺寸和安装图纸进行平面布置。

2. 进水管和主阀的布置

进水管进入厂房后，应有一水平段，以便布置主阀与蜗壳连接。此水平管段的中心线高程应与水轮机安装高程相同。在引水式水电站中，当采用分组或联合供水时，为保证一台机组检修时，其他机组可正常运行，在每台机组前都应设置进水阀门（主阀）。主阀的布置方式一般有两种：一种是将主阀布置在主厂房内上游侧，并使之位于桥吊工作范围之内，阀上各层楼板都设有主阀吊孔，可利用主厂房内的桥式吊车来安装和检修主阀。这种布置比较紧凑，运行管理方便，但往往会增加厂房宽度，并且万一主阀爆裂，水流会淹没主厂房，因此要求主阀必须十分安全可靠。另一种是将主阀布置在厂房外专设的阀室中。对于高水头的地下式厂房，或在特殊的情况下才采用第二种布置方式。采用这种布置时，主阀的运输、安装、检修需专设起重设备和运输通道，也不便于运行维护，主阀室需要设置专门的水流出口，一旦主阀爆裂可将水流排走，以免对主厂房造成危害。

主阀室或主阀廊道必须有足够的空间，以利于主阀的安装和维护，净宽一般为4～5 m。由于主阀室常有少量漏水，故阀室中还必须设置排水沟管向集水井排水。主阀上游常设伸缩节，以便于主阀的安装和检修。

3. 蜗壳的布置

中、高水头水电站厂房内的混流式水轮机一般均采用金属蜗壳，其具体尺寸由水轮机制造厂家给出。金属蜗壳的内圈焊接在座环的上、下环上，上半部通常用弹性垫层与上面的混凝土隔开。为了在检修水轮机时能将蜗壳和主阀后面进水管中的水放空，通常在紧靠主阀下游钢管的底部设置通往尾水管或检修集水井的排水管，并装设控制阀门。同时，在进水钢管的顶部还应安装通气阀，以便于蜗壳和钢管放空或充水时能自动进气和排气。蜗壳进人孔一般可设在主阀下游进水钢管处，也可从水轮机层向下用竖井联通一水平短洞进入蜗壳。

低水头的水电站厂房，可采用钢筋混凝土蜗壳，放空蜗壳和引水管的排水管常设在蜗壳进口处底部并通向尾水管。蜗壳进人孔多设在前半段。

4. 尾水管和尾水闸门的布置

尾水管中弯肘形尾水管和直锥形尾水管应用较多，一般大、中型水电站中均采用弯肘形尾水管，小型水电站中才采用直锥形尾水管。尾水管尺寸的具体数据一般由制造厂家提供。尾水管在布置时，可使直锥段的顶端与水轮机的基础环相接，尾水管出口潜没于尾水中。

为了检修水轮机，还需要设置尾水管进人孔和排水管。进人孔一般设在尾水管的直锥段，当上游有主阀室时，尾水管进人孔可设在该处，由主阀室进入尾水管。若电站不设主阀（例如坝后式水电站厂房中，上游端一般不设主阀），则进人孔可布置在下游侧，由水轮机层沿竖井下至尾水管进人孔高程后，再水平进入尾水管。尾水管的排水管进口应设在尾水管的最低点。末端通入检修集水井，排水管上应设控制阀门。

尾水闸门一般设置在尾水管的出口，尾水闸门常用平板闸门和叠梁闸门等。可数台机组共用一套闸门，平时将闸门存入专设的门库中或放置在尾水闸墩上。运用时沿尾水平台吊到指定地点。尾水闸门启闭机的型式，可根据起重量的大小选择门式起重机、桥式吊车、活动绞车或电动葫芦等。

5. 主厂房内附属设备和辅助设备的布置

主厂房内属于水轮机的附属设备有水轮机进水阀、调速器、油压装置、接力器和减压阀等。属于发电机的附属设备有主引出线、中性点设备、励磁系统、机旁盘和发电机的冷却设备等。属于厂房的辅助设备有压缩空气系统、油系统和水系统等。

1）调速器的布置

调速器由操作柜、油压装置和接力器（或称作用筒）三个主要部分组成，并用油管和传动设备联成一体。操作柜在布置时应尽量靠近接力器，以缩短油管，并便于安排回复装置。同时操作柜应尽可能靠近机旁盘，使值班人员在操作柜旁能通视机旁盘上的各种仪表，以便在开机或停机时以及试验时进行手动操作。而油压装置应尽可能地靠近操作柜并布置在同一高程，以缩短油管。

接力器是直接控制水轮机导叶开度、调节进入水轮机流量，以保持机组转速稳定的机构，一般布置在蜗壳断面较小的上游侧，固定在机墩的孔洞中。

调速柜和油压装置均应布置在桥式吊车吊钩的工作范围之内，周围还应留 1 m 左右的通道，以便安装、检修。通常都是一台机组设有一套调速设备，且应尽量布置在本机组段内，以免主机组分期安装时给施工和安装带来困难。

当厂房上游侧设有蝴蝶阀时，如果油压装置的容量足够，则蝴蝶阀的操作可与调速器共用油压装置。否则，应在蝴蝶阀的近旁布置专用的油压操作设备。

2）发电机的附属设备及其布置

（1）发电机主引出线的布置。主引出线一般采用汇流铜排、铝排或电缆。要求在厂房内引出线与配电装置的连接长度应尽量短，出线要畅通，通风散热条件好。主引出线由发电机定子上的引出端接出后，通过主出线道，经配电装置，最后接主变压器。引出线一般固定在出线层的母线架上，并用铁丝网围护。中性点的位置应与发电机主引出线位置错开一定角度。对于立式机组中性点侧电气设备，可将它布置在机墩上或机墩附近。

（2）励磁盘的布置。励磁盘是用于控制和调整发电机励磁电流的，最好布置在空气比较干燥的主机房内，或布置在与发电机层同高的副厂房内。

(3)机旁盘的布置。机旁盘一般包括机组自动操作盘、继电保护盘、测量盘和动力盘及制动盘等，用来监视和控制机组运行。机旁盘常布置在发电机层主机的侧旁。机旁盘与厂房墙之间应有宽度不小于0.8 m的检修试验通道，盘面至发电机风道盖板边缘或吊物孔边缘之间应有宽度0.6～0.8 m的通道，以便在机组或主阀检修时，盘前仍可通行。

3)油气水系统

(1)压缩空气系统。水电站上有许多设备使用压缩空气。压缩空气系统可分为中压气系统和低压气系统。油压装置和高压空气断路器用气属中压气系统，一般为2.5 MPa或4.0 MPa；其他设备用气属低压气系统，一般为0.5～0.7 MPa。压气系统设备包括中、低压空压机，贮气罐及相应的输气管道及阀门等。中小型厂房中的压气设备常统一布置在空压机房内。小型厂房采用XT型自动液压调速器或手动操作导水机构，不设中压气系统。压气机工作时噪音很大，故应远离中央控制室。

(2)油系统。水电站上各种机电设备所用的油主要有两种：各种变压器及油开关等电气设备需要用绝缘油；各种轴承润滑及油压操作用透平油。绝缘油的作用是绝缘、散热及灭弧；透平油的作用是润滑、散热及传递能量。常用国产透平油的牌号为22号及32号，绝缘油为15号及20号，这两类油性质不同，不能相混。一般中型水电站的用油量可达数十吨，大型水电站可达数百吨及上千吨。为了保证这么大量的油经常处于良好状态，水电站要设油系统，油系统一般包括下列组成部分：

油库：油库是贮油的地方，内设油罐。一般透平油的用油设备均在厂内，故透平油系统一般布置在厂房内。绝缘油系统布置在用油量大的主变器和高压开关附近，一般在厂房外。在主厂房内，油库可以布置在安装间下层、水轮机层或副厂房内。油库应特别注意防火。采用防火门，并设置挡油槛等。

油处理室：设有油泵及滤油机，有时还有油再生装置。油处理室一般布置在油库旁。透平油与绝缘油可合用油处理设备。相邻几座水电站也可合用一套油处理设备。

中间排油槽：当油库设于厂外时，在厂房下部结构中布置中间排油槽，以便存放各种设备中放出来的污油。

补给油箱：有时水电站在厂房吊车梁下设有补给油箱，当用油设备中的油有消耗时，由补给油箱自流补给新油。当不设补给油箱时，则利用油泵补给新油。

废油槽：常在每台机组的最低点(如蝴蝶阀室等)处设置废油槽，收集漏出的废油。

事故油槽：弃油设备(变压器、油开关等)及油库发生燃烧事故时需迅速将油排走，以免事故扩大。油可排入事故油槽中。事故油槽应布置在便于用油设备排油的位置，并便于灭火。

油管：油系统各组成部分之间及其与用油设备之间要以油管联通，常沿厂房水轮机层一侧纵向布置油管的干管，再由它向各用油设备引出支管。

油、水、气管道应与电气设备分开布置，避免交叉，以减少干扰，特别要避免将油、水管道布置在电气设备的顶上，以防滴水滴油造成电气设备的事故。

(3)供水系统。水电站厂房供水系统供给生活用水、消防用水及技术用水。取水的方式有上游坝前取水、厂内引水钢管取水、下游水泵取水及地下水源取水四种。各机组的供水管相互联通,互为备用,并可同时供应消防及生活用水。常另设水泵自下游抽水作为备用。

(4)排水系统。厂房中的技术用水、消防用水、生活用水、各种设备渗漏水,以及检修机组时压力水管、蜗壳、尾水管的放空水量,都需要排往下游,因此厂房内必须设置排水系统。排水系统包括渗漏排水系统和检修排水系统两部分。技术用水及各处的渗漏水应先考虑自流排水,不能自流排出者,可用排水沟、管将其集中排至渗漏集水井,用水泵抽排至下游,这个系统称为渗漏排水系统。渗漏集水井应位于厂房最低部,以便自流集水,可布置在安装间下层、尾水管之间、厂房端部或厂房上游侧。至少应设置两台水泵,一台工作、一台备用,并能够根据设计水位自动开机或停机。

机组检修需将压力水管、蜗壳及尾水管中的水放空,为此需设检修排水系统。在进水口闸门(或机组前的主阀)关闭后,将压力水管、蜗壳及尾水管中的水自流排至下游,待尾水管中水位与下游水位相同时再关闭尾水闸门,利用检修排水系统将余水排走。检修排水除利用水泵(可为固定式或移动式的)直接从尾水管抽水至下游外,也可将尾水管内的水先通过专设排水廊道排入检修集水井,再经水泵抽排至下游。

检修排水设备可以集中布置,也可以分散布置在相邻两机组之间(2~4台机组时可用)。在选择排水方式时,应考虑排水及时,防止厂房淹没,且布置紧凑,节省投资以及运行管理方便等。从安全计,渗漏排水与检修排水应分开布置,否则应加大集水井容积、增设排水泵。

6.起重设备及其布置

(1)桥吊的任务、构造和工作范围。水电站厂房内的机电设备在卸车组装,吊运安装和解体检修时,均需起重设备。常用的为电动桥式起重机(桥吊),当起重量小于25 t时,也可采用手动桥吊,桥式吊车由大梁(移动桁架式)、小车、驱动操纵机构和提升机构等部分组成。桥吊大梁可在吊车梁的轨道上沿厂房纵向行驶,吊车梁则支承于主厂房上下游两侧的钢筋混凝土排架柱上。桥吊大梁上的小车又可沿大梁在厂房内横向移动,这样桥吊上的主、副吊钩就可以到达发电机层的绝大部分范围。桥吊大梁、小车移动的极限位置,构成了吊车的工作范围。厂房内所有需要用桥吊来吊运的设备,都必须布置在它的工作范围内。选择桥吊时应确定最大起重量、吊车型式和跨度。各种桥吊的构造尺寸和有关数据,可由桥吊系列产品目录中查得。

(2)桥吊的起重量。桥吊的起重量取决于厂房内设备的最重部件。中、高水头的水电站厂房内最重部件一般是带轴的发电机转子,低水头河床式水电站中有时可能是带轴的水轮机转轮,当主变压器需在安装间检修时,主变压器也可能是控制性最重部件。桥吊主钩起重量应能起吊最重部件。副钩主要用于安装和检修一些小而轻的设备和部件。如起重量为100/20 t,表示主、副钩分别起重100 t、20 t。

(3)桥吊的跨度和安装高程。桥吊的跨度是指大梁两端轮子的中心距,选择时应尽量采用标准系列产品中的标准跨度。起重量确定后,可按标准系列表选用合适的桥吊。选择桥吊跨度时还要与主厂房下部块体结构的尺寸相适应,使主厂房排架柱直接架立在下部块体结构的一期混凝土上。

桥吊的安装高程是指吊车轨顶高程。桥吊的跨度和安装高程应满足在吊运最大部件时,不影响其他机组和设备的正常运行。

(五)安装间的布置

安装间是厂房对外的主要进出口,通常设在靠河岸对外交通方便的厂房一端。运输车辆都能够直接进入,以便利用桥吊装卸设备。安装间又是进行设备安装和检修的场所。它应与主厂房同宽,以便统一装置吊车轨道。安装间面积的大小取决于安装和检修工作的内容。当机组台数在6台以下时,所需面积按装配或解体大修一台机组考虑。较小及较轻的部件可堆置于发电机层地板上,所以安装间面积只按能在桥吊主、副钩工作范围内放置下机组四大件来考虑。这四大件是:①发电机转子带轴。转子要在安装间进行组装和检修,四周要留1~2 m的工作通道。转子放在安装间时,必须将轴竖直固定。轴要穿过地板,所以地板上相应位置要预留大于轴法兰盘的轴孔,并在轴孔下面设置钢筋混凝土的转子承台,承台中预设地脚螺栓,以固定转子轴,转子承台的高度要满足转子底部距发电机层楼板有1~1.5 m的空间。②发电机上机架。不重,但占地不小。③水轮机转轮带轴。四周要留出1 m的工作场地。④水轮机顶盖。一般情况下安装间的长度等于1~1.5倍机组段长度。

安装间内还要安排运输车辆的停车位置。有时还要安排堆放起重机试重块的位置。

有时主变压器也要推入装配场进行大修,这时要考虑主变压器运入的方式及停入的地点,因为主变压器很重,尺寸也很大,装配场的楼板常常要专门加固,大门也可能要放大。主变压器大修时常常需吊芯检修,同吊运机组所决定的厂房高度如果不足以吊出铁芯,则可在装配场上设变压器坑,先将整个变压器吊入坑内,再吊芯检查。即便如此,少数情况下还要为吊芯而稍许加高厂房。近几年推广采用强迫油循环水冷式变压器,变压器尺寸大为减小。目前,大型变压器常做成钟罩式,吊芯检查改为吊罩,质量大为减小。

安装间的基础最好坐落在基岩上,若基岩埋藏较深,则可利用开挖的空间布置空压机室、油处理室、水泵室等。

(六)厂内交通

为了便于设备的安装、维护、检修和运行人员的巡视检查与操作,保证运行的正常和工作的安全,厂房内部必须布置一定的交通通道。

厂房的水平通道包括门、运输轨道、过道、廊道等。厂房空间的上下交通常设各种楼梯、斜坡、吊物孔等。

(七)主厂房结构布置

厂房结构布置设计的任务是,确定厂房各部分结构构件在各种设备荷载作用下经济合理的结构型式及相互间的连接关系,估计各构件尺寸,为厂房结构设计打下基础。

中小型地面厂房的上部结构,由钢筋混凝土骨架和屋盖结构及护墙组成。骨架横向为由固结在块体结构或水下墙上的构架立柱与屋顶横梁组成的Π形构架,纵向以连系梁、吊车梁连接成空间骨架。立柱上部牛腿支承吊车梁。厂房下部块体结构为大体积混凝土,形状及尺寸由水流系统设备布置决定,属水工结构。中间为发电机机墩结构,上下游及端部为水下墙,其中下游墙可能部分为水下墙。若下游最高洪水位低于水轮机层地板高程,下游墙可为砖墙,上游及端部为挡土墙。发电机机墩为钢筋混凝土结构,水下墙为水工结构。

纵向常用横向缝将主厂房分成若干区段,以适应结构因地基不均匀沉降产生的水平和竖向位移以及温度变化,混凝土干缩时产生的水平位移。安装间与主机房之间,结构和受力条件差异较大,需用沉降缝分开。

(八)副厂房的布置

副厂房是布置各种操作控制电站运行的电气辅助设备、附属机械及作为工作生活的房间,紧邻主厂房布置。由于水电站的型式及规模随具体条件影响变化很大,副厂房房间的内容、数量及面积互不相同,差异很大。所以,设置副厂房应根据电站的地形、地质条件,在电力系统中的地位和作用,交通、自动化程度,管理机构级别等,进行具体分析确定,既满足安全运行,又节省投资。

1. 中央控制室

中小型厂房中的中央控制室是布置操作、控制、继电保护、信号、直流、同步及励磁等盘柜的房间,是整个电站运行、控制、监护的中心。鉴于目前我国水电站的运行管理水平,一般要求是“无人值班,少人值守”。当仍需运行人员在中控室值班时,其位置应考虑电站的运行、操作、维护方便,消除故障迅速,控制电缆尽量短等因素,布置应考虑:①尽可能靠近机组等主要电气设备,以方便运行维护管理;②注意避免和减少机组振动、噪声和工频磁场干扰的影响;③适应厂房分期建设等。

中控室高于发电机层地面而位于主厂房上游侧。两层之间应设有宽敞的楼梯和方便的专门交通道。中控室与主厂房应有隔音设施,并设瞭望主机房的窗口和平台。

中控室净高不应小于4.0~4.5 m,顶部设置天棚,天棚上部高度应满足维护检修照明设备的要求,总高度不得小于5.5~6.0 m,中控室面积应根据各种盘柜的数量及尺寸进行妥善布置后确定。

中控室地面及墙壁应进行建筑处理,满足防潮、隔音、通风及空气调节要求。中控室照明应妥善解决,防止光线直射仪表盘面。

2. 通讯室

这是与调度中心联系的专用通讯设施。通讯室邻近中控室,有良好的隔音、采光、通风条件。

3. 电缆室

电缆室通常位于副厂房下,其面积根据电气设备的具体布置等确定。继电保护和辅助屏室下一般应有方便工作的电缆室,中央控制室下的电缆室根据需要设置。电缆室的净高不应小于2.0 m,但不宜大于3.0 m。

4. 开关室

中小型水电站35 kV及以下配电装置常为户内式成套开关柜,发电机电压线路通过开关柜与主变连接升高电压。开关室应尽量靠近主机房与主变场,以缩短连接线。开关柜前应有足够宽的通道,保证设备的搬运、检修、试验和维护。单侧布置开关柜,维护通道宽不小于0.8 m,固定式操作通道宽不小于1.5 m,移开式操作通道宽不小于单车长加1.2 m;若为两侧布置,维护通道宽不小于1.0 m,固定式操作通道宽不小于2.0 m,移开式操作通道宽不小于双车长加0.9 m,搬运通道应在最大设备外廓宽度增加0.4 m,设备长度大于5 m时,尚应加宽0.2~0.4 m。通道中建筑物的柱、墩可局部突出,但不应超过

0.2 m。通道净空高度应不小于 1.9 m。柜顶应有安装检修的空隙。

配电装置长度在 7 m 以内时,可只设一个出口通向其他房间或户外,长度大于 7 m 时,应设两个出口,门朝外开。开关室的土建结构应根据设备油量多少满足防火要求,开关室不应位于浴室、厕所下层,以免漏水。室内墙及天花板不允许抹灰。地面应高出室外 15 ~ 20 cm。

5. 直流设备室

厂房设有直流系统,蓄电池室为直流电源。直流电分强直流电系统和弱直流电系统。强直流电系统供继电保护、自动装置、控制信号回路通信和事故照明的直流负荷用电,电压 220 V,亦可采用 110 V。弱直流电系统供弱电控制、信号、继电保护和自动装置的直流电源,电压一般不超过 48 V。

蓄电池室主要用户为中控室,位置应尽量靠近,但不允许位于中控室及开关室的上部。蓄电池室入口处应有贮酸室及套间,门朝外开。贮酸室是贮存硫酸的房间,套间是防止酸气外泄的过渡房间。蓄电池室应按防火、防爆要求与其他房间隔开,应防止影响邻近建筑物、设备及人身的安全。蓄电池室、贮酸室的地面、墙裙、台架等,应用耐酸材料铺设,地面应有适当坡度以利排水。墙壁及顶棚均应有防腐蚀措施,防止酸气外溢。室内照明灯具应为防爆式,避免阳光直射。房间应有良好的通风装置,设进风及排气管道。小型厂房的蓄电池室通风,可在外墙上装设进、排风扇解决。蓄电池温度不低于 10 ℃,冬天应有采暖装置。

当采用可控硅整流装置作为蓄电池的充电设备时,可控硅整流装置可布置在直流盘室内,不设充电机室。当采用充电机作为蓄电池充电设备时,应在蓄电池室附近同一层专设充电机室,但应尽量远离中控室。

小容量阀控式密封铅酸蓄电池组可随整套直流屏装屏布置。

6. 空压机房

中小型水电站厂房常把中压气系统与低压气系统统一布置在一个空压机房内。

空压机房应远离中控室,常布置在水轮机层副厂房端部位置或安装间下层,但与用户的距离应控制在 300 m 以内。空压机房的净空高度为 3.5 ~ 4.9 m,室内地面应有一定坡度,设排水沟排水。室内顶部应设相应的吊装、检修设施。设备间距离不应小于 1.5 m,满足防爆要求。

7. 水泵房与集水井

水泵房与集水井一般布置在块体结构中。当采用立式深井泵排水时,电动机装置于正常尾水位以上,当采用卧式水泵排水时,水泵房高程应采用离心泵最大吸出高度校核。

检修集水井底高程应低于尾水管底板高程,以便检修排水。水泵启动水位应低于厂内最低排水点,以便排除渗漏水。

水泵房应设两台机组,互为备用。两台水泵机组之间突出基础的净距或机组突出部分与墙的净距,应能保证水泵轮轴及电动机转子的拆卸距离要求,净距不小于 0.8 m。室内主要通道宽 1.0 ~ 1.2 m。渗漏排水与检修排水合并的水泵房,应有可靠的防淹措施。

小型水电站厂房的检修排水常采用直接排水,用移动式水泵从尾水管顶板进入孔中直接将积水抽排到下游。

8. 油库及油处理室

中小型厂房的透平油及绝缘油常布置在厂外同一油库中，成一列布置。油罐间净距应保持在 1.5 ~2.0 m 以上。油库高度应能保证罐顶进入的要求。

油库应用防火墙与其他房间隔开，设两个安全出口。出口设向外开启的防火门，门口设拦油槛，库内设置灭火设施。

油处理室应邻接油库，室内应有维护通道和运行通道，设备间净距不小于 1.5 m，设备与墙间净距不小于 1.0 m。油处理室的防火要求与油库相同。

单机容量 500 kW 以下的小型厂房，不需设置专门的油罐及油处理设施，可在安装间下或安装间旁放若干油桶供循环过滤用，亦可放部分清油。单机容量大于 500 kW 的小型厂房，可考虑设压力滤油机一台。单机容量 3 000 kW 以上的厂房，油库应设专用油罐及油处理设备，但不一定专设油处理室。

9. 电气试验室

中小型厂房一般仅设电气试验室，包括继电保护、测量表计及计算机监控系统专用仪器仪表等，为电气二次回路设备和 500 V 以下的电气设备试验之用。高压设备不在厂内试验。

电气试验室地面宜做水磨石，室内应有通风、采暖、防尘、防潮措施。调试工作台应有良好的自然采光和局部照明。

农村小型水电站厂房一般不设电气试验室，只设电工修理间。

10. 机械修理间

这是厂内简单的机械修理场所，根据机电设备容量、电站在电力系统中的位置及作用、外厂协作加工条件及梯级联合修理等因素，可另设机械修配厂或机修车间。

11. 工具间与仓库

工具间与仓库布置在发电机层旁边邻近安装间的位置，作为放置日常工具与零碎用品的场所。

(九)副厂房结构布置

副厂房除荷载较重、高度较大外，其他特点同普通民用建筑，故可按民用建筑进行结构布置。

第六章　水利水电工程造价与成本管理

第一节　水利水电工程项目划分

一、基本建设项目划分

一个基本建设项目往往规模大、建设周期长、影响因素复杂,尤其是大中型水利水电工程。因此,为了便于编制基本建设计划和编制工程造价,组织招标投标与施工,进行质量、工期和投资控制,拨付工程款项,实行经济核算和考核工程成本,需要对一个基本建设项目系统地逐级划分为若干个各级工程项目。基本建设工程通常按项目本身的内部组成,将其划分为基本建设项目、单项工程、单位工程、分部工程和分项工程。

(一)基本建设项目

基本建设项目是指按照一个总体设计进行施工,由一个或若干个单项工程组成,经济上实行统一核算,行政上实行统一管理的基本建设工程实体,如一座独立的工业厂房、一所学校或水利枢纽工程项目等。

一个基本建设项目中,可以有几个单项工程,也可能只有一个单项工程。

(二)单项工程

单项工程是一个建设项目中,具有独立的设计文件,竣工后能够独立发挥生产能力和使用效益的工程。如工厂内能够独立生产的车间、办公楼等,一所学校的教学楼、学生宿舍等,一个水利枢纽工程的发电站、拦河大坝等。

单项工程是具有独立存在意义的一个完整工程,也是一个极为复杂的综合体,它由许多单位工程所组成,如一个新建水电站,不仅有厂房,还有设备安装等工程。

(三)单位工程

单位工程是单项工程的组成部分,是指具有独立的设计文件,可以独立组织施工,但完工后不能独立发挥效益的工程。如工厂车间是一个单项工程,它又可划分为建筑工程和设备安装两大类单位工程。

每一个单位工程仍然是一个较大的组合体,其本身仍然是由许多的结构或更小的部分组成的,所以对单位工程还需要进一步划分。

(四)分部工程

分部工程是单位工程的组成部分,是按工程部位、设备种类和型号、使用的材料和工种的不同对单位工程所作的进一步划分。如建筑工程中的一般土建工程,按照不同的工种和不同的材料结构划分为土石方工程、基础工程、砌筑工程、钢筋混凝土工程等分部工程。

分部工程是编制工程造价、组织施工、质量评定、包工结算与成本核算的基本单位,但在分部工程中影响工料消耗的因素仍然很多。例如,同样都是土方工程,由于土壤类别(普通土、坚硬土、砾质土)不同,挖土深度不同,施工方法不同,则每一单位土方工程所消耗的人工、材料差别很大。因此,还必须把分部工程按照不同的施工方法、不同的材料、不同的规格等作进一步的划分。

(五)分项工程

分项工程是分部工程的组成部分,是通过较为简单的施工过程就能生产出来,并且可以用适当计量单位计算其工程量大小的建筑或设备安装工程产品。例如,每立方米砖基础工程、一台电动机的安装等。一般来说,它的独立存在是没有意义的,它只是建筑或设备安装工程的最基本构成因素。

二、水利水电建设工程项目划分

由于水利水电建设项目常常是由多种性质的水工建筑物构成的复杂的建筑综合体,同其他工程相比,包含的建筑种类多,涉及面广。根据水利部颁发的现行《水利工程设计概(估)算编制规定》(2002)(简称《编规》)的有关规定,结合水利水电工程的性质特点和组成内容进行项目划分。

(一)两大类型

水利水电建设项目划分为两大类型,一类是枢纽工程(水库、水电站和其他大型独立建筑物),另一类是引水工程及河道工程(供水工程、灌溉工程、河湖整治工程和堤防工程)。

(二)五个部分

水利水电枢纽工程和引水工程及河道工程又划分为建筑工程、机电设备及安装工程、金属结构设备及安装工程、施工临时工程和独立费用五大部分。

1. 第一部分　建筑工程

(1)枢纽工程。指水利枢纽建筑物(含引水工程中的水源工程)和其他大型独立建筑物。包括挡水工程、泄洪工程、引水工程、发电厂工程、升压变电站工程、航运工程、鱼道工程、交通工程、房屋建筑工程和其他建筑工程。其中,挡水工程等前七项为主体建筑工程。

(2)引水工程及河道工程。指供水、灌溉、河湖整治、堤防修建与加固工程。包括供水、灌溉渠(管)道、河湖整治与堤防工程、建筑物工程(水源工程除外)、交通工程、房屋建筑工程、供电设施工程和其他建筑工程。

2. 第二部分　机电设备及安装工程

(1)枢纽工程。指构成枢纽工程固定资产的全部机电设备及安装工程。本部分由发电设备及安装工程、升压变电设备及安装工程和公用设备及安装工程三项组成。

(2)引水工程及河道工程。指构成该工程固定资产的全部机电设备及安装工程。本部分一般由泵站设备及安装工程、小水电站设备及安装工程、供变电工程和公用设备及安装工程四项组成。

3. 第三部分　金属结构设备及安装工程

该部分指构成枢纽工程和其他水利工程固定资产的全部金属结构设备及安装工程。包括闸门、启闭机、拦污栅、升船机等设备及安装工程,压力钢管制作及安装工程和其他金属结构设备及安装工程。金属结构设备及安装工程项目要与建筑工程项目相对应。

4. 第四部分　施工临时工程

该部分指为辅助主体工程施工所必须修建的生产和生活用临时性工程。本部分包括导流工程、施工交通工程、施工场外供电工程、施工房屋建筑工程、其他施工临时工程等。

5. 第五部分　独立费用

该部分由建设管理费、生产准备费、科研勘测设计费、建设及施工场地征用费和其他五项组成。

(1)建设管理费。包括项目建设管理费、工程建设监理费和联合试运转费。

(2)生产准备费。包括生产及管理单位提前进厂费、生产职工培训费、管理用具购置费、备品备件购置费、工器具及生产家具购置费。

(3)科研勘测设计费。包括工程科学研究试验费和工程勘测设计费。

(4)建设及施工场地征用费。包括永久征地和临时征地所发生的费用。

第一、二、三部分均为永久性工程,均构成生产运行单位的固定资产。第四部分施工临时工程的全部投资扣除回收价值后以及第五部分独立费用扣除流动资产和递延资产后,均以适当的比例摊入各永久工程中,构成固定资产的一部分。

(三)三级项目

根据水利工程性质,其工程项目分别按枢纽工程、引水工程及河道工程划分,投资估算和设计概算要求每部分从大到小又划分为一级项目、二级项目、三级项目,其中一级项目相当于单项工程,二级项目相当于单位工程,三级项目相当于分部分项工程。第二、三级项目中,仅列示了代表性子目,编制概算时,二、三级项目可根据水利工程初步设计编制规程的工作深度要求和工程情况增减或再划分,施工图预算则根据计划统计、成本核算的实际需要进一步划分到四级项目,甚至五级项目。

大中型水利水电基本建设工程概预算和基本建设计划,国家规定统一按水利水电基本建设工程项目划分编制。其中,下列项目宜作必要的再划分:

(1)土方开挖工程,应将土方开挖与砂砾石开挖分列。

(2)石方开挖工程,应将明挖与暗挖,平洞与斜井、竖井分列。

(3)土石方回填工程,应将土方回填与石方回填分列。

(4)混凝土工程,应将不同工程部位、不同强度等级、不同级配的混凝土分列。

(5)模板工程,应将不同规格形状和材质的模板分列。

(6)砌石工程,应将干砌石、浆砌石、抛石、铅丝(钢筋)笼块石等分列。

(7)钻孔工程,应按使用不同钻孔机械及钻孔的不同用途分列。

(8)灌浆工程,应按不同灌浆种类分列。

(9)机电、金属结构设备及安装工程,应根据设计提供的设备清单,按分项要求逐一列出。

(10)钢管制作及安装工程,应将不同管径的钢管、叉管分列。

对于招标工程,应根据已批准的初步设计概算,按水利水电工程业主预算项目划分进行业主预算(执行概算)的编制。

三、项目划分注意事项

(1)现行的项目划分适用于估算、概算、施工图预算。对于招标文件和业主预算,要根据工程分标及合同管理的需要来调整项目划分。

(2)建筑安装工程三级项目的设置除深度应满足《编规》规定外,还必须与采用的定额相适应。

(3)对有关部门提供的工程量和预算资料,应按项目划分和费用构成正确处理。如施工临时工程,按其规模、性质,有的应在第四部分施工临时工程第一至四项中单独列项,有的包括在第四部分第五项,其他施工临时工程中,不单独列项,还有的包括在各个建安工程直接工程费中的现场经费内。

(4)注意设计单位的习惯与概算项目划分的差异。如施工导流用的闸门及启闭设备大多由金属结构设计人员提供,但应列在第四部分施工临时工程内,而不是第三部分金属结构设备及安装工程内。

第二节　水利水电工程工程量计算

工程量计算的准确性直接影响工程造价的编制质量。在初步设计阶段,如果工程量不按有关规定计算或计算不准确,则编制的设计概算也就不正确。因此,工程造价人员应具有一定程度的水工、施工、机电等方面的专业知识,掌握工程量计算的计算规则和计算方法。编制设计概算时,造价人员应熟悉主要设计图纸和设计说明书,对设计各专业提供的工程量,应进行详细审核后方可采用。

一、水利建筑工程量分类

(一)设计工程量

设计工程量由图纸工程量和设计阶段扩大工程量组成。设计工程量就是编制概(估)算的工程量。

1. 图纸工程量

图纸工程量是指按设计图纸计算出的工程量。即按照水工建筑物设计的几何轮廓尺寸计算的工程量。对于钻孔灌注工程,就是按设计孔距、排距、孔深等参数计算的工程量。

2. 设计阶段扩大工程量

设计阶段扩大工程量是指由于设计工作的深度有限,存在一定的误差,为留有一定的余地而增加的工程量。

(二)施工超挖工程量

为保证建筑物的安全及建筑物设计尺寸,施工开挖一般都不容许欠挖,但施工超挖往往是不可避免的。影响施工超挖工程量的因素主要有施工方法、施工技术及管理水平、地质条件等。

(三)施工附加量

施工附加量是指为完成本项目工程必须增加的工程量。例如,小断面圆形隧洞为满足施工交通需要扩挖下部而增加的工程量，隧洞开挖工程为满足交通和爆破的安全而设置错车道、避炮洞所增加的工程量，为固定钢筋网而增加固定筋的工程量等。

（四）施工超填工程量

施工超填工程量是指由施工超挖量和施工附加量增加的相应回填工程量。如隧洞超挖需要回填混凝土的工程量。

（五）施工损失量

1. 体积变化损失量

体积变化损失量是指施工期沉陷、体积变化影响而增加的工程量。如土石方填筑工程中的施工期沉陷而增加的工程量，混凝土体积收缩而增加的工程量等。

2. 运输及操作损耗量

运输及操作损耗量是指混凝土及土石方在运输、操作过程中的损耗，以及围垦工程、堵坝抛填工程的损耗量等。

3. 其他损耗量

其他损耗量如土石方填筑工程施工后，按设计边坡要求的削坡损失工程量，接缝削坡损失工程量黏土心（斜）墙及土坝的雨后坝面清理损失工程量，混凝土防渗墙一、二期墙槽接头孔重复造孔及混凝土浇筑增加的工程量。

（六）质量检查工程量

1. 基础处理检查工程量

基础处理工程大多数采用钻一定数量检查孔的方法进行质量检查。

2. 其他检查工程量

其他检查工程量如土石方填筑工程通常采用挖试坑的方法来检查其填筑成品方的干密度。

（七）试验工程量

试验工程量如土石坝工程为取得石料场爆破参数和坝上碾压参数而进行的爆破试验、碾压试验而增加的工程量。

二、各类工程量在概预算中的处理

在编制概（估）算时，应按工程量计算规定和项目划分及定额等有关规定，正确处理上述的各类工程量。

（一）设计工程量

设计工程量是图纸工程量乘以设计阶段系数，可行性研究、初步设计阶段的阶段系数应采用《水利水电工程设计工程量计算规定》（SL 328—2005）中的数值（见表6-1）。利用施工图设计阶段成果计算工程造价的，不论是预算或是调整概算，其设计阶段系数均为1，即设计工程量就是图纸工程量，不再保留设计阶段扩大工程量 。

（二）施工超挖量、施工附加量及施工超填量

现行《水利建筑工程预算定额》（简称《预算定额》）中均未计入施工超挖量、施工附加量及施工超填量三项工程量，故采用时，应将这三项合理的工程量，按相应的超挖、超填预算定额摊入单价中，而不是简单地乘以这三项工程量的扩大系数。而现行《水利建筑

表 6-1 工程量阶段系数

类别	设计阶段	土石方开挖工程量(万 m^3)				混凝土工程量(万 m^3)				土石方填筑、砌石工程量(万 m^3)				钢筋	钢材	模板	灌浆
		>500	500 ~ 200	200 ~ 50	<50	>300	300 ~ 100	100 ~ 50	<50	>500	500 ~ 200	200 ~ 50	<50				
永久工程或建筑物	项目建议书	1.03 ~ 1.05	1.05 ~ 1.07	1.07 ~ 1.09	1.09 ~ 1.11	1.03 ~ 1.05	1.05 ~ 1.07	1.07 ~ 1.09	1.09 ~ 1.11	1.03 ~ 1.05	1.05 ~ 1.07	1.07 ~ 1.09	1.09 ~ 1.11	1.08	1.06	1.11	1.16
	可行性研究	1.02 ~ 1.03	1.03 ~ 1.04	1.04 ~ 1.06	1.06 ~ 1.08	1.02 ~ 1.03	1.03 ~ 1.04	1.04 ~ 1.06	1.06 ~ 1.08	1.02 ~ 1.03	1.03 ~ 1.04	1.04 ~ 1.06	1.06 ~ 1.08	1.06	1.05	1.08	1.15
	初步设计	1.01 ~ 1.02	1.02 ~ 1.03	1.03 ~ 1.04	1.04 ~ 1.05	1.01 ~ 1.02	1.02 ~ 1.03	1.03 ~ 1.04	1.04 ~ 1.05	1.01 ~ 1.02	1.02 ~ 1.03	1.03 ~ 1.04	1.04 ~ 1.05	1.03	1.03	1.05	1.10
施工临时工程	项目建议书	1.05 ~ 1.07	1.07 ~ 1.10	1.10 ~ 1.12	1.12 ~ 1.15	1.05 ~ 1.07	1.07 ~ 1.10	1.10 ~ 1.12	1.12 ~ 1.15	1.05 ~ 1.07	1.07 ~ 1.10	1.10 ~ 1.12	1.12 ~ 1.15	1.10	1.10	1.12	1.18
	可行性研究	1.04 ~ 1.06	1.06 ~ 1.08	1.08 ~ 1.10	1.10 ~ 1.13	1.04 ~ 1.06	1.06 ~ 1.08	1.08 ~ 1.10	1.10 ~ 1.13	1.04 ~ 1.06	1.06 ~ 1.08	1.08 ~ 1.10	1.10 ~ 1.13	1.08	1.08	1.09	1.17
	初步设计	1.02 ~ 1.04	1.04 ~ 1.06	1.06 ~ 1.08	1.08 ~ 1.10	1.02 ~ 1.04	1.04 ~ 1.06	1.06 ~ 1.08	1.08 ~ 1.10	1.02 ~ 1.04	1.04 ~ 1.06	1.06 ~ 1.08	1.08 ~ 1.10	1.05	1.05	1.06	1.12
金属结构工程	项目建议书														1.17		
	可行性研究														1.15		
	初步设计														1.10		

注:1. 当采用混凝土立模面系数乘以混凝土工程量计算模板工程量时,不应再考虑模板阶段系数。

2. 当采用混凝土含钢率或含钢量乘以混凝土工程量计算钢筋工程量时,不应再考虑钢筋阶段系数。

3. 截流工程的工程量阶段系数可取 1.25 ~ 1.35。

4. 表中工程量指工程总工程量。

工程概算定额》(简称《概算定额》)已将这三项工程量的合理值计入定额中。

(三)试验工程量

碾压试验、爆破试验、级配试验、灌浆试验等大型试验均为设计工作提供重要参数,应列入在独立费用的勘测设计费或工程科研试验费中。

三、计算工程量应注意的问题

(一)工程项目的设置

工程项目的设置除必须满足《水利水电工程设计工程量计算规定》(SL 328—2005)提出的基本要求外,还必须与概算定额子目划分相适应。

1. 永久建筑物工程量计算

(1)土石方开挖工程量应按岩土分级分别计算,并将明挖、暗挖分开。明挖分一般、坑槽、坡面、基础等。暗挖宜分平洞、斜井、竖井、地下厂房等。

(2)土石方填筑工程量应根据建筑物设计断面中不同部位、不同填筑材料的设计要求分别计算,以建筑物实体方计量。砌筑工程量应按不同砌筑材料、砌筑方式(干砌、浆砌等)和砌筑部位分别计算,以建筑物砌体方计算。

(3)疏浚工程量的计算宜按设计水下方计量,开挖过程中的超挖及回淤量不应计算。吹填工程量计算,除考虑吹填区填筑量外,还应考虑吹填土层固结沉降、吹填区地基沉降和施工期泥沙流失等因素,计算单位为水下方。

(4)土工合成材料工程量宜按设计铺设面积或长度计算,不应计材料搭接及各种形式嵌固的用量。

(5)混凝土工程量计算应以成品实体方计量,并应符合下列规定:

项目建议书阶段混凝土工程量宜按工程各建筑物分项、分强度、分级配计算。可行性研究和初步设计阶段混凝土工程量应根据设计图纸分部位、分强度、分级配计算。碾压混凝土宜提出工法,沥青混凝土宜提出开级配或密级配。钢筋混凝土的钢筋可按含钢率或含钢量计算。混凝土结构中的钢衬工程量应单独列出。

(6)混凝土立模面积应根据建筑物结构体型、施工分缝要求和使用模板的类型计算。项目建议书和可行性研究阶段可参考《概算定额》附录9,初步设计阶段可根据工程设计立模面积计算。

(7)钻孔灌浆工程量计算。基础固结灌浆与帷幕灌浆工程量自起灌基面算起,钻孔长度自实际孔顶高程算起。基础帷幕灌浆采用孔口封闭的,还应计算灌注孔口管的工程量,根据不同孔口管长度以孔为单位计算。地下工程的固结灌浆,其钻孔和灌浆工程量根据设计要求以长度计算。回填灌浆工程量按设计的回填接触面积计算。接触灌浆和接缝灌浆的工程量按设计所需面积计算。

(8)混凝土地下连续墙的成槽工程量和混凝土浇筑工程量应分别计算,成槽工程量按不同墙厚、孔深和地层以面积计算。混凝土浇筑工程量按不同墙厚和地层以成墙面积计算。

(9)锚杆支护工程量按锚杆类型、长度、直径和支护部位及相应岩石级别以根数计算。预应力锚索的工程量按不同预应力等级、长度、形式及锚固对象以束计算。

(10)喷混凝土工程量应按喷射厚度、部位及有无钢筋以体积计算,回弹量不应计入,喷浆工程量应根据喷射对象以面积计算。

(11)混凝土灌注桩钻孔工程量和灌注混凝土工程量应分别计算,钻孔工程量按不同地层类别以钻孔长度计算。灌注混凝土工程量按不同桩径以桩长度计算。

(12)枢纽工程对外公路工程量。项目建议书阶段和可行性研究阶段可根据1:50 000~1:10 000的地形图按设计推荐的线路,分公路等级按长度计算工程量。初步设计阶段应根据不小于1:5 000的地形图按设计确定的公路等级提出长度或具体工程量。

(13)场内永久公路中主要交通道路。项目建议书阶段和可行性研究阶段应根据1:10 000~1:5 000的施工总平面布置图按设计确定的公路等级以长度计算工程量。初步设计阶段应根据1:5 000~1:2 000的施工总平面布置图,按设计要求提出长度或具体工程量。

(14)引(供)水、灌溉等工程的永久公路工程量可参照(13)要求计算。桥梁、涵洞按工程等级分别计算,提出延米或具体工程量。永久供电线路工程量,按电压等级、回路数以长度计算。

2. 施工临时工程量计算

(1)施工导流工程量计算要与永久水工建筑物计算要求相同,其中永久与临时结合的部分应计入永久工程量中,阶段系数按施工临时工程计取。

(2)施工支洞工程量应按永久水工建筑物工程量计算要求进行计算,阶段系数按施工临时工程计取。

(3)大型施工设施及施工机械布置所需土建工程量,按永久建筑物的要求计算工程量,阶段系数按施工临时工程计取。

(4)施工临时公路的工程量可根据相应设计阶段施工总平面布置图或设计提出的运输线路分等级计算公路长度或具体工程量。

(5)施工供电线路工程量可按设计的线路走向、电压等级和回路数计算。

3. 金属结构工程量计算

(1)水工建筑物的各种钢闸门和拦污栅工程量以吨计,项目建议书阶段可按已建工程类比确定,可行性研究阶段可根据初选方案确定的类型和主要尺寸计算;初步设计阶段应根据选定方案的设计尺寸和参数计算。各种闸门和拦污栅的埋件工程量计算均应与其主设备工程量计算精度一致。

(2)启闭设备工程量计算宜与闸门和拦污栅工程量计算精度相适应,并分别列出设备质量(t)和数量(台、套)。

(3)压力钢管工程量应按钢管形式(一般、叉管)、直径和壁厚分别计算,以吨为计算单位,不应计入钢管制作与安装的操作损耗量。

(二)必须与采用的定额相一致

概预算的项目及工程量的计算应与定额章节子目的设置和定额单位以及定额的有关规定相一致。有的工程项目,工程量单位可以有两种表达方式,如喷射混凝土可以用m^2,也可以用m^3;混凝土防渗墙可以用m^2(阻水面积),也可以用m(进尺)和m^3(混凝土浇筑);高压喷射防渗墙可以用 m^2(阻水面积),也可以用 m(进尺)。设计采用的工程量单位应与定额单位相一致,若不一致则要按定额的单位进行换算使之一致。

第三节 水利工程概(估)算编制

一、设计概算编制程序及文件组成

(一)设计概算编制依据

(1)国家及省、自治区、直辖市颁发的有关法令法规、制度、规程。

(2)水利工程设计概(估)算编制规定。

(3)《水利建设工程概算定额》、《水利水电设备安装工程概算定额》、《水利工程施工机械台时费定额》和有关行业主管部门颁发的定额。

(4)水利工程设计工程量计算规则。

(5)初步设计文件及图纸。

(6)有关合同协议及资金筹措方案。

(7)其他。

(二)设计概算文件编制程序

1. 准备工作

(1)了解工程概况,即了解工程位置、规模、枢纽布置、地质、水文情况、主要建筑物的结构形式和主要技术数据、施工总体布置、施工导流、对外交通条件、施工进度及主体工程施工方案等。

(2)拟订工作计划,确定编制原则和依据;确定计算基础价格的基本条件和参数;确定所采用的定额、标准及有关数据;明确各专业提供的资料内容、深度要求和时间;落实编制进度及提交最后成果的时间;编制人员分工安排和提出计划工作量。

(3)调查研究,收集资料。主要了解施工砂、石、土料的储量、级配、料场位置、料场内外交通运输条件、开挖运输方式等。收集物资、材料、税务、交通及设备价格资料,调查新技术、新工艺、新材料的有关价格等。

2. 计算基础单价

基础单价是建安工程单价计算的依据和基本要素之一,应根据收集到的各项资料,按工程所在地编制年价格水平,执行上级主管部门有关规定分析计算。

3. 划分工程项目、计算工程量

按照水利水电基本建设项目划分的规定将项目进行划分,并按水利水电工程量计算规定计算工程量。设计工程量就是编制概算的工程量,按计量规范确定。

4. 套用定额计算工程单价

在上述工作的基础上,根据工程项目的施工组织设计、现行定额、费用标准和有关设备价格,分别编制工程单价。

5. 编制工程概算

根据工程量、设备清单、工程单价和费用标准分别编制各部分概算。

6. 进行工、料、机分析汇总

将各工程项目所需的人工工时和费用、主要材料数量和价格、使用机械总数及台时进行统计汇总。

7. 汇总总概算

各部分概算投资计算完成后,即可进行总概算汇总,主要内容为:

(1)汇总建筑工程、机电设备及安装工程、金属结构设备及安装工程三大部分投资。

(2)编制总概算表,填写各部分投资之后,再依次计算基本预备费、价差预备费、建设期还贷利息,最终计算静态总投资和总投资。

8. 编写编制说明及装订整理

最后编写编制说明并将校核、审定后的概算成果一同装订成册,形成设计概算文件。

(三)设计概算文件组成内容

1. 概算正件组成内容

1)编制说明

(1)工程概况:流域,河系,工程兴建地点,对外交通条件,工程规模,工程效益,工程布置形式,主体建筑工程量,主要材料用量,施工总工期,施工总工时,施工平均人数和高峰期人数,资金筹措情况和投资比例等。

(2)主要投资指标:工程静态总投资和总投资,年度价格指数,基本预备费率,建设期融资额度、利率和利息等。

(3)编制原则和依据:①概算编制原则和依据;②人工预算单价,主要材料,施工用电、水、风,砂石料等基础单价的计算依据;③主要设备价格的编制依据;④费用计算标准及依据;⑤工程资金筹措方案。

(4)概算编制中其他应说明的问题。

(5)主要技术经济指标表。

(6)工程概算总表。

2)工程部分概算表

(1)概算表:①总概算表;②建筑工程概算表;③机电设备及安装工程概算表;④金属结构设备及安装工程概算表;⑤施工临时工程概算表;⑥独立费用概算表;⑦分年度投资表;⑧资金流量表。

(2)概算附表:①建筑工程单价汇总表;②安装工程单价汇总表;③主要材料预算价格汇总表;④次要材料预算价格汇总表;⑤施工机械台时费汇总表;⑥主要工程量汇总表;⑦主要材料量汇总表;⑧工时数量汇总表;⑨建设及施工场地征用数量汇总表。

2. 概算附件组成内容

(1)人工预算单价计算表。

(2)主要材料运输费用计算表。

(3)主要材料价格计算表。

(4)施工用电价格计算书。

(5)施工用水价格计算书。

(6)施工用风价格计算书。

(7)补充定额计算书。

(8)补充施工机械台时费计算书。

(9)砂石料单价计算书。

(10)混凝土材料单价计算表。

(11)建筑工程单价表。

(12)安装工程单价表。

(13)主要设备运杂费率计算书。

(14)临时房屋建筑工程投资计算书。

(15)独立费用计算书(按独立项目分项计算)。

(16)分年度投资表。

(17)资金流量计算表。

(18)价差预备费计算表。

(19)建设期融资利息计算书。

(20)计算人工、材料、设备预算价格和费用依据的有关文件、询价报价资料及其他。

概算正件及附件均应单独成册并随初步设计文件报审。

二、基础单价编制

基础单价是编制工程单价的基本依据之一,也是编制工程概预算的最基本资料,它包括人工预算单价,材料预算价格,电、风、水价格,施工机械台时费,砂石料单价等。基础单价编制的准确与否,将直接影响工程单价的正确程度,从而影响工程概预算编制的质量。

(一)人工预算单价

人工预算单价是计算建筑与安装工程人工费的重要基础。在编制概预算时,必须根据不同时期、不同部门、不同地区的人工单价组成内容和标准,执行相应主管部门的规定,准确确定人工预算单价。人工预算单价由基本工资、辅助工资和工资附加费组成。人工预算单价应按国家有关规定及工程所在地区的工资区类别和水利水电施工企业工人工资标准等根据《编规》中的方法计算。

(二)材料预算价格

材料是指用于建筑安装工程中,直接消耗在工程上的消耗性材料、构成工程实体的装置性材料和施工中重复使用的周转性材料。材料预算价格是指材料由购买地点运到工地分仓库或相当于工地分仓库(材料堆放场)的出库价格,材料从工地分仓库至施工场地用料点的场内运杂费已计入定额内。

水利水电工程建设中所用材料品种繁多,规格各异,按其对工程投资影响的程度,可分为主要材料和其他材料。

(1)主要材料:指工程施工中用量大或用量虽小但价格昂贵,对工程造价影响大的材料。这类材料的价格应按品种逐一详细计算。

材料预算价格一般包括材料原价、运杂费、运输保险费、采购及保管费四项,个别材料按规定需计包装费的应包含包装费,计算公式如下:

材料预算价格 =（材料原价 + 包装费 + 运杂费）×（1 + 采购及保管费率）+ 运输保险费 (6-1)

（2）其他材料：指除主要材料外的所有材料，其对工程造价影响较小，但品种繁多。该部分价格不需要详细计算，可参考工程所在地区或就近地区建设工程造价管理部门发布的建设工程材料预算价格或信息价格，加上运到工地的运杂费作为其他材料的预算价格。无地区预算价格的次要材料，由设计单位参照实际价格水平确定。

（三）电、风、水预算价格

电、风、水在水利水电工程施工中耗用量大，其价格将直接影响到施工机械台时费的高低。因此，编制电、风、水预算价格时，应根据施工组织设计确定的电、风、水的供应方式、布置形式、设备配置情况等资料分别计算。

1. 施工用电价格

水利水电工程施工用电，一般有外购电和自发电两种形式。施工用电按用途可分为生产用电和生活用电两部分。生产用电是指直接计入工程成本中的用电量，包括施工机械用电、施工照明用电和其他生产用电；生活用电是指生活、文化、福利设施的室内外照明和其他生活用电。水利水电工程概预算中的电价计算仅指生产用电，生活用电不直接用于生产，应在间接费内计列或由职工负担。

施工用电价格由基本电价、电能损耗摊销费和供电设施维修摊销费组成。

（1）外购电电价 J_w：

$$J_w = \frac{J}{(1-k_1)(1-k_2)} + C_g \tag{6-2}$$

式中 J_w——外购电电价，元/kWh；

J——基本电价，元/kWh，包括电力建设基金、电网电价等各种有关规定的加价，按国家有关部门批准的各省、市、自治区非工业及普通工业用电电价执行；

k_1——高压输电线路损耗率，初步设计阶段取 4% ~6%，线路短、用电负荷集中取小值，反之取大值；

k_2——变配电设备及配电线路损耗率，初步设计阶段取 5% ~8%，线路短、用电负荷集中取小值，反之取大值；

C_g——供电设施维修摊销费（变配电设备除外），理论上，供电设施维修摊销费应按待摊销的总费用除以总用电量（包括生活用电）计算，但由于具体计算烦琐，初步设计阶段施工组织设计深度往往难以满足要求，因此编制概（估）算时可采用经验指标直接摊入电价计算，初步设计阶段取 0.02 ~0.03 元/kWh。

为施工用电架设的施工场外供电线路，如电压等级在枢纽工程 35 kV、引水工程及河道工程 10 kV 及以上，场外供电线路、变电站等设备及土建费用，按现行规定列入施工临时工程中的施工场外供电工程项目内。

（2）自发电电价 J_z：

$$J_z = \frac{C_T}{\sum pK(1-k_1)(1-k_2)} + C_g + C_L \tag{6-3}$$

式中　J_z——自发电电价,元/kWh;

C_T——柴油发电机组(台)时总费用,元;

$\sum p$——柴油发电机额定容量之和,kW;

K——发电机出力系数,一般取0.8~0.85;

k_1——厂用电率,取为4%~6%;

k_2——变配电设备及配电线路损耗率,取5%~8%;

C_g——供电设施维修摊销费,同外购电;

C_L——单位冷却水费,采用循环水冷却时,$C_L = 0.03 \sim 0.05$ 元/kWh,若采用水泵供给非循环水冷却,则水泵组(台)时费应计入 C_T 之内。

若工程为自发电与外购电共用,则按 J_w 与 J_z 电量比例加权平均计算综合电价。

2. 施工用风价格

水利水电工程施工用风指用于石方爆破钻孔、混凝土工程、金属结构、机电设备安装工程等风动机械所需的压缩空气。施工用风一般采用移动式空压机或固定式空压机供给。采用移动式空压机供风时,不再单独计算风价,而是以空压机台时费乘以台时使用量直接计入工程单价,相应风动机械第二类费用中不再考虑。

施工用风价格由基本风价、供风损耗和供风设施维修摊销费组成。施工用风价可按下式计算:

$$J_{风} = \frac{C_T}{\sum QtK(1 - k_1)} + C_g + C_L \tag{6-4}$$

式中　$J_{风}$——风价,元/m³;

C_T——空气压缩机组(台)时总费用,元;

$\sum Q$——空压机额定容量总和,m³/min;

t——台时时间,60 min;

K——能量利用系数,取0.70~0.85;

k_1——供风损耗率,取8%~12%;

C_g——供风设施维修摊销费,取0.002~0.003元/m³;

C_L——单位冷却水费,采用循环冷却水时,$C_L = 0.005$ 元/m³,采用水泵供给非循环水冷却,则水泵组(台)时费应计入 C_T 之内。

3. 施工用水价格

水利水电工程施工用水分为生产用水和生活用水。生产用水包括施工机械用水、砂石料筛洗用水、混凝土拌制和养护用水等。生活用水不在水价计算范围内。

施工用水价格由基本水价、供水损耗摊销费和供水设施维修摊销费组成。施工用水价格可按下式计算:

$$J_{水} = \frac{C_T}{\sum QK(1 - k_1)} + C_g \tag{6-5}$$

式中　$J_{水}$——水价,元/m³;

C_T——水泵组(台)时总费用,元;

$\sum Q$——水泵额定容量之和,m^3/h;

K——能量利用系数,取0.75~0.85;

k_1——供水损耗率,取8%~12%,供水范围大,扬程高,采用两级以上泵站供水系统取大值,反之取小值;

C_g——供水设施维修摊销费,取0.02~0.03元/m^3。

(四)施工机械台时费

施工机械台时费是指一台机械在一个小时内,为使机械正常运转所支出和分摊的各项费用之和。施工机械台时费是计算机械使用费的基础单价。

水利水电工程施工机械台时费由一类费用和二类费用组成。

一类费用包括折旧费、修理(含大修理费、经常性修理费)及替换设备费和安装拆卸费。现行部颁定额是按定额编制年的价格水平以金额形式表示的。编制台时费时,应按编制年价格水平进行调整,具体按国家有关规定执行。

二类费用是指施工机械正常运转时机上人工、动力、燃料消耗费,以工时数量和实物消耗量表示。编制台时费时,按国家规定的人工预算工资和工程所在地的物价水平分别计算。

台时费定额内机械台时费计算公式为:

$$一类费用 = 定额金额 \times 编制年调整系数 \tag{6-6}$$

$$二类费用 = 定额机上人工工时 \times 人工预算单价 + \sum(动力燃料额定消耗量 \times 预算价格) \tag{6-7}$$

现行《水利工程施工机械台时费定额》(简称《台时费定额》)规定机上人工预算单价按中级工计算,定额金额、定额机上人工工时、动力燃料额定消耗量由《台时费定额》查得。

(五)砂石料单价

砂石料是水利水电工程中的主要建筑材料,常指砂、卵(砾)石、碎石、块石、条石等材料。由于其用量多,单价高低将直接影响工程投资,因此必须单独编制其单价。

1.骨料单价计算的基本方法

砂石骨料单价是指从清除覆盖层、毛料开采运输、预筛破碎、筛洗贮存直到将成品运至混凝土拌制系统骨料仓(场)为止的全部生产流程所发生的费用。骨料单价常用计算方法有系统单价法和工序单价法两种。

2.成品骨料单价的计算步骤

1)收集基本资料

(1)料场的位置、分布、地形、地质与水文地质条件,开采与运输条件。

(2)料场的储量与可开采量。

(3)各料场需清除覆盖层的厚度、性质、数量及清除方法等。

(4)毛料开采运输、预筛破碎、筛洗加工、废料处理和成品料堆存运输的施工方法。

(5)料场的天然级配与设计级配,级配平衡计算成果。

(6)骨料生产系统工艺流程及设备配置与生产能力。

2)确定单价计算的基本参数

基本参数包括覆盖层清除摊销率、弃料处理摊销率等。

3)计算成品骨料各工序单价

选用现行定额,根据天然骨料和人工骨料的施工方法、工艺流程计算成品骨料工序单价。

4)计算成品骨料单价

骨料综合单价计算公式为:

$$\text{砂石骨料综合单价} = \text{覆盖层清除摊销费} + \text{开采加工单价} + \text{弃料处理摊销费} \tag{6-8}$$

其中

$$\text{覆盖层清除摊销费单价} = \sum(\text{覆盖层清除单价} \times \text{覆盖层清除摊销率}) \tag{6-9}$$

$$\text{弃料处理摊销费单价} = \sum(\text{弃料处理单价} \times \text{弃料处理摊销率}) \tag{6-10}$$

$$\text{开采加工单价} = \sum(\text{各工序开采加工工序单价} + \text{运输单价}) \tag{6-11}$$

3.块(片)石、条(拱)石、料石单价计算

块(片)石、条(拱)石、料石单价是指将符合要求的石料运至施工现场堆料点的价格。一般包括料场覆盖层(风化层、无用层)清除,石料开采、加工(修凿)、运输、堆存,以及石料在开采、加工、运输、堆存过程的损耗等。单价计算公式如下:

$$J_{\text{石}} = fD_f + (D_1 + D_2) \times (1 + K) \tag{6-12}$$

式中 $J_{\text{石}}$——石料单价,元/m^3,块石按成品码方计,料石、条石按清料方计;

f——覆盖层清除率,清除量占成品石料方量的百分率;

D_f——覆盖层清除单价,根据施工方法,按定额相应子目计算,元/m^3;

D_1——石料开采单价,根据岩石级别、石料种类和施工方法按相应定额子目计算,元/m^3;

D_2——石料运输、堆存单价,根据施工方法和运距按相应定额子目计算,元/m^3;

K——综合损耗率,块石可取4%,条石、料石可取2%。

块(片)石、条(拱)石、料石单价应根据地质报告有关资料和施工组织设计确定的工艺流程、施工方法,选用现行定额中的相应子目计算。

4.外购砂石料单价计算

对于地方中小型水利工程,一般砂石料用量较少,不宜自采加工,或由于当地砂石料缺乏,储量不能满足工程需要,可从附近砂石料市场采购。外购砂石料单价按主要材料预算价格计算。

三、工程单价编制

建筑与安装工程单价(简称工程单价)是编制水利水电工程建筑与安装费用的基础。工程单价是指完成单位工程量(如1 m^3、1 t、1台等)所耗用的全部费用,包括直接工程费、间接费、企业利润和税金等。工程单价由“量”、“价”、“费”三要素组成。完成单位基本构成要素所需的人工、材料及机械使用“量”可以通过查定额等方法加以确定,其使用“量”与各自基础单“价”的乘积之和构成直接费,再按有关取“费”标准计算其他直接费、

现场经费、间接费、企业利润和税金等,直接费与各项取“费”之和即构成建筑或安装工程单价。

工程单价的编制方法有定额法和实物量法,我国目前广泛采用定额法。

(一)建筑工程单价编制

1. 建筑工程单价编制步骤

(1)了解工程概况,熟悉设计文件与设计图纸,收集编制依据(如定额、基础单价、费用标准等)。

(2)根据施工组织设计确定的施工方法,结合工程特征、施工条件、施工工艺和设备配备情况,正确选用定额子目。

(3)将本工程人工、材料、机械等的基础单价分别乘以定额的人工、材料、机械设备的消耗量,计算所得人工费、材料费、机械使用费相加可得直接费单价。

(4)根据直接费单价和各项费用标准计算其他直接费、现场经费、间接费、企业利润和税金,并汇总求得工程单价。当存在材料价差时,应将材料价差考虑税金后作为材料调差费计入工程单价。

2. 建筑工程单价编制方法

工程单价编制一般采用列表法,该表称建筑工程单价表。工程单价计算程序及列式可用表 6-2 表示。

3. 建筑工程单价编制应注意的问题

(1)了解工程的地质条件以及建筑物的结构形式和尺寸等。熟悉施工组织设计,了解主要施工条件、施工方法和施工机械等,以便正确选用定额。

表 6-2　建筑工程单价计算程序表

序号	项目	计算方法
(一)	直接工程费	(1)+(2)+(3)
(1)	直接费	①+②+③
①	人工费	Σ(定额人工工时数×人工预算单价)
②	材料费	Σ(定额材料用量×材料预算价格)
③	机械使用费	Σ(定额机械台时用量×机械台时费)
(2)	其他直接费	(1)×其他直接费费率
(3)	现场经费	(1)×现场经费费率
(二)	间接费	(一)×间接费费率
(三)	企业利润	[(一)+(二)]×企业利润率
(四)	税金	[(一)+(二)+(三)]×税率
(五)	材料调差	Σ(定额材料用量×材料差价)×(1+税率)
(六)	工程单价	(一)+(二)+(三)+(四)+(五)

(2)现行定额指标是按目前水利水电工程的平均先进水平列出的,编制单价时,除定

额中规定允许调整外，均不得对定额中的人工、材料、施工机械台时数量及施工机械的名称、规格、型号进行调整。定额系按一日三班作业施工，每班八小时工作制拟订。若采用一日一班或二班制，则定额不作调整。

(3)定额中的人工是指完成该定额子目工作内容所需的人工耗用量。包括基本工作和辅助工作，并按其所需技术等级，分别列出工长、高级工、中级工、初级工的工时及其合计数。定额中的材料是指完成该定额子目工作内容所需的全部材料耗用量，包括主要材料(以实物量形式在定额中列出)及其他材料、零星材料。定额中的机械是指完成该定额子目工作内容所需的全部机械耗用量，包括主要机械和其他机械。其中，主要机械以台(组)时数量在定额中列出。

(4)定额中凡一种材料(或机械)名称之后，同时并列几种不同型号规格的，表示这种材料(或机械)只能选用其中一种进行计价。凡一种材料(或机械)分几种型号规格与材料(或机械)名称同时并列的，则表示这些名称相同而规格不同的材料或机械应同时计价。

(5)定额中其他材料费、零星材料费、其他机械费均以费率(%)形式表示，其计量基数是:其他材料费以主要材料费之和为计算基数，零星材料费以人工费、机械费之和为计算基数，其他机械费以主要机械费之和为计算基数。

(6)定额只用一个数字表示，仅适用于该数字本身。当所求值介于两个相邻子目之间时，可用插入法调整，调整方法如下：

$$A = B + \frac{(C - B)(a - b)}{c - b} \tag{6-13}$$

式中 A——所求定额数；

B——小于 A 而最接近 A 的定额数；

C——大于 A 而最接近 A 的定额数；

a——A 项定额参数；

b——B 项定额参数；

c——C 项定额参数。

(7)注意定额总说明、分章说明、各子目下的“注”和附录等有关调整系数。如海拔超过 2 000 m 的调整系数、土方类别调整系数等。

(8)《概算定额》已按现行施工规范计入了合理的超挖超填量、施工附加量及施工损耗量所需增加的人工、材料和机械使用量；《预算定额》一般只计施工损耗量所需增加的人工、材料和机械使用量。所以，在编制工程概(估)算时，应按工程设计几何轮廓尺寸计算工程量；编制工程预算时，工程量中还应考虑合理的超挖、超填量和施工附加量。

(9)凡定额中缺项或虽有类似定额，但其技术条件有较大差异时，应根据本工程施工组织设计编制补充定额，计算工程单价。补充定额应与现行定额水平及包含内容一致。

(10)非水利水电工程项目，按照专业专用的原则，应执行有关专业颁发的相应定额，如《公路工程设计概算定额》、《铁路工程设计概算定额》、《建筑工程预算定额》等。

(二)设备安装工程单价编制

安装工程包括机电设备安装和金属结构设备安装。前者主要指水轮发电机组、起重设备、辅助设备、主变压器、高压设备和电气设备等，后者主要指闸门、启闭机、压力钢管等。安装工程费包括设备安装费和构成工程实体的装置性材料费与装置性材料安装费。

安装工程单价由直接工程费、间接费、企业利润和税金组成。其编制方法有实物量法和安装费率法。

1. 实物量法

安装工程实物量形式定额与建筑工程定额相似，单价编制方法亦基本相同，只是单价的费用项目组成略有不同。安装工程中的材料可分为消耗性材料和装置性材料。消耗性材料是指在安装过程中被逐渐消耗的材料，如氧气、电石、焊条等。装置性材料是指按照设备与材料的划分规则，那些不属于设备但又和设备一样需要安装的材料及附件。材料如轨道、管路、电缆、母线等；附件如轨道的垫板、螺栓，电缆的支架等。

装置性材料又分为主要装置性材料和次要装置性材料。在《水利水电设备安装工程概算定额》（简称《安装工程概算定额》）中，本身作为安装的对象，且以独立的安装项目出现的装置性材料，即为主要装置性材料。例如，轨道、管路、电缆、母线等。主要装置性材料的价值在安装概算定额内并未包括，需要另外计价。所以，主要装置性材料又叫未计价装置性材料。发电电压设备、控制保护设备、计算机监控设备等在安装过程中所需的装置性材料称次要装置性材料。其特点是品种多、规格杂、价值较低，在《概算定额》中均已计入其费用。

在《水利水电设备安装工程预算定额》（简称《安装工程预算定额》）中，主要装置性材料和次要装置性材料均作为未计价材料。

在编制安装工程单价时，对于定额中未计价装置性材料，应按设计确定的规格、数量和在本工程中的预算价格计算其费用（含规定损耗量增加的费用）。在初步设计阶段，若设计提不出具体的主要装置性材料的规格、数量，也可参照《安装工程概算定额》附录中有关资料计算。

2. 安装费率法

采用安装费率计算安装费单价时，定额人工费安装费率需要调整，调整方法是将定额人工费安装费率乘以本工程人工费安装费率调整系数。人工费安装费率调整系数计算如下：

$$\text{人工费安装费率调整系数} = \frac{\text{工程所在地人工预算单价}}{\text{北京地区人工预算单价}} \tag{6-14}$$

式(6-14)中，人工预算单价是指工时预算单价，北京地区人工预算单价需根据定额主管部门发布的与工程同期北京地区安装人工预算单价确定。

对进口设备的安装费率也需要调整，调整方法是将定额人工费、材料费、机械使用费、装置性材料费安装费率乘以进口设备安装费率调整系数。进口设备安装费率调整系数计算如下：

$$\text{进口设备安装费率调整系数} = \frac{\text{同类国产设备原价}}{\text{进口设备原价}} \tag{6-15}$$

3. 安装工程单价计算

安装工程单价费用组成及计算方法见表6-3。

表6-3　安装工程单价计算程序表

序号	项目	计算方法	
		实物量法	安装费率法
(一)	直接工程费	(1)+(2)+(3)	(1)+(2)+(3)
(1)	直接费	①+②+③	①+②+③+④
①	人工费	Σ(定额人工工时数×人工预算单价)	设备原价×定额人工费安装费率×人工费调整系数
②	材料费	Σ(定额材料用量×材料预算价格)	设备原价×定额材料费安装费率
③	机械使用费	Σ(定额机械台时用量×机械台时费)	设备原价×定额机械使用费安装费率
④	装置性材料费		设备原价×定额装置性材料费安装费率
(2)	其他直接费	(1)×其他直接费费率	(1)×其他直接费费率
(3)	现场经费	①×现场经费费率	①×现场经费费率
(二)	间接费	①×间接费费率	①×间接费费率
(三)	企业利润	[(一)+(二)]×企业利润率	[(一)+(二)]×企业利润率
(四)	未计价装置性材料费	Σ未计价装置性材料用量×材料预算价格	
(五)	税金	[(一)+(二)+(三)+(四)]×税率	[(一)+(二)+(三)]×税率
(六)	工程单价	(一)+(二)+(三)+(四)+(五)	(一)+(二)+(三)+(五)

4.编制安装工程单价需注意的问题

(1)使用电站主厂房桥式起重机进行安装工作时,桥式起重机台时费不计基本折旧费、大修理折旧费和安装拆卸费。

(2)计算装置性材料预算用量时,应按定额规定操作损耗率计入操作损耗量。

(3)概预算定额除各章说明外,还包括以下工作内容:

①设备安装前后的开箱、检查、清扫、滤油、注油、刷漆和喷漆工作。

②安装现场内的设备运输。

③随设备成套供应的管路及部件的安装。

④设备的单体试运转、管和罐的水压试验、焊接及安装的质量检查。

⑤现场施工临时设施的搭拆及其材料、专用特殊工器具的摊销。

⑥竣工验收移交生产前对设备的维修、检查和调整。

(4)设备与材料的划分。

①制造厂成套供货范围的部件、备品备件、设备体腔内定量填充物(透平油、变压器油、六氟化硫气体等)均作为设备。

②不论成套供货、现场加工或零星购置的贮气罐、阀门、盘用仪表、机组本体上的梯子、平台和栏杆等均作为设备,不能因供货来源不同而改变设备的性质。

③管道和阀门当构成设备本体部件时,应作为设备,否则应作为材料。

④随设备供应的保护罩、网门等,凡已计入相应设备出厂价格内的,应作为设备,否则应作为材料。

⑤电缆和电缆头,电缆和管道用的支吊架、母线、金具、滑触线和架,屏盘的基础型钢、钢轨、石棉板、穿墙隔板、绝缘子,一般用保护网、罩、门、梯子、平台、栏杆和蓄电池木架等,均作为材料。

(5)使用安装工程定额时,除有规定外,对不同地区、施工企业、机械化程度和施工方法等因数,均不作调整。

安装工程定额与建筑工程定额有许多相似之处,如定额中数字适用范围的表示方式,定额中零星材料费、其他材料费、其他机械使用费的取费基础等,这里不再赘述。

四、分部工程概算编制

(一)建筑工程概算编制

建筑工程概算采用"建筑工程概算表"的格式编制(见表6-4),包括主体建筑工程、交通工程、房屋建筑工程、外部供电线路工程及其他建筑工程。通常采用单价法、指标法和百分率等方法编制。

表6-4　建筑工程概算表

序号	工程或费用名称	单位	数量	单价(元)	合计(元)

注:本表适用于建筑工程概算、施工临时工程概算和独立费用概算。

1. 主体建筑工程概算编制

主体建筑工程按设计工程量乘以工程单价进行编制。主体建筑工程量应根据《水利工程设计工程量计算规则》,按项目划分要求,计算到三级项目。当设计对混凝土施工有温控要求时,应根据温控措施设计,计算温控措施费用,也可以经过分析确定指标后,按建筑物混凝土方量进行计算。细部结构工程可参照有关水工建筑工程细部结构指标确定。

2. 交通工程概算编制

交通工程指水利水电工程的永久对外公路、铁路、桥梁、码头等工程,其主要工程的投资应按设计提供的工程量乘以单价计算,也可根据工程所在地区造价指标或有关实际资料,采用扩大单位指标编制。

3. 房屋建筑工程概算编制

房屋建筑工程指水利枢纽、水电站、水库等基本建设工程的永久辅助生产厂房、仓库、办公室、住宅及文化福利建筑，办公及生活区内的道路和室外给水排水、照明等室外工程，包括在附属辅助设备安装工程内的基础工程等。

永久房屋建筑，用于生产和管理办公的部分，由设计单位按有关规定，结合工程规模确定；用于生活文化福利建筑工程的部分，在考虑国家现行房改政策的情况下，根据现行《编规》，按主体建筑工程投资的百分率计算。室外工程投资，一般按房屋建筑工程投资的百分比计算。

4. 供电线路工程

根据设计的电压等级、线路架设长度及所需配备的变配电设施要求，采用工程所在地区造价指标或有关实际资料计算。

5. 其他建筑工程

其他建筑工程包括内外部观测工程、动力线路工程、照明线路及设施工程、通信线路工程等。

内外部观测工程按建筑工程属性处理。内外部观测工程项目投资应按设计资料计算。如无设计资料，则可根据坝型或其他工程形式，按照现行《编规》规定的主体建筑工程投资的百分率计算；动力线路、照明线路、通信线路等工程投资按设计工程量乘以单价或采用扩大单位指标编制；其余各项目按设计要求分析计算。

(二)机电设备及安装工程概算

机械设备泛指水轮机、发电机、调速器、主阀、起重设备及其附助设备及安装。电气设备泛指一次设备、二次设备及其他电气设备及安装。以上两部分设备及安装费用共同构成总概算中第二部分费用(机电设备及安装工程费)，其大部分集中在发电厂房中和升压变电站中。各部分设备及安装工程费用由设备费和安装工程费组成。

1. 设备费

设备费包括设备原价、运杂费、运输保险费和采购及保管费。

1)设备原价

以出厂价或设计单位分析论证的询价为设备原价。

(1)国产设备以出厂价为原价，非定型和非标准产品可向厂家索取报价资料分析之后确定原价。

(2)进口设备以到岸价和进口征收的关税、增值税、手续费、商检费及港口费等各项之和为原价。

(3)自行加工制作的设备参照有关定额计算价格，但一般应低于外购价格。

2)运杂费

运杂费指设备由厂家运到工地安装现场所发生的一切运杂费用。包括调车费、运输费、装卸费、包装绑扎费、变压器充氮费以及其他可能发生的杂费(如桥梁加固费等)。

(1)国产设备运杂费分主要设备和其他设备，均按照占设备原价的百分率计算。《编规》规定的主要设备运杂费率如表6-5所示。设备由铁路直达或铁路、公路联运时，分别按里程求得费率后叠加计算；如果设备由公路直达，应按公路里程计算费率后，再加公路直达基本费率。

其他设备运杂费率见表6-6。工程地点距铁路近者费率取小值,远者取大值。新疆、西藏地区的费率在表6-6中未包括,可视具体情况另行确定。

(2)进口设备国内段运杂费率,可按国产设备运杂费率乘以相应国产设备原价占进口设备原价的比例系数计算或按国产设备原价乘以国内段运杂费率计算。

表6-5 主要设备运杂费率

<table>
<tr><th colspan="2" rowspan="2">设备分类</th><th colspan="2">铁路</th><th colspan="2">公路</th><th rowspan="2">公路直达基本费率(%)</th></tr>
<tr><th>基本运距 1 000 km</th><th>每增运 500 km</th><th>基本运距 50 km</th><th>每增运 10 km</th></tr>
<tr><td colspan="2">水轮发电机组</td><td>2.21</td><td>0.40</td><td>1.06</td><td>0.10</td><td>1.01</td></tr>
<tr><td colspan="2">主阀、桥机</td><td>2.99</td><td>0.70</td><td>1.85</td><td>0.18</td><td>1.33</td></tr>
<tr><td rowspan="2">主变压器</td><td>≥120 000 kVA</td><td>3.50</td><td>0.56</td><td>2.80</td><td>0.25</td><td>1.20</td></tr>
<tr><td><120 000 kVA</td><td>2.97</td><td>0.56</td><td>0.92</td><td>0.10</td><td>1.20</td></tr>
</table>

表6-6 其他设备运杂费率

类别	适用地区	费率(%)
Ⅰ	北京、天津、上海、江苏、浙江、江西、安徽、湖北、湖南、河南、广东、山西、山东、河北、陕西、辽宁、吉林、黑龙江等省、直辖市	4~6
Ⅱ	甘肃、云南、贵州、广西、四川、重庆、福建、海南、宁夏、内蒙古、青海等省、自治区、直辖市	6~8

3)运输保险费

运输保险费等于设备原价乘以运输保险费率。国产设备运输保险费率可按工程所在省、自治区、直辖市规定计算,进口设备的运输保险费率按有关规定执行。

4)采购及保管费

采购及保管费是指建设单位和施工企业在负责设备的采购、保管过程中发生的各项费用,按设备原价、运杂费之和的0.7%计算。

设备体腔内的定量充填物,应视为设备,其价值计入设备费,一般变压器油计入设备原价,不必另外计价。透平油、油压启闭机中液压油、蓄电池中电解液都应另计费用。

5)运杂综合费率

运杂综合费率按下式计算:

$$运杂综合费率 = 运杂费率 + (1 + 运杂费率) \times 采购及保管费率 + 运输保险费率 \tag{6-16}$$

式(6-16)适用于计算国产设备运杂费。国产设备运杂综合费率乘以相应国产设备原价占进口设备原价的比例系数,即为进口设备国内段运杂综合费率。

6)交通工具购置费

工程竣工后,为保证建设项目初期生产管理单位正常运行必须配备生产、生活、消防车辆和船只。交通工具购置费计算按表6-7中所列设备数量和国产设备出厂价格加车船附加费、运杂费计算。

表6-7 交通工具购置指标

工程类别			设备名称及数量(辆、艘)									
			轿车	载重汽车	工具车	面包车	消防车	越野车	大客车	汽船	机动船	船
枢纽工程	大(1)型		2	3	1	2	1	2	1	2	2	
	大(2)型		2	2	1	1	1	1	1	1	2	
大型引水工程	线路长度	>300 km	2	8	6	6		3	3			
		100~300 km	1	6	4	3		2	2			
		≤100 km		3	2	2		1	1			
大型灌区或排涝工程	灌排面积	大于150万亩	1	6	5	5		2	2			
		50万~150万亩	1	2	2	2		1	1			
堤防工程	管理单位级别	1		6		2		2	1	1	2	2
		2		2		1		1	1		1	1
		3		1		1		1				

2.安装工程费概算编制

安装工程投资按设计提供的设备数量乘以安装工程单价进行计算。

(三)金属结构设备及安装工程

金属结构设备及安装工程泛指机、门、管,即各种起重机械、各种闸门和压力钢管制作及安装,大部分集中于大坝、溢洪道、航运过坝和压力管道工程中。编制方法同机电设备及安装工程概算。

(四)施工临时工程概算编制

1.施工临时工程类型

施工临时工程费用包括建筑工程费和设备及安装工程费用,在概算编制中一般分为以下三个档次:

(1)投资较大施工临时工程,包括施工导流工程、施工交通工程、场外供电线路工程等。

(2)属于施工现场的小型临时设施及环境保护措施等费用已列入建安工程中的现场经费内。

(3)介于以上(1)、(2)之间的临时工程取名为"小型临时工程"或"其他施工辅助工程",其项目繁多,投资预测时工程量难以具体,故将其合并后,采用建安工作量的百分率估算投资。

2. 施工临时工程概算编制方法

1）施工导流工程

施工导流工程主要包括导流明渠、导流洞、围堰工程、蓄水期下游供水工程、金属结构制作安装等。可以根据设计工程量乘以工程单价的方法编制投资。

2）施工交通工程

施工交通工程包括临时铁路、公路、桥梁、码头、施工支洞、架空索道、施工通航建筑、施工过木、航道整治等工程项目。按设计工程量乘以单价进行计算，也可根据工程所在地区造价指标或有关实际资料，采用扩大单位指标编制。

3）施工场外供电工程

根据设计的电压等级、线路架设长度及所需配备的变配电设施要求，采用工程所在地区造价指标或有关实际资料计算。

4）施工房屋建筑工程

施工房屋建筑工程包括施工仓库和办公、生活及文化福利建筑两部分。施工仓库，指为工程施工而临时兴建的设备、材料、工器具等仓库；办公、生活及文化福利建筑，指施工单位、建设单位（包括监理）及设计代表在工程建设期所需的办公室、宿舍、招待所和其他文化福利设施等建筑工程。

不包括列入临时设施和其他临时工程项目内的电、风、水、通信系统，砂石料系统，混凝土拌和及浇筑系统，木工、钢筋、机修等辅助加工厂，混凝土预制厂，混凝土制冷、供热系统，施工排水等生产用房。

（1）施工仓库。

施工仓库面积和建筑标准由施工组织设计确定，单位造价指标根据生活及文化福利建筑的相应水平确定。

（2）办公、生活及文化福利建筑。

枢纽工程和大型引水工程采用下列公式计算：

$$I = \frac{AUP}{NL}K_1K_2K_3 \tag{6-17}$$

式中 I——房屋建筑工程投资，元；

A——建安工作量，元，按工程一至四部分建安工作量（不包括办公、生活及文化福利建筑和其他大型临时工程）之和乘以（1＋其他施工临时工程百分率）计算；

U——人均建筑面积综合指标，m^2/人，按12～15 m^2/人的标准计算；

N——施工年限，根据施工组织设计确定的合理工期确定；

L——全员劳动生产率，元/（人·年），根据工程所在地区、枢纽类型和工程项目审查年份确定；

P——单位造价指标，元/m^2，采用工程所在地区的永久房屋造价指标计算；

K_1——施工高峰期人数调整系数，取1.10；

K_2——室外工程系数，取1.10～1.15，地形条件差时可取大值，反之取小值；

K_3——单位造价指标调整系数，按不同施工年限，采用表6-8的调整系数。

表 6-8　单位造价指标调整系数

工期(年)	<2	2 ~ 3	3 ~ 5	5 ~ 8	8 ~ 11
调整系数	0.25	0.40	0.55	0.70	0.80

河道治理工程、灌溉工程、堤防工程、改扩建与加固工程按一至四部分建安工作量的百分率计算。

合理工期　≤3 年:1.5% ~2.0%

　　　　　>3 年:1.0% ~1.5%

5)其他施工临时工程

其他施工临时工程指上述各项工程以外的并且现场经费中未考虑的其他临时工程,包括风、水、电、通信系统工程,砂石系统工程,混凝土拌和及浇筑系统,土石料场,木工、钢筋、机修等辅助加工厂,混凝土制冷、供热系统、混凝土预制厂、施工排水、防汛防冰工程、临时支护、隧洞钢支撑等工程项目,其投资按一至四部分建安工作量(不包括其他大型临时工程)之和的百分率计算。百分率取值如下:

枢纽工程和大型引水工程　　3.0% ~4.0%

河道工程　　0.5% ~1%

(五)独立费用

1. 建设管理费

建设管理费包括项目建设管理费、工程建设监理费和联合试运转费。

(1)项目建设管理费:建设单位开办费根据现行规定的建设单位定员、费用指标和经常费用计算期进行计算。

(2)工程建设监理费:按照国家及省、自治区、直辖市计划(物价)部门有关规定计算。

(3)联合试运转费:根据现行规定指标计算。

2. 生产准备费

生产准备费包括生产及管理单位提前进厂费、生产职工培训费、管理用具购置费、备件购置费、工器具及生产家具购置费。其费用根据现行规定计算。

3. 科研勘测设计费

科研勘测设计费包括工程科学研究试验费和工程勘测设计费,按有关规定执行。

4. 建设及施工场地征用费

建设及施工场地征用费的具体编制方法和计算标准参照移民和环境部分概算编制规定执行。

5. 其他

其他包括定额编制管理费、工程质量监督费、工程保险费及其他税费,可按有关规定计取。

五、分年度投资及资金流量

(一)分年度投资

分年度投资是根据施工组织设计确定的施工进度和合理工期而计算出的工程各年度

预计完成的投资额。

1. 建筑工程

(1)建筑工程分年度投资表应根据施工进度的安排,对于主要工程,按各单项工程分年度完成的工程量和相应的工程单价计算;对于次要的和其他工程,可根据施工进度,按各年所占完成投资的比例,摊入分年度投资表。

(2)建筑工程分年度投资的编制至少应按二级项目中的主要工程项目分别反映各自的建筑工作量。

2. 设备及安装工程

设备及安装工程分年度投资应根据施工组织设计确定的设备安装进度计算各年预计完成的设备费和安装费。

3. 费用

根据费用的性质和费用发生的时段,按相应年度分别进行计算。

(二)资金流量

资金流量是为满足工程项目在建设过程中各时段的资金需求,按工程建设所需资金投入时间计算的各年度使用的资金量。资金流量表的编制以分年度投资表为依据,按建筑安装工程、永久设备工程和独立费用三种类型分别计算。

1. 建筑及安装工程资金流量

(1)建筑工程可根据分年度投资表的项目划分,考虑一级项目中的主要工程项目,以归项划分后各年度建筑工作量作为计算资金流量的依据。

(2)资金流量是在原分年度投资的基础上,考虑预付款和预付款的扣回、保留金和保留金的偿还等编制出的分年度资金安排。

(3)预付款一般可划分为工程预付款和工程材料预付款两部分。

①工程预付款按划分的单个工程项目的建安工作量的10% ~20% 计算,工期在3 年以内的工程全部安排在第一年,工期在3 年以上的可安排在前两年。工程预付款的扣回从完成建安工作量的30% 起开始,按完成建安工作量的20% ~30% 扣回至预付款全部回收完毕为止。对于需要购置特殊施工机械设备或施工难度较大的项目,工程预付款可取大值,其他项目取中值或小值。

②工程材料预付款。水利工程一般规模较大,所需材料的种类及数量较多,提前备料所需资金较大,因此考虑向承包商支付一定数量的材料预付款。可按分年度投资中次年完成建安工作量的 20% 在本年提前支付,并于次年扣回,依此类推,直至本项目竣工(河道工程和灌溉工程等不计此项预付款)。

(4)保留金。水利工程的保留金,按建安工作量的2.5% 计算。在概算资金流量计算时,按分项工程分年度完成建安工作量的5% 扣留至该项工程全部建安工作量的2.5%(即完成建安工作量的50%)时终止,并将所扣的保留金100% 计入该项工程终止后一年(若该年已超出总工期,则此项保留金计入工程的最后一年)的资金流量表内。

2. 永久设备工程资金流量

永久设备工程资金流量计算划分为主要设备和一般设备两种类型分别计算。

(1)主要设备的资金流量计算,按设备到货周期确定各年资金流量比例,具体比例见有关规定。

(2)其他设备,其资金流量按到货前一年预付15%定金,到货年支付85%的剩余价款。

3.独立费用资金流量

独立费用资金流量主要是勘测设计费的支付方式应考虑质量保证金的要求,其他项目则均按分年投资表中的资金安排计算。

(1)可行性研究和初步设计阶段勘测设计费按合理工期分年平均计算。

(2)技施阶段勘测设计费的95%按合理工期分年平均计算,其余5%的勘测设计费用做设计保证金,计入最后一年的资金流量表内。

六、总概算编制

在各部分概算完成后,即可进行总概算表的编制。总概算表是设计概算文件的总表,反映了整个工程项目的全部投资。

(一)预备费

预备费是指在初设阶段难以预料而在施工过程中又可能发生的规定范围内的工程和费用,以及工程建设期内发生的价差。

1.基本预备费

基本预备费主要解决在施工过程中,经上级批准的设计变更所增加的工程项目和费用。

《编规》规定基本预备费按一至五部分投资合计的百分率计算,初设阶段概算为5.0%~8.0%,可行性研究阶段投资估算为10%。

2.价差预备费

价差预备费主要解决在工程建设过程中,因人工工资、材料和设备价格上涨及费用标准调整而增加的投资。其计算根据施工年限,不分设计阶段,以分年度静态投资为计算基数,按国家规定的物价指数计算。计算公式为:

$$E = \sum_{n=1}^{N} F_n[(1+p)^n - 1] \tag{6-18}$$

式中 E——价差预备费;

N——合理建设工期,年;

n——施工年度;

F_n——在建期间资金流量表内第 n 年的投资;

p——年物价指数。

(二)建设期融资利息

根据合理建设工期,按一至五部分分年度投资、基本预备费、价差预备费之和,按国家规定的货款利率复利计算。计算公式为:

$$S = \sum_{n=1}^{N}\left[\left(\sum_{m=1}^{n} F_m B_m - \frac{1}{2}F_n B_n\right) + \sum_{m=0}^{n-1} S_m\right] i \tag{6-19}$$

式中 S——建设期还贷利息;

N——合理建设工期,年;

n——施工年度;

m——还息年度;

F_n、F_m——在建期资金流量表内第 n、m 年的投资;

B_n、B_m——各施工年份融资额占当年投资比例;

i——建设期融资利息(%);

S_m——第 m 年的付息额度。

(三)静态总投资及总投资

在建设期融资利息计算后,计算静态投资和总投资。

$$静态总投资 = 一至五部分投资之和 + 基本预备费 \tag{6-20}$$

$$总投资 = 静态总投资 + 价差预备费 + 建设期融资利息 \tag{6-21}$$

(四)移民和环境投资

移民和环境投资按国家有关规定计算。

第四节　水利工程施工图预算编制

施工图预算是设计阶段控制工程造价的重要环节,是控制施工图设计不突破设计概算的重要措施,也是编制或调整固定资产投资计划的依据;对于实行施工招标的工程不属《建设工程工程量清单计价规范》(GB 50500—2008)规定执行范围的,可用施工图预算作为编制标底的依据,此时它是承包企业投标报价的基础;对于不宜实行招标而采用施工图预算加调整价结算的工程,施工图预算可作为确定合同价款的基础或作为审查施工企业提出的施工图预算的依据。

一、施工图预算的内容

施工图预算有单位工程预算、单项工程预算和建设项目总预算。单位工程预算是根据施工图设计文件、现行预算定额、现行费用定额,以及人工、材料、设备、机械台班等预算价格资料,编制单位工程的施工图预算;然后汇总所有各单位工程施工图预算,成为单项工程施工图预算;再汇总各所有单项工程施工图预算,便是一个建设项目建筑安装工程的总预算。一般汇总到单项工程施工图预算即可。

二、施工图预算的编制依据

(1)经批准和会审的施工设计文件及有关标准图集。编制施工图预算所用的施工图纸须经主管部门批准,并经业主、设计工程师参加图纸会审,签署"图纸会审纪要",同时应有与图纸有关的各类标准图集。

(2)施工组织设计。是编制施工图预算的重要依据之一,通过它可以充分了解各分部分项工程的施工方法、施工进度计划、施工机械、施工平面图及主要技术措施等内容。

(3)工程预算定额。是编制施工图预算的基础资料,是分项工程项目划分、分项工程工作内容、工程量计算的重要依据。

(4)经批准的设计概算文件。是控制工程拨款或贷款的最高限额,也是控制单位工程预算的主要依据。

(5)地区单位计价表和工程费用定额。地区单位计价表是单价法编制施工图预算最直接的基础资料。将直接费作为计算基数,根据地区和工程类别的不同套用相应的定额或费用标准,确定工程预算造价。

(6)材料预算价格和工程承包合同或协议书。

三、施工图预算的编制方法

施工图预算与设计概算的项目划分、编制程序、费用构成、计算方法基本相同。施工图是工程实施的蓝图,建筑物的细部构造、尺寸,设备及装置性材料的型号、规格都已明确,因此据此编制施工图预算。施工图预算的编制方法有单价法和实物法,水利水电工程目前采用较多的是单价法。

(一)单价法编制施工图预算的步骤

单价法就是用地区统一单价表中的各项工程工料单价乘以相应的各分项工程的工程量,求和后得到包括人工费、材料费和机械使用费在内的单位工程直接费。据此计算出其他直接费、现场经费、间接费及企业利润和税金,经汇总即可得到单位工程的施工图预算。具体步骤如下:

(1)收集各种编制依据资料。

(2)熟悉施工图纸和定额。

(3)计算工程量。

(4)套用预算定额单价。

(5)编制工料分析表。

(6)计算其他各项应取费用和汇总造价。

$$\text{单位工程造价} = \text{直接工程费(直接费 + 其他直接费 + 现场经费)} + \text{间接费} + \text{企业利润} + \text{税金} \tag{6-22}$$

(7)复核。

(8)编制说明,填写封面。

(二)单价法编制施工图预算应注意的问题

采用单价法计算工程施工图预算与概算编制的方法步骤基本相同,但在编制中应注意以下几个方面的问题。

1. 主体工程

施工图预算与概算都采用工程量乘单价的方法计算投资,但深度不同。概算根据概算定额和初步设计工程量编制,其三级项目经综合扩大,概括性强,而施工图预算则依据预算定额和施工图设计工程量编制,其三级项目较为详细。如概算的闸、坝工程,一般只需套用定额中的综合项目计算其综合单价;而施工图预算需根据预算定额将各部位划分为更详细的三级项目,分别计算单价。

2. 非主体工程

概算中的非主体工程以及主体工程中的细部结构采用综合指标(如铁路单价以

元/km计、遥测水位站单价以元/座计等)或百分率乘二级项目工程量的方法估算投资;而施工图预算则均要求按三级项目乘工程单价的方法计算投资。

3.造价文件形成和组成

概算是初步设计报告的组成部分,在初步设计阶段一次完成,概算完整地反映整个建设项目所需的投资。由于施工图的设计工作量大、历时长,故施工图设计大多以满足施工为前提,陆续出图。因此,施工图预算通常以单项工程为单位,陆续编制,各单项工程单独成册,最后汇总形成总预算投资。

综上所述,施工图预算是根据施工图、设计文件资料和施工组织设计,以及国家颁布的预算定额、取费标准和预算编制办法,按当地和当时的人工、材料、机械台班的实际价格进行编制的。它是反映工程建设项目所需的人力、物力、财力及全部费用的文件,是施工图设计文件的重要组成部分。因此,应根据具体工程采取科学合理的方法编制。

第五节　水利工程竣工结算和决算编制

一、竣工结算

工程竣工结算是指工程项目或单项工程竣工验收后,建设单位向施工单位结算工程价款的过程,通常通过编制竣工结算书来办理。而施工过程中的结算属于中间结算。单位工程或合同工程项目竣工验收后,施工单位应及时整理交工技术资料,绘制工程竣工图,编制竣工结算书,经监理机构审核,报业主审查确认后,由建设银行办理工程价款拨付。

(一)竣工结算资料

竣工结算资料包括:

(1)工程竣工报告及工程竣工验收单。

(2)施工单位与建设单位签订的工程合同或双方协议书。

(3)施工图纸、设计变更通知书、现场变更签证及现场记录。

(4)预算定额、材料价格、基础单价及其他费用标准。

(5)施工图预算、施工预算。

(6)其他有关资料。

(二)竣工结算书的编制

竣工结算书的编制内容、项目划分与施工图预算基本相同。其编制步骤为:

(1)以单位工程为基础,根据现场施工情况,对施工图预算的主要内容逐项检查和核对,尤其应注意以下三方面的核对:

第一,施工图预算所列工程量与实际完成工程量不符合时应作调整,其中包括:设计修改和增漏项而需要增减的工程量,应根据设计修改通知单进行调整;现场工程的变更,应根据现场记录按合同规定调整;施工图预算发生的某些错误,应作调整。

第二,材料预算价格与实际价格不符合时应作调整。其中包括:因材料供应或其他原因,发生材料短缺时,这部分代用材料应根据工程材料代用通知单计算材料价差进行调整；材料价格发生较大变动而与预算价格不符时，应根据当地规定，对允许调整的进行调整。

第三，间接费和其他费用，应根据具体的相关规定，由承担责任的一方负担。

(2)对单位工程增减预算查对核实后，按单位工程归口。

(3)对各单位工程结算分别按单项工程进行汇总，编出单项工程综合结算书。

(4)将各单项工程综合结算书汇编成整个建设项目的竣工结算书。

(5)编写竣工结算说明，其中包括编制依据、编制范围及其他情况。

工程竣工结算书编写好后，送业主(或主管部门)、建设单位等审批，并与建设单位办理工程价款的结算。

二、项目竣工决算

竣工决算是反映建设项目实际工程造价的技术经济文件，应包括建设项目的投资使用情况和投资效果，以及项目从筹建到竣工验收的全部费用，即建筑工程费、安装工程费、设备费、临时工程费、独立费用、预备费、建设期融资利息和移民征地补偿费、水土保持费用及环境保护费用。竣工决算是竣工验收报告的重要组成部分。竣工决算的时间段是项目建设的全过程，包括从筹建到竣工验收的全部时间，其范围是整个建设项目，包括主体工程、附属工程以及建设项目前期费用和相关的全部费用。

竣工决算应由项目法人(或建设单位)编制，项目法人应组织财务、计划、统计、工程技术和合同管理等专业人员，组成专门机构共同完成此项工作。设计、监理、施工等单位应积极配合，向项目法人提供有关资料。项目法人一般应在项目完成后规定的期限内完成竣工决算的编制工作。

(一)编制竣工决算的依据

(1)国家有关法律、法规。

(2)经批准的设计文件、项目概预算。

(3)主管部门下达的年度投资计划，基本建设支出预算。

(4)经主管部门批复的年度基本建设财务决算。

(5)项目合同(协议)。

(6)会计核算及财务管理资料。

(7)工程价款结算，物资消耗等有关资料。

(8)水库淹没处理、移民拆迁、补偿费的总结和验收文件，以及水土保持与环境保护工程的实施过程和总结。

(9)其他有关项目管理文件。

(二)竣工决算的编制要求

(1)水利基本建设项目竣工决算应严格按《水利基本建设项目竣工财务决算编制规程》(SL 19—2008)规定的内容、格式编制，除对非工程类项目可根据项目实际情况适当简化外，原则上不得改变《水利基本建设项目竣工财务决算编制规程》(SL 19—2008)规定的格式，不得减少应编报的内容。

(2)项目法人从项目筹建之日起，应有专人分工负责竣工决算的编制工作，并与项目建设进度相适应，要求竣工决算的编制人员相对稳定。

（3）竣工决算应区分大中型、小型项目，并按项目的大小分别编制。建设项目包括两个或两个以上独立概算的单项工程，单项工程竣工并交付使用时，应编制单项工程竣工决算。建设项目是大中型项目而单项工程是小型的，应按大中型项目编制单项工程竣工决算，整个建设项目全部竣工后，还应汇总编制该项目的竣工决算。

（4）建设项目符合国家规定的竣工验收条件，若尚有少量未完工程及竣工验收等费用，可预计纳入竣工决算；预计未完工程及竣工验收等费用，大中型项目须控制在总概算的3%以内，小型项目须控制在总概算的5%以内。项目竣工验收时，项目法人应将未完工程及费用的清单提交项目竣工验收委员会确认。

（5）编制完成的竣工决算必须按国家《会计档案管理办法》要求整理归档，永久保存。

（三）竣工决算的编制内容

竣工决算应包括封面及目录、竣工项目的平面示意图及主体工程照片、竣工决算说明书及决算报表四部分。

1. 竣工决算说明书

竣工决算说明书是竣工决算的重要文件，它是反映竣工项目建设过程、建设成果的书面文件，其主要内容包括以下方面：

（1）项目概况。主要包括项目建设历史沿革、原因、依据、项目设计、建设过程以及“三项制度”（项目法人责任制、招标投标制、建设监理制）的实施情况。

（2）概预算及计划执行情况。概预算批复、调整及执行，计划下达及执行情况。

（3）投资来源。包括投资构成、资本结构、投资性质、项目融资情况等。

（4）基建收入、基建结余资金的形成和分配等情况。

（5）移民及土地征用专项处理等情况。

（6）财务管理方面的情况。

（7）项目效益及主要技术经济指标的分析计算。

（8）交付使用财产情况。

（9）存在的主要问题及其处理意见。

（10）需要说明的其他问题。

（11）编表说明。

2. 竣工决算报表

竣工决算报表应包括9个报表，具体内容如下：

（1）水利基本建设竣工项目概况表。反映竣工项目主要特性、建设过程和建设成果等基本情况。

（2）水利基本建设项目竣工决算表。反映竣工项目的综合财务情况。

（3）水利基本建设项目年度财务决算表。反映竣工项目历年投资来源、基建支出、结余资金等情况。

（4）水利基本建设项目投资分析表。以单项工程、单位工程和费用项目的实际支出与相应的概预算费用相比较，用来反映竣工项目建设投资状况。

(5)水利基本建设项目成本表。反映竣工项目建设成本结构以及形成过程情况。

(6)水利基本建设项目预计未完工程及费用表。反映预计纳入竣工决算的未完工程及竣工验收等费用的明细情况。

(7)水利基本建设竣工项目待核销基建支出表。反映竣工项目发生的待核销基建支出明细情况。

(8)水利基本建设竣工项目转出投资表。反映竣工项目发生的转出投资明细情况。

(9)水利基本建设竣工项目交付使用资产表。反映竣工项目向不同资产接收单位交付使用资产情况，资产应包括固定资产(建筑物、房屋、设备及其他)、流动资产、无形资产及递延资产等。

(四)竣工决算的编制步骤

竣工决算的编制拟分三个阶段进行。

1. 准备阶段

建设项目完成后，项目法人必须着手验收项目竣工决算工作，进入验收项目竣工决算准备阶段。这一阶段的重点是做好各项基础工作，主要内容包括以下方面：

(1)资金、计划的核实与核对工作。

(2)财产物资、已完工程的清查工作。

(3)合同清理工作。

(4)价款结算、债权债务的清理、包干结余及竣工结余资金的分配等清理工作。

(5)竣工年财务决算的编制工作。

(6)有关资料的收集、整理工作。

2. 编制阶段

各项基础资料收集整理后，即进入编制阶段。这个阶段的重点有三个方面：一是工程造价的比较分析，二是正确分摊待摊费用，三是合理分摊建设成本。

(1)工程造价的比较分析。经批准的概预算是考核实际建设工程造价的依据，在分析时，可将决算报表中所提供的实际数据和相关资料与批准的概预算指标进行对比，以反映竣工项目总造价和单位工程造价是节约还是超支，并找出节约或超支的具体内容和原因，总结经验，吸取教训，以利改进。

(2)正确分摊待摊费用。对能够确定由某项资产负担的待摊费用，直接计入该资产成本；不能确定负担对象的待摊费用，应根据项目特点采用合理的方法分摊计入受益的各项资产成本。目前，常用的方法有两种：按概算额的比例分摊和按实际数的比例分摊。

(3)合理分摊建设成本。一般水利工程均同时具有防洪、发电、灌溉、供水等多种效益，因此应根据项目实际，合理分摊建设成本，分摊的方法有以下3种：①采用受益项目效益比例进行分摊；②采用占用水量进行分摊；③采用剩余效益进行分摊。

3. 总结汇编阶段

在竣工决算说明书撰写及9个报表填写后，即可汇编，加上目录及附图，装订成册，即成为建设项目竣工决算,上报主管部门及验收委员会审批。

(五)项目竣工决算审计

依据国家审计法和相关规定,国家审计机关对建设项目竣工决算要进行审计。工程竣工决算审计内容主要有以下方面:

(1)审查决算编制工作是否符合国家的有关规定,资料是否齐全,手续是否完备。

(2)审查项目建设概算执行情况。工程建设是否严格按批准的概算内容执行,是否超概算,有无概算外项目和提高建设标准、扩大基建规模的问题,有无重大质量事故和经济损失。

(3)审查交付使用财产是否真实、完整,是否符合交付条件,移交手续是否齐全、合规。核实在建工程投资完成额,有无挤占建设成本、提高造价、转移投资。查明未能全部建成、及时交付使用的原因。

(4)审查尾工工程的未完工程量的真实性,有无虚列建设成本。

(5)审查基建结余资金的真实性,有无隐瞒、转移、挪用、隐匿结余资金。

(6)审查基建收入是否真实、完整,有无隐瞒、转移收入。

(7)审查核实投资包干结余,是否按投资包干协议或合同有关规定计取、分配、上交投资包干结余。

(8)审查竣工决算报表的真实性、完整性、合规性。

(9)评价项目投资效益。

第六节　设计概算案例

一、编制说明

(一)工程概况

某水库扩建工程坝址位于贵州省黔西南州兴义市,大坝距兴义市约38 km,交通十分便利。

原水库工程由大坝、坝后电站、灌区、城镇供水等四部分组成,本次扩建工程是在原坝基础上进行加高、加厚成重力坝,维持原有发电规模不变,增加城镇供水规模和灌溉规模。

大坝为混凝土砌块石重力坝,坝顶高程为1 244.0 m,最大坝高86.9 m,总库容9 860万 m^3,新增灌区面积24 270亩。

工程总工期为30个月,总工时为621万工时。

主体工程主要建筑工程量见表6-9。

主体工程主要材料用量如下:钢筋1 221 t,水泥46 122 t,柴油1 015 t,毛石131 724 m^3。

(二)设计概算主要指标

工程设计概算总投资为30 614.93万元。工程静态总投资为27 013.06万元,基本预备费为8%。资金由国家投资。

表6-9　主体工程主要建筑工程量

序号	项目	单位	数量	序号	项目	单位	数量
1	土石方明挖	m^3	656 841	8	帷幕灌浆	m	46 004
2	石方洞挖	m^3	14 605	9	回填灌浆	m^2	965
3	土石方回填	m^3	452 724	10	钢筋制安	t	1 221
4	混凝土砌块石	m^3	105 000	11	锚杆	根	5 781
5	混凝土浇筑	m^3	84 571	12	玻璃钢管	km	51.41
6	喷混凝土	m^3	3 248	13	PVC管	m	474 936
7	固结灌浆	m	6 481	14	干砌块石	m^3	45 484

二、编制依据

(一)设计概算编制依据

1. 标准依据

水利部水总[2002]116号文颁发的《水利工程设计概(估)算编制规定》。

2. 定额依据

(1)水利部水总[2002]116号文颁发的《水利建筑工程概算定额》。

(2)水利部水总[2005]389号文颁发的《水利工程概预算补充定额》。

(3)水利部水总[2002]116号文颁发的《水利水电设备安装工程概算定额》。

(4)水利部水总[2002]116号文颁发的《水利工程施工机械台时费定额》。

3. 其他依据

(1)相关专业设计成果。

(2)调查和收集的工程所在地有关资料。

(3)投资估算采用2010年第一季度价格水平进行编制。

(二)基础单价的编制原则和依据

1. 人工预算单价

根据水利部水总[2002]116号文并按国办发[2001]14号文的划分,工程所在地兴义市为一类边远地区,增加相应的地区津贴43元/月,人工预算单价根据水利部水总[2002]116号文颁发的《水利工程设计概(估)算编制规定》计算。人工预算单价见表6-10。

表6-10　人工预算单价汇总

序号	项目	枢纽工程	引水工程
1	工长	7.77	6.01
2	高级工	6.69	5.21
3	中级工	5.75	4.55
4	初级工	3.29	2.58

2. 主要材料预算价格

(1)主要材料钢材拟从贵阳钢材市场采购,水泥、木材、油料考虑在兴义市购买。根据工程所在地的市场价格,再加运杂费、采购保管费计算。

P·C32.5级水泥380.99元/t,P·O42.5级水泥390.19元/t,钢筋4 263.79元/t,板枋材1 441.59元/m^3,汽油7 792.00元/t,柴油6 600.00元/t,岩石水胶炸药11 788.18元/t。

(2)规定进入单价的材料价格为:

P·O32.5级水泥330.00元/t,P·O42.5级水泥350.00元/t,钢筋3 000.00元/t,钢板3 500.00元/t,汽油3 600.00元/t,柴油3 500.00元/t。

(3)材料预算价格与进入工程单价的价格之差计取税金后,列入工程单价之后。

3. 施工用电、风、水

施工用电、风、水单价由施工组织设计提供的生产设备分别计算,经分析计算:风价0.15元/m^3,水价0.81元/m^3,电价0.66元/kWh。

4. 砂石料单价的确定

砂石料根据水利部水总[2002]116号文计算单价较高,结合工程所在地实际情况,综合确定其单价,具体见表6-11。

表6-11 砂石料单价汇总

序号	项目	砂(元/m^3)	块石(元/m^3)	碎石(元/m^3)
1	枢纽工程	55	45	45
2	引水工程	50	40	40

5. 主要设备价格的编制依据

(1)设备原价。参考近期类似设备市场价或厂家询价计算。

(2)运杂费率。设备的运杂综合费率按设备原价的7.75%计算。

(三)费用计算标准及依据

1. 其他直接费

计算基础为直接费,建筑工程费率为2.5%,安装工程费率为3.2%。

2. 现场经费及间接费

现场经费及间接费费率按水利部水总[2002]116号文颁发的《水利工程设计概(估)算编制规定》计取。

3. 企业利润

企业利润按直接工程费与间接费之和的7%计算。

4. 税金

税金按直接工程费、间接费、企业利润之和的3.22%计算。

三、总概算表

总概算表见表6-12。

四、工程部分概算表

建筑工程概(估)算表、机电设备及安装工程概(估)算表、金属结构设备及安装工程概(估)算表、施工临时工程概(估)算表、独立费用概(估)算表、分年度投资表及资金流量表见表6-13～表6-19。

表6-12　总概算表　（单位:万元）

编号	工程或费用名称	建安工程费	设备购置费	其他费用	投资合计
第一部分:建筑工程		17 440.13			17 440.13
一	挡水工程	6 126.68			6 126.68
二	泄洪工程	452.11			452.11
三	引水工程	3 271.93			3 271.93
四	灌区工程	7 220.56			7 220.56
五	交通工程	117.20			117.20
六	其他建筑工程	251.65			251.65
第二部分:机电设备及安装工程		167.87	1 532.08		1 699.95
一	A泵站	70.04	498.88		568.92
二	B泵站	89.29	648.33		737.62
三	大坝	8.54	55.28		63.82
四	共用设备及安装工程		329.59		329.59
第三部分:金属结构设备及安装工程		240.71	1 229.93		1 470.64
一	挡水工程	37.83	307.09		344.92
二	泄洪工程	13.86	85.23		99.09
三	引水工程	48.01	340.57		388.58
四	灌区工程	141.01	497.04		638.05
第四部分:施工临时工程		1 144.55			1 144.55
一	导流工程				0.00
二	施工交通工程	206.00			206.00
三	施工防护工程	33.28			33.28
四	施工房屋建筑工程	352.07			352.07
五	其他施工临时工程	553.20			553.20
第五部分:独立费用				3 256.80	3 256.80
一	建设管理费			796.80	796.80
二	生产准备费			22.10	22.10
三	科研勘测设计费			2 340.00	2 340.00
四	其他			97.90	97.90
一至五部分投资合计		18 993.27	2 762.02	3 256.80	25 012.09
基本预备费					2 000.96
价差预备费					3 601.90
静态总投资					27 013.03
总投资					30 614.93

表 6-13 建筑工程分部概(估)算表 (单位:万元)

编号	工程或费用名称	单位	数量	单价	合计
	合计				17 440.13
一	挡水工程				6 126.68
(一)	大坝				5 514.57
	覆盖层开挖	m^3	4 250	26.68	11.34
	C15 混凝土砌块石	m^3	105 000	265.13	2 783.86
	坝体接触面凿毛	m^2	4 560	10.15	4.63
	细部结构	m^3	117 000	16.8	196.56
	⋮	⋮	⋮	⋮	⋮
(二)	大坝右岸灌浆平洞(洞长 237 m)				140.11
	C20 喷混凝土($h = 8$ cm)	m^3	67	673.39	4.51
	钢筋	t	36	6 573.17	23.66
	⋮	⋮	⋮	⋮	⋮
二	泄洪工程				452.11
(一)	溢洪道工程				161.93
	C20 溢流面混凝土	m^3	180	318.95	5.74
	⋮	⋮	⋮	⋮	⋮
六	其他建筑工程				251.65
(一)	大坝内外部观测工程	项	1	571 500	57.15
(二)	水情自动测报系统工程	项	1	264 000	26.40
(三)	10 kV 输电线路	km	5	100 000	50.00
(四)	劳动安全和工业卫生				25.00
	事故应急措施费	项	1	100 000	10.00
	安全作业环境与安全施工措施费	项	1	150 000	15.00
(五)	给水排水设施费用	项	1	40 000	4.00
(六)	消防设施费用	项	1	300 000	30.00
(七)	其他建筑工程	项	1	591 043	59.10

注:由于篇幅原因,表内省略了部分二级项目及三级项目。

表 6-14 机电设备及安装工程概(估)算表 (单位:万元)

编号	工程或费用名称	单位	数量	单价		合计	
				设备	安装	设备	安装
	合计					1 532.09	167.87
一	*A* 泵站					498.88	70.04
(一)	水泵设备及安装工程					44.18	4.10
	水泵(单级双吸离心泵)	台	2	200 000	20 000	40.00	4.00
	技术供水泵	台	1	10 000	1 000	1.00	0.10
	小计					41.00	
	综合运杂费用(7.75%)					3.18	
(二)	电机设备及安装工程					53.88	4.00
	电机(T450—6/1180)	台	2	250 000	20 000	50.00	4.00
	小计					50.00	
	综合运杂费用(7.75%)					3.88	
(三)	主阀设备及安装工程					43.10	9.10
	复合式空气阀(*DN*200 *PN*1.0)	台	1	20 000	4 000	2.00	0.40
	进水电动检修阀(*DN*800 *PN*1.0)	台	2	60 000	15 000	12.00	3.00
	出水电动检修阀(*DN*700 *PN*1.0)	台	2	50 000	12 500	10.00	2.50
	液控蝶阀(*DN*700 *PN*1.0)	台	2	80 000	16 000	16.00	3.20
	小计					40.00	
	综合运杂费用(7.75%)					3.10	
	⋮	⋮	⋮	⋮	⋮	⋮	⋮
二	*B* 泵站					648.33	89.29
三	大坝					55.28	8.54
四	共用设备及安装工程					329.59	
(一)	水情自动测报系统设备及安装工程	项	1	1 570 500		157.05	
(二)	内外部观测设备及安装工程	项	1	1 525 400		152.54	
(三)	劳动安全和工业卫生工程					10.00	
	检测装备和设施费用	项	1	70 000		7.00	
	安全教育装备、设施	项	1	30 000		3.00	
(四)	暖通设施费用	项	1	100 000		10.00	

注:由于篇幅原因,表内省略了部分二级项目及三级项目。

表 6-15　金属结构设备及安装工程概(估)算表　（单位:万元）

编号	工程或费用名称	单位	数量	单价		合计	
				设备	安装	设备	安装
	合计					1 229.93	240.71
一	挡水工程					307.09	37.83
(一)	闸门设备及安装工程					134.81	27.49
	底孔进口平面事故门	t	35	9 500	1 283.67	33.25	4.49
	闸门埋件　60 t/套	t	60	9 000	2 304.12	54.00	13.82
	底孔出口弧形工作门	t	30	9 500	1 776.52	28.50	5.33
	闸门埋件	t	10	9 000	2 531.38	9.00	2.53
	*DN*100 逆止阀	t	1.2	3 000	540	0.36	0.06
	*DN*100 排水管	t	1		12 500		1.25
	小计					125.11	
	综合运杂费用（7.75%）					9.70	
(二)	启闭设备及安装工程					172.29	10.34
	启闭机　QPG 卷扬机	台	1	1 098 945	64 619.49	109.89	6.46
	启闭机　QHSY 液压机	套	1	500 000	38 743.85	50.00	3.87
	小计					159.89	
	综合运杂费用（7.75%）					12.39	
二	泄洪工程					85.23	13.86
(一)	闸门设备及安装工程					70.58	11.48
	溢洪道工作门　25 t/扇	t	50	9 500	1 283.67	47.50	6.42
	闸门埋件　10 t/套	t	20	9 000	2 531.38	18.00	5.06
	综合运杂费用（7.75%）					1.05	
	⋮	⋮	⋮	⋮	⋮	⋮	⋮
三	引水工程					340.57	48.01
四	灌区工程					497.04	141.01

注:由于篇幅原因,表内省略了部分二级项目及三级项目。

表 6-16　施工临时工程概(估)算表　　（单位:万元）

编号	工程或费用名称	单位	数量	单价	合计
	合计				1 144.55
一	导流工程				
二	施工交通工程				206.00
	料场施工临时公路(新建)	km	0.2	300 000	6.00
	料场施工临时公路(改造)	km	0.5	100 000	5.00
	灌区临时公路	km	6.5	300 000	195.00
三	施工防护工程				33.28
	麻袋装土	m^3	550	44.52	2.45
	麻袋装土拆除	m^3	550	4.68	0.26
	安全防护网	m^2	600	400	24.00
	防护钢筋	t	10	6 573.17	6.57
四	施工房屋建筑工程				352.07
(一)	施工用房				195.00
	房屋	m^2	3 000	350	105.00
	仓库	m^2	5 000	180	90.00
(二)	办公、生活及文化福利设施	项	1	1 570 700	157.07
五	其他施工临时工程	%	0.03	1.84E+08	553.20

表 6-17　独立费用概(估)算表　　（单位:万元）

编号	工程或费用名称	单位	数量	单价	合计
	合计				3 256.80
一	建设管理费				796.80
(一)	建设项目管理费				300.00
	建设单位开办费				60.00
	建设单位经常费				190.00
	工程管理经常费				50.00
(二)	工程建设监理费				362.80
(三)	专题报告费				134.00
二	生产准备费				22.10
(一)	生产及管理单位提前进厂费				
(二)	生产职工培训费				
(三)	管理用具购置费				
(四)	备品备件购置费	%	0.6	2 762.02	16.57
(五)	工器具及生产家具购置费	%	0.2	2 762.02	5.52
三	科研勘测设计费				2 340.00
(一)	工程科学研究试验费	%			60.00
(二)	勘测设计费				2 280.00
四	其他				97.90
(一)	工程保险费	%	0.45	21 755.28	97.90

表6-18　分年度投资表　（单位:万元）

编号	工程或费用名称	投资合计	第1年	第2年	第3年
一	建筑工程	18 584.68	4 632.58	6 976.05	6 976.05
（一）	第一部分:建筑工程	17 440.13	3 488.03	6 976.05	6 976.05
1	挡水工程	6 126.68	1 225.34	2 450.67	2 450.67
2	泄洪工程	452.11	90.42	180.84	180.85
3	引水工程	3 271.93	654.39	1 308.77	1 308.77
4	灌区工程	7 220.56	1 444.11	2 888.22	2 888.23
5	交通工程	117.20	23.44	46.88	46.88
6	其他建筑工程	251.65	50.33	100.66	100.66
（二）	第四部分:施工临时工程	1 144.55	1 144.55		
1	导流工程				
2	施工交通工程	206.00	206.00		
3	施工防护工程	33.28	33.28		
4	施工房屋建筑工程	352.07	352.07		
5	其他施工临时工程	553.20	553.20		
二	安装工程	408.58		204.28	204.30
（一）	月亮田泵站	70.04		35.02	35.02
（二）	洒贡泵站	89.29		44.65	44.64
（三）	大坝	8.54		4.27	4.27
（四）	共用设备及安装工程				
（五）	挡水工程	37.83		18.91	18.92
（六）	泄洪工程	13.86		6.93	6.93
（七）	引水工程	48.01		24.00	24.01
（八）	灌区工程	141.01		70.50	70.51
三	设备工程	2 762.01		1 381.00	1 381.01
（一）	月亮田泵站	498.88		249.44	249.44
（二）	洒贡泵站	648.33		324.17	324.16
（三）	大坝	55.28		27.64	27.64
（四）	共用设备及安装工程	329.59		164.79	164.80
（五）	挡水工程	307.09		153.54	153.55
（六）	泄洪工程	85.23		42.62	42.61
（七）	引水工程	340.57		170.28	170.29
（八）	灌区工程	497.04		248.52	248.52
四	独立费用	3 256.80	1 302.72	1 302.72	651.36
（一）	建设管理费	796.80	318.72	318.72	159.36
（二）	生产准备费	22.10	8.84	8.84	4.42
（三）	科研勘测设计费	2 340.00	936.00	936.00	468.00
（四）	其他	97.90	39.16	39.16	19.58
	合计	25 012.09	5 935.30	9 864.05	9 212.72

表6-19　资金流量表　（单位:万元）

编号	工程或费用名称	投资合计	第1年	第2年	第3年
一	建筑工程	18 584.68	4 632.58	6 976.05	6 976.05
（一）	第一部分:建筑工程	17 440.13	3 488.03	6 976.05	6976.05
1	挡水工程	6 126.68	1 225.34	2 450.67	2 450.67
2	泄洪工程	452.11	90.42	180.84	180.85
3	引水工程	3 271.93	654.39	1 308.77	1 308.77
4	灌区工程	7 220.56	1 444.11	2 888.22	2 888.23
5	交通工程	117.20	23.44	46.88	46.88
6	其他建筑工程	251.65	50.33	100.66	100.66
（二）	第四部分:施工临时工程	1 144.55	1 144.55		
1	导流工程				
2	施工交通工程	206.00	206.00		
3	施工防护工程	33.28	33.28		
4	施工房屋建筑工程	352.07	352.07		
5	其他施工临时工程	553.20	553.20		
二	安装工程	408.58		204.28	204.30
（一）	月亮田泵站	70.04		35.02	35.02
（二）	洒贡泵站	89.29		44.65	44.64
（三）	大坝	8.54		4.27	4.27
（四）	共用设备及安装工程				
（五）	挡水工程	37.83		18.91	18.92
（六）	泄洪工程	13.86		6.93	6.93
（七）	引水工程	48.01		24.00	24.01
（八）	灌区工程	141.01		70.50	70.51
三	设备工程	2 762.01		1 381.00	1 381.01
（一）	月亮田泵站	498.88		249.44	249.44
（二）	洒贡泵站	648.33		324.17	324.16
（三）	大坝	55.28		27.64	27.64
（四）	共用设备及安装工程	329.59		164.79	164.80
（五）	挡水工程	307.09		153.54	153.55
（六）	泄洪工程	85.23		42.62	42.61
（七）	引水工程	340.57		170.28	170.29

续表 6-19

编号	工程或费用名称	投资合计	第 1 年	第 2 年	第 3 年
(八)	灌区工程	497.04		248.52	248.52
四	独立费用	3 256.80	1 302.72	1 302.72	651.36
(一)	建设管理费	796.80	318.72	318.72	159.36
(二)	生产准备费	22.10	8.84	8.84	4.42
(三)	科研勘测设计费	2 340.00	936.00	936.00	468.00
(四)	其他	97.90	39.16	39.16	19.58
	合计	25 012.07	5 935.30	9 864.05	9 212.72
	基本预备费	2 000.96	474.82	789.12	737.02
	静态总投资	27 013.06	6 410.12	10 653.17	9 949.74
	价差预备费	3 601.90	384.61	1 316.73	1 900.56
	建设期还贷利息	0.00	0.00	0.00	0.00
	总投资	30 614.93	6 794.73	11 969.90	11 850.30

第七章　水工混凝土材料检测

第一节　现行检测标准

一、钢筋检测标准

（1）《金属材料　室温拉伸试验方法》（GB/T 228—2002）；
（2）《金属材料　弯曲试验方法》（GB/T 232—1999）；
（3）《钢筋混凝土用钢　第 2 部分　热轧带肋钢筋》（GB 1499.2—2007）；
（4）《钢筋混凝土用钢　第 1 部分　热轧光圆钢筋》（GB 1499.1—2008）；
（5）《冷轧带肋钢筋》（GB 13788—2008）；
（6）《预应力混凝土用钢绞线》（GB/T 5224—2003）；
（7）《碳素结构钢》（GB/T 700—2006）；
（8）《低碳钢热轧圆盘条》（GB/T 701—2008）。

二、细骨料检测标准

（1）《普通混凝土用砂、石质量及检验方法标准》（JGJ 52—2006）；
（2）《水工混凝土试验规程》（SL 352—2006）；
（3）《建筑用砂》（GB/T 14684—2001）。

三、粗骨料检测标准

（1）《普通混凝土用砂、石质量及检验方法标准》（JGJ 52—2006）；
（2）《水工混凝土试验规程》（SL 352—2006）；
（3）《建筑用卵石、碎石》（GB/T 14685—2001）。

四、水泥检测标准

（1）《水泥标准稠度用水量、凝结时间、安定性检验方法》（GB/T 1346—2001）；
（2）《水泥取样方法》（GB/T 12573—2008）；
（3）《水泥细度检验方法　筛析法》（GB/T 1345—2005）；
（4）《水泥胶砂强度检验方法（ISO 法）》（GB/T 17671—1999）；
（5）《通用硅酸盐水泥》（GB 175—2007）；
（6）《水工混凝土试验规程》（SL 352—2006）。

五、混凝土检测标准

(1)《普通混凝土拌合物性能试验方法标准》(GB/T 50080—2002);

(2)《普通混凝土力学性能试验方法标准》(GB/T 50081—2002);

(3)《普通混凝土长期性能和耐久性能试验方法》(GBJ 82—85);

(4)《普通混凝土配合比设计规程》(JGJ 55—2000);

(5)《水工混凝土试验规程》(SL 352—2006);

(6)《混凝土强度检验评定标准》(GBJ 107—87)。

第二节 试验仪器设备的性能、使用要求和维护保养

一、万能材料试验机的工作原理及操作

万能材料试验机是材料试验中最常用的大型设备,常用来进行材料的拉伸、压缩、剪切及弯曲试验。

(一)类型

1. 按加荷机构划分

按加荷机构划分,万能试验机可分为以下几类:

(1)机械加荷机构。由蜗杆、蜗轮、螺杆、螺母等组成,通过电动机来带动试验机加荷。

(2)液压加荷机构。用增加油缸内活塞上液体压力的方法来推动试验机的压板加荷。

(3)手动加荷机构。在机械加荷或液压加荷的试验机中的动力源不是电动机,而是通过手摇加荷。

2. 按测力机构划分

按测力机构划分,万能试验机可分为以下几类:

(1)液压摆锤测力机构。加荷的大小与摆锤的倾斜角度正弦值成正比,将它制成测力装置,在圆盘表上观察荷载的大小。

(2)油压表测力机构。加荷大小通过油缸液体压力传到密封的金属管内,通过压力表的表针走动读出荷载大小。

(3)液压弹簧测力机构。加荷的大小用弹簧的弹性变形表示,特制的弹簧在一定范围内受力与变形成正比,利用变形量表示出加荷的大小。

(4)电子测力机构。目前,国内外正大力发展电子式测量和记录的新型试验机,其特点是自动加荷,数码管显示荷载大小,计算机处理试验结果。

(二)微机控制电液伺服万能试验机的结构特征及工作原理

微机控制电液伺服万能试验机由主机、电控柜、主油源、夹紧油源、计算机控制系统等几部分组成。

1. 主机部分

主机部分见图 7-1。

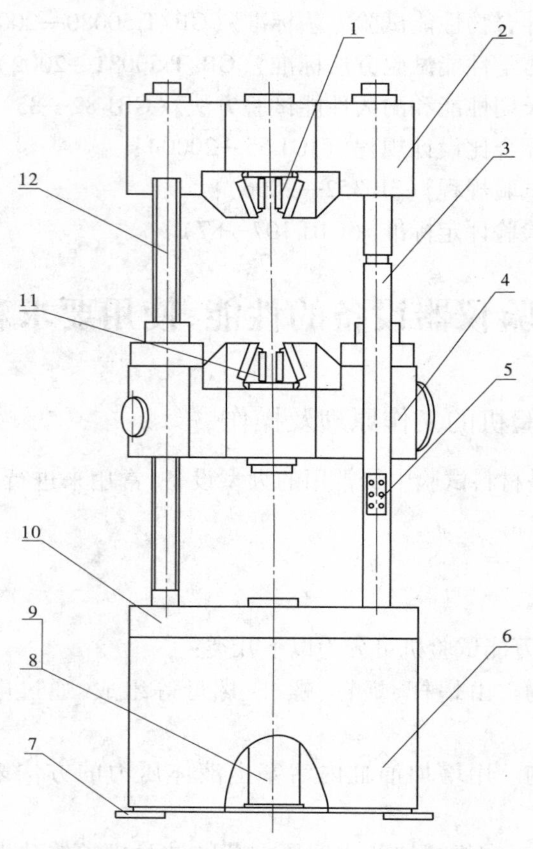

1—上钳口座;2—上横梁;3—立柱;4—下横梁;5—按钮盒;6—罩板;
7—底座;8—活塞;9—油缸;10—工作台;11—下钳口座;12—丝杠

图 7-1　万能试验机主机结构简图

油缸 9 用螺钉固定在底座 7 上,活塞 8 与工作台 10 固定,工作台支撑起立柱 3,立柱柱身上端有四个环槽,上横梁 2 可在三个不同位置固定。当活塞升降时,由工作台、立柱、上横梁构成的活动封闭框架相应上下移动。丝杠 12 穿过工作台,下端与底座固定,上端与下横梁 4 以梯形螺纹副相连,升降电机驱动蜗杆、蜗轮带动丝母旋转,可使下横梁沿丝杆上升或下降,以便于试验空间的快速调整。由底座、丝杆、下横梁构成了固定的封闭框架。

在右侧立柱上装有按钮盒 5,可以更方便地操作上下钳口的夹紧、松开。上钳口座 1 与下钳口座 11 之间为拉伸区域,钳口座内装有楔形块,通过更换楔形块内钳口的规格,可以夹持不同截面的试样。下横梁与工作台之间为压缩区域,通过更换不同的压板、压头、弯曲用工作台或支座,可以对试样进行压缩、弯曲试样。

来自主油源的控制油液进入油缸,使活塞上升时,通过工作台和立柱带动上横梁,上钳口座上升,在拉伸区域可以实现对试样的拉伸,或在压缩区域实现对试样的压缩。

油缸及活塞是主机的重要零件，它们的接触表面经过精密加工，并保持一定的配合间隙和油膜，使活塞能自由移动而将摩擦减少到最低限度。

底座及工作台之间装有活塞位移检测装置，固定架用螺钉联结在底座上，其上安装有光点编码器、油缸工作位置开关和油缸上限位，固定在工作台下表面的移动支架通过其上的不锈钢丝绳与光电编码器轴上的小轮缠绕，活塞带动工作台和移动支架下降，光电编码器轴随之转动，发出的脉冲信号由计算机进行采集、处理及屏幕显示。

2. 油源及液压原理

油源由油箱、油泵电机组、高压滤油器、单向阀、电液伺服阀、阀块、空气滤清器等组成。

主油源液压原理：油泵电机组输出的液压油通过单向阀、高压滤油器进入阀块内的压差阀和阀块上的伺服阀。控制系统根据试验输入控制伺服阀的开口大小从而自动控制试验过程。

油泵输出的液压油进入夹紧阀块，通过控制电磁换向阀换向可使油液分别进入上下横梁中夹紧油缸的夹紧腔或松开腔，以实现试样的夹紧和松开。叠加式溢流阀可调整夹紧的系统压力。

3. 电气部分

强电板及测量放大板均安装在电控柜内，通过接插件与计算机、主机、油源连接，以完成电力及信号的传输。

4. 安全装置

(1)当活塞上升至上极限位置时，自动停止主油源油泵电机。

(2)当载荷超过最大试验力的2% ~5%时，自动停止试验。

(三)微机控制电液伺服万能试验机的操作方法

1. 试验机初运行

按下电控柜面板上“电源开”，接着按“伺服油泵开”，启动油泵电机，由于管路内存在少量空气，油液在管路内流动时会产生噪声，消除的方法是给伺服阀正电压信号，使活塞上升一段距离，再给伺服阀负电压信号，使活塞下降，如此循环一段时间，即可将空气排净，空气排净后，才能进行正式试验。

2. 试验准备

在通电状态下，先打开计算机，进入试验操作软件状态。然后，按下电控柜面板上的“电源开”，接着按“伺服油泵开”按钮，启动油泵电机组，拉伸试验时还需按“夹紧油泵开”按钮，启动夹紧油泵电机，压缩试验时则不需启动夹紧油泵电机。

3. 试验步骤

(1)选择好试验环境、试样信息等参量。

(2)试验力调零，峰值清零。

(3)根据试验要求选择控制模式。

(4)选择自动程控时，编写自动控制程序。

(5)自动程控时按“开始”，自动进行试验。

(6)试验结束后，软件可自动保存试验数据(默认文件名为当前年月日时间)，试验界面下方可显示对试验结果的分析、计算。

(7)打印试验报告。

(8)若再进行下一次试验,重复以上步骤。

4. 试件的装夹

拉伸试验时,将试件一端夹于上钳口,调整下钳口至适当位置,夹持试件另一端,即可开始试验,夹持试件时,应按钳口所刻的尺寸范围夹持试样并保证试样夹持部分在钳口体内 2/3 以上。

5. 压缩试验

将上压盘装在下横梁底部,通过紧固螺钉固定,下压盘由插头定位,放在工作台上。放试样时参考下压盘上的圆刻线,将试样放在下压盘的中心避免偏心受力。

6. 弯曲试验

将弯曲用工作台斜放在工作台上,按插头和定位销定位。然后根据试验要求的距离将压滚支座上的刻线对准标尺上的刻度,用螺母将压滚支座固定在工作台上,并用拉紧螺栓固定两压滚支座。将上压头装在下横梁上,底部用螺栓紧牢。应该注意的是,应自做铁丝防护网,以防止在抗弯试件断裂时伤人。

7. 试验空间调整

按动电控柜面板上"横梁升"、"横梁降"按钮,可使横梁上下移动,从而调整试验空间。

8. 操作注意事项

(1)先开计算机进入软件,然后再开控制柜电源,打开油泵。

(2)不允许用横梁上的升降电机加载。

(3)如果在试验过程中出现异常现象,则应打开"快速回油",将所加试验力卸掉后,再进行其他操作。不允许在高压下启动油泵或检查事故原因。如果出现失控现象,应快速按下控制柜上的"急停"按钮。

(4)若伺服油泵电机突然停止工作,可能是活塞到达上限位。将试验状态切换至"手动控制",使活塞回落至限位以下,即可重新启动伺服油泵进行试验。

(四)微机控制电液伺服万能试验机的维护与保养

(1)试验机各部件应经常擦拭,以防止生锈。

(2)应定期更换液压油。

(3)不允许随意拆卸油源及管路,当出现油液泄漏换密封件时,需注意管路清洁,此工作应由专业人员进行,以免堵塞伺服阀或划伤油缸活塞,影响试验机正常使用。

二、仪器设备的定期检定

(1)每年年初由仪器设备管理员制定仪器设备检定计划,并需经技术管理室审核与技术负责人批准。

(2)所有需检定的仪器设备、标准器具和标准物质必须定期进行检定,若无特殊情况,不得超过检定周期,需停用的设备应向技术负责人书面报告理由和停用时间,经技术负责人批准,并对设备张贴相应标识,妥善封存维护,需要重新启用时应按要求进行检定或校准后方准使用。

(3)新购仪器设备在验收合格投入使用前应进行检定或检查,以证实其满足技术性能要求。

(4)修复后的设备必须经过检定或校准,合格后方能投入使用。

(5)精密仪器设备、操作复杂设备、移动使用的设备或停用时间过久的设备,在每次使用前应进行校准或核查。

三、仪器设备的运行检查

对使用频率较高的、恶劣环境下使用的或长期稳定性较差的仪器设备,应在检定周期的中期进行运行检查(期间核查)证明仪器设备技术性能的可信度,以减少由于仪器设备稳定性变化所造成的检测风险。

四、仪器设备标志管理

检测配置的所有仪器、设备、量具应实施“绿、黄、红”三色标志管理。“绿、黄、红”三色标志的使用及定义如下:

(1)绿色标志:经检定或校准后合格的仪器和量具、经验证技术性能符合要求的仪器设备以及对检测准确性有影响的技术性能良好的附属设备。

(2)黄色标志:仪器是多功能的,其中某一功能或某一性能经检定或校准不合格,但其他功能合格可限制使用的,或经检定或校准证明仪器量程中有部分是合格可用的而其他部分量程则是不合格不能使用的,或经检定或校准后确定可降等、降级使用的。仪器张贴黄色标志时,应有专门说明张贴黄色标志原因的书面文件,明确不能使用的功能或量程部分或仪器设备降等、降级情况及适用的试验范围。

(3)红色标志:仪器设备经检定或校准不合格,或经验证技术性能达不到使用要求的,或超过检定或校准周期的,或发现设备已经损坏的,或设备损坏后虽已经修好却没有检定或校准取得合格证书的,或怀疑仪器设备不准、有问题的,或经批准停用封存的。若有可能,张贴红色标志停用的仪器设备,应清出实验室,以免误用。

第三节　混凝土材料的质量检测与合格判定

一、钢筋的质量检测与合格判定

(一)取样方法

(1)钢筋、钢丝和钢绞线,应按批检查验收,每批由同一生产厂家、同一炉罐号、同一品种、同一规格、同一交货状态、同一进场时间为一验收批。但对用公称容量不大于 30 t 的炼炉冶炼的钢或连铸坯轧成的钢材,允许由同一牌号的 A 级钢或 B 级钢、同一冶炼和浇注方法、不同炉罐号组成混合批。

(2)从每批钢筋中任取两根,在每根钢筋上各切取一个拉伸试件和一个冷弯试件。试件切取时,应在钢筋的任一端截去 500 mm 后切取。拉伸、冷弯试验用钢筋试件不允许进行车削加工。

(3)试件长度:对于拉伸试件,直径小于 20 mm 者,取 10 倍直径加 250 mm;直径大于或等于 20 mm 者,取 5 倍直径加 250 mm。对于受弯试件取 5 倍直径加 150 mm。

(二)拉伸试验

1. 检测目的

在室温下对钢材进行拉伸试验,可以测定钢材的屈服强度、抗拉强度以及伸长率等重要技术性能,并以此对钢材的质量进行评定,看是否满足国家标准的规定。

2. 仪器设备

(1)试验机。应备有调速指示装置、记录或显示装置,以满足测定力学性能的要求。其误差应符合《拉力、压力和万能材料试验机检定规程》(JJG 139—1999)的 1 级试验机要求。

(2)引伸仪。用来测量试件的伸长量。测定规定残余伸长应力及屈服强度时,其刻度尺分度值应分别不大于 0.001 mm 及 0.002 mm。

(3)游标卡尺及划线器。

3. 试验条件

(1)试验速率。除产品标准另有规定外,试验速率取决于材料特性并应符合《金属材料 室温拉伸试验方法》(GB/T 228—2002)的规定。

(2)夹持方法。应使用楔形夹头、螺纹夹头、套环夹头等合适的夹具夹持试样,应尽最大努力确保夹持的试样受轴向拉力的作用。

4. 试样制备

可采用机加工试样或不经机加工的试样进行试验,钢筋试验一般采用不经机加工的试样。试样的总长度取决于夹持方法,原则上 $L_t > 12d$。试样原始标距与原始横截面面积有 $L_0 = k\sqrt{S_0}$ 关系者称为比例试样。国际上使用的比例系数 k 的值为 5.65(即 $L_0 = 5.65\sqrt{S_0} = 5\sqrt{\frac{4S_0}{\pi}} = 5d$)。原始标距应不小于 15 mm。当试样横截面面积太小,以致采用比例系数 k 为 5.65 的值不能符合这一最小标距要求时,可以采用较高的值(优先采用 11.3 的值)或采用非比例试样。非比例试样的原始标距(L_0)与其原始横截面面积(S_0)无关。

5. 检测步骤

1)试样原始横截面面积(S_0)的测定

测量时建议按照表 7-1 选用量具或测量装置。应根据测量的试样原始尺寸计算原始横截面面积,并至少保留 4 位有效数字。

表 7-1　量具或测量装置的分辨力　(单位:mm)

试样横截面尺寸	分辨力 ≤	试样横截面尺寸	分辨力≤
0.1~0.5	0.001	>2.0~10.0	0.01
>0.5~2.0	0.005	>10.0	0.05

(1)对于圆形横截面试样，应在标距的两端及中间三处两个相互垂直的方向测量直径，取其算术平均值，取用三处测得的最小横截面面积，按式(7-1)计算：

$$S_0 = \frac{1}{4}\pi d^2 \tag{7-1}$$

(2)对于恒定横截面试样，可以根据测量的试样长度、试样质量和材料密度确定其原始横截面面积。试样长度的测量应准确到 ±0.5%，试样质量的测定应准确到 ±0.5%，密度应至少取 3 位有效数字。原始横截面面积按式(7-2)计算：

$$S_0 = \frac{m}{\rho L_t} \times 1\ 000 \tag{7-2}$$

2)试样原始标距(L_0)的标记

对于 $d \geqslant 3$ mm 的钢筋，属于比例试样，其标距 $L_0 = 5d$ 。对于比例试样，应将原始标距的计算值修约至最接近 5 mm 的倍数，中间数值向较大一方修约。原始标距的标记应准确到 ±1% 。

试样原始标距应用小标记、细划线或细墨线标记，但不得用引起过早断裂的缺口作标记；也可以标记一系列套叠的原始标距；又可以在试样表面划一条平行于试样纵轴的线，并在此线上标记原始标距。

3)上屈服强度(R_{eH})和下屈服强度(R_{eL})的测定

(1)图解方法。试验时记录力—延伸曲线或力—位移曲线。从曲线图读取力首次下降前的最大力和不记初始瞬时效应时屈服阶段中的最小力或屈服平台的恒定力。将其分别除以试样原始横截面面积(S_0)得到上屈服强度和下屈服强度。仲裁试验采用图解方法。

(2)指针方法。试验时，读取测力度盘指针首次回转前指示的最大力和不记初始效应时屈服阶段中指示的最小力或首次停止转动指示的恒定力。将其分别除以试样原始横截面面积(S_0)得到上屈服强度和下屈服强度。

(3)可以使用自动装置(如微处理机等)或自动测试系统测定上屈服强度和下屈服强度，可以不绘制拉伸曲线图。

4)断后伸长率(A)和断裂总伸长率(A_t)的测定

(1)为了测定断后伸长率，应将试样断裂的部分仔细地配接在一起使其轴线处于同一直线上，并采取特别措施确保试样断裂部分适当接触后测量试样断后标距。这对小横截面试样和低伸长率试样尤为重要。应使用分辨力优于 0.1 mm 的量具或测量装置测定断后标距(L_u)，准确到 ±0.25 mm。

原则上只有断裂处与最接近的标距标记的距离不小于原始标距的 1/3 情况方为有效。但断后伸长率大于或等于规定值，不管断裂位置处于何处，测量均为有效。

断后伸长率按式(7-3)计算：

$$A = \frac{L_u - L_0}{L_0} \times 100 \tag{7-3}$$

(2)移位法测定断后伸长率。当试样断裂处与最接近的标距标记的距离小于原始标距的 1/3 时，可以使用如下方法。

试验前，原始标距(L_0)细分为 N 等分。试验后，以符号 X 表示断裂后试样短段的标距标记，以符号 Y 表示断裂试样长段的等分标记，此标记与断裂处的距离最接近于断裂处至标记 X 的距离。

若 X 与 Y 之间的分格数为 n，按如下测定断后伸长率：

①若 $N-n$ 为偶数，如图 7-2(a)所示，测量 X 与 Y 之间的距离和测量自 Y 至距离为 $\frac{1}{2}(N-n)$ 个分格的 Z 标记之间的距离。按照式(7-4)计算断后伸长率：

$$A = \frac{XY + 2YZ - L_0}{L_0} \times 100 \tag{7-4}$$

②若 $N-n$ 为奇数，如图 7-2(b)所示，测量 X 与 Y 之间的距离和测量自 Y 至距离分别为 $\frac{1}{2}(N-n-1)$ 和 $\frac{1}{2}(N-n+1)$ 个分格的 Z' 和 Z'' 标记之间的距离。按照式(7-5)计算断后伸长率：

$$A = \frac{XY + YZ' + YZ'' - L_0}{L_0} \times 100 \tag{7-5}$$

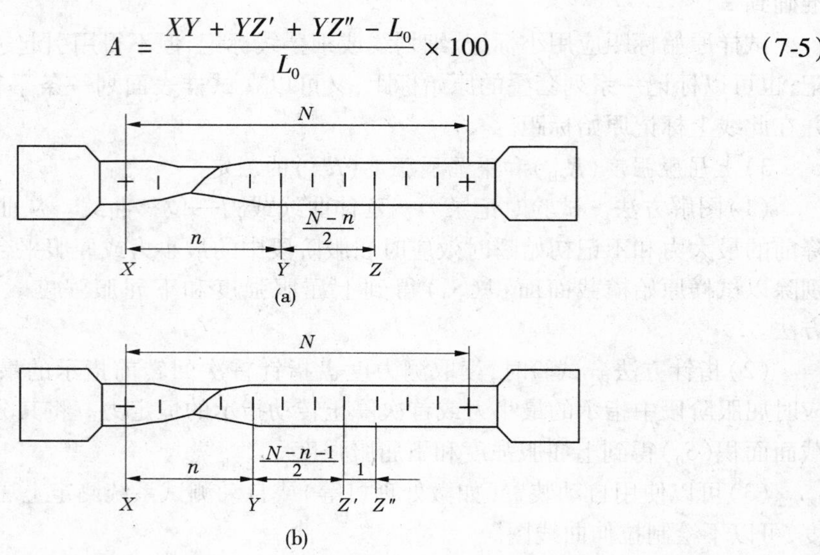

图 7-2　移位方法的图示说明

(3)能用引伸计测定断裂延伸的试验机，引伸计标距(L_e)应等于试样原始标距(L_0)，无须标出试样原始标距的标记。以断裂时的总延伸作为伸长测量时，为了得到断后伸长率，应从总延伸中扣除弹性延伸部分。

原则上，断裂发生在引伸计标距以内方为有效，但断后伸长率等于或大于规定值，不管断裂位置位于何处，测量均为有效。

(4)按照(3)测定的断裂总延伸除以试样原始标距得到断裂总伸长率。

5)抗拉强度(R_m)的测定

对于呈现明显屈服(不连续屈服)现象的金属材料，从记录的力—延伸或力—位移曲线图，或从测力度盘，读取过了屈服阶段之后的最大力；对于呈现无明显屈服(连续屈服)现象的金属材料，从记录的力—延伸或力—位移曲线图，或从测力度盘，读取试验过程中

的最大力。最大力除以试样原始横截面面积(S_0)得到抗拉强度,按式(7-6)计算:

$$R_m = \frac{F_m}{S_0} \tag{7-6}$$

(三)弯曲(冷弯)试验

1.检测目的

测定钢材的工艺性能,评定钢材质量。

2.试验设备

应在配备下列弯曲装置之一的试验机或压力机上完成试验。

(1)支辊式弯曲装置(见图7-3)。

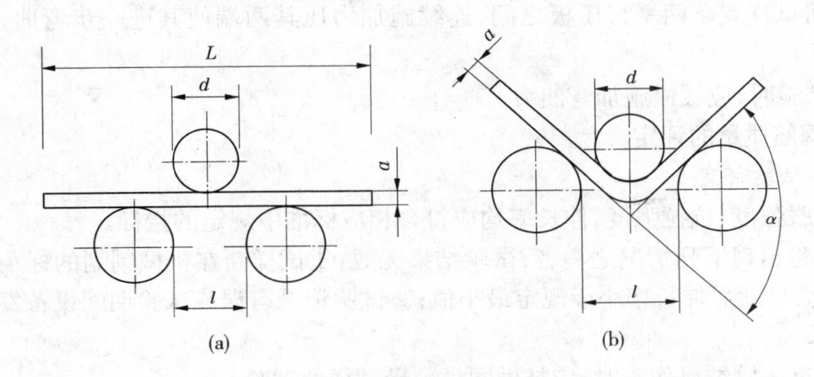

图7-3 支辊式弯曲装置

支辊长度应大于试样宽度或直径。支辊半径应为1~10倍试样厚度。支辊应具有足够的硬度。除另有规定外,支辊间距离应按式(7-7)确定:

$$l = (d + 3a) \pm 0.5a \tag{7-7}$$

此距离在试验期间应保持不变。弯曲压头直径应在相关产品标准中规定。弯曲压头宽度应大于试样宽度或直径。弯曲压头应具有足够的硬度。

(2)V形模具式弯曲装置。

(3)虎钳式弯曲装置。

(4)翻板式弯曲装置。

3.试样制备

钢筋试样应按照《钢及钢产品力学性能试验取样位置及试样制备》(GB/T 2975—1998)的要求取样,试样表面不得有划痕和损伤,试样长度应根据试样厚度和所使用的试验设备确定。采用支辊式弯曲装置和翻板式弯曲装置的方法时,可以按照式(7-8)确定:

$$L = 0.5\pi(d + a) + 140\ \text{mm} \tag{7-8}$$

式中 π——圆周率,其值取3.1。

4.试验方法

由相关产品标准规定,采用下列方法之一完成试验:

(1)试样在上述装置所给定的条件和在力作用下弯曲至规定的弯曲角度。

(2)试样在力作用下弯曲至两臂相距规定距离且相互平行。

(3)试样在力作用下弯曲至两臂直接接触。

试样弯曲至规定弯曲角度的试验,应将试样放于两支辊或 V 形模具或两水平翻板上,试样轴线应与弯曲压头轴线垂直,弯曲压头在两支座之间的中点处对试样连续施加力使其弯曲,直至达到规定的弯曲角度。

试样弯曲至180°,两臂相距规定距离且相互平行的试验,采用支辊式弯曲装置的试验方法时,首先对试样进行初步弯曲(弯曲角度尽可能大),然后将试样置于两平行压板之间连续施加力压其两端使其进一步弯曲,直至两臂平行。采用翻板式弯曲装置的方法时,在力作用下不改变力的方向,弯曲直至达到180°。

试样弯曲至两臂直接接触的试验,应首先将试样进行初步弯曲(弯曲角度尽可能大),然后将试样置于两平行压板之间,连续施加力压其两端使其进一步弯曲,直至两臂直接接触。

弯曲试验时,应缓慢施加弯曲力。

(四)钢筋质量的评定

1. 拉伸试验评定

(1)屈服强度、抗拉强度、伸长率均应符合相应标准中规定的指标。

(2)试验出现下列情况之一者,试验结果无效:①试样断在机械刻划的标距标记上或标距之外,而且断后伸长率小于规定最小值;②试验记录有误或试验期间设备发生故障影响试验结果。

(3)遇有试验结果作废时,应补做同样数量试样的试验。

(4)试验后试样出现两个或两个以上的颈缩以及显示出肉眼可见的冶金缺陷(如分层、气泡、夹渣、缩孔等),应在试验记录和报告中注明。

(5)当试验结果有一项不合格时,应另取双倍数量的试样重新做试验,若仍有不合格项目,则该批钢材应判为拉伸性能不合格。

2. 弯曲(冷弯)试验评定

(1)弯曲后,按有关标准规定检查试样弯曲外表面,进行结果评定。相关产品标准规定的弯曲角度认做最小值,规定的弯曲半径认做最大值。

(2)有关标准未作具体规定时,检查试样的外表面,按以下五种试验结果进行评定,若无裂纹、裂缝或断裂,则评定试样合格。

①完好。试样弯曲处的外表面金属基体上无肉眼可见因弯曲变形产生的缺陷时称为完好。

②微裂纹。试样弯曲外表面金属基体上出现细小的裂纹,其长度不大于2 mm,宽度不大于0.2 mm 时称为微裂纹。

③裂纹。试样弯曲外表面金属基体上出现开裂,其长度大于2 mm,而小于等于5 mm,宽度大于0.2 mm,而小于等于0.5 mm 时称为裂纹。

④裂缝。试样弯曲外表面金属基体上出现明显开裂,其长度大于5 mm,宽度大于0.5 mm 时称为裂缝。

⑤断裂。试样弯曲外表面出现沿宽度贯穿的开裂,其深度超过试样厚度的1/3 时称为断裂。

(3)做冷弯的两根试件中,若有一根试件不合格,可取双倍数量试件重新做冷弯试验,第二次冷弯试验中,若仍有一根不合格,即判该批钢筋为不合格品。

二、细骨料的质量检测与合格判定

(一)取样方法

1. 代表批量

砂的取样应按批进行,购货单位取样时,应以一列火车、一批货船或一批汽车所运送的产地和规格均相同的砂为一批,但总数不宜超过400 m^3 或600 t。

在料堆上取样时一般也以600 t为一批。日产量超过2 000 t,按1 000 t为一批。

2. 取样方式

(1)在料堆上取样时,取样部位应均匀分布。先将取样部位表层铲除,再从不同部位抽取大致等量的砂样8份组成一组样品。

(2)从皮带运输机上取样时,应用接料器在皮带运输机机尾的出料处定时抽取大致等量的砂样4份,组成一组样品。

(3)从火车、汽车、货船上取样时,应从不同部位和深度抽取大致等量的砂样8份,组成一组样品。

3. 取样数量

每组样品的取样数量,对单项检测,应不小于表7-2规定的最少取样数量。须做几项检测时,若确能保证样品经一项检测后不致影响另一项检测结果,也可以用同一组样品进行几项不同的检测。

表7-2　检测项目所需砂的最少取样数量　(单位:kg)

<table>
<tr><th>序号</th><th>检测项目</th><th>最少取样数量</th><th>序号</th><th colspan="2">检测项目</th><th>最少取样数量</th></tr>
<tr><td>1</td><td>颗粒级配</td><td>4.4</td><td>8</td><td colspan="2">硫化物及硫酸盐含量</td><td>0.6</td></tr>
<tr><td>2</td><td>含泥量</td><td>4.4</td><td>9</td><td colspan="2">氯化物含量</td><td>4.4</td></tr>
<tr><td>3</td><td>石粉含量</td><td>6.0</td><td rowspan="2">10</td><td rowspan="2">坚固性</td><td>天然砂</td><td>8.0</td></tr>
<tr><td>4</td><td>泥块含量</td><td>20.0</td><td>人工砂</td><td>20.0</td></tr>
<tr><td>5</td><td>云母含量</td><td>0.6</td><td>11</td><td colspan="2">表观密度</td><td>2.6</td></tr>
<tr><td>6</td><td>轻物质含量</td><td>3.2</td><td>12</td><td colspan="2">堆积密度与空隙率</td><td>5.0</td></tr>
<tr><td>7</td><td>有机物含量</td><td>2.0</td><td>13</td><td colspan="2">碱-骨料反应</td><td>20.0</td></tr>
</table>

4. 试样的处理

(1)采用人工四分法。将所取砂样置于平板上,在潮湿状态下拌和均匀,堆成厚约20 mm的圆饼,然后沿互相垂直的两条直径把圆饼分成大致相等的4份,取其对角两份重新拌匀,再堆成圆饼。重复以上过程,直至缩分后质量略多于检测所必需的质量。

(2)用分料器法。将样品在潮湿状态下拌和均匀,然后通过分料器,取接料斗中的其中1份再次通过分料器。重复上述过程,直至把样品缩分到检测所需量。

(3)堆积密度、人工砂坚固性检验所用试样可不经缩分,在拌匀后直接进行检测。

（二）砂颗粒级配试验

1. 检测目的

测定砂的颗粒级配，计算细度模数，评定砂料品质和进行施工质量控制。

2. 主要仪器设备

（1）方孔筛：孔径为 150 μm、300 μm、600 μm、1. 18 mm、2. 36 mm、4. 75 mm 及9. 50 mm 的筛各一只，并附有筛底和筛盖。

（2）天平：称量 1 000 g，感量 1 g。

（3）烘箱：能使温度控制在（105 ±5）℃。

（4）摇筛机。

（5）搪瓷盘、毛刷等。

3. 试样制备

按规定取样，并将试样缩分至约 1 100 g，放在烘箱中于（105 ±5）℃下烘干至恒量（指试样在烘干 1 ~3 h 的情况下，其前后质量之差不大于该项检测所要求的称量精度），待冷却至室温后，筛除粒径大于 9. 50 mm 的颗粒并计算筛余百分率，分成大致相等的试样 2 份备用。

4. 检测步骤

称烘干试样 500 g（精确至 1 g），倒入按孔径大小从上到下组合的套筛（附筛底）上，将套筛置于摇筛机上筛 10 min，取下后逐个用手筛，筛至每分钟通过量小于试样总量的 0. 1% 为止。通过的试样并入下一号筛中，顺序过筛，直至各号筛全部筛完。

称取各号筛的筛余量（精确至 1 g），各号筛上的筛余量若有超过按式（7-9）计算值，则须将该粒级试样分成少于按式（7-9）计算的量分别筛，筛余量之和即为该号筛的筛余量：

$$G = \frac{Ad^{1/2}}{200} \tag{7-9}$$

式中 G——在一个筛上的筛余量，g；

A——筛面面积，mm^2；

d——筛孔尺寸，mm。

5. 结果计算与评定

（1）计算各筛的分计筛余百分率：各号筛的筛余量与试样总质量之比，精确至 0. 1%。

（2）计算各筛的累计筛余百分率：该号筛的筛余百分率加上该号筛以上各筛余百分率之和，精确至 0. 1%（筛分后，当筛的筛余量与筛底的量之和同原试样质量之差超过 1% 时，须重新试验）。

（3）计算砂的细度模数 M_x 按式（7-10）计算（精确至 0. 01）：

$$M_x = \frac{(A_2 + A_3 + A_4 + A_5 + A_6) - 5A_1}{100 - A_1} \tag{7-10}$$

式中 M_x——细度模数；

A_1、A_2、A_3、A_4、A_5、A_6——4. 75 mm、2. 36 mm、1. 18 mm、600 μm、300 μm、150 μm 筛上的累计筛余百分率。

(4)累计筛余百分率取两次试验结果的算术平均值，精确至1%。细度模数取两次试验结果的算术平均值，精确至0.1；若两次的细度模数之差超过0.20，须重新试验。

(5)根据各号筛的累计筛余百分率，评定该试样的颗粒级配。

(三)砂的表观密度试验

1.检测目的

通过试验测定砂的表观密度，为评定砂的质量和混凝土配合比设计提供依据。

2.主要仪器设备

(1)鼓风烘箱：能使温度控制在(105±5)℃。

(2)天平：称量1 000 g，感量1 g。

(3)容量瓶：500 mL。

(4)干燥器、搪瓷盘、滴管、毛刷、温度计、毛巾等。

3.试验制备

按规定取样，并将试样缩分至约660 g，放入烘箱中于(105±5)℃下烘干至恒量，冷却至室温后，分为大致相等的2份备用。

4.检测步骤

(1)称取烘干试样300 g(精确至1 g)，装入容量瓶中，注入冷开水至接近500 mL的刻度处，旋转摇动容量瓶，排除气泡，塞紧瓶盖，静置24 h。然后用滴管小心加水至容量瓶500 mL刻度处，塞紧瓶塞，擦干瓶外水分，称出其质量(精确至1 g)。

(2)倒出瓶内水和试样，洗净容量瓶，再向瓶内注水至500 mL处，擦干瓶外水分，称其质量(精确至1 g)。

5.结果计算与评定

(1)表观密度按式(7-11)计算(精确至10 kg/m³)：

$$\rho_0 = \left(\frac{G_0}{G_0 + G_2 - G_1}\right)\rho_{水} \tag{7-11}$$

式中 ρ_0、$\rho_{水}$——砂的表观密度、水的密度，kg/m³；

G_0、G_1、G_2——烘干试样质量、试样和水及容量瓶的总质量、水及容量瓶的总质量，g。

(2)表观密度取两次试验结果的算术平均值(精确至10 kg/m³)，若两次之差大于20 kg/m³，须重新试验。

(四)砂的堆积密度与空隙率试验

1.检测目的

测定砂的堆积密度，计算砂的空隙率，供混凝土配合比计算和评定砂的质量。

2.主要仪器设备

(1)天平：称量10 kg，感量1 g。

(2)鼓风烘箱：能使温度控制在(105±5)℃。

(3)容量筒：圆柱形金属筒，内径108 mm，净高109 mm，容积1 L。

(4)方孔筛：孔径为4.75 mm的筛一只。

(5)垫棒：直径10 mm，长500 mm的圆钢。

(6)直尺、小铲、浅盘、料勺、毛刷等。

3. 试样制备

按规定取样，用浅盘装试样约3 L，在温度为(105 ±5) ℃的烘箱中烘干至恒量，冷却至室温，筛除粒径大于4.75 mm的颗粒，分成大致相等的2份备用。

4. 检测步骤

1）松散堆积密度测定

将一份试样，通过漏斗或用料勺，从容量筒口以上50 mm处徐徐装入，装满并超出筒口。用直尺沿筒口中心线向两个相反方向刮平(勿触动容量筒)，称出试样和容量筒总质量，精确至1 g。

2）紧密堆积密度

取试样1份分2次装满容量筒。每次装完后在筒底垫放一根直径为10 mm的圆钢(第2次垫放钢筋与第1次方向垂直)，将筒按住，左右交替击地面25次。再加试样直至超过筒口，用直尺沿筒口中心线向两边刮平，称出试样和容量筒总质量，精确至1 g。

5. 结果计算与评定

(1)松散或紧密堆积密度按式(7-12)计算(精确至10 kg/m^3)：

$$\rho_1 = \frac{G_1 - G_2}{V} \tag{7-12}$$

式中 ρ_1——松散或紧密堆积密度，kg/m^3；

G_1——容量筒和试样总质量，g；

G_2——容量筒质量，g；

V——容量筒容积，L。

(2)空隙率按式(7-13)计算(精确至1%)：

$$V_0 = \left(1 - \frac{\rho_1}{\rho_0}\right) \times 100 \tag{7-13}$$

式中 V_0——空隙率(%)；

ρ_1、ρ_0——砂的堆积密度及表观密度，kg/m^3。

(3)取两次试验的算术平均值作为结果。

(五)砂的含泥量测定

1. 检测目的

测定砂的含泥量，评定砂的质量。

2. 主要仪器设备

(1)鼓风烘箱：能使温度控制在(105 ±5) ℃。

(2)天平：称量1 000 g，感量0.1 g。

(3)方孔筛：孔径为75 μm和1.18 mm筛各一个。

(4)容器：在淘洗试样时，保持试样不溅出(深度大于250 mm)。

(5)搪瓷盘、毛刷等。

3. 试样制备

按规定取样，并将试样缩分至1 100 g，在(105 ±5) ℃烘箱中烘干至恒量，冷却至室温，分出大致相等的试样2份备用。

4. 检测步骤

(1)称取试样500 g,精确至0.1 g。将试样置于容器中,注入清水,水面约高出试样面150 mm,充分拌匀后,浸泡2 h,然后用手在水中淘洗试样,使尘屑、淤泥和黏土与砂粒分离。润湿筛子,将浑浊液缓缓倒入套筛中(1.18 mm筛套在75 μm筛之上),滤去粒径小于75 μm的颗粒。在试验中,严防砂粒丢失。

(2)再向容器中注入清水,重复上一步操作,直至容器内的水目测清澈为止。

(3)用水淋洗留在筛上的细粒,并将75 μm筛放入水中来回摇动,充分洗掉小于75 μm的颗粒,然后将两只筛上的筛余颗粒和容器中已经洗净的试样一并倒入搪瓷盘,置于(105 ±5) ℃的烘箱内,烘干称量,精确至0.1 g。

5. 结果计算与评定

(1)含泥量按式(7-14)计算(精确至0.1%):

$$Q_a = \frac{G_0 - G_1}{G_0} \times 100 \tag{7-14}$$

式中 Q_a——含泥量(%);

G_0——试验前烘干试样的质量,g;

G_1——试验后烘干试样的质量,g。

(2)含泥量取两个试样试验结果的算术平均值作为测定值。

(六)砂泥块含量测定

1. 检测目的

测定砂的泥块含量,评定砂的质量。

2. 主要仪器设备

(1)鼓风烘箱:能使温度控制在(105 ±5) ℃。

(2)天平:称量1 000 g,感量1 g。

(3)方孔筛:孔径为600 μm和1.18 mm筛各一个。

(4)容器:要求淘洗试样时,保持试样不溅出(深度大于250 mm)。

(5)搪瓷盘,毛刷等。

3. 试样制备

按规定取样,并将试样缩分至约5 000 g,在(105 ±5) ℃烘箱中烘干至恒量,冷却至室温,筛除粒径小于1.18 mm的颗粒,分出大致相等的2份备用。

4. 检测步骤

(1)称取试样200 g,精确至0.1 g。将试样置于容器中,并注入清水,使水面高出试样面约150 mm。充分搅拌均匀后,浸泡24 h。然后用手在水中碾碎泥块,再把试样放在600 μm筛上,用水淘洗,直至水目测清澈。

(2)筛中保留的试样小心取出,装入浅盘,在(105 ±5) ℃烘箱中烘干至恒量,冷却至室温后称其质量,精确至0.1 g。

5. 结果计算与评定

(1)泥块含量按式(7-15)计算(精确至0.1%):

$$Q_b = \frac{G_1 - G_2}{G_1} \times 100 \tag{7-15}$$

式中 Q_b——泥块含量(%);

G_1——1.18 mm 筛筛余试样的质量,g;

G_2——试验后烘干试样的质量,g。

(2)取两次试验结果的算术平均值作为测定值,精确至0.1%。

(七)砂质量评定要求

混凝土用砂若检验不合格,则应重新取样,对不合格项进行加倍复检,若仍有一个试样不能满足标准要求,应按不合格品处理。

砂评定的质量要求如下:

(1)砂的粗细程度按细度模数 M_x 分为粗、中、细、特细四级,其范围应符合以下规定:

粗砂:M_x = 3.7 ~ 3.1;

中砂:M_x = 3.0 ~ 2.3;

细砂:M_x = 2.2 ~ 1.6;

特细砂:M_x = 1.5 ~ 0.7。

(2)除特细砂外,砂的颗粒级配可根据 600 μm 筛孔的累计筛余量,分成 3 个级配区(见表 7-3),混凝土用砂的颗粒级配,应处于表 7-3 中的任何一个级配区以内。砂的实际筛余率,除 4.75 mm 和 600 μm 筛号外,允许稍有超出,但其总量不应大于 5%。

当砂颗粒级配不符合表 7-3 的要求时,应采取相应措施,在经试验证明能确保工程质量时,方才允许使用。

(3)天然砂的含泥量和泥块含量应符合表 7-4 的规定。

表 7-3 砂级配区的规定

筛孔尺寸	级配区		
	1 区	2 区	3 区
	累计筛余(按质量计,%)		
9.50 mm	0	0	0
4.75 mm	10 ~ 0	10 ~ 0	10 ~ 0
2.36 mm	35 ~ 5	25 ~ 0	15 ~ 0
1.18 mm	65 ~ 35	50 ~ 10	25 ~ 0
600 μm	85 ~ 71	70 ~ 41	40 ~ 16
300 μm	95 ~ 80	92 ~ 70	85 ~ 55
150 μm	100 ~ 90	100 ~ 90	100 ~ 90

表 7-4 砂的含泥量和泥块含量

项目	指标		
	Ⅰ类	Ⅱ类	Ⅲ类
含泥量(按质量计,%)	<1.0	<3.0	<5.0
泥块含量(按质量计,%)	0	<1.0	<2.0

(4)砂表观密度、堆积密度、空隙率应符合以下规定:表观密度大于2 500 kg/m³、松散堆积密度大于1 350 kg/m³、空隙率小于47%。

三、粗骨料的质量检测与合格判定

(一)取样方法

1.组批规定

使用单位应按石子的同一产地、统一规格、同一进场时间分批验收。采用大型工具(如火车、货船或汽车)运输的,应以400 m³ 或600 t为一验收批;采用小型工具(如拖拉机等)运输的,应以200 m³ 或300 t为一验收批。不足上述量者,应按一验收批进行验收。日产量超过2 000 t,以1 000 t为一批,不足1 000 t亦为一批。日产量超过5 000 t,按2 000 t为一批,不足2 000 t亦为一批。

2.取样方法

(1)在料堆上取样时,取样部位应均匀分布。取样前,应先将取样部位表层铲除,再从不同部位抽取大致等量的石子15份(在料堆顶部、中部和底部均匀分布的15个不同部位取得)组成一组样品。

(2)从皮带运输机上取样时,应用接料器在皮带运输机机尾的出料处定时抽取大致等量的石子8份,组成一组样品。

(3)从火车、汽车、货船上取样时,应从不同部位和深度抽取大致等量的石子16份,组成一组样品。

3.取样数量

石子单项试验的最小取样数量应符合表7-5的规定。当需要做多项检验时,可在确保样品经一项试验后不致影响其他试验结果的前提下,用同组样品进行多项不同的试验。

表7-5 单项试验所需碎石或卵石取样数量 (单位:kg)

序号	试验项目	不同最大粒径(mm)下的最少取样数量							
		9.5	16.0	19.0	26.5	31.5	37.5	63.0	75.0
1	颗粒级配	9.5	16.0	19.0	25.0	31.5	37.5	63.0	80.0
2	含泥量	8.0	8.0	24.0	24.0	40.0	40.0	80.0	80.0
3	泥块含量	8.0	8.0	24.0	24.0	40.0	40.0	80.0	80.0
4	针片状颗粒含量	1.2	4.0	8.0	12.0	20.0	40.0	40.0	40.0
5	有机物含量	按试验要求的粒级和数量取样							
6	硫化物及硫酸盐含量								
7	坚固性								
8	岩石抗压强度	随机选取完整石块锯切或钻取成试验用样品							
9	压碎指标值	按试验要求的粒级和数量取样							
10	表观密度	8.0	8.0	8.0	8.0	12.0	16.0	24.0	24.0
11	堆积密度与空隙率	40.0	40.0	40.0	40.0	80.0	80.0	120.0	120.0
12	碱-骨料反应	20.0	20.0	20.0	20.0	20.0	20.0	20.0	20.0

4. 试样的处理

(1)采用人工四分法。将所取样品置于平板上,在自然状态下拌和均匀,并堆成锥体,然后沿互相垂直的两条直径把锥体分成大致相等的 4 份,取其对角的 2 份重新拌匀,再堆成锥体。重复上述过程,直至把样品缩分到试验所需数量。

(2)堆积密度检验所用试样可不经缩分,在拌匀后直接进行试验。

(二)石子颗粒级配试验

1. 检测目的

通过筛分试验测定碎石或卵石的颗粒级配,以便于选择优质粗骨料,达到节约水泥和改善混凝土性能的目的,并作为混凝土配合比设计和一般使用的依据。

2. 主要仪器设备

(1)方孔筛:孔径为 2.36 mm、4.75 mm、9.50 mm、16.0 mm、19.0 mm、26.5 mm、31.5 mm、37.5 mm、53.0 mm、63.0 mm、75.0 mm 及 90 mm 的筛各一只,并附有筛底和筛盖(筛框内径 300 mm)。

(2)台秤:称量 10 kg,感量 1 g。

(3)鼓风烘箱:能使温度控制在(105 ±5) ℃。

(4)摇筛机。

(5)搪瓷盘、毛刷等。

3. 试样制备

按规定的取样方法取样,将试样缩分到略大于表 7-6 规定的数量,烘干或风干后备用。

表 7-6 颗粒级配试验所需试样数量

最大粒径(mm)	9.5	16.0	19.0	26.5	31.5	37.5	63.0	75.0
最少试样数量(kg)	1.9	3.2	3.8	5.0	6.3	7.5	12.6	16.0

4. 检测步骤

(1)按表 7-6 规定数量称取试样 1 份,精确至 1 g。将试样倒入按筛孔大小从上到下组合的套筛(附筛底)上。

(2)将套筛在摇筛机上筛 10 min,取下套筛,按筛孔大小顺序再逐个用手筛,筛至每分钟通过量小于试样总量的 0.1% 为止。通过的颗粒并入下一号筛中,并和下一号筛中的试样一起过筛,直至各号筛全部筛完。对粒径大于 19.0 mm 的颗粒,筛分时允许用手拨动。

(3)称出各筛的筛余量,精确至 1 g。

筛分后,若各筛的筛余量与筛底试样之和超过原试样质量的 1%,须重新试验。

5. 结果计算与评定

(1)计算各筛的分计筛余百分率(各号筛的筛余量与试样总质量之比),精确至 0.1%。

(2)计算各筛的累计筛余百分率(该号筛的分计筛余百分率加上该号筛以上各分计

筛余百分率之和),精确至0.1%。

(3)根据各号筛的累计筛余百分率,评定该试样的颗粒级配。

(三)石子的表观密度试验

1.检测目的

通过试验测定石子的表观密度,为评定石子质量和混凝土配合比设计提供依据;石子的表观密度可以反映骨料的坚实、耐久程度,因此是一项重要的技术指标。

2.主要仪器设备

1)液体比重天平法

(1)鼓风烘箱:能使温度控制在(105 ±5) ℃。

(2)液体天平:称量5 kg,感量5 g,见图7-4。

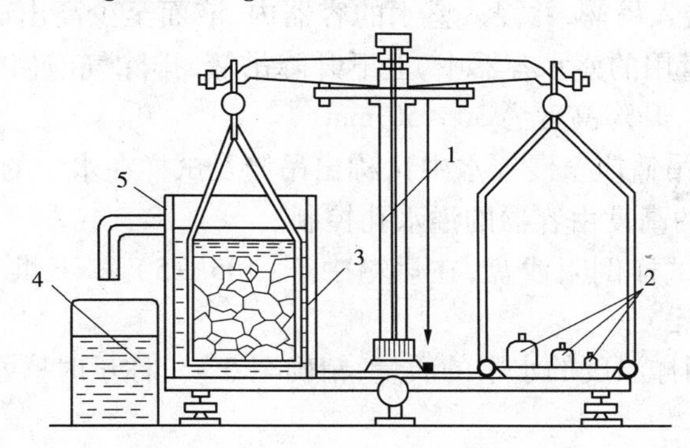

1—5 kg天平;2—砝码;3—吊篮;4—容器;5—带有溢流孔的金属容器

图7-4 液体天平

(3)吊篮:直径和高度均为150 mm,由孔径为1 ~2 mm的筛网或钻有2 ~3 mm孔洞的耐蚀金属板制成。

(4)方孔筛:孔径为4.75 mm的筛一只。

(5)盛水容器:带有溢水孔。

(6)温度计、搪瓷盘、毛巾等。

2)广口瓶法

(1)鼓风烘箱:能使温度控制在(105 ±5) ℃。

(2)天平:称量2 kg,感量1 g。

(3)广口瓶:容积1 000 mL,磨口,带玻璃片。

(4)方孔筛:孔径为4.75 mm的筛1只。

(5)温度计、搪瓷盘、毛巾等。

3.试样制备

1)液体比重天平法

按规定取样,用四分法缩分至不少于表7-7规定的数量,风干后筛去4.75 mm以下的颗粒,洗刷干净后,分为大致相等的2份备用。

表 7-7　表观密度试验所需试样数量

最大粒径(mm)	<26.5	31.5	37.5	63.0	75.0
最少试样数量(kg)	2.0	3.0	4.0	6.0	6.0

2)广口瓶法

按规定取样,用四分法缩分至不少于表 7-7 规定的数量,风干后筛去 4.75 mm 以下的颗粒,洗刷干净后,分为大致相等的 2 份备用。

4. 检测步骤

1)液体比重天平法

(1)将 1 份试样装入吊篮,并浸入盛水的容器内,液面至少高出试样表面 50 mm。浸水 24 h 后,移放到称量用的盛水容器中,上下升降吊篮,排除气泡(试样不得露出水面)。吊篮每升降一次约 1 s,升降高度为 30 ~ 50 mm。

(2)测量水温后(吊篮应全浸在水中),称出吊篮及试样在水中的质量,精确至 5 g,称量时盛水容器中水面的高度由容器的溢水孔控制。

(3)提起吊篮,将试样倒入浅盘,在烘箱中于(105 ± 5) ℃下烘干至恒量,冷却至室温,称出其质量,精确至 5 g。

(4)称出吊篮在同样温度的水中的质量,精确至 5 g。称量时盛水容器中水面的高度由容器的溢水孔控制。

从试样加水静止的 2 h 起至试验结束,温度变化不应超过 2 ℃。

2)广口瓶法

本方法不宜用于测定最大粒径大于 37.5 mm 的碎石或卵石的表观密度。

(1)将试样浸水 24 h,然后装入广口瓶(倾斜放置)中,注入饮用水,上下左右摇晃广口瓶排除气泡。

(2)向瓶内加水至凸出瓶口边缘,然后用玻璃片沿瓶口迅速滑行(使其紧贴瓶口水面)。擦干瓶外水分,称取试样、水、广口瓶及玻璃片总质量,精确至 1 g。

(3)将瓶中试样倒入浅盘,然后放在(105 ± 5) ℃的烘箱中烘干至恒量,冷却至室温后称其质量,精确至 1 g。

(4)将瓶洗净,重新注入饮用水,并用玻璃片紧贴瓶口水面,擦干瓶外水分后称出水、瓶、玻璃片的总质量,精确至 1 g。

5. 结果计算与评定

(1)表观密度按式(7-16)计算(精确至 10 kg/m^3):

$$\rho_0 = \left(\frac{G_0}{G_0 + G_2 - G_1}\right)\rho_{水} \qquad (7\text{-}16)$$

式中　ρ_0——石子的表观密度,kg/m^3;

G_0——烘干后试样的质量,g;

G_1——吊篮及试样在水中的质量(液体比重天平法)或试样、水、瓶、玻璃片的总质量(广口瓶法),g;

G_2——吊篮在水中的质量（液体比重天平法）或水、瓶、玻璃片的总质量（广口瓶法），g；

$\rho_{水}$——水的密度，1 000 kg/m^3。

（2）表观密度取两次试验结果的算术平均值，若两次结果之差大于 20 kg/m^3，须重新试验。对于颗粒材质不均匀的试样，若两次试验结果之差大于20 kg/m^3，可取4 次试验结果的算术平均值。

（四）石子的堆积密度与空隙率试验

1. 检测目的

石子的堆积密度的大小是粗骨料级配优劣和空隙多少的重要标志，且是进行混凝土配合比设计的必要资料，或用以估计运输工具的数量及存放堆场面积等。

2. 主要仪器设备

（1）台秤：称量 10 kg，感量 10 g。

（2）磅秤：称量 50 kg，感量 50 g。

（3）容量筒：容量筒规格见表 7-8。

（4）垫棒：直径 16 mm、长 600 mm 的圆钢。

（5）直尺、小铲等。

表 7-8　容量筒的规格要求

最大粒径（mm）	容量筒容积（L）	容量筒规格		
		内径（mm）	净高（mm）	壁厚（mm）
9.5，16.0，19.0，26.5	10	208	294	2
31.5，37.5	20	294	294	3
53.0，63.0，75.0	30	360	294	4

3. 试样制备

按规定取样，烘干或风干，拌匀后分成大致相等的 2 份备用。

4. 检测步骤

（1）松散堆积密度。将 1 份试样用小铲从容量筒口中心上方 50 mm 处徐徐倒入，让试样以自由落体落下，当容量筒上部试样呈锥体，并向四周溢满时，停止加料。除去凸出容量口表面的颗粒，并以合适的颗粒填入凹陷部分，使表面稍凸起部分和凹陷部分体积大致相等（试验过程应防止触动容量筒）。称出试样和容量筒的总质量。

（2）紧密堆积密度。将 1 份试样分 3 次装入容量筒，每装一层，都在筒底垫放一根直径为 16 mm 的圆钢，将筒按住，左右交替颠击地面 25 次（筒底垫放的钢筋方向与上一次垂直），试样装填完毕，再加试样直至超过筒口，用钢尺沿筒口边缘刮去高出的试样，并以合适的颗粒填平凹处，使表面稍凸起部分的凹陷部分体积大致相等。称出试样和容量筒的总质量，精确至10 g。

5. 结果计算与评定

（1）松散或紧密堆积密度按式（7-17）计算（精确至 10 kg/m^3）：

$$\rho_1 = \frac{G_1 - G_2}{V} \tag{7-17}$$

式中 ρ_1——松散或紧密堆积密度,kg/m^3;

G_1——容量筒和试样总质量,g;

G_2——容量筒质量,g;

V——容量筒容积,L。

(2)空隙率按式(7-18)计算(精确至1%):

$$V_0 = \left(1 - \frac{\rho_1}{\rho_0}\right) \times 100 \tag{7-18}$$

式中 V_0——空隙率(%);

ρ_1、ρ_0——石子的堆积密度、表观密度,kg/m^3。

(3)取两次试验的算术平均值作为结果。

(五)石子含泥量测定

1.检测目的

测定石子的含泥量,评定石子的品质。

2.主要仪器设备

(1)鼓风烘箱:能使温度控制在(105±5)℃。

(2)天平:称量10 kg,感量1 g。

(3)方孔筛:孔径为75 μm及1.18 mm的筛各一只。

(4)容器:要求淘洗试样时,保持试样不溅出。

(5)搪瓷盘、毛刷等。

3.试样制备

按规定取样,并将试样缩分至略大于表7-9规定的数量,放在烘箱中于(105±5)℃下烘干至恒量,待冷却至室温后,分为大致相等的2份备用。

表7-9 含泥量试验所需试样数量

最大粒径(mm)	9.5	16.0	19.0	26.5	31.5	37.5	63.0	75.0
最少试样数量(kg)	2.0	2.0	6.0	6.0	10.0	10.0	20.0	20.0

4.检测步骤

(1)称取按表7-9规定数量的试样1份,精确到1 g。将试样放入淘洗容器中,注入清水,使水面高于试样上表面150 mm,充分搅拌均匀后,浸泡2 h,然后用手在水中淘洗试样,使尘屑、淤泥和黏土与石子颗粒分离,把浑水缓缓倒入1.18 mm及75 μm的套筛上(1.18 mm筛放在75 μm筛上面),滤去小于75 μm的颗粒。试验前筛子的两面应先用水润湿。在整个试验过程中应小心防止大于75 μm的颗粒流失。

(2)再向容器中注入清水,重复上述操作,直至容器内的水目测清澈为止。

(3)用水淋洗剩余在筛上的细粒,并将75 μm筛放在水中(使水面略高出筛中石子颗粒的上表面)来回摇动,以充分洗掉小于75 μm的颗粒,然后将两只筛上筛余的颗粒和清洗容器中已经洗净的试样一并倒入搪瓷盘中,置于烘箱中于(105±5)℃下烘干至恒量,待冷却至室温后,称出其质量,精确至1 g。

5. 结果计算与评定

(1)含泥量按式(7-19)计算(精确至0.1%):

$$Q_a = \frac{G_1 - G_2}{G_1} \times 100 \tag{7-19}$$

式中 Q_a——含泥量(%);

G_1——试验前烘干试样的质量,g;

G_2——试验后烘干试样的质量,g。

(2)含泥量取两次试验结果的算术平均值,精确至0.1%。

(六)石子泥块含量测定

1. 检测目的

测定石子的泥块含量,评定石子的品质。

2. 主要仪器设备

(1)鼓风烘箱:能使温度控制在(105±5)℃。

(2)天平:称量10 kg,感量1 g。

(3)方孔筛:孔径为2.36 mm及4.75 mm筛各一只。

(4)容器:要求淘洗试样时,保持试样不溅出。

(5)搪瓷盘、毛刷等。

3. 试样制备

按规定取样,并将试样缩分至略大于表7-9规定的数量,放在烘箱中于(105±5)℃下烘干至恒量,待冷却至室温后,筛除粒径小于4.75 mm的颗粒,分为大致相等的2份备用。

4. 检测步骤

(1)称取按表7-9规定数量的试样1份,精确到1 g。将试样倒入淘洗容器中,注入清水,使水面高于试样上表面。充分搅拌均匀后,浸泡24 h。然后用手在水中碾碎泥块,再把试样放在2.36 mm筛上,用水淘洗,直至容器内的水目测清澈。

(2)保留下来的试样小心地从筛中取出,装入搪瓷盘后,放在烘箱中于(105±5)℃下烘干至恒量,待冷却至室温后,称出其质量,精确到1 g。

5. 结果计算与评定

(1)泥块含量按式(7-20)计算(精确至0.1%):

$$Q_b = \frac{G_1 - G_2}{G_1} \times 100 \tag{7-20}$$

式中 Q_b——泥块含量(%);

G_1——4.75 mm筛筛余试样的质量,g;

G_2——试验后烘干试样的质量,g。

(2)泥块含量取两次试验结果的算术平均值,精确至0.1%。

(七)针、片状颗粒含量测定

1. 检测目的

测定石子的针、片状颗粒含量,评定石子的品质。

2. 主要仪器设备

(1)针状规准仪、片状规准仪,分别见图 7-5、图 7-6。

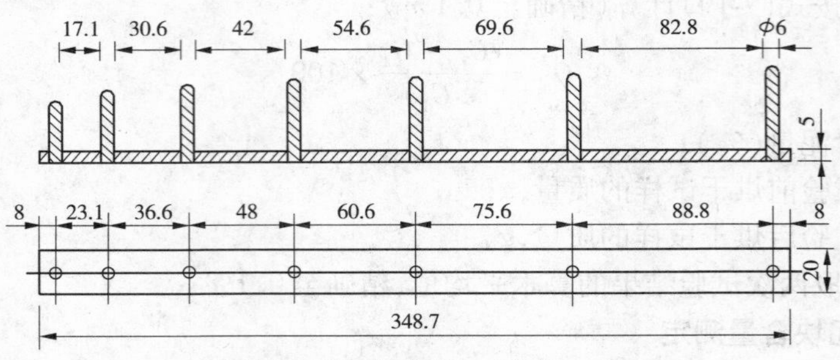

图 7-5　针状规准仪　(单位:mm)

(2)方孔筛:孔径为 4.75 mm、9.50 mm、16.0 mm、19.0 mm、26.5 mm、31.5 mm 及37.5 mm的筛各一个。

(3)台秤:称量 10 kg,感量 1 g。

3. 试样制备

按规定取样,将试样缩分至略大于表 7-10 规定的数量,烘干或风干后备用。

4. 检测步骤

(1)按表 7-10 的规定称取试样 1 份(精确至 1 g),然后按表 7-11 所规定的粒级按石子的颗粒级配试验要求对石子进行筛分。

(2)按表 7-11 规定的粒级分别用规准仪逐粒检验,凡颗粒长度大于针状规准仪上相应间距者,为针状颗粒;颗粒厚度小于片状规准仪上相应孔宽者,为片状颗粒。称量由各粒级挑出的针、片状颗粒的总量,精确至 1 g。

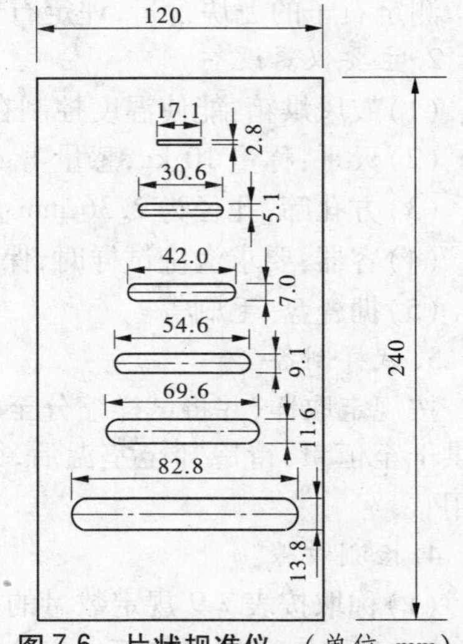

图 7-6　片状规准仪　(单位:mm)

5. 结果计算

针、片状颗粒含量按式(7-21)计算(精确至 1%):

$$Q_c = \frac{G_2}{G_1} \times 100 \tag{7-21}$$

式中　Q_c——针、片状颗粒含量(%);

G_1——试样的质量,g;

G_2——试样中所含针、片状颗粒的总质量,g。

表 7-10　针、片状颗粒含量试验所需试样数量

最大粒径(mm)	9.5	16.0	19.0	26.5	31.5	37.5	63.0	75.0
最少试样数量(kg)	0.3	1.0	2.0	3.0	5.0	10.0	10.0	10.0

表 7-11　针、片状颗粒含量试验的粒级划分及其相应的规准仪孔宽或间距　（单位:mm）

粒级	4.75~9.50	9.50~16.0	16.0~19.0	19.0~26.5	26.5~31.5	31.5~37.5
片状规准仪相应孔宽	2.8	5.1	7.0	9.1	11.6	13.8
针状规准仪相应间距	17.1	30.6	42.0	54.6	69.6	82.8

（八）压碎指标测定

1. 检测目的

通过测定碎石或卵石抵抗压碎的能力，以间接地推测其相应的强度，评定石子的质量。

2. 主要仪器设备

（1）压力试验机。量程 300 kN，示值相对误差 2%。

（2）压碎值测定仪（圆模），如图 7-7 所示。

（3）天平、台秤。天平：称量 1 kg，感量 1 g；台秤：称量 10 kg，感量 10 g。

（4）方孔筛：孔径分别为 2.36 mm、9.50 mm 及 19.0 mm 筛各一只。

（5）垫棒：直径 10 mm、长 500 mm 的圆钢。

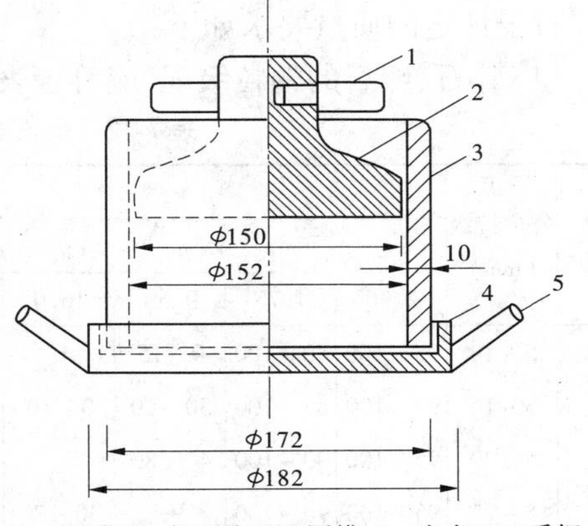

1—把手；2—加压头；3—圆模；4—底盘；5—手把

图 7-7　压碎指标测定仪　（单位:mm）

3. 试样制备

按规定取样，风干后筛除粒径大于 19.0 mm 及小于 9.5 mm 的颗粒，并除去针片状颗粒，拌匀后分成大致相等的 3 份备用。

4. 检测步骤

（1）称取试样 3 000 g，精确至 1 g。将试样分两次装入圆模，每次装完后，在底盘下垫放一直径为 10 mm 的圆钢，左右交替颠击地面 25 次，平整模内试样表面，压上盖头。当试样中粒径为 9.50~19.0 mm 的颗粒不足时，允许将粒径大于 19.0 mm 的颗粒破碎成粒径为 9.50~19.0 mm 的颗粒用做压碎指标值试验。当圆模装不下3 000 g试样时，以装至距圆模上口 10 mm 为准。

（2）将装有试样的圆模放在压力试验机上，盖上加压头，开动试验机，按 1 kN/s 的速度均匀加荷至 200 kN 并稳荷 5 s，然后卸荷。

（3）取下加压头，倒出试样，用孔径 2.36 mm 的筛筛除被压碎的颗粒，并称取筛余量，精确至 1 g。

5. 结果计算与评定

（1）压碎指标值按式(7-22)计算（精确至 0.1%）：

$$Q_e = \frac{G_1 - G_2}{G_1} \times 100 \tag{7-22}$$

式中　Q_e——压碎指标（%）；

G_1——试样的质量,g;

G_2——压碎试验后筛余的试样质量,g。

(2)取3次测定的算术平均值作为试验结果,精确至1%。

(九)石子评定质量要求

混凝土用石子若检验不合格,则应重新取样,对不合格项进行加倍复检,若仍有一个试样不能满足标准要求,应按不合格品处理。

石子评定的质量要求如下:

(1)碎石、卵石的颗粒级配,应符合表7-12的要求。

表7-12 碎石或卵石的颗粒级配范围

级配情况	公称粒级(mm)	累计筛余(按质量计,%)											
		筛孔尺寸(方孔筛,mm)											
		2.36	4.75	9.50	16.0	19.0	26.5	31.5	37.5	53.0	63.0	75.0	90
连续粒级	5~10	95~100	80~100	0~15	0	—							
	5~16	95~100	85~100	30~60	0~10	0							
	5~20	95~100	90~100	40~80	—	0~10	0						
	5~25	95~100	90~100	—	30~70	—	0~5	0					
	5~31.5	95~100	90~100	70~90	—	15~45		0~5	0				
	5~40	—	95~100	70~90	—	30~65			0~5	0			
单粒级	10~20		95~100	85~100	—	0~15	0						
	16~31.5		95~100	—	85~100			0~10	0				
	20~40			95~100	—	80~100			0~10	0			
	31.5~63				95~100			75~100	45~75		0~10	0	
	40~80				—	95~100			70~100		30~60	0~10	0

注:公称粒级的上限为该粒级的最大粒径。

(2)碎石、卵石中的含泥量和泥块含量应符合表7-13的规定。

表7-13 建筑用卵石、碎石的含泥量和泥块含量

项目	Ⅰ类	Ⅱ类	Ⅲ类
含泥量(按质量计,%)	<0.5	<1.0	<1.5
泥块含量(按质量计,%)	0	<0.5	<0.7

(3)碎石或卵石中针、片状颗粒含量应符合表7-14的规定。

表7-14 碎石或卵石的针、片状颗粒含量

项目	指标		
	Ⅰ类	Ⅱ类	Ⅲ类
针、片状颗粒(按质量计,%)<	5	15	25

(4)碎石、卵石的压碎指标应符合表7-15的规定。

表7-15　碎石、卵石压碎指标

项目	Ⅰ类	Ⅱ类	Ⅲ类
碎石压碎指标(%)<	10	20	30
卵石压碎指标(%)<	12	16	16

(5)表观密度、堆积密度、空隙率应符合以下规定:表观密度大于2 500 kg/m^3、松散堆积密度大于1 350 kg/m^3、空隙率小于47%。

四、水泥的质量检测与合格判定

(一)取样方法

1. 水泥的取样规定

水泥使用单位现场取样按下述方法进行。

(1)散装水泥。按同一生产厂家、同一等级、同一品种、同一批号且连续进场的水泥为一批,总质量不超过500 t。随机从不少于3个罐车中抽取等量水泥,经混拌均匀后称取不少于12 kg。取样工具为散装水泥取样管。

(2)袋装水泥。按同一生产厂家、同一等级、同一品种、同一批号且连续进场的水泥为一批,总质量不超过200 t。取样应有代表性,可以从20个以上不同部位的袋中取等量水泥,经混拌均匀后称取不少于12 kg。取样工具为袋装水泥取样管。

(3)按照上述方法取得的水泥试样,按标准进行检验前,将其分成2等份。一份用于检验,一份密封保管3个月,以备有疑问时复验。

(4)当在使用中对水泥质量有疑问或水泥出厂超过3个月时,应进行复验,并按复验结果使用。

(5)对水泥质量发生疑问需作仲裁时,应按仲裁检验的办法进行。

2. 检验前的准备及注意事项

(1)水泥试样应存放在密封干燥的容器内(一般使用铁桶或塑料桶),并在容器上注明水泥生产厂名称、品种、强度等级、出厂日期、送样日期等。

(2)检验前,一切检验用材料(水泥试样、拌和水、标准砂等)的温度应与实验室一致(即(20±2)℃),实验室空气温度和相对湿度工作期间每天至少记录一次。

(3)仲裁试验或其他重要试验用蒸馏水,其他试验可用饮用水。

(4)检验时不得使用铝制或锌制模具、钵器和匙具等(因铝、锌的器皿易与水泥发生化学作用并易磨损变形,以使用铜、铁器具较好)。

(5)水泥试样应充分拌匀,通过0.9 mm方孔筛,并记录筛余百分率及筛余物情况。

(6)养护箱温度为(20±1)℃,相对湿度应大于90%;养护池水温为(20±1)℃。

(二)细度检测

1. 检测目的

检验水泥颗粒的粗细程度,作为评定水泥质量的依据之一。

2. 主要仪器设备

(1)试验筛:由圆形筛框和筛网组成,分负压筛、水筛和手工筛三种,负压筛和水筛的结构尺寸见图7-8和图7-9，手工筛的结构参见《金属丝编织网试验筛》(GB/T 6003.1—1997)，其中筛框高为50 mm、筛子的直径为150 mm。筛网应紧绷在筛框上，筛网和筛框接触处应用防水胶密封，防止水泥颗粒嵌入。

试验筛必须保持洁净，筛孔通畅，当筛孔被水泥堵塞影响筛析时，应用专门清洗剂清洗(不可用弱酸浸泡)；用毛刷轻轻地刷洗，再用淡水冲净，晾干。

(2)负压筛析仪：由筛座、负压筛、负压源及吸尘器组成，其中筛座由转速为(30±2) r/min的喷气嘴、负压表、控制板、微电机及壳体等构成，如图7-10所示。筛析仪负压可调范围为4 000～6 000 Pa。喷气嘴上口平面与筛网之间的距离为2～8 mm。负压源和吸尘器由功率≥600 W的工业吸尘器和小型收尘筒组成。

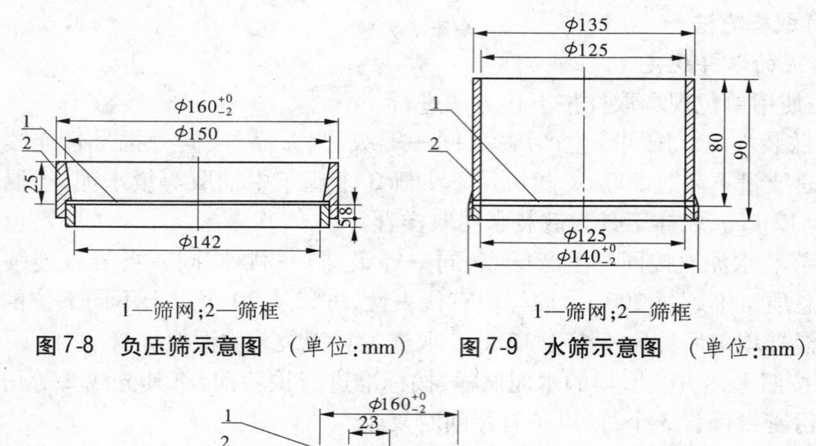

1—筛网；2—筛框

图7-8　负压筛示意图　(单位：mm)

1—筛网；2—筛框

图7-9　水筛示意图　(单位：mm)

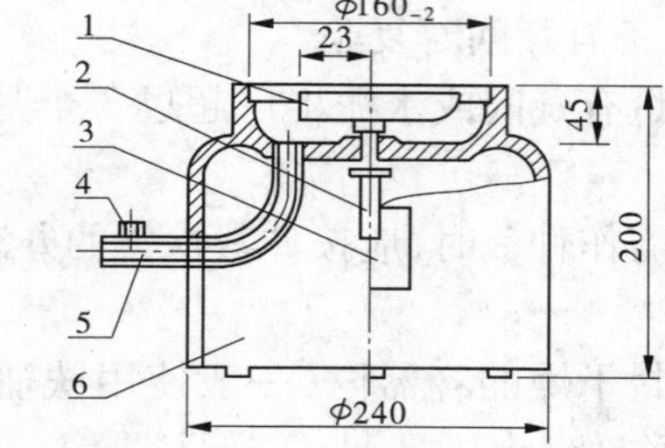

1—喷气嘴；2—微电机；3—控制板开口；4—负压表接口；5—负压源及吸尘器接口；6—壳体

图7-10　负压筛析仪筛座示意图　(单位：mm)

(3)水筛架和喷头：水筛架上筛座内径为140^{+0}_{-3} mm。

(4)天平：最大称量为100 g，最小分度值不大于0.01 g。

3.试样制备

试验前所用试验筛应保持清洁，负压筛和手工筛应保持干燥。试验时，称取试样25 g。

4.检测步骤

1)负压筛法

(1)筛析试验前，应把负压筛放在筛座上，盖上筛盖，接通电源，检查控制系统，调节负压至4 000～6 000 Pa范围内。

(2)称取水泥试样25 g，精确至0.01 g，置于洁净的负压筛中，盖上筛盖，放在筛座上,开动筛析仪连续筛析 2 min。在此期间,应轻轻敲击筛盖,使附在筛盖上的试样落下。筛毕,用天平称量全部筛余物的质量。

(3)当工作负压小于 4 000 Pa 时,应清理吸尘器内水泥,使负压恢复正常。

2)水筛法

(1)筛析试验前,应检查水中无泥、砂,调整好水压及水筛架的位置,使其能正常运转。喷头底面和筛网之间的距离为 35 ~75 mm。

(2)称取规定数量的试样,精确至 0.01 g,置于洁净的水筛中,立即用淡水冲洗至大部分细粉通过,然后将筛子放在水筛架上,用水压为(0.05 ±0.02) MPa 的喷头连续冲洗 3 min。

(3)筛毕,用少量水把筛余物冲至蒸发皿中,等水泥颗粒全部沉淀后,小心倒出清水,烘干并用天平称量全部筛余物的质量。

3)手工筛析法

(1)称取规定数量的试样,精确至 0.01 g,倒入手工筛中。

(2)用一只手持筛往复摇动,另一只手轻轻拍打,往复摇动和轻轻拍打过程应保持近于水平。拍打速度为 120 次/min,每 40 次向同一方向转动 60°,使试样均匀分布在筛网上,直至每分钟通过的试样量不超过 0.03 g 为止。

(3)用天平称量全部筛余物的质量。

5. 结果计算与评定

按式(7-23)计算水泥试样筛余百分率(精确至 0.1%):

$$F = \frac{R_t}{W} \times 100\% \tag{7-23}$$

式中 F——水泥试样筛余百分数(%);

R_t——水泥筛余物的质量,g;

W——水泥试样的质量,g。

合格评定时,每个样品应称取两个试样分别筛析,取筛余平均值为筛析结果。若两次筛余结果绝对误差大于 0.5%(筛余值大于 5.0% 时可放至1.0%)应再做一次试验,取两次相近结果的算术平均值作为最终结果。

负压筛析法、水筛法和手工筛析法测定的结果发生争议时,以负压筛析法为准。

(三)标准稠度用水量测定(标准法)

1. 检测目的

测定水泥标准稠度用水量,用于水泥凝结时间和安定性检验。

2. 主要仪器设备

(1)水泥净浆搅拌机:主要由主机、搅拌叶和搅拌锅组成,如图 7-11 所示,符合《水泥净浆搅拌机》(JC/T 729—2005)的要求。

图 7-11 水泥净浆搅拌机

(2)标准法维卡仪:如图 7-12 所示。标准稠度测定用试杆(见图 7-13(a))有效长度为(50 ±1) mm,由直径为(10 ±0,05) mm 的圆柱形耐腐蚀金属制成。

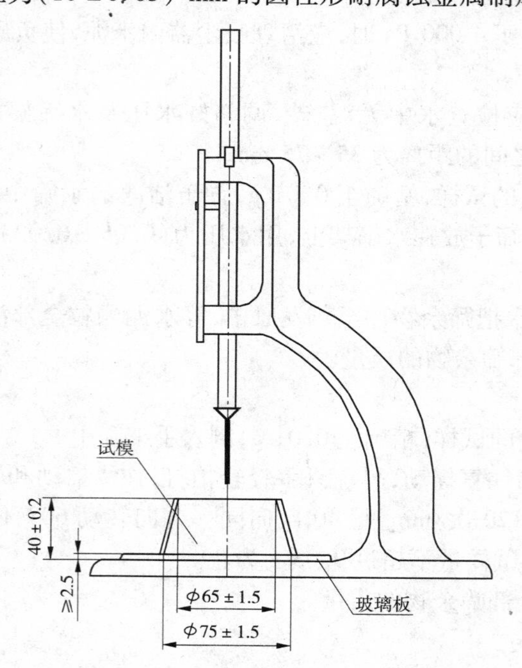

图 7-12　测定水泥标准稠度和凝结时间用的维卡仪　(单位:mm)

测定凝结时间时取下试杆,用试针(见图 7-13(b)、(c))代替试杆。试针由钢制成,其有效长度初凝针为(50 ±1) mm,终凝针为(30 ±1) mm、直径为(1.13 ±0.05) mm 的圆柱体。滑动部分的总质量为(300 ±1) g。与试杆、试针联结的滑动杆表面应光滑,能靠重力自由下落。

(3)试模:由耐腐蚀的、有足够硬度的金属制成,用于盛装水泥净浆。试模为深(40 ±0.2) mm、顶内径(65 ±0.5) mm、底内径(75 ±0.5) mm 的截顶圆锥体。每只试模应配备一个大于试模且厚度≥2.5 mm 的平板玻璃底板。

(4)量水器(最小刻度 0.1 mL)、天平、小刀等。

3. 检测步骤

(1)调整维卡仪并检查水泥净浆搅拌机。使得维卡仪上的金属棒能自由滑动,并调整至试杆接触玻璃板时的指针对准零点。搅拌机运行正常,并用湿布将搅拌锅和搅拌叶片擦湿。

(2)称取水泥试样 500 g,拌和水量按经验确定并用量筒量好。

(3)将拌和水倒入搅拌锅内,然后在 5 ~10 s 内将水泥试样加入水中。将搅拌锅放在锅座上,升至搅拌位,启动搅拌机,先低速搅拌 120 s,停 15 s,再快速搅拌 120 s,然后停机。

(4)拌和结束后,立即将水泥净浆装入已置于玻璃底板上的试模中,用小刀插捣,轻轻振动数次排出气泡,刮去多余净浆;抹平后迅速将试模和底板移到维卡仪上,调整试杆

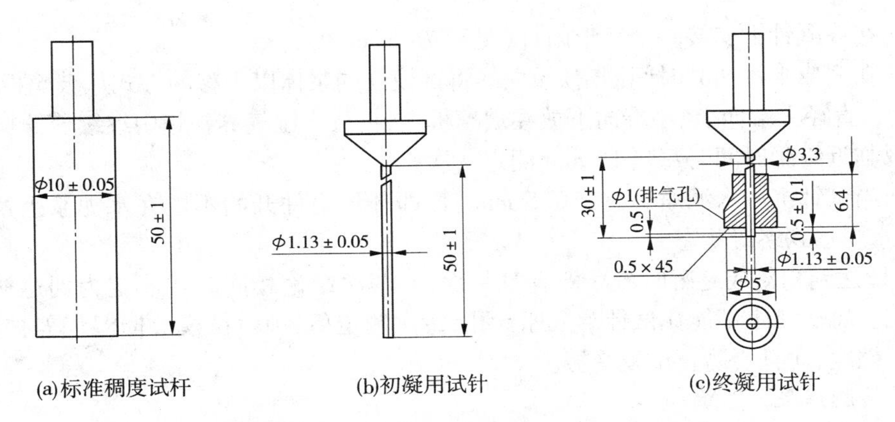

图 7-13　测定水泥标准稠度和凝结时间用的试杆和试针　(单位:mm)

至与水泥净浆表面接触,拧紧螺丝,然后突然放松,试杆垂直自由地沉入水泥净浆中。

(5)在试杆停止沉入或释放试杆 30 s 时记录试杆距底板之间的距离。整个操作应在搅拌后 1.5 min 内完成。

4. 结果计算

以试杆沉入净浆并距底板(6 ± 1) mm 的水泥净浆为标准稠度水泥净浆。标准稠度用水量以拌和标准稠度水泥净浆的水量除以水泥试样总质量的百分数为结果。

(四)凝结时间测定

1. 检测目的

测定水泥的初凝时间和终凝时间,作为评定水泥质量的依据之一。

2. 主要仪器设备

(1)标准法维卡仪:将试杆更换为试针,仪器主要由试针和试模两部分组成,如图 7-12所示。

(2)其他仪器设备同标准稠度用水量测定。

(3)湿气养护箱等。

3. 检测步骤

(1)称取水泥试样 500 g,按标准稠度用水量制备标准稠度水泥净浆,并一次装满试模,振动数次刮平,立即放入湿气养护箱中。记录水泥全部加入水中的时间,作为凝结时间的起始时间。

(2)测定初凝时间。

①调整凝结时间测定仪,使其试针接触玻璃板时的指针为零。

②试件在湿气养护箱中养护至加水后 30 min 时进行第一次测定。将试模放在试针下,调整试针与水泥净浆表面接触,拧紧螺丝 1 ~2 s 后突然放松,试针垂直自由地沉入水泥净浆。

③观察试针停止下沉或释放指针 30 s 时指针的读数。

④临近初凝时,每隔 5 min 测定一次,当试针沉至距底板(4 ± 1) mm 时为水泥达到初凝状态。

(3)测定终凝时间。

①在终凝针上安装一个环形附件(见图 7-13(c))。

②在完成水泥初凝时间测定后,立即将试模连同浆体以平移的方式从玻璃板取下,翻转 180°,直径大端向上、小端向下放在玻璃板上,再放入湿气养护箱中继续养护。

③临近终凝时间时每隔 15 min 测定一次。

④当试针沉入水泥净浆只有 0.5 mm 时,即环形附件开始不能在水泥浆上留下痕迹时,为水泥达到终凝状态。

(4)达到初凝或终凝时应立即重复一次,当两次结论相同时才能定为到达初凝或终凝状态。每次测定不能让试针落入原针孔,每次测定后,须将试模放回湿气养护箱内,并将试针擦净,而且要防止试模受振。

4. 检测结果

(1)由水泥全部加入水中至初凝状态的时间为水泥的初凝时间,用“min”表示。

(2)由水泥全部加入水中至终凝状态的时间为水泥的终凝时间,用“min”表示。

(五)安定性测定(标准法)

水泥体积安定性的检测采用沸煮法,沸煮法又分雷氏法和试饼法两种。若两种方法检测的结果有争议,以雷氏法为准。

1. 检测目的

测定水泥的体积安定性,作为评定水泥质量合格的依据之一。

2. 主要仪器设备

(1)雷氏夹膨胀测定仪:其标尺最小刻度为 0.5 mm,如图 7-14 所示。

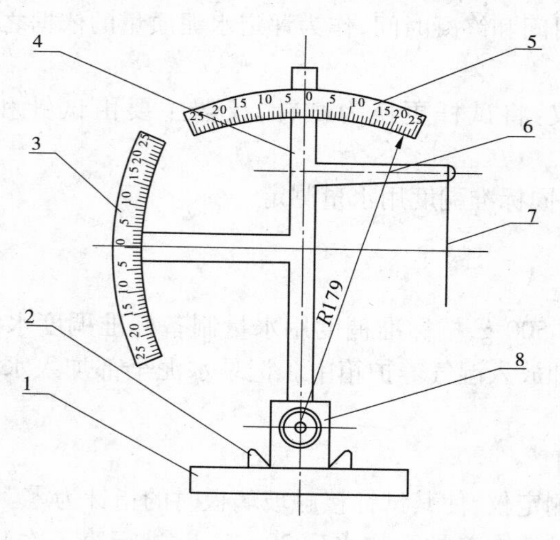

1—底座;2—模子座;3—测弹性标尺;4—立柱;
5—测膨胀值标尺;6—悬臂;7—悬丝;8—弹簧顶扭

图 7-14 雷氏夹膨胀测定仪示意图

(2)雷氏夹:由铜质材料制成,其结构如图 7-15 所示。当用 300 g 砝码校正时,两根指针的针尖距离增加应在(17.5 ±2.5) mm 范围内,即 $2x=(17.5\pm2.5)$ mm,如图 7-16 所示。

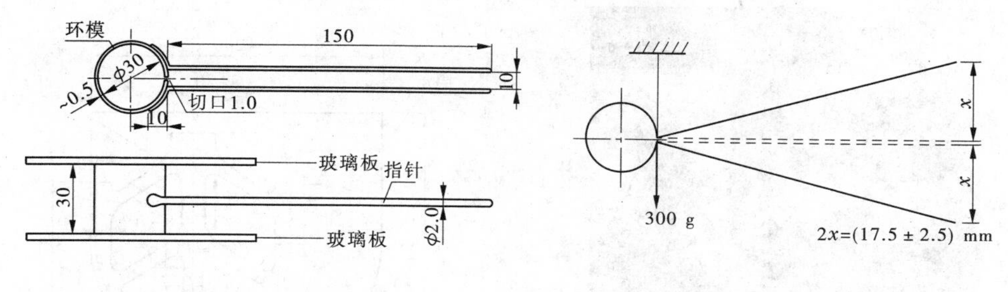

图 7-15　雷氏夹示意图　（单位：mm）　　**图 7-16　雷氏夹校正图**

(3)沸煮箱:有效容积约为410 mm×240 mm×310 mm,篦板的结构应不影响试验结果,篦板与加热器之间的距离大于50 mm。箱的内层由不易锈蚀的金属材料制成,能在(30±5) min内将箱内的试验用水由室温升至沸腾状态并保持3 h以上,整个试验过程中不需补充水量。

(4)其他仪器设备同标准稠度用水量测定。

(5)湿气养护箱等。

3. 检测步骤

(1)准备工作:每个试样需成型两个试件,每个雷氏夹需配备两块质量为75~85 g的玻璃板,一垫一盖,并先在与水泥接触的玻璃板和雷氏夹内表面涂一层油。

(2)将制备好的标准稠度水泥净浆立即、一次装满雷氏夹,用小刀插捣数次,抹平,并盖上涂油的玻璃板,然后将试件移至湿气养护箱内养护(24±2) h。

(3)脱去玻璃板取下试件,先测量雷氏夹指针尖的距离(A),精确至0.5 mm,然后将试件放入沸煮箱水中的试件架上,指针朝上,调好水位与水温,接通电源,在(30±5) min内加热至沸腾,并保持3 h±5 min。

(4)取出沸煮后冷却至室温的试件,用雷氏夹膨胀测定仪测量试件雷氏夹两指针尖的距离(C),精确至0.5 mm。

4. 结果评定

当两个试件的膨胀值(即试件沸煮后增加的距离:$C-A$)的平均值不大于5.0 mm时,即认为水泥安定性合格。当两个试件的$C-A$值相差超过4.0 mm时,应用同一样品立即重做一次试验。再如此,则认为该水泥为安定性不合格。

(六)胶砂强度检测

1. 检测目的

通过测定不同龄期的抗折强度、抗压强度,以确定水泥的强度等级或评定水泥强度是否符合规范要求。

2. 主要仪器设备

(1)水泥胶砂搅拌机:水泥胶砂搅拌机属行星式搅拌机,主要由电机、胶砂搅拌锅和搅拌叶片组成,如图7-17所示,应符合《行星式水泥胶砂搅拌机》(JC/T 681—2005)。

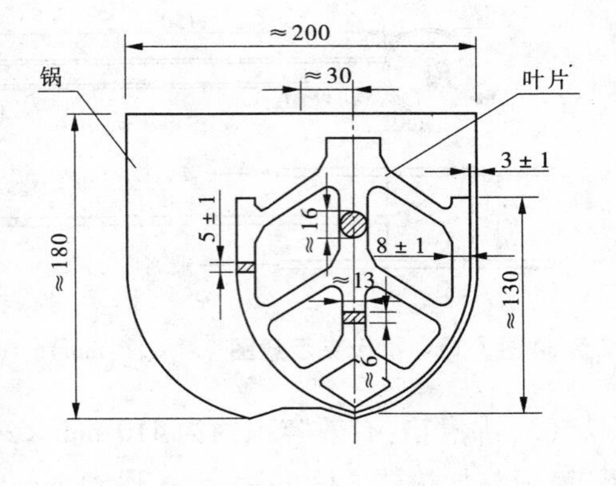

（a）水泥胶砂搅拌机实物照片　　　　（b）搅拌锅和搅拌叶片示意图　（单位：mm）

图 7-17　水泥胶砂搅拌机

（2）胶砂振实台：胶砂振实台由可以跳动的台盘和使其跳动的凸轮等组成。台盘上有固定试模用的卡具，并连有 2 根起稳定作用的臂、凸轮由电机带动，通过控制器按一定的要求转动并保证使台盘平稳上升至一定高度后自由下落，其中心恰好与止动器撞击。整机应符合《水泥胶砂试体成型振实台》（JC/T 682—2005）要求，如图 7-18 所示。

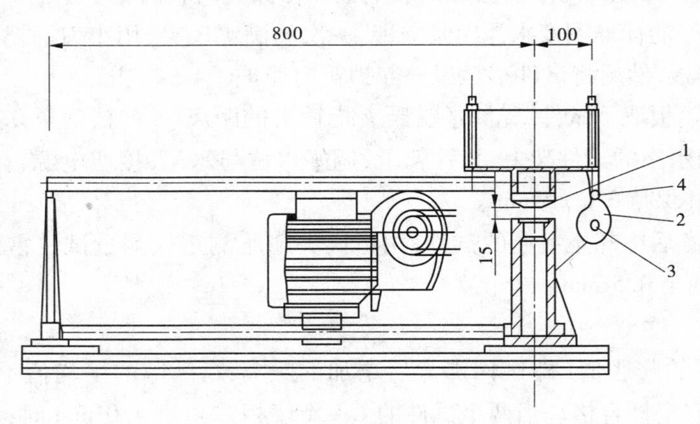

1—突头；2—凸轮；3—止动器；4—随动轮

图 7-18　典型振实台示意图　（单位：mm）

（3）试模：试模由 3 个水平的模槽组成，如图 7-19 所示，可同时成型 3 条截面为 40 mm×40 mm，长为 160 mm 的棱形试体，其材质和制造尺寸应符合《水泥胶砂试模》（JC/T 726—2005）的要求。

（4）抗折强度试验机：符合《水泥胶砂电动抗折试验机》（JC/T 724—2005）的要求。抗折夹具的加荷与支撑圆柱必须用硬质钢材制造，其直径均为（10±0.2）mm，2 个支撑圆柱中心距为（100±0.2）mm。

（5）抗压强度试验机：抗压强度试验机在较大的 4/5 量程范围内使用时记录的荷载应有 ±1% 精度，并具有按（2 400±200）N/s 速率的加荷能力，应有一个能指示试件破坏

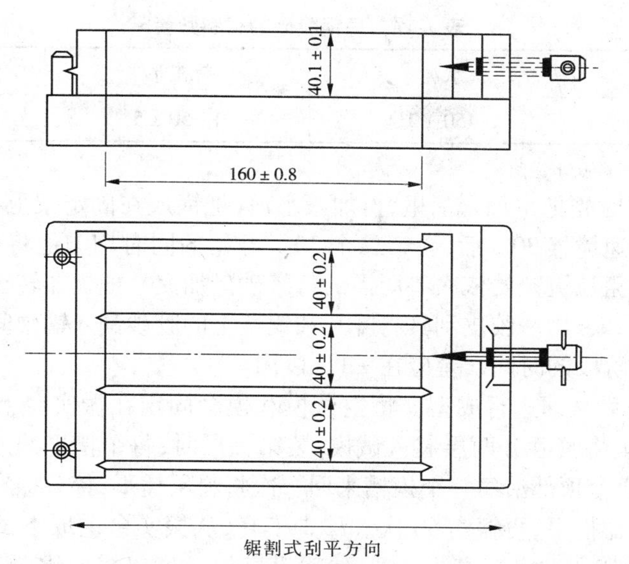

图 7-19　水泥试模示意图　（单位:mm）

时荷载并把它保持到试验机卸荷以后的指示器,可以用表盘里的峰值指针或显示器来达到。人工操作的试验机应配有一个速度动态装置以便于控制荷载增加。抗压夹具放在压力机的上下压板之间,并与压力机处于同一轴线,以便将压力机的荷载传递至胶砂试件表面。夹具受压面积为 40 mm × 40 mm,其表面清洁,球座能转动以使其上压板从一开始就适应试体的形状并在试验中保持不变。

3. 水泥胶砂组成材料

(1)中国 ISO 标准砂:标准砂颗粒分布应满足表 7-16 的规定;其湿含量是在 105 ~ 110 ℃下用代表性砂样烘 2 h 的质量损失来测定,以干砂的质量百分数表示,应小于 0.2%。

表 7-16　标准砂颗粒分布

方孔边长(mm)	2.0	1.6	1.0	0.5	0.16	0.08
累计筛余率(%)	0	7 ± 5	33 ± 5	67 ± 5	87 ± 5	99 ± 1

(2)水泥:当试验水泥从取样至试验要保持 24 h 以上时,应把它贮存在基本装满及气密的容器里,且容器不与水泥发生化学反应。

(3)水:仲裁试验或其他重要试验用蒸馏水,其他试验可用饮用水。

4. 检测步骤

1)制作水泥胶砂试件

(1)成型前将试模擦净,四周的模板与底板接触面上应涂黄油,紧密装配,防止漏浆,内壁均匀刷一薄层机油。

(2)胶砂的质量配合比为:水泥: 砂: 水 = 1: 3: 0.5。每锅(成型 3 条试体)材料需要量见表 7-17。称量用天平精度应为 ± 1 g。当用自动滴管加 225 mL 水时,滴管精度应达到 ± 1 mL。

表 7-17　每锅胶砂的材料数量

材料	水泥	标准砂	水
用量(g)	450 ±2	1 350 ±5	225 ±1

注:水泥品种为通用硅酸盐水泥。

(3)胶砂搅拌时先把水加入锅里,再加入水泥,把锅放在固定架上,上升至固定位置,立即开动机器,低速搅拌 30 s 后,在第二个 30 s 开始的同时均匀地将砂子加入。当各级砂是分装时,从最粗粒级开始依次将所需的每级砂量加完。把机器转至高速再拌 30 s,停拌 90 s,在第一个 15 s 用一胶皮刮具将叶片和锅壁上的胶砂刮入锅中间,在高速下继续搅拌 60 s,各个搅拌阶段的时间误差应在 ±1 s 以内。

(4)胶砂制备后立即进行成型。将空试模和模套固定在振实台上,用一个适当的勺子直接从搅拌锅里将胶砂分两层装入试模,装第一层时,每个槽里约放 300 g 胶砂,用大播料器垂直架在模套顶部沿每一个模槽来回一次将料层播平,接着振实 60 次。再装第二层胶砂,用小播料器播平,再振实 60 次。移走模套,从振实台上取下试模,用一金属直尺以近似 90°的角度架在试模模顶的一端,然后沿试模长度以横向锯割动作慢慢向另一端移动,一次将超过试模部分的胶砂刮去,并用同一直尺以近乎水平的情况下将试体表面抹平。

2)试体养护

(1)将试模放入雾室或湿箱的水平架子上养护,一直养护到规定的脱模时间时取出脱模,对于 24 h 龄期的,应在试验前 20 min 内脱模;对于 24 h 以上龄期的,应在 20 ~24 h 之间脱模,脱模前用防水墨汁或颜料对试体进行编号和做其他标记。两个龄期以上的试体,在编号时应将同一试体分在两个以上龄期内。

(2)将做好标记的试体水平或垂直放在(20 ±1) ℃水中养护,水平放置时刮平面应朝上,养护期间试体之间间隔或试体上表面的水深不得小于 5 mm。

3)强度试验

(1)各龄期的试体必须在表 7-18 规定的时间内进行强度试验。试体从水中取出后,在强度试验前应用湿布覆盖。

表 7-18　各龄期强度试验时间规定

龄期(d)	1	2	3	7	28
试验时间	24 h ±15 min	48 h ±30 min	72 h ±45 min	7 d ±2 h	28 d ±8 h

(2)抗折强度试验:将试件安放在抗折夹具内,试件的侧面与试验机的支撑圆柱接触, 试件长轴垂直于支撑圆柱,如图 7-20 所示。启动试验机,以(50 ±10) N/s 的速率均匀地加荷直至试体断裂。记录最大抗折破坏荷载(N)。

(3)抗压强度试验:抗折强度试验后的 6 个断块试件保持潮湿状态,并立即进行抗压试验。将断块试件放入抗压夹具内, 并以试件的侧面作为受压面。启动试验机,以(2 400 ±200) N/s的速度进行加荷,直至试件破坏。记录最大抗压破坏荷载(N)。

5. 结果计算与评定

(1)按式(7-24)计算每个试件的抗折强度 R_f(MPa)(精确至 0.1MPa):

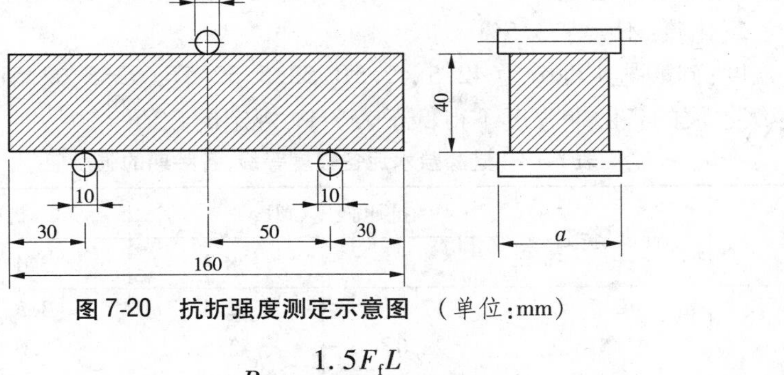

图 7-20　抗折强度测定示意图　（单位:mm）

$$R_f = \frac{1.5F_fL}{b^3} \tag{7-24}$$

式中　R_f——水泥胶砂试件的抗折强度,MPa;

F_f——折断时施加于棱柱体中部的荷载,N;

L——支撑圆柱之间的距离,mm;

b——棱柱体正方形截面的边长,mm。

以一组3个棱柱体抗折结果的平均值作为试验结果。当3个强度值中有超出平均值±10%时,应剔除后再取平均值作为抗折强度试验结果,精确至0.1 MPa。

(2)按式(7-25)计算每个试件的抗压强度 R_c(MPa)(精确至0.1 MPa):

$$R_c = \frac{F_c}{A} \tag{7-25}$$

式中　R_c——水泥胶砂试件的抗压强度,MPa;

F_c——试件破坏时的最大荷载,N;

A——受压部分面积,mm^2($40\ mm \times 40\ mm = 1\ 600\ mm^2$)。

以一组3个棱柱体上得到的6个抗压强度测定值的算术平均值作为试验结果。若6个测定值中有一个超出6个平均值的±10%,就应剔除这个结果,而以剩下5个的平均值作为结果。如果5个测定值中再有超过它们平均值±10%的,则此组结果作废。试验结果精确至0.1 MPa。

(七)水泥质量的评定

通用硅酸盐水泥的质量标准采用国家标准《通用硅酸盐水泥》(GB 175—2007)。

1. 硅酸盐水泥的质量标准

国家标准中对硅酸盐水泥的技术要求如下:

(1)不溶物:Ⅰ型硅酸盐水泥不溶物不得超过0.75%,Ⅱ型硅酸盐水泥不溶物不得超过1.50%。

(2)烧失量:Ⅰ型硅酸盐水泥烧失量不得超过3.0%,Ⅱ型硅酸盐水泥烧失量不得超过3.5%。

(3)细度:硅酸盐水泥比表面积应大于300 m^2/kg。

(4)凝结时间:硅酸盐水泥初凝不得早于45 min,终凝不得迟于6 h 30 min。

(5)安定性:用沸煮法检验,必须合格。

(6)氧化镁：不得超过5.0%，若经压蒸安定性试验合格，可放宽至6.0%。

(7)三氧化硫：不大于3.5%。

(8)强度：硅酸盐水泥分为42.5、42.5R、52.5、52.5R、62.5、62.5R共6个强度等级。各强度等级水泥的各龄期强度不得低于表7-19规定的数值。

表7-19　硅酸盐水泥各强度等级、各龄期的强度值

品种	强度等级	抗压强度(MPa)		抗折强度(MPa)	
		3 d	28 d	3 d	28 d
硅酸盐水泥	42.5	17.0	42.5	3.5	6.5
	42.5R	22.0	42.5	4.0	6.5
	52.5	23.0	52.5	4.0	7.0
	52.5R	27.0	52.5	5.0	7.0
	62.5	28.0	62.5	5.0	8.0
	62.5R	32.0	62.5	5.5	8.0

(9)碱含量：硅酸盐水泥中碱含量按$Na_2O+0.658K_2O$计算值来表示，若使用活性骨料需要限制碱含量，碱含量不得大于0.60%或由供需双方商定。

(10)氯离子含量：硅酸盐水泥中氯离子含量不大于0.06%。

2. *普通硅酸盐水泥的质量标准*

国家标准中对普通硅酸盐水泥的技术要求如下：

(1)细度：80 μm方孔筛筛余不得超过10%。

(2)凝结时间：初凝不得早于45 min，终凝不得迟于10 h。

(3)强度：普通硅酸盐水泥的强度等级分为42.5、42.5R、52.5、52.5R共4个强度等级。各强度等级水泥的各龄期强度不得低于表7-20规定的数值。

表7-20　普通硅酸盐水泥各强度等级、各龄期强度值

品种	强度等级	抗压强度(MPa)		抗折强度(MPa)	
		3 d	28 d	3 d	28 d
普通硅酸盐水泥	42.5	16.0	42.5	3.5	6.5
	42.5R	21.0	42.5	4.0	6.5
	52.5	22.0	52.5	4.0	7.0
	52.5R	26.0	52.5	5.0	7.0

(4)烧矢量：普通硅酸盐水泥中烧失量不得大于5.0%。

普通硅酸盐水泥的体积安定性及氧化镁、三氧化硫、碱含量、氯离子含量等技术要求与硅酸盐水泥相同。

3. *矿渣硅酸盐水泥、火山灰质硅酸盐水泥、粉煤灰硅酸盐水泥和复合硅酸盐水泥的质量标准*

国家标准中对矿渣硅酸盐水泥、火山灰硅酸盐水泥、粉煤灰硅酸盐水泥和复合硅酸盐水泥的技术要求如下：

(1)细度、凝结时间及体积安定性：这三项指标要求与普通硅酸盐水泥相同。

(2)氧化镁：熟料中氧化镁的含量不宜超过5.0%，如果水泥经压蒸安定性试验合格，则熟料中氧化镁的含量允许放宽至6.0%。

应当注意的是，熟料中氧化镁的含量为5.0%～6.0%时，如矿渣水泥中混合材料总掺量大于40%或火山灰水泥和粉煤灰水泥中混合材料掺加量大于30%，制成的水泥可不做压蒸试验。

(3)三氧化硫：矿渣水泥中三氧化硫不得超过4.0%，火山灰水泥和粉煤灰水泥中三氧化硫含量不得超过3.5%。

(4)强度：矿渣硅酸盐水泥、火山灰质硅酸盐水泥、粉煤灰硅酸盐水泥、复合硅酸盐水泥按3 d、28 d龄期抗压及抗折强度分为32.5、32.5R、42.5、42.5R、52.5、52.5R共6个强度等级。各强度等级水泥的各龄期强度值不得低于表7-21规定的数值。

(5)碱含量：水泥中的碱含量按$Na_2O+0.658K_2O$计算值来表示，若使用活性骨料需要限制碱含量，则碱含量不得大于0.60%或由供需双方商定。

4. 检验结论

所有技术性能指标均符合国家质量标准的水泥为合格品水泥，这类水泥可以按照设计的要求正常使用。

表7-21 矿渣硅酸盐水泥、火山灰质硅酸盐水泥、粉煤灰硅酸盐水泥、复合硅酸盐水泥各强度等级和各龄期强度值

品种	强度等级	抗压强度(MPa)		抗折强度(MPa)	
		3 d	28 d	3 d	28 d
矿渣硅酸盐水泥、火山灰质硅酸盐水泥、粉煤灰硅酸盐水泥、复合硅酸盐水泥	32.5	10.0	32.5	2.5	5.5
	32.5R	15.0	32.5	3.5	5.5
	42.5	15.0	42.5	3.5	6.5
	42.5R	19.0	42.5	4.0	6.5
	52.5	21.0	52.5	4.0	7.0
	52.5R	23.0	52.5	4.5	7.0

若不溶物、烧失量、三氧化硫含量、氧化镁含量、氯离子含量、凝结时间、安定性、强度中的任一项不符合标准规定，则判为不合格品。

五、混凝土的质量检测与合格判定

(一)混凝土拌和物取样及试样制备

1. 检测目的

(1)通过混凝土的试拌确定配合比。

(2)混凝土拌和物性能检测。

(3)制作混凝土的各种试件。

2. 一般规定

(1)在拌和混凝土时，拌和场所温度宜保持在(20±5)℃，对所拌制的混凝土拌和物应避免阳光直射和风吹。

(2)用以拌制混凝土的各种材料温度应与拌和场所的温度相同,应避免阳光直射。

(3)所用材料应一次备齐,并翻拌均匀,水泥若有结块,须用0.9 mm的筛将结块筛除,并仔细搅拌均匀装袋待用。

(4)砂、石骨料均以饱和面干质量为准,若含有水分,应作饱和面干含水率检测。

(5)材料用量以质量计,称量精度:水泥、掺合料、水和外加剂均为±0.5%,骨料为±1%。

(6)拌制混凝土所用的各项用具(如搅拌机、拌和钢板和铁铲等),应预先用水湿润。

3. 检测设备

(1)搅拌机:容积为50~100 L,转速为18~22 r/min。

(2)台秤:称量为100 kg,感量50 g。

(3)托盘天平:称量1 000 g,感量0.5 g。

(4)托盘天平:称量5 000 g,感量1 g。

(5)拌和钢板:尺寸不宜小于1.5 m×2 m,厚度不小于3 mm。

(6)钢抹子、铁铲、量筒1 000 mL、坍落度筒、刮尺和钢直尺等。

4. 检测步骤

1)人工拌和

(1)在拌和前先将钢板、铁铲等工具洗刷干净并保持湿润。

(2)将称好的砂、水泥倒在钢板上并用铁铲翻拌至颜色均匀,再放入称好的粗骨料与之拌和,至少翻拌3次,然后堆成锥形。

(3)将中间扒开一凹坑,加入拌和用水(外加剂一般随水一同加入),小心拌和,至少翻拌6次,每翻拌1次后,应用铁铲在全部物面上压切1次,拌和时间从加水完毕时算起,在10 min内完毕。

2)机械拌和

(1)在机械拌和混凝土时,应在拌和混凝土前预先搅拌适量的混凝土进行挂浆(与正式配合比相同),避免在正式拌和时水泥浆的损失,挂浆所多余的混凝土倒在拌和钢板上,使钢板也粘有一层砂浆。

(2)将称好的石子、水泥、砂按顺序倒入搅拌机内先拌和几转,然后将需用的水倒入搅拌机内一起拌和1.5~2 min。

(3)将机内拌和好的拌和物倒在拌和钢板上,并刮出粘在搅拌机上的拌和物,用人工翻拌2~3次,使之均匀。

(二)坍落度法检测混凝土拌和物的稠度

1. 检测目的及适用范围

测定混凝土拌和物坍落度与坍落扩展度,用以评定混凝土拌和物的流动性及和易性。主要适用于骨料最大粒径不大于40 mm,坍落度不小于10 mm的混凝土拌和物稠度测定。

2. 主要仪器设备

坍落度筒:由厚度为1.5 mm的薄钢板制成的圆锥形筒,其内壁应光滑,无凸凹部位,底面及顶面应互相平行并与锥体的轴线相垂直(见图7-21)。

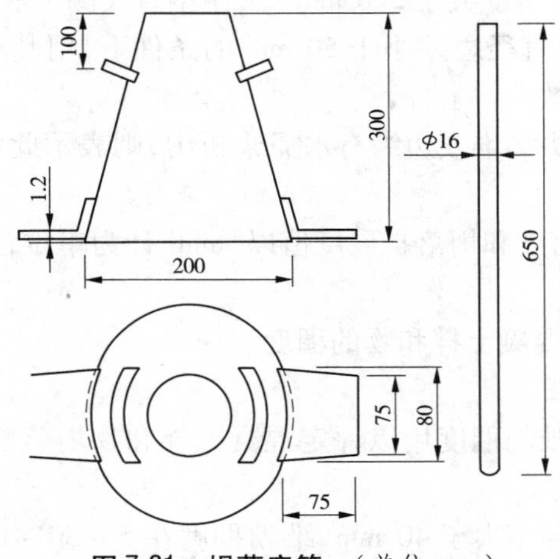

图 7-21 坍落度筒 （单位:mm）

3. 检测步骤

(1)湿润坍落度筒及其他用具,并把筒放在坚实的水平面上,然后用脚踩住两边的脚踏板,使坍落度筒在装料时保持固定的位置。

(2)把按要求取得的混凝土试样用小铲分三层均匀地装入筒内,每层拌和物在捣实后大致应为坍落度筒筒高的1/3,每层用捣棒插捣25次,插捣应呈螺旋形由外向中心进行,各次插捣均应在截面上均匀分布。插捣筒边混凝土时,捣棒可以稍稍倾斜,插捣底层时,捣棒应贯穿整个深度;插捣第二层和顶层时,捣棒应插透本层,并使之刚刚插入下面一层。浇灌顶层时,混凝土应灌到高出筒口。插捣过程中若混凝土沉落到低于筒口,则应随时添加,以使它自始至终都能保持高出筒顶。顶层插捣完后,刮去多余的混凝土,用抹刀抹平。

(3)清除筒边底板上的混凝土,垂直平稳地提起坍落度筒。坍落度筒的提离过程应在5~10 s内完成。

从开始装料到提起坍落度筒的整个过程应不间断地进行,并应在150 s内完成。

(4)提起坍落度筒后,立即测量筒高与坍落后的混凝土试体最高点之间的高度差,即为该混凝土拌和物的坍落度值。

4. 结果评定

(1)坍落度筒提起后,若混凝土拌和物发生崩坍或一边剪坏现象,则应重新取样进行测定。若第二次检测仍出现上述现象,则表示该混凝土和易性不好,应予记录备查。

(2)观察坍落后的混凝土试体的保水性、泌水性及黏聚性。

黏聚性的检查方法是用捣棒在已坍落的混凝土锥体侧面轻轻敲打。此时,如果锥体渐渐下沉,则表示黏聚性良好,如果锥体倒塌、部分崩裂或出现离析现象,则表示黏聚性不好。

保水性以混凝土拌和物中稀浆析出的程度来评定。坍落度筒提起后若有较多的稀浆从底部析出,锥体部分的混凝土也因失浆而骨料外露,则表明此混凝土拌和物的保水性能不好。若坍落度筒提起后无稀浆或仅有少量稀浆自底部析出,则表示此混凝土拌和物保水性良好。

(3)当混凝土拌和物坍落度大于 220 mm 时,用钢直尺测量混凝土扩展后最终的最大直径和最小直径,在这两个直径之差小于 50 mm 的条件下,用其算术平均值作为坍落扩展度值;否则,此次试验无效。

如果发现粗骨料在中央集堆或边缘有水泥浆析出,则表示此混凝土拌和物抗离析性不好,应予记录。

(4)混凝土拌和物坍落度和坍落扩展度值以"mm"计为单位,测量精确到 1 mm,结果表达修约至 5 mm。

(三)维勃稠度法检测混凝土拌和物的稠度

1. 检测目的及适用范围

测定混凝土拌和物的维勃稠度用以评定混凝土拌和物坍落度在 10 mm 以内混凝土的稠度。

本方法适用于骨料粒径不大于 40 mm,维勃稠度在 5 ~ 30 s 的混凝土拌和物稠度测定。坍落度不大于 50 mm 或干硬性混凝土和维勃稠度大于 30 s 的特干硬性混凝土拌和物的稠度可采用增实因数法来测定。

2. 主要仪器设备

(1)维勃稠度仪:维勃稠度仪应符合《维勃稠度仪》(JG 3043—1997)中技术要求的规定。维勃稠度仪振动台(见图 7-22):台面长 380 mm,宽 260 mm,支撑在四个减振器上。台面底部装有频率为(50 ±3) Hz 的振动器。装有空容器时台面的振幅应为(0.5 ±0.1) mm。

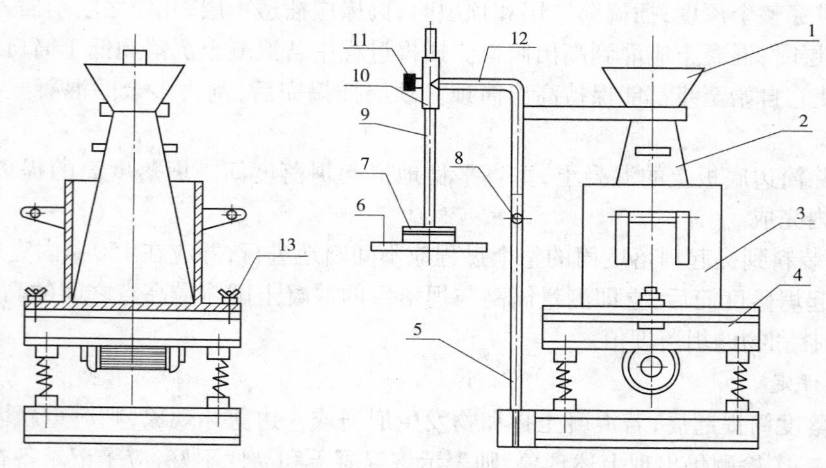

1—喂料器;2—坍落度筒;3—容器;4—振动台;5—支柱;6—透明圆盘;7—荷重块;8—定位螺丝;9—测杆;10—套管;11—测杆螺丝;12—旋转架;13—固定螺丝

图 7-22 维勃稠度仪

①容器:由钢板制成,内径为(240 ±5) mm,筒壁厚 3 mm,筒底厚为 7.5 mm。

②坍落度筒:其内部尺寸同坍落度检测法中图 7-21 的要求,但无下端的脚踏板。

③旋转架:连接测杆及喂料斗。测杆下部安装有透明且水平的圆盘,并用测杆螺丝把测杆固定在套筒中。旋转架安装在支柱上,通过十字凹槽来固定方向,并用定位螺丝来固

定其位置。就位后,测杆或喂料斗的轴线均应和容器的中轴重合。

④透明圆盘:直径为(230 ±2) mm,厚度为(10 ±2) mm。荷载直接固定在圆盘上。由测杆、圆盘及荷载块组成的滑动部分总质量应为(2 750 ±50) g。

(2)捣棒:直径16 mm、长为600 ~ 650 mm的钢棒,端部磨圆。

(3)小铲、秒表等。

3. 检测步骤

(1)把维勃稠度仪放置在坚实的水平面上,用湿布把容器、坍落度筒、喂料斗内壁及其他用具润湿。

(2)将喂料斗提至坍落度筒上方扣紧,校正容器位置,使其中心与喂料斗中心重合,然后拧紧固定螺丝。

(3)把按要求取得的混凝土试样用小铲分三层经喂料斗均匀装入筒内,装料及插捣的方法同坍落度法的检测步骤。

(4)把喂料斗转离,小心并垂直地提起坍落度筒,此时应注意不使混凝土试件产生横向的扭动。

(5)把透明圆盘转到混凝土圆台体顶面。放松测杆螺丝,小心地降下圆盘,使它轻轻接触到混凝土顶面。

(6)拧紧定位螺钉,并检查测杆螺钉是否已经完全放松。

(7)同时开启振动台和秒表,当振动到透明圆盘的底面被水泥浆布满的瞬间停下秒表,并关闭振动台。

(8)由秒表读出时间,即为该混凝土拌和物维勃稠度值。记下秒表上的时间,读数精确至1 s。

(四)表观密度检测

1. 检测目的

测定混凝土拌和物捣实后的单位体积质量,即表观密度,以提供核实混凝土配合比计算中的材料用量之用。

2. 主要仪器设备

混凝土拌和物表观密度测定所用仪器设备应符合下列规定:

(1)容量筒:金属制成的圆筒,筒底应有足够的刚度,使之不易变形,骨料最大粒径不大于40 mm的拌和物采用容积为5 L的容量筒,其内径与高均为(186 ±2) mm,筒壁厚度为3 mm,骨料最大粒径大于40 mm时,容量筒内径与内高均应大于骨料最大粒径的4倍。容量筒上缘及内壁应光滑平整,顶面与底面应平行并与圆柱体的轴线垂直。

容量筒容积应予以标定,标定方法可采用一块能覆盖住容量筒顶面的玻璃板,先称出玻璃板和空筒的质量,然后向容量筒中灌清水,当水接近上口时,一边不断加水,一边把玻璃板沿筒口徐徐推入盖严,应注意使玻璃板下不带入任何气泡;然后擦净玻璃板面及筒壁外的水分,将容量筒连同玻璃板放在台秤上称其质量;两次质量之差即为容量筒的容积。

(2)台秤:称量50 kg,感量50 g。

(3)振动台:应符合《混凝土试验用振动台》(JG/T 245—2009)中技术要求的规定,频率应为(50 ±3) Hz,空载时的振幅应为(0.5 ±0.1) mm。

(4)捣棒:直径 16 mm、长 600 mm 的钢棒,端部磨圆。

(5)小铲、抹刀、刮尺等。

3. 检测步骤

(1)用湿布把容量筒外壁擦干净,称出容量筒质量,精确到 50 g。

(2)混凝土的装料及捣实方法应视拌和物的稠度而定。一般来说,坍落度不大于 70 mm 的混凝土,用振动台振实,大于 70 mm 的用捣棒捣实。

采用捣棒捣实时,应根据容量筒的大小决定分层与插捣次数,用 5 L 容量筒时,每层混凝土的高度不应大于 100 mm,每层插捣次数按每 10 000 mm^2 截面不小于 12 次计算。各次插捣应均衡地分布在每层截面上,应由边缘向中心,插捣底层时捣棒应贯穿整个深度,插捣第二层时,捣棒应插透本层,并使之刚刚插入下面一层,每一层捣完后可把捣棒垫在筒底,将筒按住,左右交替颠击地面各 5 ~ 10 次,进行振实,直到混凝土表面插捣孔消失并不见大气泡为止。

采用振动台振实时应一次将混凝土拌和物灌至稍高出容量筒口。装料时允许用捣棒稍加插捣,振动过程中若混凝土高度沉落到低于筒口,则应随时添加混凝土。振动直至表面出浆为止。

(3)用刮尺将筒口多余的混凝土拌和物刮去,表面发现有凹陷应予填平,将容量筒外壁仔细擦净,称出混凝土与容量筒的总质量,并精确至 50 g。

4. 结果计算

混凝土拌和物表观密度 γ_h(kg/m^3)按式(7-26)计算:

$$\gamma_h = \frac{W_2 - W_1}{V} \times 1\,000 \tag{7-26}$$

式中 W_1——容量筒质量,kg;

W_2——容量筒及试样总质量,kg;

V——容量筒容积,L。

检测结果的计算精确至 10 kg/m^3。

(五)混凝土试件的制作及养护

1. 检测目的

制作提供各种性能检测用的混凝土试件。

2. 一般技术规定

(1)混凝土物理力学性能试验一般以 3 个试件为一组。每一组试件所用的拌和物应从同一盘或同一车运送的混凝土中取出,或在实验室用机械或人工拌制。用以检验现浇混凝土工程或预制构件质量的试件分组及取样原则,应按现行《混凝土结构工程施工质量验收规范》(GB 50204—2002)及其他有关规定执行。

(2)所有试件应在取样后立即制作,确定混凝土设计特征值、强度等级或进行材料性能研究时,试件的成型方法应视混凝土设备条件、现场施工方法和混凝土的稠度而定。可采用振动台、振动棒或人工插捣。检验工程和构件质量的混凝土试件成型方法应尽可能与实际施工采用的方法相同。

(3)棱柱体试件宜采用卧式成型。

特殊方法成型的混凝土(离心法、压浆法、真空作业法及喷射法等),其试件的制作应按相应的规定进行。

(4)混凝土试件的尺寸应根据混凝土中骨料的最大粒径按表7-22选定。

边长为150 mm的立方体试件是标准试件,边长为100 mm和200 mm的立方体试件是非标准试件。在特殊情况下,可采用ϕ150 mm×300 mm的圆柱体标准试件或ϕ100 mm×200 mm和ϕ200 mm×400 mm的圆柱体非标准试件。

表7-22　混凝土试件选用尺寸

试件尺寸(mm×mm×mm)	骨料最大粒径(mm)	
	立方体抗压强度试验	劈裂抗拉强度试验
100×100×100	31.5	20
150×150×150	40	40
200×200×200	63	—

3.主要仪器设备

(1)试模:由铸铁或钢制成,应具有足够的刚度并便于拆装。试模内表面应刨光,其不平度应不大于试件边长的0.05%。组装后各相邻面的不垂度应不超过±0.5。

(2)捣实设备可选用下列中的一种:

①振动台:检测用振动台的振动频率应为(50±3) Hz,空载时振幅应约为0.5 mm。

②振动棒:直径30 mm高频振动率。

③钢制捣棒:直径16 mm、长600 mm,一端为圆形。

(3)混凝土标准养护室:温度应控制在(20±2) ℃,相对湿度为95%以上。

4.检测步骤

(1)在制作试件前,检查试模,拧紧螺栓并清刷干净。在其内壁涂上一薄层矿物油脂。

(2)室内混凝土拌和应按本节五、(一)的相关要求进行拌和。

(3)振捣成型:

①检验现浇混凝土或预制构件的混凝土试件成型方法宜与实际采用的方法相同。

②采用振动台成型时应将混凝土拌和物一次装入试模,装料时应用抹刀沿试模内壁略加插捣并应使混凝土拌和物稍有富余。振动时应防止试模在振动台上自由跳动。振动应持续到表面出砂浆为止,刮除多余的混凝土并用抹刀抹平。

③采用人工插捣时,混凝土拌和物应分两层装入试模,每层的装料厚度应大致相等。插捣时用捣棒按螺旋方向从边缘向中心均匀进行,插捣底层时捣棒应达到试模底面,插捣上层时,捣棒应贯穿下层深度20~30 mm。插捣时捣棒应保持垂直,不得倾斜。插捣次数应视试件的截面而定,每层插捣次数在10 000 mm^{2}截面积内不少于12次。插捣后应用橡皮锤轻轻敲击试模四周,直至插捣棒留下的空洞消失。

(4)试件成型后,在混凝土临近初凝时进行抹面,要求沿模口抹平。

(5)成型后的带模试件宜用湿布或塑料布覆盖,并在(20±5) ℃的室内静置1~2 d(但不得超过2 d),然后编号拆模。

(6)拆模后的试件应立即送入标准养护室养护，试件之间保持一定的距离(10～20 mm)，试件表面应潮湿，并应避免用水直接冲淋试件，或在温度为(20±2)℃的不流动的$Ca(OH)_2$饱和溶液中养护。

同条件养护的试件成型后应覆盖表面。试件拆模时间可与构件的实际拆模时间相同。拆模后，试件仍需保持同条件养护。

(7)标准养护龄期为28 d(从搅拌加水开始计时)。

(六)立方体抗压强度检测

1. 检测目的

测定混凝土立方体的抗压强度，以检验材料质量，确定、校核混凝土配合比，并为控制施工工程质量提供依据。

2. 主要仪器设备

(1)压力试验机：压力试验机除应符合《液压式压力试验机》(GB/T 3722—1992)及《试验机通用技术要求》(GB/T 2611—2007)中技术要求外，其测量精度(示值的相对误差)为±1%，试件破坏荷载应大于试验机全量程的20%，且小于全量程的80%。

试验机上、下压板应有足够的刚度，其中的一块压板(最好是上压板)应带球形支座，使压板与试件接触均衡。

在试验机上、下压板及试件之间可各垫以钢垫板，钢垫板两承压面均应平整。

与试件接触的压板或垫板的尺寸应大于试件承压面，其不平度要求为每100 mm不超过0.02 mm。

(2)钢直尺：量程300 mm、最小刻度1 mm。

3. 检测步骤

(1)试件从养护地点取出后应尽快进行检测，以免试件内部的温、湿度发生显著变化。

(2)试件在试压前应擦试干净，测量尺寸并检查其外观。试件尺寸测量精确至1 mm，并据此计算试件的承压面积。若实际测定尺寸之差不超过1 mm，可按公称尺寸进行计算。

(3)将试件安放在试验机压板上，试件的中心与试验机下压板中心对准，试件的承压面应与成型时的顶面垂直。开动试验机，当上压板与试件接近时，调整球座，使接触均衡。

在试验过程中应连续均匀地加荷，混凝土强度等级<C30时加荷速度取0.3～0.5 MPa/s，混凝土强度等级≥C30且<C60时加荷速度取0.5～0.8 MPa/s，混凝土强度等级≥C60时取0.8～1.0 MPa/s。当试件接近破坏而开始迅速变形时，停止调整试验机油门，直到试件破坏，然后记录破坏荷载。

4. 结果计算

(1)混凝土立方体试件抗压强度按式(7-27)计算：

$$f_{cc} = \frac{F}{A} \tag{7-27}$$

式中 f_{cc}——混凝土立方体试件抗压强度，MPa；

F——试件破坏荷载，N；

A——试件承压面积，mm^2。

混凝土立方体试件抗压强度计算应精确至0.1 MPa。

(2)以3个试件的算术平均值作为该组试件的抗压强度值。3个测值中的最大值或最小值中若有1个与中间值的差超过中间值的15%,则把最大值及最小值一并舍去,取中间值作为该组试件的抗压强度值。若两个测值与中间值相差均超过15%,则此组检测结果无效。

(3)取150 mm×150 mm×150 mm的立方体试件的抗压强度为标准值,用其他尺寸试件测得的强度值均应乘以尺寸换算系数,其值为:对于200 mm×200 mm×200 mm的立方体试件取1.05;对于100 mm×100 mm×100mm的立方体试件取0.95。

(七)轴心抗压强度检测

1.检测目的

测定混凝土棱柱体试件的轴心抗压强度,检验其是否符合结构设计要求。

2.主要仪器设备

混凝土轴心抗压强度检测所用试验机应符合立方体抗压强度的检测设备要求。混凝土强度等级≥C60时,试件周围应设防崩裂网罩。当压力试验机上、下压板不符合规定时,压力试验机上、下压板与试件之间应各垫以符合下列要求的钢垫板:钢垫板的平面尺寸应不小于试件的承压面积,厚度应不小于25 mm,钢垫板应机械加工,承压面的平面度公差为0.04 mm,表面硬度不小于55HRC,硬化层厚度约为5 mm。

3.试件制备

混凝土轴心抗压强度检测采用150 mm×150 mm×300 mm的棱柱体作为标准试件。

若确有必要,允许采用非标准尺寸的棱柱体试件,但其高宽比应在2~3范围内。

试件允许的骨料最大粒径应不大于表7-23的规定数值。

表7-23 轴心抗压试件允许骨料最大粒径

试件最小边长(mm)	100	150	200
骨料最大公称粒径(mm)	30	40	60

4.检测步骤

(1)试件从养护地点取出后应及时进行检测,以免试件内部的温、湿度发生显著变化。

(2)试件在试压前应用干毛巾擦拭干净,测量尺寸,并检查其外观。

试件尺寸测量精确至1 mm,并据此计算试件的承压面积。若实测尺寸与公称尺寸之差不超过1 mm,则可按公称尺寸计算。

(3)将试件直立放置在压力试验机的下压板上,试件的轴心应与压力机下压板中心对准。开动试验机,当上压板与试件接近时,调整球座,使接触均衡。

在试验过程中应连续均匀地加荷,混凝土强度等级<C30时加荷速度取0.3~0.5 MPa/s,混凝土强度等级≥C30且<C60时加荷速度取0.5~0.8 MPa/s,混凝土强度等级≥C60时加荷速度取0.8~1.0 MPa/s。当试件接近破坏而开始迅速变形时,停止调整试验机油门,直到试件破坏,然后记录破坏荷载。

5.结果计算

(1)混凝土轴心抗压强度按式(7-28)计算:

$$f_{cp} = \frac{F}{A} \tag{7-28}$$

式中 f_{cp}——混凝土轴心抗压强度，MPa；

F——试件破坏荷载，N；

A——试件承压面积，mm^2。

混凝土轴心抗压强度计算应精确至0.1 MPa。

（2）以3个试件的算术平均值作为该组试件的轴心抗压强度值。其异常数据的取舍原则同立方体抗压强度结果计算中的规定。

（3）采用非标准尺寸试件测得轴心抗压强度值应乘以尺寸换算系数，其值为：200 mm×200 mm×400 mm 试件乘以1.05；100 mm×100 mm×300 mm 试件乘以0.95。

当混凝土强度等级≥C60 时，宜采用标准试件；使用非标准试件时，尺寸换算系数应由试验确定。

（八）普通混凝土配合比试验

1.配合比设计的基本要求

（1）混凝土和易性要好，这是便于施工和确保工程浇捣质量的重要条件。

（2）要具有工程结构设计或施工进度所要求的强度。

（3）要具有良好的耐久性，满足工程使用气候条件所要求的抗侵蚀作用。

（4）在保证工期质量的前提下，尽量节约水泥，合理使用材料，降低成本。

2.试验步骤

1）原材料性能试验

（1）水泥性能试验：包括水泥的安定性试验、水泥胶砂强度试验。

（2）砂性能试验：包括砂的筛分析试验、砂的表观密度及堆积密度测定。

（3）石性能试验：包括石的筛分析试验、石的表观密度及堆积密度测定。

2）计算初步配合比

（1）确定混凝土的配制强度（$f_{cu,0}$）。

混凝土的配制强度按式（7-29）计算：

$$f_{cu,0} \geqslant f_{cu,k} + 1.645\sigma \tag{7-29}$$

式中 $f_{cu,0}$——混凝土的试配强度，MPa；

$f_{cu,k}$——混凝土的设计强度标准值，MPa；

σ——混凝土强度标准差的历史统计值。

当无历史统计值时，σ 可按表7-24取值。

表7-24 混凝土的 σ 值

混凝土强度等级	低于C20	C20～C35	高于C35
σ 值（MPa）	4.0	5.0	6.0

（2）初步确定水灰比（W/C）。

根据试配强度 $f_{cu,0}$ 和水泥使用强度计算水灰比值，按式（7-30）计算：

$$\frac{W}{C}=\frac{\alpha_a f_{ce}}{f_{cu,0}+\alpha_a\alpha_b f_{ce}} \tag{7-30}$$

式中　α_a、α_b——回归系数；

f_{ce}——水泥 28 d 抗压强度实测值；

W/C——混凝土水灰比。

若计算所得的水灰比值大于有关规定的最大水灰比值，则应按规定的最大水灰比值选用。

(3)确定单位用水量(m_{w0})。

按粗骨料品种、规格及施工要求的坍落度值选择每立方米混凝土的用水量。用水量一般根据本地区所用材料按经验选用，也可参照表 7-25 选用。

(4)计算水泥用量(m_{c0})。

根据已选定的单位用水量和已确定的水灰比值，可由式(7-31)求出水泥用量：

$$m_{c0}=\frac{m_{w0}}{W/C} \tag{7-31}$$

计算所得水泥用量若小于规定的最小水泥用量值，则应取规范规定的最小水泥用量。

(5)选取合理砂率(β_s)。

表 7-25　混凝土单位用水量　(单位：kg/m³)

项目	指标	卵石最大粒径(mm)				碎石最大粒径(mm)			
		10	20	31.5	40	16	20	31.5	40
坍落度(mm)	10～30	190	170	160	150	200	185	175	165
	35～50	200	180	170	160	210	195	185	175
	55～70	210	190	180	170	220	205	195	185
	75～90	215	195	185	175	230	215	205	195
维勃稠度(s)	16～20	175	160	—	145	180	170	—	155
	11～15	180	165	—	150	185	175	—	160
	5～10	185	170	—	155	190	180	—	165

注：1. 本表用水量是采用中砂时的平均取值，采用细砂时，每立方米混凝土用水量可增加 5～10 kg，采用粗砂则可减少 5～10 kg。

2. 本表不适用于水灰比小于 0.4 或大于 0.8 的混凝土以及采用特殊成型工艺的混凝土。

混凝土砂率一般可根据本单位对所用材料的使用经验选用合理的数值，也可按骨料种类规格及混凝土的水灰比值按表 7-26 选取。

表 7-26　混凝土砂率　(%)

水灰比(W/C)	卵石最大粒径(mm)			碎石最大粒径(mm)		
	10	20	40	16	20	40
0.40	26～32	25～31	24～30	30～35	29～34	27～32
0.50	30～35	29～34	28～33	33～38	32～37	30～35
0.60	33～38	32～37	31～36	36～41	35～40	33～38
0.70	36～41	35～40	34～39	39～44	38～43	36～41

注：1. 本表数值是中砂的选用砂率，对于细砂或粗砂，可相应地减小或增加砂率。

2. 本表适用于坍落度为 10～60 mm 的混凝土。对于坍落度大于 60 mm 的混凝土，应在表 7-25 的基础上，按坍落度每增大 20 mm，砂率增大 1% 的幅度予以调整。

(6)计算砂、石用量。砂、石用量可用质量法或体积法求得,实际工程中常以质量法为准。

①质量法。根据经验,如果原材料情况比较稳定,所配制的混凝土拌和物的表观密度将接近一个固定值,可先假设(即估计)每立方米混凝土拌和物的质量 m_{cp}(kg)按式(7-32)计算 m_{s0}、m_{g0}:

$$\begin{cases} m_{c0} + m_{s0} + m_{g0} + m_{w0} = m_{cp} \\ \dfrac{m_{s0}}{m_{s0} + m_{g0}} \times 100\% = \beta_s \end{cases} \tag{7-32}$$

式中 m_{cp}——每立方米混凝土拌和物的质量,kg,可根据积累的试验资料确定,在无资料时,其值可取 2 350 ~2 450 kg;

m_{c0}——每立方米混凝土的水泥质量,kg;

m_{s0}——每立方米混凝土的砂的质量,kg;

m_{g0}——每立方米混凝土的石子的质量,kg;

m_{w0}——每立方米混凝土的水的质量,kg;

β_s——砂率(%)。

②体积法。假定混凝土拌和物的体积等于各组成材料绝对体积及拌和物中所含空气的体积之和,用式(7-33)计算 1 m^3 混凝土拌和物的各材料用量:

$$\begin{cases} \dfrac{m_{s0}}{m_{s0} + m_{g0}} \times 100\% = \beta_s \\ \dfrac{m_{c0}}{\rho_c} + \dfrac{m_{w0}}{\rho_w} + \dfrac{m_{g0}}{\rho'_g} + \dfrac{m_{s0}}{\rho'_s} + 0.01\alpha = 1 \end{cases} \tag{7-33}$$

式中 ρ_c、ρ_w——水泥、水的密度,kg/m^3;

ρ'_s、ρ'_g——砂、石的表观密度,kg/m^3;

α——混凝土含气量百分数,在不使用引气型外加剂时,可选取 $\alpha = 1$。

解以上联式,即可求出 m_{so}、m_{g0}。

通过上述步骤便可将水泥、水、砂和石的用量全部求出,得出初步配合比。

3)确定基准配合比

(1)按初步配合比称取材料,配置混凝土拌和物,测坍落度,并检查其黏聚性、保水性。

(2)若混凝土拌和物坍落度不能满足要求,或黏聚性和保水性不好,应在保证水灰比不变的条件下相应调整用水量和砂率。调整后再试拌,直到符合要求。

(3)测定混凝土拌和物的表观密度,计算基准配合比。

4)确定实验室配合比

以基准配合比的水灰比为标准,水灰比分别增、减 0.05,用水量与基准配合比相同,得 3 个配合比,分别拌制、成型、养护,测 28 d 标准养护强度。

5)确定混凝土配合比

按照测定 28 d 强度与其水灰比的关系,求出与混凝土配制强度相对应的水灰比,由此计算出每立方米混凝土中各种材料的用量之和,再按实测混凝土拌和物的表观密度进行校正,最后得出混凝土的设计配合比。

6)确定施工配合比

测定施工现场砂、石的含水率,计算施工配合比。

(九)混凝土质量的评定

1.混凝土拌和物应检验的质量指标

1)稠度

混凝土拌和物的稠度是以坍落度或维勃稠度来表示的,坍落度或维勃稠度的允许偏差应分别符合表 7-27 的规定。

表 7-27　坍落度或维勃稠度的允许偏差

维勃稠度(s)	允许偏差(s)	坍落度(mm)	允许偏差(mm)
≤10	±3	≤40	±10
11~20	±4	50~90	±20
21~30	±6	≥100	±30

2)水灰比与水泥用量

混凝土的最大水灰比和最小水泥用量应符合表 7-28 的规定。

2.检验结论

(1)一般混凝土拌和物性能、密度、稠度等均以实测值作为检验结果,结果应满足使用要求。

(2)混凝土单组立方体抗压强度不做结论,评定方法按批验收。

(3)试验单位出具混凝土配合比试验报告时,坍落度应符合委托单位的要求,强度是以标准养护 28 d 混凝土立方体抗压强度为依据,必须满足 $f_{cu,c} \geqslant f_{cu,k} + 1.645\sigma$,否则配合比要进行调整。

表 7-28　混凝土的最大水灰比和最小水泥用量

环境条件		结构类别	最大水灰比			最小水泥用量(kg/m^3)		
			素混凝土	钢筋混凝土	预应力混凝土	素混凝土	钢筋混凝土	预应力混凝土
干燥环境		正常的居住或办公用房屋内部件	不作规定	0.65	0.60	200	260	300
潮湿环境	无冻害	高湿度的室内部件 室外部件 在非侵蚀土和(或)水中的部件	0.70	0.60	0.60	225	280	300
潮湿环境	有冻害	经受冻害的室外部件 在非侵蚀土和(或)水中且经常受冻害的部件 高湿度且经常受冻害的室内部件	0.55	0.55	0.55	250	280	300
有冻害和除冰剂的潮湿环境		经受冻害和除冰剂作用的室内和室外部件	0.50	0.50	0.50	300	300	300

第八章　水利工程施工监理

第一节　施工监理基本知识

一、监理机构与监理人员

（一）监理机构

监理机构是监理单位依据监理合同派驻工程现场全面履行监理合同的机构。监理机构由监理人员和其他工作人员组成。监理单位应于委托监理合同签订后 10 d 内将项目监理机构的组织形式、人员构成及对总监理工程师的任命书面通知建设单位。

1. 监理机构的基本职责与权限

（1）协助发包人选择工程承包商、设备和材料供货商。

（2）审核承包人拟选择的分包项目和分包人，并报发包人批准。

（3）核查施工图纸，并签字、盖章。对施工图设计中存在的技术问题提出修改建议。

（4）审批承包人合同约定提交的施工组织设计、措施计划、进度计划和资金流计划等。

（5）审核变更，签发变更通知。施工变更超出监理合同约定权限范围时，变更应经发包人同意。

（6）签发开工令（通知）、暂停施工通知、返工通知和复工通知。

（7）检查、监督工程现场的施工安全和环境保护措施的实施情况。

（8）检验并核查施工项目材料、构配件、工程设备的质量和工程施工质量。

（9）处置施工中影响或造成工程质量、安全事故的紧急情况。

（10）检查、监督工程施工进度，签认完工时间。

（11）审核工程计量和签发工程付款证书，处理合同违约、变更和索赔等问题。

（12）签发工程移交证书、保修责任终止证书、完工付款证书和最终付款证书。

（13）主持施工合同各方之间关系的协调工作，解释施工合同文件。

（14）监理合同约定的其他职责与权限。

2. 监理机构及职责

监理机构应建立与其监理任务相适应的监理组织，制定与监理工作内容相适应的工作制度和管理制度，明确各职能部门的职责。监理组织机构一般包括综合部、合同管理部、工程技术部、实验室、驻地监理办公室等职能机构，各职能部门的职责一般如下。

1）综合部的职责

（1）在（副）总监的领导下，制定监理规章制度并检查、监督落实和执行情况。

（2）负责各种文件、通知、报告、纪要的分类、存档以及上报和下发工作。

(3)负责总监办的财务、后勤、通信、打字和出版工作。

(4)负责总监办的日常接待工作。

2)合同管理部的职责

(1)检查施工承包合同执行情况。检查进场的施工单位人员、主要设备是否与投标书一致。杜绝转包工程,把住工程项目分包关。

(2)核对工程数量,统计工程量清单的变化,对数量较大的变动及时提出处理意见。

(3)定期到现场审查各种支付报表和中期支付证书。编制报业主及贷款银行的各种工程进度报表和报告。

(4)负责组织各种监理报表的编制和汇总工作,组织编写(副)总监的工作报告、工程监理竣工报告和监理简报。

(5)协助(副)总监处理合同纠纷问题。

(6)向承包人和监理人员提供合同文件。

3)监理实验室的职责

(1)在总监办的领导下,负责各种监理试验工作。中心实验室应对其他各实验室的工作进行检查和指导。

(2)协助驻地监理工程师检查承包人的实验室及其试验仪器设备,并督促和检查承包人定期标定。

(3)参加合同段有关工地会议和重要工地例会与会议。

(4)协助驻地办对承包人所做的控制指标试验进行核实或复核性试验。

(5)承担各合同段监理送交或提出的抽样试验,及时提交试验结果和结论。

(6)编制、提供有关各种试验报表的格式,并按统一的方法进行整理、保存。

4)工程技术部的职责

(1)在(副)总监和总监办公室的领导下,依据合同条款和技术规范等文件,对本合同段的工程质量、进度、支付、合同管理等进行全面监理。

(2)全面熟悉合同条款、技术规范及设计图纸等文件,纠正设计图纸中的错误,对合同执行中发生的问题要及时采取措施解决,必要时报总监办。

(3)按合同文件和投标文件,会同总监办合同部核实承包人的材料、机械、人员进场情况,监督检查承包人的质量保证体系。

(4)审批承包人的施工组织设计、单项工程施工计划和开工申请报告,确认中间交工证书。

(5)审查核实承包人的工程计量和支付证书,编制本合同段的支付报表和投资进度图表。

(6)主持参加承包人的工程例会,研究和解决施工中的各种问题。

(7)负责监督检查承包人质量检测、试验频数是否符合合同和规范的要求,同时负责监理平行抽测、检验、取样等工作。

(8)处理一般的工程变更,对重要的和重大的工程变更提出处理意见,报总(副)监审查处理。

(9)控制和评价工程质量,搞好技术复核,向承包人签发工程指令和图纸,对不符合技术规范和设计要求的工程,应及时指示承包人返工,情节严重或由于安全原因,可暂时中断施工,并报总监办。

(10)编写本合同段的监理月报等有关报告,及时、准确地填写各种监理业务表格和资料,收集、管理本合同段的各种资料,审查、督促承包人按期完成工程竣工资料整理编写工作。

监理机构进驻工地后,应将开展监理工作的基本工作程序、工作制度和工作方法等向承包人进行交底。监理机构应在完成监理合同约定的全部工作后,将履行合同期间从发包人处领取的设计文件、图纸等资料归还发包人,并履行保密义务。

(二)监理人员

监理人员包括总监理工程师、专业监理工程师和监理员,必要时可配备总监理工程师代表。水利工程建设监理实行注册管理制度,各级监理人员应持证上岗。监理机构应将总监理工程师和其他主要监理人员的姓名、监理业务分工和授权范围报送发包人并通知承包人。当总监理工程师需要调整时,监理单位应征得建设单位同意并书面通知建设单位;当专业监理工程师需要调整时,总监理工程师应书面通知建设单位和承包单位。监理人员的职责如下。

1.总监理工程师职责

(1)确定项目监理机构人员的分工和岗位职责。

(2)主持编写项目监理规划、审批项目监理实施细则,并负责管理项目监理机构的日常工作。

(3)审查分包单位的资质,并提出审查意见。

(4)检查和监督监理人员的工作,根据工程项目的进展情况可进行监理人员调配,对不称职的监理人员应调换其工作。

(5)主持监理工作会议,签发项目监理机构的文件和指令。

(6)审定承包单位提交的开工报告、施工组织设计、技术方案、进度计划。

(7)审核签署承包单位的申请、支付证书和竣工结算。

(8)审查和处理工程变更。

(9)主持或参与工程质量事故的调查。

(10)调解建设单位与承包单位的合同争议、处理索赔、审批工程延期。

(11)组织编写并签发监理月报、监理工作阶段报告、专题报告和项目监理工作总结。

(12)审核签认分部工程和单位工程的质量检验评定资料,审查承包单位的竣工申请,组织监理人员对待验收的工程项目进行质量检查,参与工程项目的竣工验收。

(13)主持整理工程项目的监理资料。

2.总监理工程师代表职责

(1)负责总监理工程师指定或交办的监理工作。

(2)按总监理工程师的授权,行使总监理工程师的部分职责和权力。

总监理工程师不得将下列工作委托总监理工程师代表:

(1)主持编制监理规划,审批监理实施细则。

(2)主持审核承包人提出的分包项目和选择的分包人。

(3)批准承包人提交的施工组织设计、施工措施计划、施工进度计划和资金流计划。

(4)签发工程项目开工令(通知)、暂停施工通知、返工通知和复工通知。

(5)签发各类付款证书。

(6)签发监理月报、监理专题报告和监理工作报告。

(7)签发变更通知和索赔处理决定。

(8)签发工程移交证书和保修责任终止证书。

3.专业监理工程师职责

监理工程师按照总监理工程师所授予的职责权限开展监理工作,是所执行监理工作的直接责任人,并对总监理工程师负责。监理工程师的主要职责包括:

(1)参与编制监理规划,编制监理实施细则。

(2)预审承包人提出的分包项目和选择的分包人。

(3)预审承包人提交的施工组织设计、施工措施计划、施工进度计划和资金流计划。

(4)预审或经授权签发施工图纸。

(5)核查进场材料、构配件、工程设备的原始凭证、检测报告等质量证明文件及其质量情况。

(6)审批分部工程开工申请报告。

(7)协助总监理工程师协调参建各方之间的工作关系。按照职责权限处理施工现场发生的有关问题,签发一般监理文件和指示。

(8)检验工程的施工质量,并予以确认或否认。

(9)审核工程计量的数据和原始凭证,确认工程计量结果。

(10)预审各类付款证书。

(11)提出变更、索赔及质量和安全事故处理等方面的初步意见。

(12)按照职责权限参与工程的质量评定工作和验收工作。

(13)收集、汇总、整理监理资料,参与编写监理月报,填写监理日志。

(14)施工中发生重大问题和遇到紧急情况时,及时向总监理工程师报告、请示。

(15)指导、检查监理员的工作,必要时可向总监理工程师建议调换监理员。

4.监理员主要职责

(1)核实进场原材料质量检验报告和施工测量成果报告等原始资料。

(2)检查承包人用于工程建设的材料、构配件、工程设备使用情况,并做好现场记录。

(3)检查并记录现场施工程序、施工工法等实施过程情况。

(4)检查和统计计日工情况。核实工程计量结果。

(5)核查关键岗位施工人员的上岗资格。检查、监督工程现场的施工安全和环境保护措施的落实情况,发现异常情况及时向监理工程师报告。

(6)检查承包人的施工日志和实验室记录。

(7)核实承包人质量评定的相关原始记录。

二、施工监理工作程序、方法和制度

(一)施工监理的主要任务及依据

水利工程建设项目施工监理应以合同管理为中心,有效控制工程建设项目质量、投资、进度等目标,加强信息管理,并协调建设各方之间的关系,即“三控制、三管理、一协调”(质量控制、投资控制、进度控制,合同管理、安全管理和信息管理,协调各方的关系)。水利工程建设项目施工监理的依据:

(1)国家和水利部有关工程建设的法律、法规和规章。

(2)水利行业工程建设有关技术标准和强制性条文。

(3)经批准的工程建设项目设计文件及其他相关文件。

(4)监理合同、施工合同等合同文件。

监理单位为实施施工监理而进行的审核、核查、检验、认可与批准,并不免除或减轻责任方应承担的责任。

(二)施工监理工作程序

(1)签订监理合同,明确监理工作范围、内容和责权。

(2)依据监理合同,组建现场监理机构,选派总监理工程师、监理工程师、监理员和其他工作人员。

(3)做好监理准备工作。熟悉工程建设有关法律、法规、规章以及技术标准,熟悉工程设计文件、施工合同文件和监理合同文件。

(4)编制项目监理规划。

(5)进行监理工作交底。

(6)编制各专业、各项目监理实施细则。

(7)实施施工监理工作。

(8)督促承包人及时整理、归档各类资料。

(9)参加验收工作,签发工程移交证书和工程保修责任终止证书。

(10)向发包人提交有关档案资料、监理工作总结报告。

(11)向发包人移交其所提供的文件资料和设施设备。

(三)施工监理主要工作方法

1. 现场记录

监理机构应认真、完整记录每日各施工项目和部位的人员、设备和材料、天气、施工环境以及施工中出现的各种情况。

2. 发布文件

监理机构采用通知、指示、批复、签认等文件形式进行施工全过程的控制和管理,是施工现场监督管理的重要手段。

3. 旁站监理

监理机构按照监理合同约定,在施工现场对工程项目重要部位和关键工序的施工实施全过程检查、监督与管理。需要旁站监理的重要部位和关键工序一般应在监理合同中明确规定。

4. 巡视检验

监理机构对所监理的工程项目进行定期或不定期的检查、监督和管理。

5. 跟踪检测

在承包人进行试样检测前，监理机构应对其检测人员、仪器设备以及拟订的检测程序和方法进行审核；在承包人对试样进行检测时，实施全过程的监督，确认其程序、方法的有效性以及检测结果的可信性，并对该结果确认。

6. 平行检测

监理机构在承包人对试样自行检测的同时，独立抽样进行的检测，以核验承包人的检测结果。

7. 协调解决

监理机构对参加工程建设各方之间的关系以及工程施工过程中出现的问题和争议进行的调解解决。

（四）主要工作制度

1. 技术文件审核、审批制度

根据施工合同约定由双方提交的施工图纸、施工组织设计、施工措施计划、施工进度计划、开工申请等文件均应通过监理机构核查、审核或审批后方可实施。

2. 原材料、构配件、工程设备检验制度

进场的原材料、构配件、工程设备必须有出厂合格证明和技术说明书，经承包人自检合格后，方可报监理机构检验。不合格的原材料、构配件、工程设备必须按监理指示在规定时限内运离工地或进行相应处理。

3. 工程质量检验制度

承包人每完成一道工序或一个单元工程，都必须经过自检合格后，方可报监理机构进行复核检验。上道工序或上一单元工程未经复核检验或复核检验不合格，禁止进行下道工序或下一单元工程施工。

4. 工程计量付款签证制度

所有申请付款的工程量均应进行计量并经监理机构确认。未经监理机构签证的付款申请，发包人不应支付。

5. 会议制度

监理机构应建立会议制度，包括第一次工地会议、监理例会和监理专题会议。会议由总监理工程师或授权监理工程师主持，工程建设有关各方应派员参加，总监理工程师应组织编写由监理机构主持召开的会议纪要，并分发与会各方。

（1）第一次工地会议。第一次工地会议应在工程开工令下达前举行，会议内容应包括：工程开工准备检查情况，介绍各方负责人及其授权代理人和授权内容，沟通相关信息，进行监理工作交底。会议由总监理工程师或总监理工程师与发包人的负责人联合主持召开。

（2）监理例会。监理机构应定期主持召开由参建各方负责人参加的会议，会上应通报工程进展情况，检查上次监理例会中有关决定的执行情况，分析当前存在的问题，提出问题的解决方案或建议，明确会后应完成的任务。会议应形成会议纪要。

(3)监理专题会议。监理机构应根据需要,主持召开监理专题会议,研究解决施工中出现的涉及施工质量、施工方案、施工进度、工程变更、索赔、争议等方面的专门问题。

6.施工现场紧急情况报告制度

监理机构应针对施工现场可能出现的紧急情况编制处理程序、处理措施等文件。当发生紧急情况时,应立即向发包人报告,并指示承包人立即采取有效紧急措施进行处理。

7.工作报告制度

监理机构应及时向发包人提交监理月报或监理专题报告。在工程验收时,提交监理工作报告。在监理工作结束后,提交监理工作总结报告。

8.工程验收制度

在承包人提交验收申请后,监理机构应对其是否具备验收条件进行审核,并根据有关水利工程验收规程或合同约定,参与、组织或协助发包人组织工程验收。

第二节　施工准备阶段监理工作的内容

一、监理机构自身的准备工作

施工准备阶段,监理单位应依据监理合同约定,设立现场监理机构,配置监理人员,并进行必要的岗前培训。建立监理工作规章制度。收集、接收并熟悉有关工程建设资料,包括:工程建设法律、法规、规章和技术标准,项目建设计划、设计文件和合同文件及相关资料、工程设备相关技术资料等;接收由发包人提供的交通、通信、试验及办公设施和食宿等生活条件,完善工作和生活环境。组织编制监理规划和监理实施细则,在约定期限内报送发包人。

二、施工准备的监理工作

(一)检查开工前发包人提供的施工条件

(1)检查发包人首批开工项目施工图纸和文件的供应情况。

(2)检查由发包人提供的测量基准点的移交情况。

(3)检查施工用地提供情况。

(4)检查首次预付款付款情况。

(5)检查施工合同中约定应由发包人提供的道路、供电、供水、通信等条件的完成情况。

(二)检查开工前承包人的施工准备情况

(1)检查承包人派驻现场的主要管理、技术人员数量及资格是否与施工合同文件一致。若有变化,应重新审查并报发包人同意。

(2)检查承包人进场施工设备的数量、规格、性能是否符合施工合同约定要求。

(3)检查进场原材料、构配件的质量、规格、性能是否符合有关技术标准和技术条款的要求,原材料的储存量是否满足工程开工及随后施工的需要。

(4)检查承包人实验室应具备的条件是否符合有关规定要求。

(5)检查、督促承包人对发包人提供的测量基准点进行复核,并督促承包人在此基础上完成施工测量控制网的布设及施工区原始地形图的测绘。

(6)检查砂石料系统、混凝土拌和系统,以及场内道路、供水、供电、供风等施工辅助设施的准备情况。

(7)检查承包人的质量保证体系。

(8)检查承包人的施工安全、环境保护措施及规章制度的制定情况,核查关键岗位施工人员的资格情况。

(9)审批承包人提交的中标后的施工组织设计、施工措施计划、施工进度计划和资金流计划等技术资料。

(10)审批应由承包人负责提供的设计文件和施工图纸。

(11)检查按照施工规范要求需要进行的各种施工工艺参数的试验情况。

(12)审核承包人在施工准备完成后递交的项目工程开工申请报告。

(三)施工图纸的核查与签发

(1)监理机构收到施工图纸后,应在施工合同约定的时间内完成核查或审批工作,确认后签字、盖章。

(2)监理机构应在与有关各方约定的时间内,主持或与发包人联合主持召开施工图纸技术交底会议,由设计单位进行技术交底。

监理机构应按照有关工程施工质量评定规程的要求,组织进行工程项目划分,征得发包人同意后,由其报工程质量监督机构认定。

第三节 施工实施阶段监理

一、开工条件的控制

在合同约定的期限内,监理机构经发包人同意后向承包人发出进场通知,要求承包人按合同约定及时调遣人员和施工设备、材料进场进行施工准备,进场通知中应明确合同工期起算日期。

承包人完成开工准备后,应向监理机构提交开工申请报告,监理机构应严格审查工程开工应具备的各项条件,审批开工申请。监理机构在检查发包人和承包人的施工准备满足开工条件后,签发开工令。在开工条件控制时要注意以下几点:

(1)监理机构应协助发包人向承包人移交合同约定应由发包人提供的施工用地、道路、测量基准点,以及供水、供电、通信设施等开工的必要条件。

(2)若由于承包人原因使工程未能按施工合同约定时间开工,监理机构应通知承包人在合同约定时间内提交赶工措施报告并说明延误开工原因,由此引起的费用增加和工期延误由承包人承担。

(3)若由于发包人原因使工程未能按施工合同约定时间开工,监理机构在收到承包人提出的顺延工期的要求后,应立即与发包人和承包人共同协商补救办法,由此引起的费用增加和工期延误由发包人承担。

(4)分部工程开工。监理机构应审批承包人报送的每一分部工程开工申请,审核承包人递交的施工措施计划,检查该分部工程的开工条件,确认后签发分部工程开工通知。

(5)单元工程开工。第一个单元工程在分部工程开工申请获批准后自行开工,后续单元工程凭监理机构签认的上一单元工程施工质量合格证方可开工。

(6)混凝土浇筑开仓。监理机构应对承包人报送的混凝土浇筑开仓报审表进行审核,符合开仓条件后,予以签发。

二、施工质量控制

质量是反映实体满足明确需要和隐含需要能力的特性总和。明确需要是指在标准、规范、图纸、技术要求和其他文件中已经作出规定的需要。隐含需要是指业主和社会对实体的期望和人们公认的、不言而喻的不必明确的需要。为了确保工程质量必须进行以过程为对象的质量控制,建立以检验、工序管理和开发新技术、新工艺、新材料、新工程产品为手段的质量保证措施,加强质量管理。

(一)施工阶段质量控制的工作制度

做好施工阶段质量控制工作,必须要有健全的制度作保证。除一般应遵守的制度外,监理工程师还应遵守下列制度。

1. 图纸会审制度

开工前,组织有关监理人员对图纸进行分析研究和审查,通过审查预见施工难点、施工薄弱环节和隐患,研究确定监理方案和预控措施,预防质量问题的发生。

2. 技术交底制度

在学习审查图纸的基础上,由监理工程师向有关监理人员进行"四交底",即设计要求交底、施工要求交底、质量标准交底、技术措施交底。

3. 材料检验制度

材料控制工程师应负责检查和审阅施工承包商提供的材质证明和试验报告。对材质有怀疑的主要材料,应负责抽样复查,抽样复查合格后方可使用。不准使用不合格的材料。

4. 隐蔽工程验收制度

隐蔽前,施工承包商应根据工程质量检验评定标准进行自检,并将评定合格的自检资料送交监理工程师。监理工程师收到施工承包商自检资料后,应在承包商自检合格基础上组织复查,复查无误后,方可办理隐蔽工程验收签证。

5. 工程质量整改制度

监理工程师在施工过程中发现的一般质量通病,应及时通知施工承包商进行整改,并作好通知整改记录;对较大质量问题或工程隐患,整改后应报监理工程师复查、签证。

6. 设计变更制度

有关设计变更事宜由监理工程师归口同设计承包商联系协商,由设计承包商出具设计变更联系单,主送监理工程师,并报送业主同意。

7. 钢筋代换制度

钢筋规格、型号应尽可能满足原设计要求,必须代换时由施工承包商提出意见,报经监理工程师与设计承包商联系后审批。重要结构钢筋的代换应事先征得设计承包商的同意和签证。

(二)合同条件与施工阶段质量控制

监理工程师最主要、最直接的质量控制依据是工程承包合同,合同条件则是组成合同文件的重要部分,它明确了业主和施工承包商双方在质量控制方面各自享有的权利、承担的风险和职责。

1. 限制合同转让与分包

为了确保整个施工期间参与施工的所有承包商均能符合规定要求,许多合同条件都规定不允许施工承包商无限制、无条件地将整个施工项目或其中任何一部分转让、分包出去。

2. 技术条件

技术条件对质量控制有着重要影响,是监理工程师控制质量的主要技术依据。只有督促施工承包商不折不扣地执行技术条件,才足以保证施工质量,避免对工程质量产生异议。为此,在合同协议书中明确规定技术条件为其组成部分之一,确认了技术条件在质量控制中的作用。

3. 材料、设备检验与管理

在施工阶段质量控制中,监理工程师第一位的工作是要把好材料和设备质量关,监理工程师必须重视材料、设备的质量检验和管理。监理工程师在组织和参与材料、设备质量检验及管理过程中,应将其参与检验的意图提前24 h通知承包商。如果监理工程师未在商定的日期参加检验,除另有指示外,承包商可以着手检验,向监理工程师提交正式检验结果证明的副本,并将检验视为是在监理工程师在场的情况下进行的,监理工程师应承认检验结果的有效性。

4. 施工质量检验与缺陷补救

施工质量检验是控制质量必不可少的一项工作。施工质量检验可以起到监督、控制质量,及时纠正错误,避免事故扩大,消除隐患等作用。为此,监理工程师必须安排专人专责经常、深入、仔细、严密地进行施工质量检验。

(三)质量控制的依据、方法及程序

1. 施工质量控制的依据

(1)已批准的设计文件、施工图纸及相应的设计变更与修改文件。

(2)已批准的施工组织设计。

(3)合同中引用的现行施工规范、规程。

(4)合同中引用的有关原材料、半成品、构配件方面的质量依据。

(5)业主和施工承包商签订的工程承包合同中有关质量的合同条款。

(6)制造商提供的设备安装说明书和有关技术标准。

2. 施工阶段质量控制方法

1)旁站检查

旁站是指监理人员对重要工序(质量控制点)的施工进行的现场监督和检查,是驻地监理人员的一种主要现场检查形式。根据工程施工难度、复杂性及稳定程度,可采用全过

程旁站和部分时间旁站两种方式。对容易产生缺陷的部位,或产生了缺陷难以补救的部位,以及隐蔽工程,尤其应该加强旁站。旁站检查中,监理人员必须检查承包商在施工中所用的设备、材料及混合料是否与已批准的设备、材料和混合料配比相符,检查是否按技术规范和批准的施工方案、施工工艺进行施工,制止错误的施工手段和方法,避免发生工程质量事故。

2)测量

测量(度量)是对建筑物的平面位置和几何尺寸进行控制的重要手段。开工前,承包商要进行施工放样,监理人员应对施工放样及高程控制进行核查,不合格者不准开工。承包商的测量记录,均要事先经监理人员审核签字后才能使用。

3)试验

试验是监理工程师确认各种材料和工程部位内在品质的主要依据。所有用于工程的材料,都必须事先经过材料试验,并由监理工程师批准,没有试验数据的工程不予验收。

4)指令文件的应用

指令文件也是监理的一种手段。所谓指令文件,如质量问题通知单、备忘录、情况纪要等,是用以指出施工中的各种问题,提请承包商注意。在监理过程中,双方来往都以文字为准。监理工程师通过书面指令和文件对承包商进行质量控制,对施工中已发现或有苗头发生质量问题的情况及时以口头或《现场指示》的形式通知承包商加以注意或修整,然后监理工程师要在规定时间内以《工地指示》的形式予以确认。监理人员要做好《施工监理日记》和必要的记录。所有这些指令和记录,要作为主要的技术资料存档备查,也是今后解决纠纷的重要依据。

5)有关技术文件、报告、报表的审核

质量文件、报告、报表的审核是监理工程师进行全面控制的重要手段。监理工程师应按施工顺序、施工进度和监理计划及时审核和签署有关质量文件、报表,以最快的速度判明质量状况、发现质量问题,并将质量信息反馈给施工承包商和建设单位。

3.施工阶段质量控制程序

合同项目一般由若干个单位(分项)工程所组成。要想有效地控制合同项目的质量,首先必须控制每一单位(分项)工程的质量。

(1)审核承包商的《单位(分项)工程开工申请单》。在每个单位工程、分部工程、分项工程施工开始前48 h,施工承包商均需填写《单位(分项)工程开工申请单》,并附上施工组织计划、机具设备与技术工人数量、材料及施工机具设备到场情况,施工建筑材料试验报告,以及分包商的资格证明等,报送监理工程师进行审核。监理工程师在收到《单位(分项)工程开工申请单》后,应在7 d内会同有关部门检查核实承包商的施工准备工作情况。如果认为满足合同要求和具备施工条件,可签发《单位(分项)工程开工申请单》。承包商在接到签发的《单位(分项)工程开工申请单》后即可开工。如果审核不合格,监理工程师应指出承包商施工准备工作中存在的问题,并要求限期解决,此时,承包商应按照监理工程师所指明的问题,继续做好施工准备,再次填报《单位(分项)工程开工申请单》供审核,或在不影响整体工程进度的情况下,监理工程师要求承包商调整单位(分项)工程开工顺序。

（2）现场检查和监理实验室检验。在单位（分项）工程施工过程中，监理工程师除应检查、帮助、督促承包商的质量保证体系正常运作外，更应要求承包商严格执行工程质量的“三检制”。在终检合格后，由承包商填写《工程质量报验单》并附上自检资料，报请监理工程师进行检查、认证。监理工程师应在商定的时间到现场对每一道工序用目测、手测、机械检测等方法，逐项进行检查，必要时利用承包商的实验室进行现场抽检。所有的检查结果，均应作详细的记录。对于关键部位，还要进行旁站监理、中间检查和技术复核，以防止质量隐患。对重要部位的施工状况或发现的质量问题，除作详细记录外，还应采用拍照、录像等手段存档。

（3）签发《工程质量合格证》。在现场检查和实验室检验的所有项目均合格之后，监理工程师可签发《工程质量合格证》。承包商可进行下一道工序施工。上一道工序未经监理工程师检查或检查不合格，不得进行下一道工序的施工。如果监理工程师检查不合格，则应令承包商返工。经返工后再经监理工程师检查，合格后签发《工序准予复工通知书》才能进行下一道工序施工。如果监理工程师认为必要，也可对承包商已覆盖了的工程质量进行抽检，承包商必须提供抽查条件。若抽检不合格，应按工程质量事故处理。

（4）填写《中间交工证书》。在单位（分项）工程完成后，承包商可填写《中间交工证书》，上报监理工程师。监理工程师应汇总、检查该单位（分项）工程中每道工序的《工程质量合格证》，并将其编号填入《中间交工证书》。

（5）组织现场检查。监理工程师在收到承包商的《中间交工证书》并汇总、检查该单位（分项）工程中每道工序的《工程质量合格证》评定单位（分项）工程的质量。

（6）签认《中间交工证书》。经上述检查，如果发现工程质量不合格，监理工程师可签发《不合格工程通知》，要求承包商对不合格的工程予以拆除、更换、修补或返工。如果检查合格，则对该单位（分项）工程予以中间验收，并签认《中间交工证书》。这是单位（分项）工程最后计量支付的基本条件。单位（分项）工程质量控制程序见图 8-1。

（四）工序质量控制

工序质量控制是指为达到工序质量要求所采取的作业技术和活动，有时也称为生产活动效果的质量控制。工序质量控制的任务是发现、分析工序质量的制约因素，将制约因素控制在一定范围之内，防止上道工序的不合格品转入下道工序。

1. 工序分析

工序分析就是指找出对工序的关键或重要的质量特性起着支配作用的那些要素的全部活动。工序分析可按三大步骤、八项活动进行。

第一步，应用因果分析图法进行分析，通过分析，找出支配性要素。该步骤包括五项活动：

（1）选定工序分析的对象。对关键的、重要的工序或根据过去资料认定经常发生问题的工序，可选定为工序分析的对象。

（2）确定参加分析的人员，明确任务，落实责任。

（3）对经常发生质量问题的工序，应掌握现状和问题，确定改善工序质量的目标。

（4）组织会议，应用因果分析图进行工序分析，找出工序支配性要素。

（5）针对支配性要素拟订对策计划，决定试验方案。

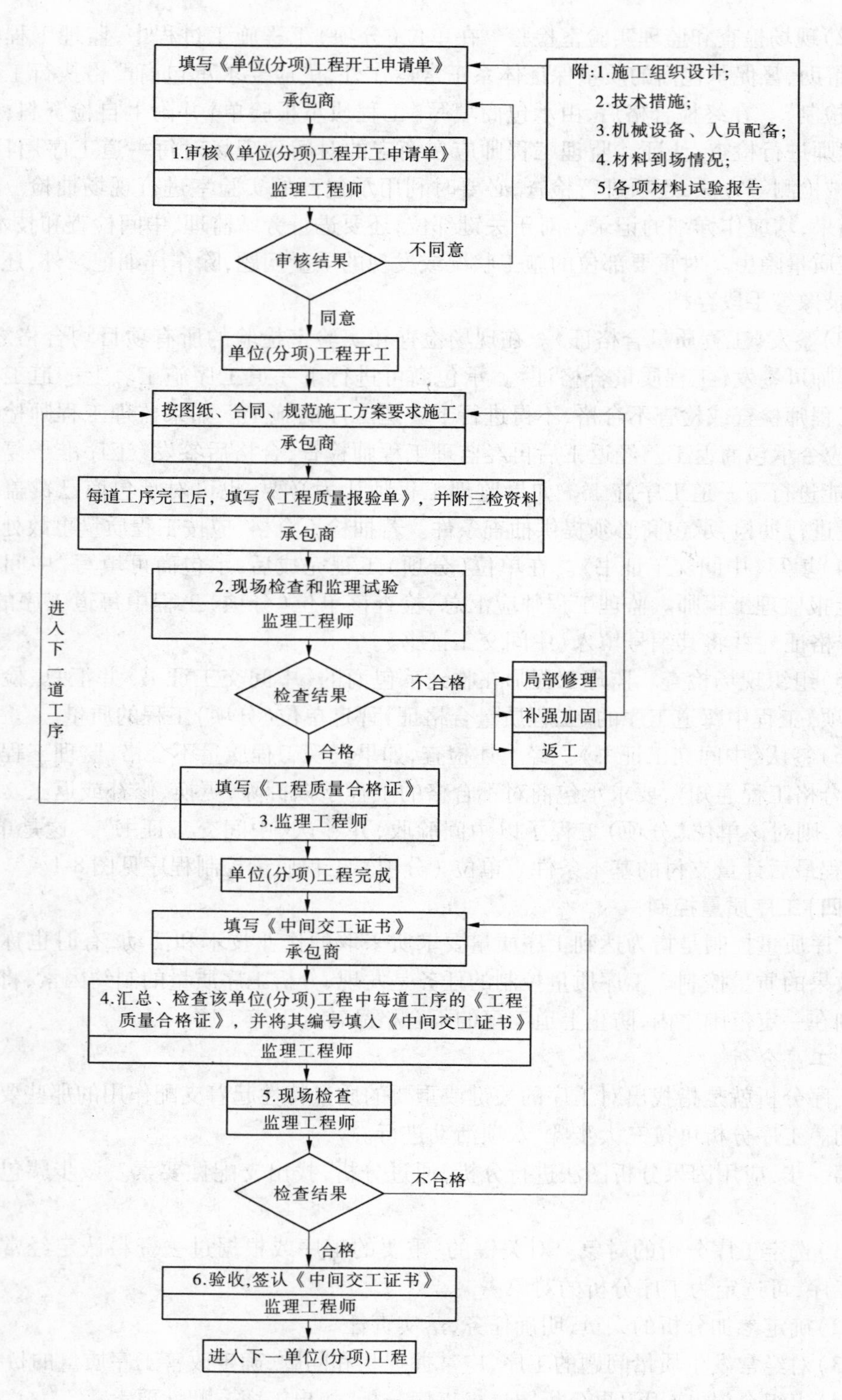

图 8-1　单位(分项)工程质量控制程序

第二步，实施对策计划。该步骤包括：

（6）按试验方案进行试验，找出质量特性和工序支配性要素之间的关系，经过审查，确定试验结果。

第三步，制定标准，控制支配性要素。该步骤包括：

（7）将试验核实的支配性要素编入工序质量表，纳入标准或规范，落实责任部门或人员，并经批准。

（8）各部门或有关人员对属于自己负责的支配性要素，按标准规定实行重点管理。

2. 工序质量控制的步骤

工序质量控制包括对工序的作业技术、活动及其效果的控制，这两种效果反复循环进行，从而达到工程质量控制的目的。实施工序质量控制的步骤如下：

（1）工序活动前的控制。要求人、材料、机械、方法或工艺、环境能满足要求。

（2）检验。采用必要的手段和工具，对抽出的工序子样进行质量检验。

（3）分析。应用质量统计分析工具（如直方图、管理图、排列图等）对检验所得的数据进行分析，找出这些质量数据所遵循的规律。

（4）判断。根据质量数据分布规律的结果，判断质量是否正常；根据质量标准或公差范围，判断质量是否合格。若出现异常情况，即可寻找原因，采取对策和措施加以预防，这样便可达到控制工序质量的目的。

（5）找出实施结果与欲达指标之间的差距，分析产生差距的原因，找出影响工序质量的因素，尤其是那些主要因素。

（6）针对差距和影响因素，制定对策，采取措施，据以行动。

（7）重复检测。重复步骤（2）~步骤（4），检查调整效果，直至满足要求。

3. 工序质量控制的内容

1）确定工序质量控制流程

工序质量控制流程包含两方面内容：一是承包商内部的工序质量控制，二是监理工程师的工序质量控制计划。监理工程师应首先要求承包商建立、健全其内部的工序质量控制流程，包括上道工序通过到下道工序的交接验收为止的全过程。

监理工程师制定和实施其工作计划时，应注意以下几个方面：

（1）如果监理工程师检查不合格，则应用书面形式责令承包商返工，并按不合格工程处理，经返工后再由监理工程师进行检查，合格后，方可继续下一道工序的施工。

（2）对重要部位的施工状况、发现的质量问题，除详细记录外，还应采用拍照、录像等手段存档。

2）工序分析

通过工序分析，寻找出影响工序质量的关键因素，以实现有效的工序质量控制。

3）控制工序活动效果的质量

进行工序质量控制时，应及时检验工序活动效果的质量，掌握质量动态，一旦发现质量问题，随即研究处理，确保工序活动效果的质量。

4）控制工序活动条件

工序活动条件包括的内容较多，主要有施工操作者、机械设备、方法、材料、环境，它们是工序质量控制的对象。监理工程师只有主动地控制工序活动条件的质量,才能达到对工序质量特征值的有效控制。只有找出主要因素,才能达到工序质量控制的目的。

5)设置质量控制点

对所的质量控制点,事先分析可能造成质量隐患的原因,并针对隐患原因,找出对策,采取措施加以预防控制(预控)。

6)工序质量的预控

当工序仅受偶然性因素制约时,其质量特征值数据的分布具有一定的规律,表明工序处于稳定状态;当工序既受偶然性因素制约,又受异常性因素制约时,其质量特征值数据呈现出毫无规律的现象,此时工序处于非稳定状态。因此,通过工序质量检验,就能判断工序处于何种状态。若经分析,结果处于异常状态(非稳定状态),就必须命令承包商停止进入下一道工序。

4.质量控制点的设置

质量控制点的设置是进行工序质量预控的有效措施。质量控制点是指为保证工程质量而必须控制的重点工序、关键部位、薄弱环节。监理工程师应督促施工承包商在施工前全面、合理地选择质量控制点,并对施工承包商设置质量控制点的情况及拟采取的控制措施进行审核。必要时,应对施工承包商的质量控制实施过程进行跟踪检查或旁站监督,以确保质量控制点的实施质量。

设置质量控制点的对象,主要有以下几个方面:

(1)关键的分项工程。如大体积混凝土工程、土石坝工程的坝体填筑、隧洞开挖工程等。

(2)关键的工程部位。如混凝土面板堆石坝面板趾板及周边缝的接缝、土基上水闸的地基基础、预制框架结构的梁板节点,关键设备的基础等。

(3)薄弱环节。指经常发生或容易发生质量问题的环节,或施工承包商施工无把握的环节,或采用新工艺(材料)施工环节等。

(4)关键工序。如钢筋混凝土工程的混凝土振捣,灌注桩的钻孔,隧洞开挖的钻孔布置、方向、深度、用药量和填塞等。

(5)关键工序的关键质量特性。如混凝土的强度、土石坝的干容重等。

(6)关键质量特性的关键因素。如冬季混凝土强度的关键因素是环境(养护温度),支模的稳定性是支撑方法,泵送混凝土输送质量的关键是机械,墙体垂直度的关键因素是人等。

控制点的设置要准确有效,因此究竟选择哪些对象作为控制点,需要由有经验的质量控制人员进行选择,一般可根据工程性质和特点来确定。

5.承包商施工工序自检和监理工程师的检查认证

在施工过程中,施工承包商必须严格实行施工质量的“三检制”,即施工班组的初检、施工队的兼职质检员的复检以及承包商专职质检员的终检。承包商完成每道工序,并通过“三检”之后,填写《工程质量报验单》,还必须由监理工程师进行检查认证。对分工序施工的单元工程,未经监理工程检查认证或检查不合格的,不得进入下一道工序的施工。监理工程师对每道施工工序进行检查时,应根据施工承包商填写的《单元工程质量等级评定表》逐项进行全检或抽检，并作详细记录，根据《水利水电工程施工质量评定规程》（SL 176—2007）及有关规定进行施工工序检查，如混凝土工程检验的“三证二图”制度。

（五）工程质量事故分析处理

工程建设中，原则上是不允许出现质量事故的，但一般是很难完全避免的。对于工程建设中出现的质量事故，除由监理人员过失或失职所引起外，监理工程师并不为之承担责任。但是，其应负责组织质量事故的分析和处理。

1. 工程质量事故及其分类

凡水利水电工程在建设中或竣工后，由于设计、施工、材料、设备等原因造成工程质量不符合规程、规范和合同规定的质量标准，影响工程使用寿命或正常运用，一般需作返工或采取补救措施的，统称为工程质量事故。由施工原因造成的为施工质量事故，可分为：

（1）特大质量事故。是指对工程造成特大经济损失或长时间延误工期，经处理后仍对工程正常使用和工程寿命有一定影响的事故。

（2）重大质量事故。是指对工程造成重大经济损失或延误较长工期，经处理后不影响正常使用，但仍对工程正常使用寿命有一定影响的事故。

（3）较大质量事故。是指对工程造成较大经济损失或延误较短工期，经处理后不影响工程正常使用，但对工程使用寿命有一定影响的事故。

（4）一般质量事故。是指对工程造成一定经济损失，经处理后不影响工程正常使用和工程使用寿命的事故。《水利工程质量事故处理暂行规定》规定一般质量事故直接经济损失在20万～100万元，事故处理工期在一个月内，且不影响工程正常使用和寿命。

对工程建设过程中发生的小于一般质量事故的一些质量问题，可以不作处理或稍作处理即能达到规程、规范和合同要求的质量标准，检查处理费用不足一般事故标准者，定为质量缺陷。施工中对质量缺陷也要进行统计分析，记录备案，一般可记在单元工程质量检查表等级评定栏内。

2. 工程质量事故分析处理程序与方法

质量事故发生后，应坚持“三不放过”（即事故原因不查清不放过，事故主要责任者和职工未受到教育不放过，补救措施不落实不放过）的原则进行处理，工程质量事故分析处理程序如下。

1）下达工程施工暂停令

监理工程师（代表）发现质量事故，首先应向施工承包商下达《工程施工暂停令》。通知施工承包商立即停止有质量事故建设项目的施工，在《工程施工暂停令》中，应明确指明暂停施工的建设项目名称以及原因，还要说明从何时起停工。将上述指令一式三份，通知施工承包商和报业主及质量监督站。与此同时，监理工程师（代表）应指令施工承包商提出质量事故报告。

2）事故调查

施工承包商在提交质量事故报告前已对事故作了调查，监理工程师若对调查结果有异议，或是重大质量事故，监理工程师应组织调查。

3）原因分析

在施工承包商提交的质量事故报告中，虽对质量事故的原因作了分析，但监理工程师若对该分析有异议或是重大质量事故，监理工程师应组织有关人员进行分析。

4）事故处理和检查验收

对事故进行调查并分析产生的原因后，才能确定事故是否需要处理和如何处理。事故处理一般由设计单位作出设计，交监理工程师（代表）审查，并经批准后才能实施。事故处理后监理工程师（代表）要对处理结果进行检查验收。

5）下达复工令

监理工程师（代表）对事故处理检查验收并满意后，即可下达《复工指令》。

3. 质量事故处理方法

对工程施工中出现的质量事故，根据其严重性和对工程影响的大小，可以有两类处理方法。

（1）修补。即通过修补的办法予以补救，这种方法适用于通过修补可以不影响工程的外观和正常运行的质量事故。这一类质量事故在工程施工中是大量的、经常发生的。

（2）返工。对于严重未达规范或标准，影响到工程使用和安全，且又无法通过修补的方式予以纠正的工程质量事故，必须采取返工的措施。

有的工程质量问题，虽是严重超出了国家的标准及规范规定，已具有质量事故的性质，但可针对工程的具体情况，通过分析论证，不需专门处理。不需作处理的事故，常有以下几种情况：

（1）不影响结构的安全、生产、工艺和使用要求。例如，有的建筑物在施工中发生错位事故，若要纠正，困难较大，或将要造成重大经济损失。经分析论证，只要不影响工艺和使用要求，可以不作处理。

（2）有些轻微的质量缺陷，通过后续工序可以弥补的，可不作处理。如混凝土墙板出现了轻微的蜂窝、麻面，而该事故可通过后续工序抹灰、喷涂等进行弥补，则不需对墙板的缺陷作专门处理。

（3）对出现的事故，经复核验算，仍能满足设计要求者，可不作处理。如结构断面被削弱后，仍能满足设计的承载能力者。但这种做法实际上是在挖设计的潜力，因此需要特别慎重。

（六）质量控制的统计分析方法

利用质量分析方法控制工序或工程产品质量，主要是通过数据整理和分析，研究其质量误差的现状和内在的发展规律，据以推断质量现状和将要发生的问题，为质量控制提供质量情报。常用质量分析工具有直方图法、控制图法、排列图法、因果分析图法、分层法、相关图法和调查表法。

1. 直方图法

直方图法是通过频数分布来进一步分析、研究数据的集中程度和波动范围的一种数学方法。它的优点是：计算和画图比较方便，既明确表示了质量分布，同时能比较确切地得出平均值 $\bar{x}$ 和标准偏差值 S。其主要的缺点是：不能反映随时间变化数据的群内和群间的变动，且要求收集的数据较多，至少在50个以上，一般要100～200个，否则难以反映其规律。

图8-2是施工质量检测出现的常见直方图形式。

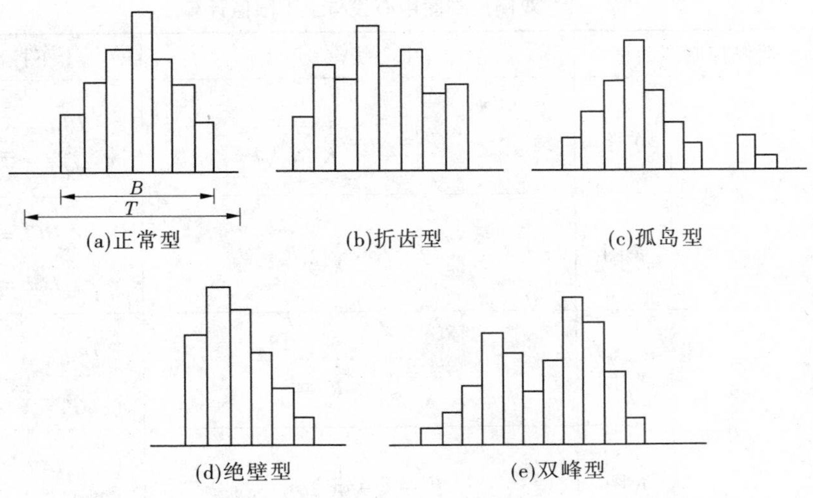

图 8-2　直方图分布状态

观察频数分布直方图可作以下分析：

(1)正常型直方图，如图 8-2(a)所示。它是左右基本对称的单峰型。数据的实际分布范围 B 在设计或规范规定的范围 T 之中，平均值在中央，这是理想的质量控制。

(2)异常型直方图：折齿型直方图，如图 8-2(b)所示，是由于数据分组过多，组距太细所致；孤岛型直方图，如图 8-2(c)所示，是由于原材料或操作方法的显著变化所造成的；绝壁型直方图，如图 8-2(d)所示，是由于人为剔除了不合格品的数据造成的；双峰型直方图，如图 8-2(e)所示，是由于将来自两个总体的数据(如两种不同材料、两台机器或不同操作方法)混在一起所致，应分别画图。

2. 控制图法

在生产工艺过程中，产品质量的形成是一动态过程。为了控制生产的质量状态，必须在生产过程中及时了解质量随时间变化的状态，并使它处于稳定的状态，这就需要借助于控制图法。它将质量控制从事后检查转变为事先预防。借助于控制图提供的质量动态数据，可及时了解工序质量状态，发现问题，查明原因，采取措施，使生产处于稳定状态。控制图分为双侧控制图和单侧控制图两类。这里只介绍 $\overline{X}\sim R$ 双侧控制图绘制。

控制界限的计算公式列于表 8-1，使用时可依双侧控制图种类进行选择。表 8-1 公式中有关系数见表 8-2。公式中 K 为试样数组，图 8-3 是某工程混凝土坍落度 $\bar{x}\sim R$ 控制图。

控制图是用来反映质量随时间波动情况的一种动态质量分析工具。通过研究样本点是否超越限界，以及点在图中的分布状况来判定产品(材料)质量及生产过程是否稳定，有无出现异常现象。如果出现异常，应采取措施，使生产处于控制状态。

分析控制图的点满足下列条件时，可以认为生产处于控制状态：

(1)连续的点全部或几乎全部落在控制界限内。经计算得到：①连续 25 个点无超出控制界限者；②连续 35 个点中最多有一点在界外者；③连续 100 个点中最多允许有 2 个点在界外者等。这三种情况均为正常。

表 8-1　双侧控制图中心线与上下限值计算

类别	双侧控制图名称		中心线(CL)	上下控制界限
计量值双侧控制图	$\bar{X}\sim R$ 图	$\bar{X}$ 图	$CL=\bar{\bar{X}}=\frac{1}{K}\sum_{i=1}^{K}\bar{X}_i$	$UCL=\bar{\bar{X}}+A_2\bar{R}$ $LCL=\bar{\bar{X}}-A_2\bar{R}$
		R 图	$CL=\bar{R}=\frac{1}{K}\sum_{i=1}^{K}R_i$	$UCL=D_4\bar{R}$ $LCL=D_3\bar{R}$
	$\tilde{X}\sim R$ 图	$\tilde{X}$ 图	$CL=\bar{\bar{X}}=\frac{1}{K}\sum_{i=1}^{K}\tilde{X}_i$	$UCL=\bar{\bar{X}}+m_3A_2\bar{R}$ $LCL=\bar{\bar{X}}-m_3A_2\bar{R}$
		R 图	$CL=\bar{R}=\frac{1}{K}\sum_{i=1}^{K}R_i$	$UCL=D_4\bar{R}$ $LCL=D_3\bar{R}$

注:UCL 为上控制界限,LCL 为下控制界限,CL 为质量特性的平均值线,$\bar{X}$ 为观察数据平均值,R 为观察数据极差,$\tilde{X}$ 为观察数据中位值,$\bar{\bar{X}}$ 为观察数据平均值,$\bar{X}_i$ 为第 i 组观察数据的平均值。

表 8-2　双侧控制图系数

n	2	3	4	5	6	7	8	9	10
A_2	1.880	1.023	0.729	0.577	0.483	0.419	0.373	0.337	0.308
D_3	—	—	—	—	—	0.076	0.136	0.184	0.223
D_4	3.267	2.575	2.282	2.115	2.004	1.924	1.864	1.816	1.777
m_3A_2	1.880	1.187	0.796	0.691	0.549	0.509	0.432	0.412	0.363

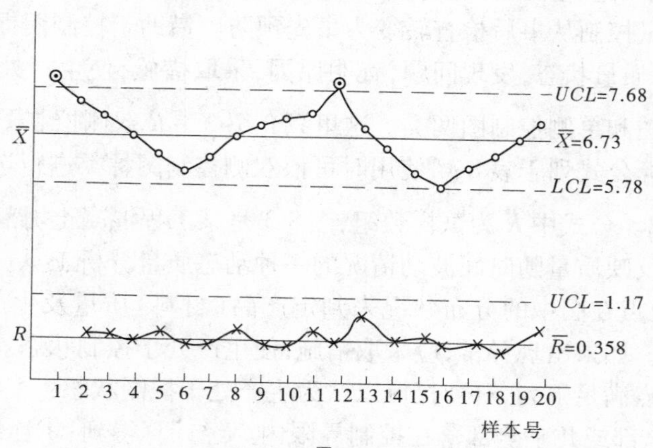

图 8-3　$\bar{X}\sim R$ 控制图

(2)点在控制界限内的排列应无规律。以下情况为异常:①连续 7 个点及其以上呈上升或下降趋势者;②连续 7 个点及其以上在中心线两侧呈交替排列者;③点的排列呈现周期性者。

3. 排列图法

排列图也叫主次因素排列图，又叫巴雷托（Pareto）图。其原理是按照出现各种质量问题的频数，按大小次序排列，寻找出造成质量问题的主要因素和次要因素，以便抓住关键，采取措施，加以解决。

排列图由两条纵坐标、一条横坐标、若干个矩形和一条曲线组成。左边的纵坐标表示频数，即影响调查对象质量的因素重复发生或出现的次数（或件数、个数、点数等）；横坐标表示影响质量的各种因素，按其影响程度的大小，由左至右依次排列；右边的纵坐标表示的是频率，即表示横坐标所示的各种质量影响因素在整个影响因素频数中所占的比率（以百分比表示）。巴雷托曲线则表示各种质量因素在整个影响因素频数中的累计频率。

1）排列图绘制的方法与步骤

（1）收集数据。对已经完成的分部、分项工程或成品、半成品所发生的质量问题，进行抽样检查，然后分别统计各种原因所造成质量问题的个数，并按顺序列表，计算各占百分比和累计百分比。

（2）作排列图。根据上述收集数据和调查结果，以不合格项目或因素为横坐标，以不合格数量（或频数）为左纵坐标，以不合格项目累计频率为右纵坐标，然后按各频数的大小依次绘出各直方条形图，并按累计频率的大小，在相应的直方条右边线上方打点，自原点依次连接各点，即可得出累计频率线或叫巴氏曲线，从而得到整个的排列图，如图 8-4 所示。

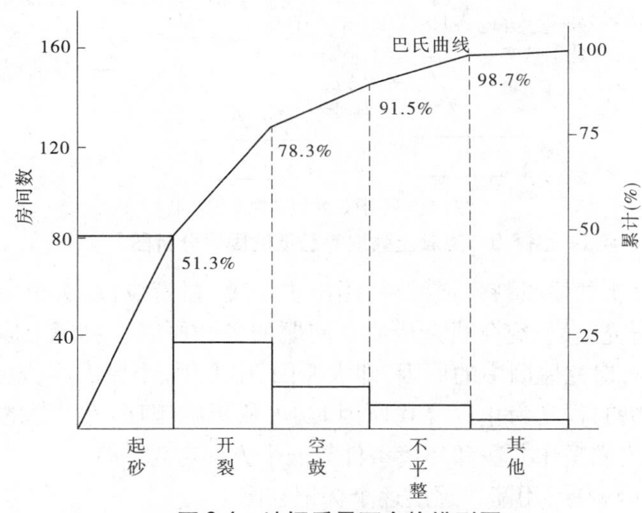

图 8-4　地坪质量不合格排列图

2）排列图分析

通常将巴氏曲线分成三个区，累计频率在 80% 以下的 A 区，其所包含的质量因素是主要因素或关键项目，是应解决的重点。累计频率在 80% ~ 90% 的区域为 B 区，其所包含的因素为一般因素。累计频率在 90% ~ 100% 的为 C 区，为次要因素，一般不作为解决的重点。

将改善前后分别作排列图加以比较，若项目顺序有了改变，但总的不合格品仍没什么改变时，可认为生产过程不稳定，应采取措施调整；若各项均减少，可认为控制的效益良好。

4. 因果分析图法

因果分析图也叫特性要因图，又叫鱼刺图。因果分析图法就是把对结果(问题或特性)有影响的重要因素加以分析和分类，并在同一个图上用箭线将其关系表示出来，通过整理、归纳、分析、查找原因，将因果关系搞清，然后采取措施，解决质量问题，使控制工作系统化、条理化。图 8-5 是混凝土强度等级低的因果分析图示例。绘图方法与步骤如下：

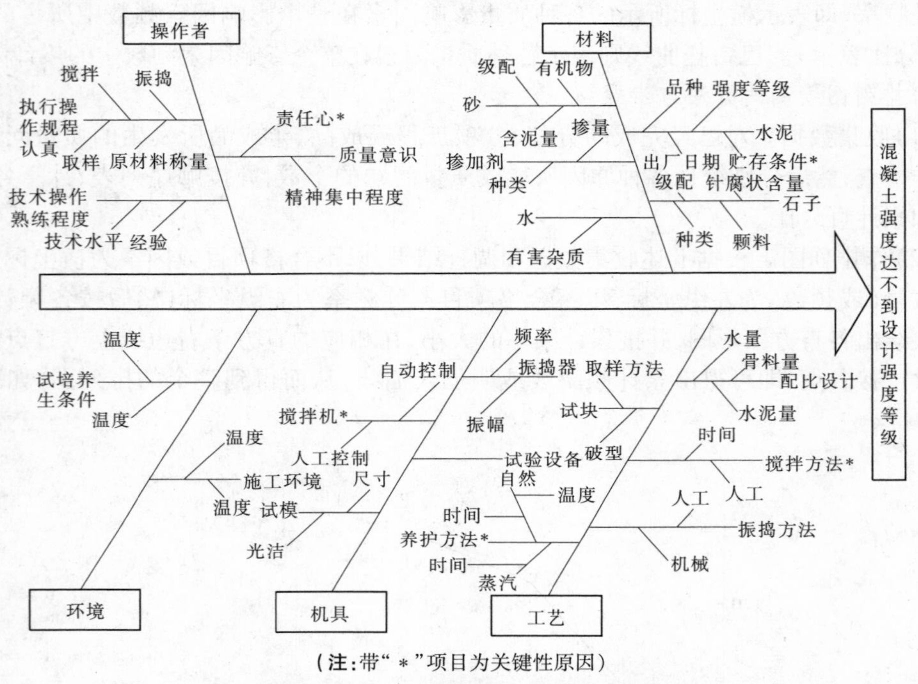

(注：带"＊"项目为关键性原因)

图 8-5 混凝土强度等级低的因果分析图

(1)确定需要分析的质量特性或结果，画出主干线(粗箭线)箭头指向右方。

(2)召开调查研究会，研究分析造成质量问题的各种原因。对每个原因要逐层分析，步步深入，从大到小，追究原因中的原因，即大原因、中原因、小原因等，直到能达到针对原因采取具体措施解决的程度为止。寻找原因时，可从影响工序(生产)的操作人员、机械设备性能、材料、工艺或操作方法和环境条件等五个方面考虑。

(3)按大、小原因顺序，用箭线逐层逐个标记在图上。

(4)逐步分析，找出关键性原因并注明标记，如图 8-5 中带"＊"项目。

(5)再次反复讨论，进一步核对查实。对确认的关键性原因，向有关部门提出质量情报。

(七)工程质量评定与验收

1. 工程质量评定

工程质量评定，即将质量检验结果与国家和行业技术标准以及合同约定的质量标准进行比较的活动。要求按水利部2007年颁发的《水利水电工程施工质量评定规程》(SL 176—2007)进行质量评定。工程质量评定以单元工程质量评定为基础,其评定的先后顺序是:单元(工序)工程、分部工程和单位工程。

1)单元工程质量评定

目前,我国水利水电单元工程质量等级的评定,主要是以《水利水电基本建设工程单元工程质量等级评定标准》(DL/T 5113—2005)为依据。它是水利水电建设中应执行的技术法规。

单元工程质量分为"合格"和"优良"两个等级。

单元工程质量标准具体分为保证项目(或一般原则和要求)、基本项目(或质量检查项目)和允许偏差项目三类。

(1)保证项目。是指在质量检验评定中,必须达到的指标内容。无论单元工程质量等级是"合格"还是"优良",都要求其质量指标必须保证符合该项目的规定。

(2)基本项目。是指在质量检验评定中工程质量应基本符合规定要求的指标内容。基本项目的要求,对"合格"与"优良"不同等级的单元工程,在质与量上均有差别。

(3)允许偏差项目。是指在质量检验评定中允许有一偏差范围的项目。允许偏差一般均用量来表示,也可用文字或列表方式显示。至于"合格"与"优良"单元工程质量要求的区别,可以用不同偏差在表中显示,也可用总测点中符合质量标准点数的不同百分数来区分。

应注意的是,不同类型的工程,具体的质量评定标准略有差别,在具体评定时,可参照《水利水电基本建设工程单元工程质量等级评定标准》(DL/T 5113—2005)执行。

单元(或工序)工程质量达不到合格规定的要求时,必须及时处理。其质量等级按下列规定确定。

(1)全部返工重做的,可重新评定质量等级。

(2)经加固补强并经鉴定能达到设计要求,其质量只能评为合格。

(3)经鉴定达不到设计要求,但建设(监理)单位认为能基本满足安全和使用功能要求的,可不加固补强;或经加固补强后,改变外形尺寸或造成永久性缺陷的,经建设(监理)单位认为基本满足设计要求,其质量可按合格处理。

2)分部工程、单位工程和工程项目质量等级评定

分部工程、单位工程和工程项目质量等级分为"合格"和"优良"两个等级。

分部工程质量评定标准:

(1)合格标准。单元工程的质量全部合格。中间产品质量及原材料质量全部合格,金属结构及启闭机制造质量合格,机电产品质量合格。

(2)优良标准。单元工程质量全部合格,其中有70%以上达到优良,主要单元工程、重要隐蔽工程及关键部位的单元工程质量优良率要达到90%以上,且未发生过质量事故。中间产品质量全部合格,其中混凝土拌和物质量达到优良等级(当试件数量小于30时,试件质量合格)。原材料质量、金属结构及启闭机制造质量合格,机电产品质量合格。

单位工程质量评定标准:

(1)合格标准:①分部工程质量全部合格;②中间产品质量及原材料质量全部合格,

金属结构及启闭机制造质量合格，机电产品质量合格；③外观质量得分率达到70%以上；④施工质量检验资料基本齐全。

（2）优良标准：①分部工程质量全部合格，其中有70%以上达到优良，主要分部工程质量优良，且施工中未发生过重大质量事故；②质量事故已按要求进行处理；③外观质量得分率达到85%以上；④施工质量检验资料齐全。

工程项目施工质量评定标准：

（1）合格标准。单位工程质量全部合格，工程施工期和试运行期，各单位工程观测资料、分析结果均符合国家和行业技术标准以及合同约定的标准要求。

（2）优良标准。单位工程质量全部合格，其中有50%以上的单位工程优良，且主要建筑物单位工程为优良。

2. 工程质量评定工作的组织与管理

（1）单元工程质量由施工单位自评合格，监理单位复核，监理工程师核定质量等级并签证认可。

（2）重要隐蔽工程及工程关键部位在施工单位自评合格，监理单位抽检后，由项目法人（或委托监理）、监理、设计、施工、工程运行管理等单位组织联合小组，共同核定其质量等级并填写签证表。

（3）分部工程质量，在施工单位自评合格后，由监理单位复核，项目法人认可，报质量监督机构审查核定。

（4）单位工程质量，施工单位自评合格后，由监理单位复核，项目法人认定，报质量监督机构核定。

（5）工程项目的质量，在单位工程质量评定合格后，由监理单位进行统计并评定工程项目质量等级，经项目法人认定后，报质量监督机构核定。

3. 工程验收

工程验收是在工程质量评定的基础上，依据验收标准，采取一定的手段来检验工程产品的特性是否满足验收标准的过程。水利水电建设工程按验收单位可分为法人验收和政府验收，其中法人验收分为：分部工程验收、单位工程验收、水电站（泵站）中间机组启动验收和合同工程完工验收。

三、施工项目进度控制

（一）工期的概念

1. 建设工期

建设工期是指建设项目从正式开工到全部建成投产或交付使用所经历的时间。建设工期按日历天数计算，并在总进度计划中明确建设的起止时限。

2. 施工合同工期

合同工期是按照业主与承包商签订的施工合同中确定的承包商完成所承包项目的时间。施工合同工期按日历天数计算。

FIDIC《土木工程施工合同条件》规定：工程师应在中标函颁发日期之后，于投标书附件中规定的期限内发出开工通知。承包商接到工程师发出的开工通知书的日期即为开工日期。合同工期是指从开工日期到合同规定的竣工日期所用的时间，再加上以下情况的工期延长：

(1)额外或附加工作。

(2)本合同条件中提到的任何误期原因。

(3)异常恶劣的气候条件。

(4)由雇主造成的任何延误、干扰或阻碍。

(5)除去承包商不履行合同或违约外，其他可能发生的特殊情况。

(二)影响工程进度的主要因素

在项目生命周期的各个阶段，影响其进度的因素很多。就实施阶段来说，主要的影响因素有以下几个方面。

1.项目的组织管理

高效率的项目管理体制和健全的项目管理组织机构，是项目成功的组织保证，是决定项目能否实现的关键因素。强有力的项目组织管理机构，是工程进度控制的首要保证。组织机构作为项目管理的核心，担负着沟道信息、下达指令、协调矛盾、统一步调、组织运转、制定决策的重任。大中型基本建设项目规模大、周期长、投资多、建材用量大、设备种类多、技术复杂、专业性强、风险因素多，需要有一支专门的、训练有素的、高水平的项目管理队伍。

2.项目计划

在项目管理的四大职能(计划、组织、协调、控制)中，项目计划是首先发生的职能。计划的结果规定了其他三个职能的存在形式。项目计划就是根据项目目标要求，对项目实施中的各种工作做出周密安排。它系统地确定了工程的工作项目、工作进度以及完成任务所需的资金、人力、材料、设备等。项目计划一经制定出来，在取得各方面一致意见之后，就成为项目管理的依据和行动指南。它是一种严肃的法典，任何人都必须严格执行。项目计划明确了各种权力和义务，规定了责任和利益，做到有法可依，有据可查。

3.项目合同

在工程实施招标投标体制下，合法、公正、周密、表达准确、可操作性强的项目合同，是工程顺利进展的重要条件之一。《中华人民共和国经济合同法》在总则中规定，违反法律和行政法规的合同，违反国家利益或社会公共利益的经济合同，都为无效合同。合同公平合理，保证承包单位的基本收益，也是业主顺利得到合格工程的条件。明显的“不平等条约”，不管是业主付出太大，还是承包单位亏损太多，都可能影响合同的顺利履行。如果一项合同中，规定内容缺项漏项，表述模棱两可，甲、乙双方的责、权、利不明确，在合同履行中经常出现分歧而需要协调，处理不好，将影响合同的正常履行，影响工程进度。

4.生产力要素

西方许多管理学学者提出生产力要素5M(即劳动者Man、劳动材料Material、机器设备Machine、资金Money和管理Management)的观点。管理和技术作为智力型生产力要素，在生产力形成过程中起着越来越重要的作用。

同样的设计方案，同样的资金，在劳动力、设备、材料等方面的配置不同，就会有不同的生产效率和经济效益。采用先进设备投资大，但可以提高生产效率，可以减少劳动力的使用;设备合理配套,可以起到少投入、高效率的效果;关键工作多投入,可以保证加快工程进度,对不同的关键工作的同样投入,效果也有很大差别;内部资源的合理动态调配,在时间上、空间上交叉作业,可以提高资源的利用率,减少人力、设备的投入量;合理地组织均衡生产,可以避免或减少施工过程中资源用量的高峰,在人员营地、材料仓库、施工场地及道路方面减小规模,节约建设投资和管理费用。应用网络计划管理技术,不仅能够得到一个合理的资源配置计划,而且在实施过程中,可以进行资源的合理调配,保证工程按计划进度进行。

5. 项目建设环境

任何项目的建设,都受到建设环境的影响。如当地的气象、气候、水文、地质以及社会环境的影响。要保证工程顺利实施,就要合理编制项目进度计划,抓住有利时机,避开不利因素。例如,黏土施工避开多雨季节;特殊高温季节尽量少浇或不浇混凝土;水上施工与水下施工的时间要合理安排,水下施工应避开汛期;动用民工多的工作应安排在农闲季节。这些安排都有利于项目建设的顺利进行。

(三)建设项目的进度控制

1. 施工进度的表示方法

进度计划的分类方法很多,常用的是由不同功能的计划构成的进度计划系统,即控制性进度规划(计划)、指导性进度规划(计划)和实施性(操作性)进度计划组成的计划系统。施工阶段的进度计划一般是实施性(操作性)进度计划,其表示方法有以下几种。

1)横道图

横道图是一种比较简单、直观的进度控制图,如图 8-6 所示。图 8-6 中双线表示计划进度,单线表示实际进度。在第四周周末检查时,A 工序已全部完成,B 工序超前了半周(按计划应完成 2/3 工程量,实际完成了 5/6 工程量)而 D 工序则拖延了半周,应找出实

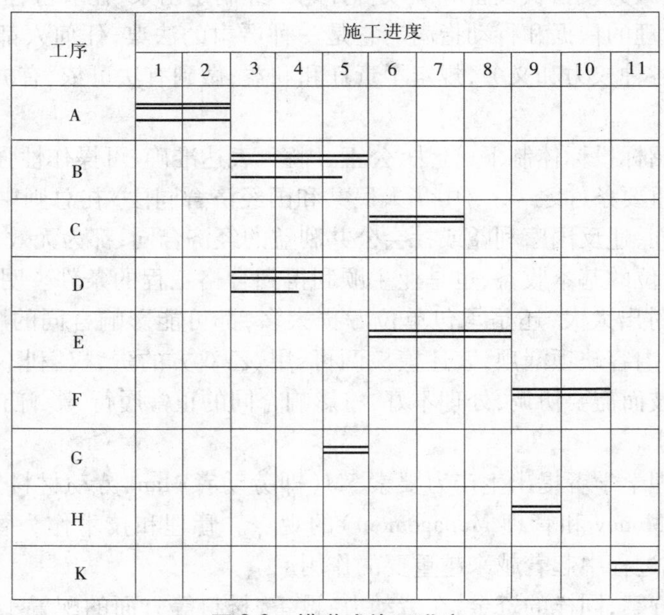

图 8-6 横道式施工进度

际进度落后的原因,并及时采取必要的补救措施或修改调整原计划。

图 8-6 仅适用于工程项目中各项工作都是均匀进展的情况,即每项工作在单位时间内完成的任务量都相等的情况。事实上,工程项目中各项工作的进展不一定是匀速的。根据工程项目中各项工作的进展是否匀速,可分别采用匀速进展横道图法和非匀速进展横道图法。

横道图法虽有简单、形象直观、易于掌握、使用方便等优点,但由于其以横道图计划为基础,因而带有不可克服的局限性。在横道计划中,各项工作之间的逻辑关系表达不明确,关键工作和关键线路无法确定。一旦某些工作实际进度出现偏差,难以预测其对后续工作和工程总工期的影响,也就难以确定相应的进度计划调整方法。因此,横道图法主要用于工程项目中某些工作实际进度与计划进度的局部比较。

2)工程进度曲线

横道式进度图在计划与实际的对比上,很难准确地表示出实际进度较计划进度超前或延迟的程度。为了准确掌握工程进度状况,有效地进行进度控制,可利用工程施工进度曲线。

(1)S 曲线表达法。

施工初期和施工后期施工进度的速度一般较中期小。工程的完成数量通常自初期至中期呈递增趋势,由中期至末期呈递减趋势。施工进度曲线一般呈 S 形,如图 8-7 所示。其反曲点(拐点),发生在完成数量的高峰期。在 S 形施工进度曲线上,除去施工初期及末期的不可避免的影响所产生的凹形部分及凸形部分外,中间的施工强度应尽量呈直线才是合理的计划。

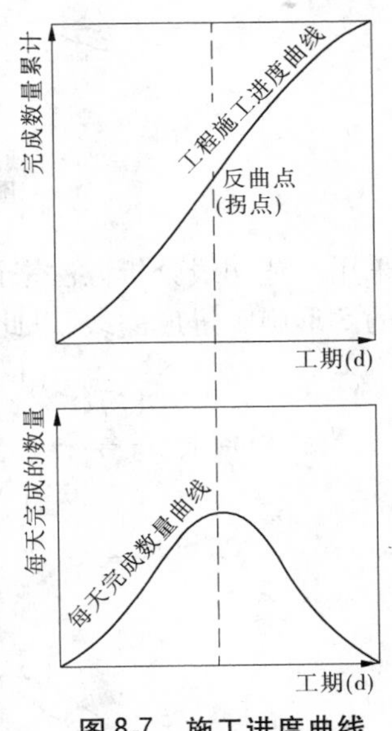

图 8-7　施工进度曲线

①延迟界限。图 8-8 中的实线代表某工程计划施工进度曲线,虚线代表其实际实施的进度曲线。引计划施工进度曲线上 a_1b_1 为 a_1 点的切线,b_1 点在 b 点的右侧,表示若以 a_1 点的速度施工,则赶不上工期;ab 为 a 点的切线,若以 a 点的速度施工,则正好赶上工期;a_3b_3 为 a_3 点的切线,b_3 在 b 的左侧,表示足以赶上工期;a_2b_2 为 a_2 点的切线,b_2 在 b 的最左侧,表示施工速度最快。

a_4b_4 为实际施工进度曲线上的任意一点 a_4 的切线,b_4 点在 b 点的右侧,表示以 a_4 点的速度施工赶不上工期。实际进度曲线在末期呈向上凹的形状,表示为了按期完工,赶工作业需持续到最后。

②进度曲线分析。从进度控制的三个条件:工期、质量和经济性(成本)的观点来看,为了避免曲线后半部呈凹形的不良状态,超过 a 点以后曲线上各点的切线与通过 b 点而与横轴平行的直线的交点,应在 b 点的左侧才行。因此,由 b 点引出计划施工进度曲线的切线为实际进度曲线的下方界限,与容许的最低施工速度实施工程时的进度曲线一致。若实际进度曲线在切线 ab 的下方,则需进行赶工作业。

需要说明的是,若进度检查时刻的后续工作客观上不可能以均衡的施工强度施工,就

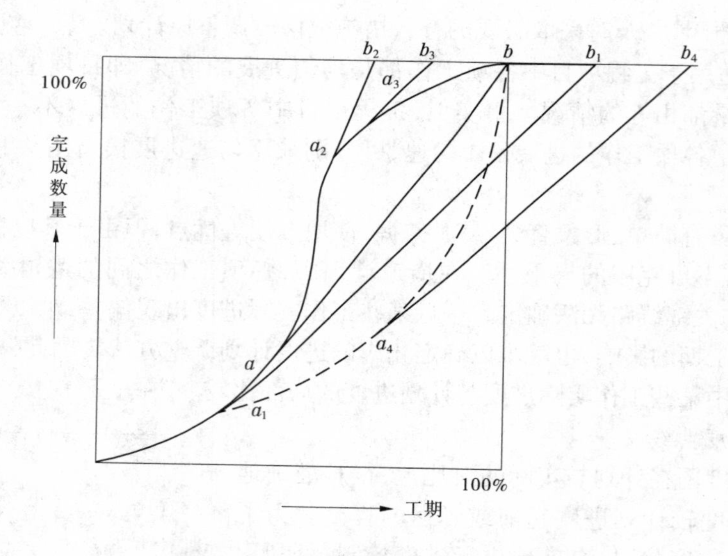

图 8-8　施工进度曲线的切线分析

不能采用上述切线分析方法来预测工期进展情况。此时，应从检查时刻起，重新绘制余留工作的S形施工进度曲线，以此来预测工程进度发展情况，曲线形式如图 8-9 所示。

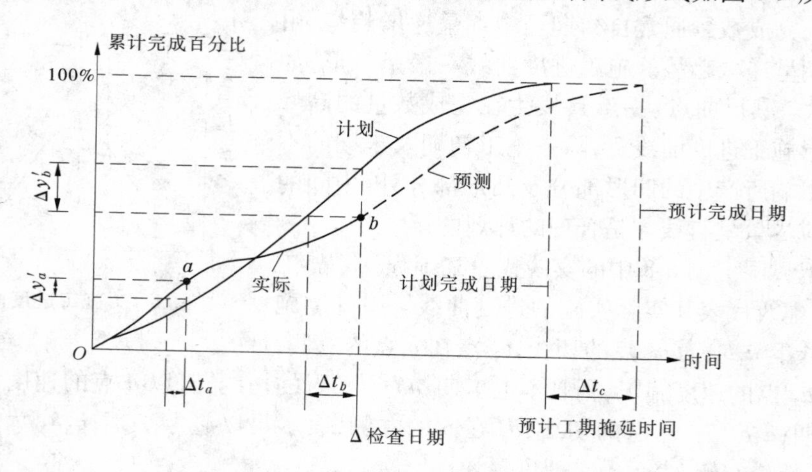

图 8-9　工程进度曲线分析示意图

(2)香蕉曲线表达法。

香蕉曲线是由两条 S 曲线组合而成的闭合曲线。由 S 曲线比较法可知，工程项目累计完成的任务量与计划时间的关系，可以用一条 S 曲线表示。对于一个工程项目的网络计划来说，如果以各项工作的最早开始时间安排进度而绘制 S 曲线，称为 ES 曲线；如果以各项工作的最迟开始时间安排进度而绘制 S 曲线，称为 LS 曲线。两条 S 曲线具有相同的起点和终点，因此两条曲线是闭合的。在一般情况下，ES 曲线上的其余各点均落在 LS 曲线的相应点的左侧。由于该闭合曲线形似香蕉，故称为香蕉曲线，如图 8-10 所示。其主要作用如下：

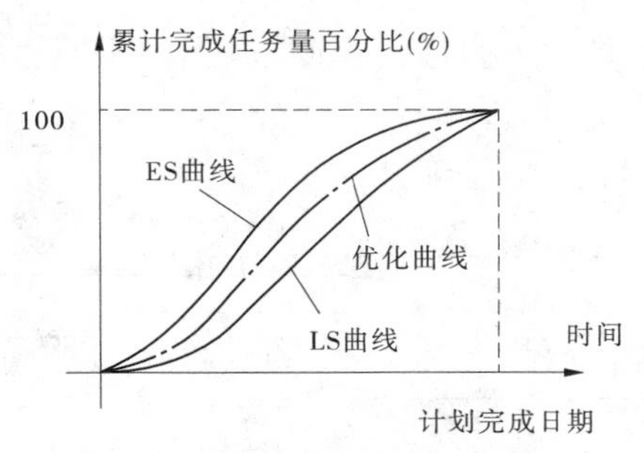

图 8-10　香蕉曲线图

①合理安排工程项目进度计划。如果工程项目中的各项工作均按其最早开始时间安排进度,将导致项目的投资加大;而如果各项工作都按其最迟开始时间安排进度,则一旦受到进度影响因素的干扰,又将导致工期拖延,使工程进度风险加大。因此,一个科学合理的进度计划优化曲线应处于香蕉曲线所包络的区域之内。

②定期比较工程项目的实际进度与计划进度。在工程项目的实施过程中,根据每次检查收集到的实际完成任务量,绘制出实际进度 S 曲线,便可以与计划进度进行比较。工程项目实施进度的理想状态是任一时刻工程实际进展点应落在香蕉曲线图的范围之内。如果工程实际进展点落在 ES 曲线的左侧,表明此刻实际进度比各项工作按其最早开始时间安排的计划进度超前;如果工程实际进展点落在 LS 曲线的右侧,则表明此刻实际进度比各项工作按其最迟开始时间安排的计划进度拖后。

③预测后期工程进展趋势。利用香蕉曲线可以对后期工程的进展情况进行预测。例如,在图 8-11 中,该工程项目在检查日实际进度超前。检查日期之后的后期工程进度安排如图 8-11 中虚线所示,预计该工程项目将提前完成。

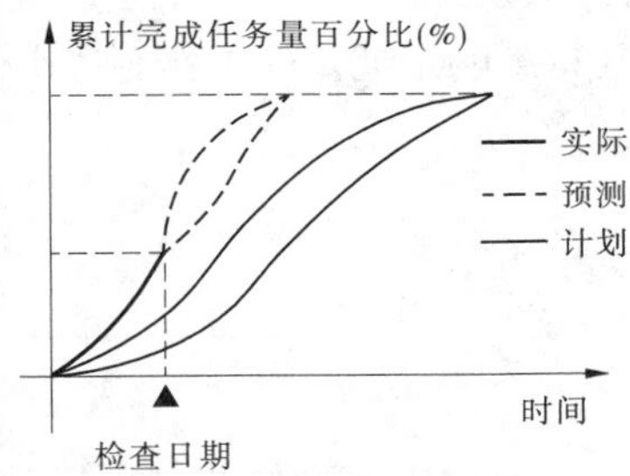

图 8-11　工程进展趋势预测图

(3)形象进度图。

形象进度图法是把工程计划以建筑物形象进度来表达的一种控制方法。这种方法是直接将工程项目进度目标和控制工期标注在工程形象图的相应部位,非常直观,进度计划一目了然,特别适用于施工阶段的进度控制。此法修改调整进度计划亦极为简便,只需修改日期、进程,而形象图依然保持不变。

图 8-12 是国内某水库碾压混凝土坝工程 1993 年形象进度计划,该坝沿坝长范围共划分为 65 个坝段,在 1993 年 4 ~ 10 月年度施工期内,各坝段施工进度计划均形象而直观地表示在图中。

(4)网络计划图法。

网络计划技术,也称网络计划,是进行生产组织与管理的一种方法。网络计划技术的基本原理是:应用网络图形来表示一项计划中各项工作的开展顺序及其相互之间的关系;通过网络图进行时间参数的计算,找出计划中的关键工作和关键线路,再通过不断改进网络计划,寻求最优方案,以最小的消耗取得最大的经济效果。这种方法广泛应用在工业、

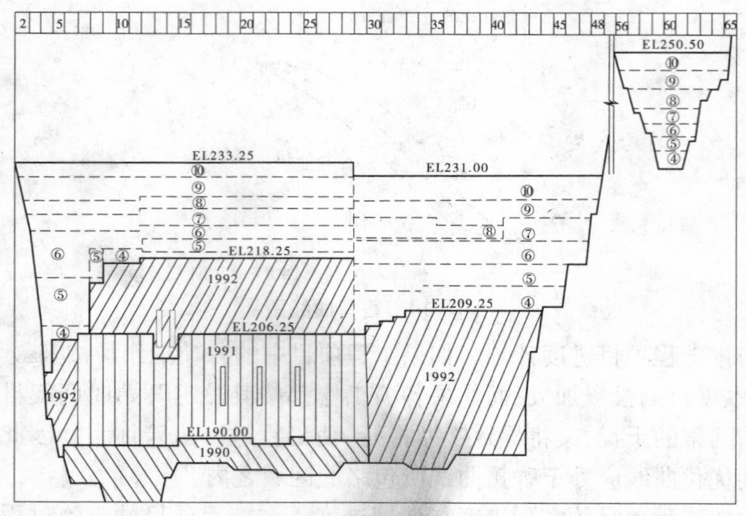

图 8-12　某水库大坝混凝土浇筑 1993 年形象进度图

农业、国防和科研计划与管理中。在工程领域，网络计划技术的应用尤为广泛，被称为“工程网络计划技术”。

网络计划的形式很多，如双代号网络图、单代号网络图、搭接网络图等，研究领域也很宽，如关键路线法、计划评审技术、决策关键路线法、随机网络计划等。图 8-13 为时标网络计划，从图 8-13 中可看出 B、E、H 为关键线路上的关键工作，对工期起控制作用，如果拖延将影响工期。G 工作有 2 d 总时差，也就是有 2 d 的机动时间。

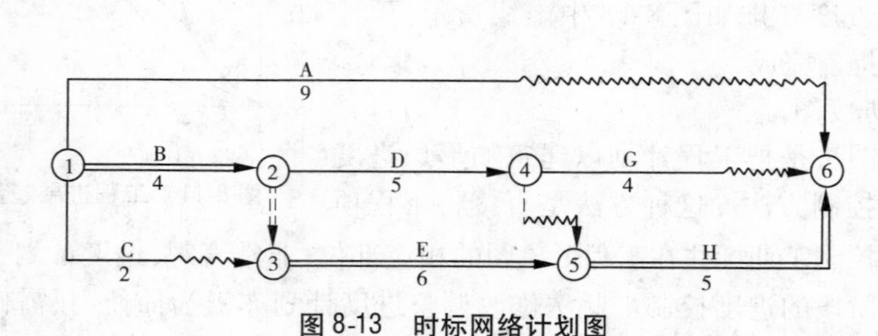

图 8-13　时标网络计划图

2. 施工进度控制的动态过程

进度控制是一个动态的、有组织的行为过程。其主要环节如下。

1）进度计划实施中的跟踪检查

进度跟踪检查的主要工作就是定期收集反映实际工程进度的有关数据，及时了解项目实施情况。收集资料的主要方式包括报表检查和现场实地检查两种方式。为了全面而准确地了解进度的执行情况，监理工程师必须经常地、定期地收集进度报表资料；派监理人员常驻现场，检查进度的实际执行情况，并定期召开生产会议。

2）对收集的数据进行整理、统计和分析

（1）资料的整理与统计计算。收集到有关的数据资料后，要进行必要的整理、统计和分析,形成与计划具有可比性的数据资料。

(2)实际进度与计划进度的对比。这一工作主要是将实际的数据与计划的数据进行比较,如将实际的完成量、实际完成的百分比,与计划的完成量、计划完成的百分比进行比较。通常可利用表格形成各种进度比较报表或直接绘制比较图形来直观地反映实际与计划的差距。通过比较了解实际进度比计划进度拖后、超前,还是与计划进度一致。

(3)分析产生偏差的原因。通常根据实际进度与计划进度的对比,可明显地发现进度的偏差情况,但不一定能找出出现这种进度偏差的原因。因此,监理工程师应深入现场,仔细调查,以查明进度偏差的原因。

(4)分析进度偏差的影响。当实际进度与计划进度之间出现偏差时,在作必要的调整之前,需要分析由此可能产生的影响,如对哪些后继工作产生影响,对总工期有何影响等。

(5)提出措施并分析其效果与影响。在明确了进度偏差对施工进度可能带来的影响后,需提出相应的处理措施,并应分析这些措施的预期效果和可能带来的影响。

3)采取进度调整措施

将有关进度状况和必要的分析通知承包商,在明确责任的前提下要求承包商提出赶工措施,征得监理工程师同意后予以实施。

4)监督调整后的进度计划的实施

监理工程师应严格监督承包商按照经同意的赶工措施施工,如果由此引起进度计划的调整,监理工程师还应协调好后续有关承包商的关系,避免相互干扰、工作不协调引起工期拖延和施工索赔。

3. 监理工程师施工进度控制的主要任务

监理工程师施工进度控制的主要工作流程见图8-14,施工进度控制的主要任务如下。

1)发布开工令

开工令是具有法律效力的文件。承包商接到开工令的日期,就是工程正式开工的日期(开工日期也可在开工令中规定),是推算工程竣工期的依据。由于业主的原因不能按合同规定时限下达开工令或者下达开工令后不能按合同规定提供交通道路、营地、施工场地以及供水、供电、通信、通风等条件,合同中一般都规定了承包商工期索赔的权力。同样,如果下达开工令后,承包商由于组织、资金、设备等原因不能尽快开工,业主可以认为承包商违约。

2)审批承包商的施工进度计划

(1)施工进度计划。

承包商编报的工程进度计划经监理工程师正式批准后,就成为施工过程中合同双方共同遵守的合同性文件,将作为进度控制和处理工期索赔的重要文件。施工进度计划一般以横道图或网络图的形式编制,同时应说明施工方法、施工场地、道路利用的时间和范围、业主所提供的临时工程和辅助设施的利用计划并附机械设备需要计划、主要材料需求计划、劳动力计划、财务资金计划及附属设施计划等。

①物资供应计划。为了实现月、周施工计划,对需要的物资必须落实,主要包括:机械需要计划,如机械名称、数量、工作地点、入场时间等;主要材料需要计划,如钢筋、水泥、木材、沥青、砂石料等建筑材料的规格、品种及数量;主要预制件供应计划,如梁、板等的规

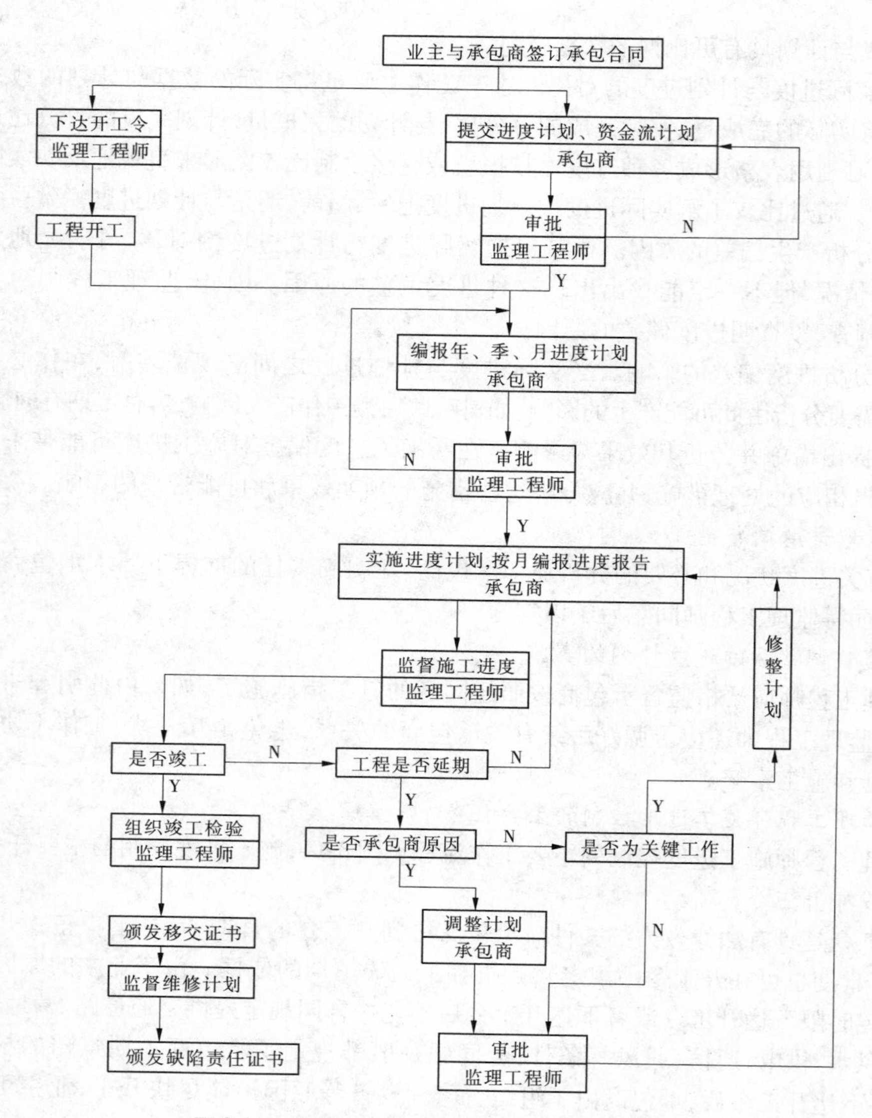

图 8-14 监理工程师施工总进度控制工作流程

格、品种及数量等。

②劳动力平衡计划。根据施工进度及工程量,安排落实劳动力的调配计划,包括各个时段和工程部位所需劳动力的技术工种、人数、工日数等。

③资金流量计划。在中标函签发日之后,承包商应按合同规定的格式按月提交资金流估算表,估算表应包括承包人计划可从发包人处得到的全部款额,以供发包人参考。

④技术组织措施计划。根据施工进度计划及施工组织设计等合同要求,编制在技术组织措施方面的具体工作计划,如保证完成关键作业项目、实现安全施工等。

⑤附属企业生产计划。大中型土建工程一般有不少附属企业,如预制件厂、混凝土骨料筛分厂、钢木加工厂、建筑材料加工厂等。这些附属企业的生产是否按计划进行,对保证整个工程的施工进度有重大影响。因此,附属企业的生产计划是工程项目施工进度计

划的重要组成部分。

(2)工程进度计划的审批。

尽管一般合同文件中都规定:承包商向监理工程师提交工程进度计划并经其同意,并不解除合同规定的承包商的任何义务或责任。然而,这一进度计划一经监理工程师批准,就作为"合同性进度计划",对业主和承包商都具有约束作用,所以监理工程师应细致、严格地审核承包商呈报的进度计划。一般审核内容包括以下几个方面:

①进度安排是否满足合同规定的开、竣工日期。

②施工顺序的安排是否符合施工程序的要求。

③施工单位的劳动力、材料、机具设备供应计划能否保证进度计划的实现。

④进度安排的合理性,以防止承包商利用进度计划的安排造成业主违约。

⑤该进度计划是否与承包商其他工作计划协调。

⑥计划的安排是否满足连续性、均衡性的要求。

⑦各承包商的进度计划之间是否协调。

⑧承包商的进度计划是否与业主的工作计划协调。

3)对施工进度进行监督、检查和控制

监理工程师应随时跟踪检查承包商的现场施工进度,监督承包商按合同进度计划施工,并做好监理日志。对实际进度与计划进度之间的差别应作出具体的分析,从而根据当前施工进度的动态,预测后续施工进度的态势,必要时采取相应的控制措施。

4)落实按合同规定应由业主提供的施工条件

施工承包合同中,一般除规定承包商应为业主完成的工程建设任务外,业主也应为承包商提供必需的施工条件。一般包括:支付工程款,给出施工场地与交通道路,提供水、电、风和通信,提供某些特定的工程设备、施工图纸与技术资料(一般由业主另外委托设计院设计)等。监理工程师除监督承包商的施工进度外,还应及时落实按合同规定应由业主提供的施工条件。

5)主持生产协调会议并做好进度协调工作

(1)生产进度协调。

①各承包商之间的进度协调。大多数水利工程的施工发包都分成若干个分标。工程分标后,几个承包商在一个工程上协作施工,经常会在施工场地、交通道路、作业交接等方面相互影响,不可避免地会出现这样或那样的分歧和矛盾,监理工程师需要从中进行协调。因此,合同中专门规定了监理工程师进行协调的权力。在监理工程师发布协调指令时,也往往涉及到费用与工期的调整问题。由于承包商执行监理工程师发布的协调指令造成承包商的损失,监理工程师在与业主、承包商协商后,应给予承包商相应的补偿。

②承包商与业主之间的协调。当由业主负责提供的材料、场地、通道、设施、资金等与承包商的施工进度计划不协调,或者承包商与业主之间在执行合同中因某种原因发生冲突,甚至形成僵持局面时,监理工程师作为承包合同之外独立的第三方,应公正合理地做好协调工作。

③图纸供应的协调。大多数情况下,合同规定工程的施工图纸由业主提供(业主通过设计承包合同委托设计单位提供),由监理工程师签发提交承包商实施。为了避免施

工进度与图纸供应的不协调,合同一般规定在承包商提交施工进度计划的同时,提交图纸供应计划,以得到监理工程师的同意。在施工计划实施过程中,监理工程师应协调好施工进度和设计单位的设计进度。

(2)生产协调会。

生产会议是施工阶段组织协调工作的一种重要形式。监理工程师通过生产会议进一步了解现场施工情况,协调生产。生产会议应由监理工程师主持,会后整理成纪要或备忘录,经监理工程师与承包商代表签字,即对双方产生约束力。生产会议包括:第一次工地会议、常规生产会议(又称例会)及现场协调会。

6)工程设备和材料供应的进度控制

审查设备加工订货单位的资质能力和社会信誉,落实主要设备的订货情况,核查交货日期与安装时间的衔接,以提高设备按期供货的可靠度。同时,还应控制好其他材料物资按计划的供应,以保证施工按计划实施。

7)尽可能减少发布对工期有重大影响的工程变更指令,公正合理地处理好工期索赔问题

有关监理工程师进度控制的其他任务,如向业主编报进度报告、协助业主向贷款银行编写进度报告、工程施工停复工管理、工期延误与调整等。

(四)施工进度的监督、分析与调整

监理工程师监督现场施工进度,是一项经常性的工作。在施工进度检查、监督中,监理工程师如果发现实际进度较计划进度拖延,一方面分析这种偏差对工期的影响,另一方面分析造成进度拖延的原因。若工程拖延属业主责任或风险范围,则在保留承包商工期索赔权力的情况下,经业主同意,批准工程延期或发出加速施工指令,同时商定由此给承包商造成的费用补偿;若属承包商自己的责任或风险造成的进度拖延,则监理工程师可视拖延程度及其影响,发出相应级别的赶工指令,要求承包商加快施工进度,必要时应调整其施工进度计划,直到监理工程师满意。

1.逐月、逐季施工进度计划的审批及其资源审核

根据合同规定,承包商应按照监理工程师要求的格式、详细程度、方式、时间,向监理工程师逐月、逐季递交施工进度计划。监理工程师审批月、季施工进度计划的目的,是看其是否满足合同工期和总进度计划的要求。监理工程师在审批月、季进度计划时应注意以下几点:

(1)首先应了解承包商上个计划期完成的工程量和形象面貌情况。

(2)分析承包商所提供的施工进度计划是否能满足合同工期和施工总进度计划的要求。

(3)为完成计划所采取的措施是否得当,施工设备、人力能否满足要求,施工管理上有无问题。

(4)核实承包商的材料供应计划与库存材料数量,分析是否满足施工进度计划的要求。

(5)施工进度计划中所需的施工场地、通道是否能够保证。

(6)施工图供应计划是否与进度计划协调。

(7)工程设备供应计划是否与进度计划协调。

(8)该承包商的施工进度计划与其他承包商的施工进度计划有无相互干扰。

(9)为完成施工进度计划所采取的方案对施工质量、施工安全和环保有无影响。

(10)计划内容、计划中采用的数据有无错漏之处。

2. 施工进度的检查

1)进度检查的内容

施工进度检查的内容主要包括:工程形象进度检查,检查工作现场的实际进度,与计划进度对比,按信息分配组织与类别,定期编写进度报告,逐级上报;设计图纸及技术报告的编制工作进展情况。检查各设计单元出图的进度情况,确定或估计是否满足进度计划要求;设备采购的进展情况。检查设备在采购、运输过程中的进展情况,确定或估计是否满足到货日期的要求;材料的加工或供应情况。有些材料(如水泥)是直接供应的,主要检查其订货质量、运输和储存情况。有些材料需要在工厂进行加工,然后运到工地,如钢构件和钢制管段等,应检查其原材料订货、加工、运输等进展情况。

2)进度检查的方式

通常,监理工程师可采取以下措施了解现场施工进度情况。

(1)监督、检查和分析承包商的日进度报表和作业状况表。

在合同实施过程中,监理工程师应随时监督、检查和分析承包商的施工日志,其中包括日进度报表和作业状况表。报表的形式可由监理工程师提供或由承包商提供经监理工程师同意后实施。施工对象的不同,报表的内容也有所区别。

日进度报表一般应包括:项目名称,施工工作项目名称,业主名称,承包商名称,监理单位名称,当日水文、气象记录,工作进展描述,劳动力使用情况,材料消耗情况,设备使用情况,发生的重要事件及其处理,报表编号及日期,签名等内容,表8-3给出一种日进度报表的参考形式。

表8-3　日进度报表

工程名称(或合同号)________　　日　　期________

监理单位________　　承 包 商________

气象描述________　　水文记录________

编号	工作内容	班组长	工人数	机械	主要材料及其用量	工作内容	备注
⋮							

填表人________　　填表时间________

审核人________　　审核时间________

作业状况表的形式如表 8-4 所示。

表 8-4 作业状况表

项目名称（或合同号）__________

监理单位______________________　　　　　　　　　　承包商__________

编号	工作内容	计划/实际	本期完成情况			到本期为止总的完成情况											
			数量	单位	%	数量	单位	10	20	30	40	50	60	70	80	90	100（%）（用横道图表示）

填表人______________________　　　　　　　　　　填表日期______________________

审核人______________________　　　　　　　　　　审核日期______________________

为了保证承包商施工记录的真实性，监理工程师一般要求施工日志应始终保留在现场，供监理工程师监督、检查。

（2）检查进度执行情况。

监理机构派监理人员进驻施工现场，具体检查进度的实际执行情况，并做好监理日志。为了了解工程进度的实际进展，避免承包商超报完工数量，监理人员有必要进行现场实地检查和监督。在施工现场，监理人员除检查具体的施工活动外，还要注意工程变更对进度计划实施的影响，其中包括：

①合同工期的变化。任何合同工期的改变，如竣工日期的延长，都必须反映到实施计划中，并作为强制性的约束条件。

②后续工作的变动。有时承包商从自己的利益考虑，未经允许改变一些后续施工活动。一般来说，只要这些变动对整个施工进度的关键控制点无影响，监理人员可不加干涉，但是如果变动大的话，则可能影响到施工总进度。因此，现场监理人员要严格监督承包商按计划实施，避免类似情况的发生。

③材料供应日期的变更。现场监理人员必须随时了解材料物资的供应情况，了解现场是否出现由于材料供应不上而造成施工进度拖延的现象。

(3)定期召开生产会议。

监理人员组织现场施工负责人召开现场生产会议,是获得现场施工信息的另一种重要途径。同时,通过这种面对面的交谈,监理人员还可以从中了解到施工活动潜在的问题,以便及时采取相应的措施。

3. 实际进度与计划进度的对比与分析

事实上,监理人员所获得的现场施工进度信息的具体表现形式是大量的、未经整理的数据(无论是从报表还是从现场调查中获得)。因此,要想从中发现问题,必须对这些数据进行必要的处理和汇总,并利用这些经整理和处理的数据与原计划的数据进行比较,从而对施工现状及未来进度动向加以分析和预测。

(五)施工进度检查结果的表示方法

施工进度检查方法通常有标图检查法、前锋线检查法、割切检查法、列表计算法和横道图工程曲线表示法五种。

1. 标图检查法

标图检查法适合于短期经常性、周期性检查,如一天一检查或一个台班一检查。方法是:将所查时段内完成的工作项目用图或文字及时地标注到网络图上,并随时加以分析,采取措施,从而将施工活动向前推进。图 8-15 给出了某工程船闸闸首底板混凝土施工某年 10 月份的标图检查成果,采取的是一仓一检查。

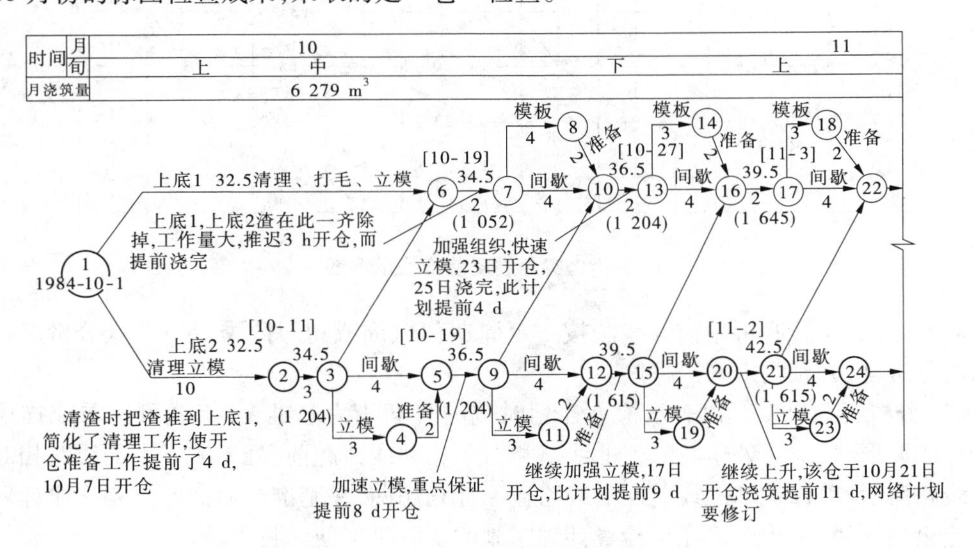

(注:32.5、34.5、…、42.5 为高程)

图 8-15　某项目 10 月份标图检查　(单位:m^3)

标图检查法简单、方便。施工管理人员随身带着网络图,随时都能展开来标注,汇报或下达任务。某项工程完成后,其标图检查网络便是一份难得的第一手资料,可为下一项工程提供经验和参考,同时也可作为监理工程师处理索赔的重要依据。

2. 前锋线检查法

实际进度前锋线简称前锋线,用于时标网络计划的控制,它是在网络计划执行中的某一时刻正进行的各工作的实际进度前锋的连线，在时标网络图上标画前锋线的关键是标定工作的实际进度前锋位置。其标定方法有以下两种：

(1)按已完成的工程实物量比例来标定。时标图上箭线长度与相应工作的历时对应，也与其工程实物量的多少成正比。检查计划时某工作的工程实物量完成了几分之几，其前锋点就从表示该工作的箭线起点自左至右标在箭线长度的几分之几的位置。

(2)按尚需的工作历时来标定。有时工作的历时是难以按工程实物量来换算的，只能根据经验用其他办法估算出来。要标定检查计划时的实际进度前锋点位置，可采用原来的估算办法，估算出从该时刻起到该工作全部完成尚需要的时间，从表示该工作的箭线末端反过来自右至左标出前锋位置。

图 8-16 是一份时标网络计划用前锋线进行检查的一般实例。该图有 4 条前锋线，分别记录了某年 6 月 25 日、6 月 30 日、7 月 5 日和 7 月 10 日 4 次检查的结果。

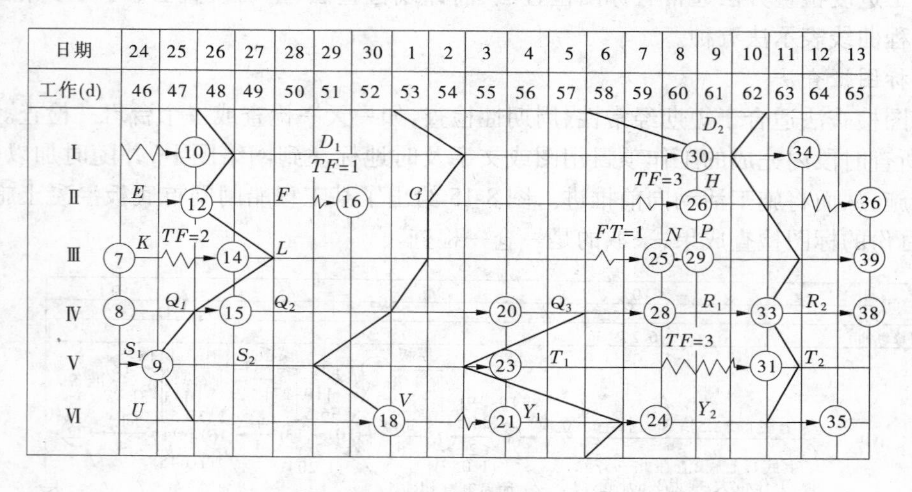

图 8-16　实际进度前锋线示例图

对时标网络计划，可用前锋线法按一定周期(日、周或旬、月、季、年)检查分析工程项目的实际进度，并预测未来的进度。

(1)分析目前进度。以表示检查计划时刻的日期线为基准，前锋线可以看成描述实际进度的波形线，前锋处于波峰上的线路相对于相邻线路超前，处于波谷上的线路相对于相邻线路落后；前锋在基准线前面的线路比原计划超前，在基准线后面的线路比原计划落后。绘出前锋线，工程项目在该检查计划时刻的实际进度便一目了然。

(2)预测未来进度。将现时刻的前锋线与前一次检查的前锋线进行对比分析，可以在一定程度上对项目未来的进度变化趋势作出预测。预测可由进度比来判定，其公式为：

$$B = \frac{\Delta X}{\Delta T} \tag{8-1}$$

式中　ΔX——前后两条前锋线在某线路上截取的线段长；

ΔT——前后两条前锋线检查计划日期的时间间隔。

$B>1$，说明其线路的实际进展速度大于原计划；$B=1$，说明其线路的实际进展速度与原计划相当;$B<1$,说明其线路的实际进展速度小于原计划。

前锋线的检查成果直观明了,一般人员都能看懂,所以每次前锋线检查结果可以出示,让各级管理人员及工人们都清楚,有利于加快施工进度。

3. 割切检查法

割切检查法是一种将网络计划中已完成部分割切去,然后对剩余网络部分进行分析的一种方法。其具体步骤如下:

(1)去掉已经完成的工作,对剩余工作组成的网络计划进行分析。

(2)把检查当前日期作为剩余网络计划的开始日期,将那些正在进行的剩余工作所需的历时估算出来并标于网络图中,其余未进行的工作仍以原计划的历时为准。

(3)计算剩余网络参数,以当前时间为网络的最早开始时间,计算各工作的最早开始时间,各工作的最迟完成时间保持不变,然后计算各工作总时差,若产生负时差,则说明项目进度拖后。应在出现负时差的工作路线上,调整工作历时,消除负时差,以保证工期按期实现。

图 8-17 是割切检查法的实例。其检查标准日期是工程开工后 35 d,剩余进度网络计划如图 8-17 中割切线以后的部分,依照上述检查步骤可知项目计算工期为 135 d,较计划工期 130 d 将拖后 5 d 竣工。

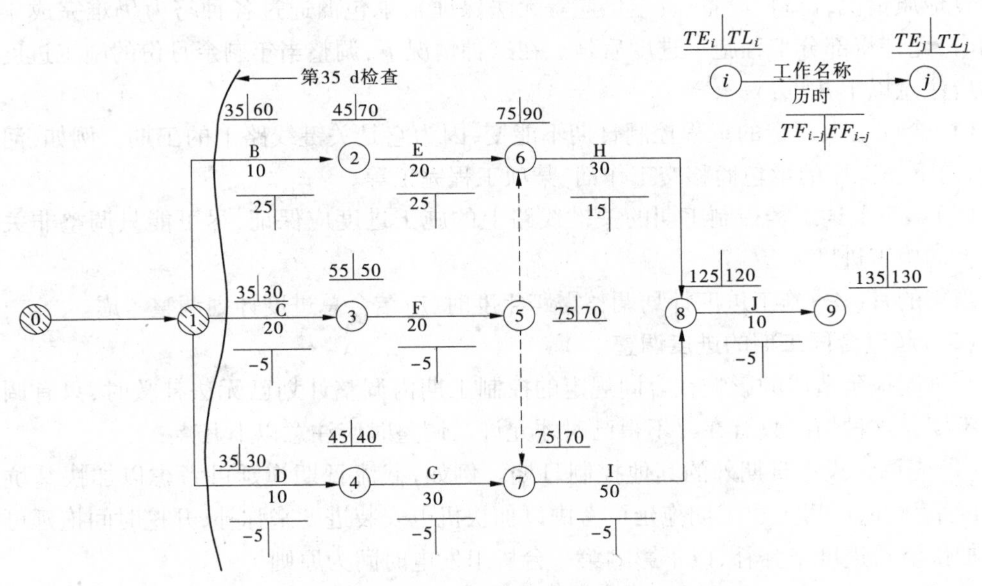

图 8-17 剩余进度网络计划

(六)施工进度分析

施工进度分析,主要是依据进度检查得到的施工进度、设计进度、设备采购进度、材料供应进度等资料,根据合同或计划中规定的目标,进行动向预测,估计各工作按阶段目标、里程碑节点控制时间以及按工期要求完成的可能性。

进度检查的结果不管是超前还是落后,都应该根据工作的进展速度、图纸、材料、设备等的供应进度,对下阶段的目标按期完成的可能性作出判断,若不能完成,应采取措施。

四、施工进度的控制

经过施工实际进度与计划进度的对比和分析，若进度的拖延对后续工作或工程工期影响较大，则监理工程师不容忽视，应及时采取相应措施。如果工程施工进度拖延是由于承包商的原因或风险造成的，监理工程师可发出赶工指令，要求承包商采取措施，修正进度计划，以使监理工程师满意。监理工程师在审批承包商的修正进度计划时，可根据剩余网络的分析结果作以下考虑。

(一)在原计划范围内采取赶工措施

1. 在年度计划内调整

此种调整是最常见的。当月计划未完成，一般要求在下个月的施工计划中补上。如果由于某种原因(如发生大的自然灾害，或材料、设备、资金未能按计划要求供应等)计划拖欠较多，则要求在季度或年度的其他月份内调整。

2. 在合同工期内的跨年度调整

工程的年度施工进度计划是报上级主管部门审查批准的，应有其严肃性，当年计划应力争在当年内完成。只有在出现意外情况(如发生超标准洪水，造成很大损失，出现严重的不良地质情况，材料、设备、资金供应等无法保证)，承包商通过各种努力仍难完成年度计划时，允许将部分工程施工进度后延。在这种情况下，调整当年剩余月份的施工进度计划时应注意以下几点：

(1)合同书上规定的工程控制日期不能变，因为它是关键线路上的工期。例如，河床截流、向下一工序的承包商移交工作面、某项工程完工等。

(2)影响上述工程控制工期的关键线路上的施工进度应保证，尽可能只调整非关键线路上的施工进度。

当年的月(季)施工进度计划调整需跨年度时，应结合总进度计划调整考虑。

(二)超过合同工期的进度调整

当进度拖延造成的影响在合同规定的控制工期内调整计划已无法补救时，只有调整控制工期。这种情况只有在万不得已时才允许。调整时应注意以下几点：

(1)先调整投产日期外的其他控制日期。例如，截流日期拖延可考虑以加快基坑施工进度来弥补，厂房土建工期拖延可考虑以加快机电安装进度来弥补，开挖时间拖延可考虑以加快浇筑进度来弥补，以不影响第一台机组发电时间为原则。

(2)经过各方认真研究讨论，采取各种有效措施仍无法保证合同规定的总工期时，可考虑将工期后延，但应在充分论证的基础上报上级主管部门审批。进度调整应使竣工日期推迟最短。

(三)工期提前的调整

当控制投产日期的项目完成计划较好，且根据施工总进度安排，其后续施工项目和施工进度有可能缩短时，应考虑工程提前投产的可能性。一般情况下，只要能达到预期目标，调整应越少越好。

第四节　施工进度报告

在合同实施过程中,为了掌握和上报工程进度进展情况,需要对上阶段的工程施工进展统计、总结,编制各种进度报告。根据报告的作用和编写角度不同,进度报告分为以下几种:

(1)承包商向监理工程师提交的月进度报告。

(2)监理工程师向业主编报的进度报告。

(3)监理工程师协助业主编写的给贷款银行的进度报告。

一、承包商向监理工程师提交的月进度报告

合同文件一般规定,承包商在次月(结算月通常为上月 26 日至当月 25 日)将当月施工进度报告递交监理工程师。施工进度报告一般包括以下内容:

(1)工程施工进度概述。

(2)本月现场施工人员报表。

(3)现场施工机械清单和机械使用情况清单。

(4)现场工程设备清单。

(5)本月完成的工程量和累计完成的工程量。

(6)本月材料入库清单、消耗量、库存量、累计消耗量。

(7)工程形象进度描述。

(8)水文、气象记录资料。

(9)施工中的不利影响。

(10)上个月施工问题解决情况,本月要求解释或解决的问题。

监理工程师对承包商进度报告的审查,一方面可以掌握现场情况,了解承包商要求解释的疑问和解决的问题,更好地作好进度控制;另一方面,监理工程师对报告中工程量统计表和材料统计表的审核,也是向承包商开具支付凭证的依据。

二、监理工程师编写的进度报告

在施工监理中,现场记录、资料整理、文档管理是监理工程师的重要任务之一。监理工程师应组织有关人员作好现场监理日志,并每周做出小结,在每月开具支付款凭证报业主签字的同时,应向业主编报月进度报告,使业主系统地了解、掌握工程的进展情况及监理工程师的合同管理情况。同时根据工程施工情况,向业主编报年、季进度报告。进度报告一般包括以下内容:

(1)工程施工进度概述。

(2)工程的形象进度和进度描述。

(3)月内完成工程量及累计完成工程量统计。

(4)月内支付额及累计支付额。

(5)发生的设计变更、索赔事件及其处理。

(6)发生的质量事故及其处理。

(7)要求业主下阶段解决的问题。

进度报告的内容不宜冗长,形象进度可以采用文字说明附以现场照片、形象图、计划图表等各种形式表示。

参考文献

[1] 中华人民共和国水利部. SL 319—2005 混凝土重力坝设计规范[S]. 北京:电子工业出版社,2005.
[2] 中华人民共和国国家发展和改革委员会. DL/T 5346—2006 混凝土拱坝设计规范[S]. 北京:中国水利水电出版社,2007.
[3] 中华人民共和国水利部. SL 274—2001 碾压式土石坝设计规范[S]. 北京:科学出版社,2004.
[4] 中华人民共和国水利部. SL 314—2004 碾压混凝土坝设计规范[S]. 北京:中国水利水电出版社,2005.
[5] 中华人民共和国水利部. SL 253—2000 溢洪道设计规范[S]. 北京:中国水利水电出版社,2000.
[6] 中华人民共和国水利部. SL 265—2001 水闸设计规范[S]. 北京:中国水利水电出版社,2004.
[7] 中华人民共和国国家发展和改革委员会. DL/T 5195—2004 水工隧洞设计规范[S]. 北京:中国电力出版社,2008.
[8] 中华人民共和国水利部. SL 288—2003 水利工程建设项目施工监理规范[S]. 长春:吉林文史出版社,2003.
[9] 水利水电规划设计总院. 水工设计手册:第2卷[M]. 北京:水利电力出版社,1984.
[10] 水利水电规划设计总院. 水工设计手册:第3卷[M]. 北京:水利电力出版社,1984.
[11] 水利水电规划设计总院. 水工设计手册:第4卷[M]. 北京:水利电力出版社,1984.
[12] 水利水电规划设计总院. 水工设计手册:第5卷[M]. 北京:水利电力出版社,1987.
[13] 水利水电规划设计总院. 水工设计手册:第6卷[M]. 北京:水利电力出版社,1987.
[14] 张光斗,王光伦. 水工建筑物(上)[M]. 北京:水利电力出版社,1992.
[15] 张光斗,王光伦. 水工建筑物(下)[M]. 北京:水利电力出版社,1994.
[16] 潘家铮. 重力坝[M]. 北京:水利电力出版社,1987.
[17] 美国垦务局. 拱坝设计[M]. 北京:水利电力出版社,1984.
[18] 水利电力部第五工程局,水利电力部东北勘测设计院. 土坝设计(上)[M]. 北京:水利电力出版社,1978.
[19] 谈松曦. 水闸设计[M]. 北京:水利电力出版社,1986.
[20] 左东启,王世夏,林益才. 水工建筑物[M]. 南京:河海大学出版社,1995.
[21] 杨邦柱,焦爱萍. 水工建筑物[M]. 北京:中国水利水电出版社,2009.
[22] 赵文华,薛霞. 渡槽[M]. 2版. 北京:水利电力出版社,1985.
[23] 中国人民共和国水利部. 水利工程设计概(估)算编制规定[M]. 郑州:黄河水利出版社,2002.
[24] 中国人民共和国水利部. SL 223—2008 水利水电建设工程验收规程[S]. 北京:中国水利水电出版社,2008.
[25] 张梦宇. 工程建设监理概论[M]. 北京:中国水利水电出版社,2006.
[26] 王卓甫,杨高升. 工程项目管理原理与案例[M]. 北京:中国水利水电出版社,2005.
[27] 钟汉华,薛建荣. 水利工程施工组织与管理[M]. 北京:中国水利水电出版社,2005.
[28] 韦志立. 建设监理概论[M]. 北京:水利电力出版社,1998.
[29] 武长玉. 水利工程施工组织设计与施工项目管理实务全书[M]. 北京:当代中国音像出版社,2004.
[30] 李开运. 建设项目合同管理[M]. 北京:中国水利水电出版社,2006.

[31] 梁建林.水利水电工程造价与招投标[M].郑州:黄河水利出版社,2009.
[32] 李天科,侯庆国,黄明树.水利工程施工[M].北京:中国水利水电出版社,2005.
[33] 袁光裕,胡志根.水利工程施工[M].北京:中国水利水电出版社,2009.
[34] 何雄.建筑材料质量检测[M].北京:中国广播电视出版社,2009.
[35] 崔长江.建筑材料[M].郑州:黄河水利出版社,2004.
[36] 米文瑜.土木工程材料试验指导书[M].北京:人民交通出版社,2007.
[37] 宋岩丽,王社欣,周仲景.建筑材料与检测[M].北京:人民交通出版社,2007.
[38] 毛建平,金文良.水利水电工程施工[M].郑州:黄河水利出版社,2004 .